本科院校机械类应用人才培养系列教材

数控加工技术

主　编　刘兴良

副主编　杨延华

西安电子科技大学出版社

内容简介

本书是本科院校机械类应用人才培养系列教材，是根据教育部高等学校机械设计制造及其自动化专业本科教育培养目标、培养方案和课程教学大纲要求编写的。

本书编写参考了多所高校相关课程的教学经验，内容全面，重点突出，力求先进性、实用性、易理解。基础理论以“必须、够用”为原则，应用实例结合生产实际。

全书共8章，内容包括数控加工与数控机床、数控机床的伺服系统、数控编程基础、数控车床编程、数控铣床的编程与操作、加工中心、数控线切割编程、自动编程等。

本书可作为高等院校本科机械类、机电类专业以及高等职业技术院校数控技术应用专业的教学用书，也可供从事相关工作的科技人员参考。

图书在版编目(CIP)数据

数控加工技术 / 刘兴良. — 西安：西安电子科技大学出版社，2020.11
ISBN 978-7-5606-5780-6

Ⅰ. ①数… Ⅱ. ①刘… Ⅲ. ①数控技术—加工—高等学校—教材 Ⅳ. ① TG659

中国版本图书馆CIP 数据核字(2020)第134696号

策划编辑 毛红兵
责任编辑 张玮
出版发行 西安电子科技大学出版社(西安市太白南路2号)
电　　话 (029)88242885　88201467　　邮　　编 710071
网　　址 www.xduph.com　　电子邮箱 xdupfxb001@163.com
经　　销 新华书店
印刷单位 陕西天意印务有限责任公司
版　　次 2020年11月第1版　2020年11月第1次印刷
开　　本 787毫米×1092毫米　1/16　印　张 18.25
字　　数 432千字
印　　数 1～2000册
定　　价 44.00元
ISBN 978-7-5606-5780-6 / TP

XDUP 6082001-1

前　言

本书是根据教育部高等学校机械设计制造及其自动化专业人才培养目标的要求，结合编者在数控加工方面的教学与实践经验编写的。

随着科技的高速发展，制造业发生了巨大变化，数控技术得到了广泛应用，数控机床的应用越来越普及。21 世纪制造业的发展实际上体现为数控加工技术的应用与发展。

数控加工技术是制造业实现自动化、柔性化、集成化生产的基础。数控机床是加工制造行业使用的设备，数控编程是实现数控加工的必要前提。因此，数控加工技术人员成为当前各制造行业的急需人才。

本书编写的目的是使读者通过学习了解数控机床的工作原理和编程方法，掌握数控机床编程和操作技能，把学到的知识应用到生产实际中去。本书共 8 章，内容包括数控加工与数控机床、数控机床的伺服系统、数控编程基础、数控车床编程、数控铣床的编程与操作、加工中心、数控线切割编程和自动编程。

本书涉及面广，内容丰富，可操作性强，适合高等工科院校使用，可作为高等院校本科机械设计制造及其自动化专业、机电类专业以及高等职业技术院校数控技术应用专业的教学用书，也可供从事相关工作的科技人员参考。

本书在编写过程中得到了西安航空学院嵇宁教授的大力支持和帮助，嵇宁教授审阅了书稿，并提出了宝贵意见，在此特向他表示衷心的感谢。本书在编写过程中参考了许多文献资料，在此谨向这些文献资料的编者和编写单位表示衷心的感谢。

刘兴良编写了本书的第三、四、五章，杨延华编写了第一、二、六、七、八章。本书由刘兴良统稿和定稿。

由于编者水平有限，书中难免有不足之处，恳请使用本书的广大师生与读者批评指正。

编　者

2020 年 4 月

前言

目　录

第一章　数控加工与数控机床

数控机床是计算机数字控制机床的简称，是一种装有程序控制系统的自动化机床。本章主要介绍了数控机床的基本概念，包括数控机床的组成、特点及应用范围；数控系统的基本原理；数控机床的机械结构，主轴部件及其支撑结构，进给系统结构，机床导轨结构；刀库与换刀机构，回转工作台等。

第一节　数控基本概念

一、数控机床

1. 数控

数控是数字控制(Numerical Control，NC)的简称，是利用数字化信息对机械运动及加工过程进行控制的一种方法。由于现代数控都采用了计算机进行控制，因此，也可以称为计算机数控(Computerized Numerical Control，CNC)。

数控系统是指利用数控技术实现自动控制的系统，是数控机床的核心。为了对机械运动及加工过程进行数字化信息控制，必须具备相应的硬件和软件。数控机床采用数控技术进行控制，它是一种综合应用了计算机技术、自动控制技术、精密测量技术和机床设计等先进技术的典型机电一体化产品，是现代制造技术的基础。因此，数控机床的水平代表了当前数控技术的性能、水平和发展方向。

2. 数控机床的组成

数控机床主要由六部分组成，包括控制介质、数控装置、可编程逻辑控制器(PLC)、伺服系统、机床本体和检测装置等，如图 1-1 所示。

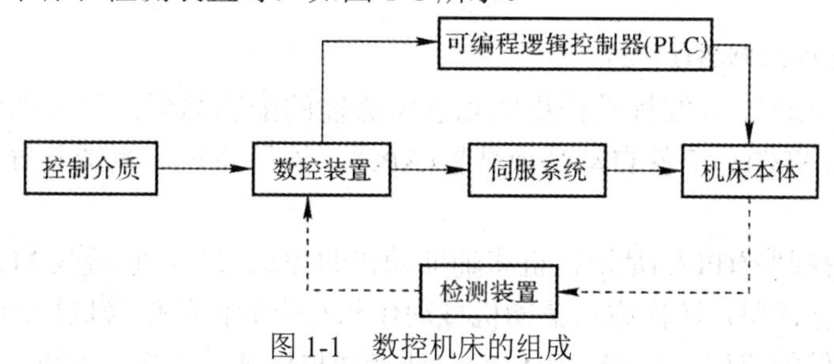

图 1-1　数控机床的组成

1) 控制介质

控制介质主要是指加工程序的载体。数控机床工作时，不需要工人直接去操作机床，要对数控机床进行控制，必须编制加工程序。零件加工程序中，包括机床上刀具和工件的相对运动轨迹、工艺参数(进给量主轴转速等)和辅助运动等。将零件加工程序用一定的格式和代码，存储在一种程序载体上，如穿孔纸带、盒式磁带、软磁盘等，通过数控机床的输入装置，将程序信息输入到 CNC 单元。现在作为数控机床的组成部分，控制介质的功能已经弱化了。某些先进的数控机床将自动编程软件安装在数控装置中，可以在机床控制面板上直接进行图形编程，不再需要输入程序。

2) 数控装置

数控装置是数控机床的核心部分，相当于人的大脑。数控装置主要由输入、处理和输出三个基本部分构成。它的主要任务是通过输入装置，接收数控加工程序和各种参数，然后进行译码和运算处理，由输出部分发出两类控制量：一类是连续的控制量，发送给伺服系统，以控制机床各轴的运动；以另一类是离散的开关控制量，送往可编程逻辑控制器(PLC)，以控制机床的机械辅助动作。所有这些工作都由计算机的系统程序进行合理的组织，使整个系统协调地进行工作。

3) 伺服系统

伺服系统是数控机床的重要组成部分，是由伺服驱动电机和伺服驱动装置组成的，用于实现数控机床的进给伺服控制和主轴伺服控制。它接收数控装置发出的数字信号，将其转换成伺服电机的转动或移动，驱动并控制数控机床进给轴的运动和主轴的运动。伺服系统的主要部件有伺服电动机，包括步进电动机、直流伺服电动机和交流伺服电动机，还有对应的驱动电源。

4) 检测装置

检测装置是用于测量数控机床进给运动和主运动的装置，包括编码盘、光栅、磁栅和旋转变压器等。检测进给运动的装置通常用于伺服系统为闭环和半闭环控制方式的数控机床，开环控制方式的数控机床没有进给运动的检测装置。对于主运动的检测装置，通常用于数控车床，作为车螺纹的多次进刀用；对于加工中心，则用于检测主轴的准停，以实现自动换刀。

5) 机床本体

机床本体是数控机床的主体，包括床身、底座、立柱、横梁、滑座、工作台、主轴箱、进给机构、刀架及自动换刀装置等机械部件。它是在数控机床上自动地完成各种切削加工的机械部分。

6) 可编程逻辑控制器(PLC)

辅助装置是保证充分发挥数控机床功能所必需的配套装置。常用的辅助装置包括刀具自动交换装置(ATC)、工件自动交换装置(APC)、液压系统、润滑装置、冷却液装置、排屑装置等。

可编程逻辑控制器(PLC)是数控机床辅助动作的控制部件，它接收 M、S、T 功能代码信息，并对其进行译码，转换成与辅助机械动作相对应的控制信号以控制各执行部件的顺序动作，诸如主轴的启停、换刀、工件的自动夹紧与松开、液压、润滑、冷却等。

3. 数控机床的分类

数控机床的种类很多，可从不同的角度进行分类。

1) 按照加工方式分类

根据数控机床加工方式的不同，可分为以下几类：

(1) 金属切削类。按照金属切削的不同方式分为数控车床、数控铣床、数控钻床、数控镗床、数控磨床、数控齿轮加工机床(数控滚齿机、数控插齿机、数控磨齿机)以及带刀库的加工中心、车削中心等。

(2) 金属成型类。金属成型类数控机床采用挤、冲、压、拉等成型工艺进行金属成型加工，常用的有数控压力机、数控折弯机、数控弯管机、数控旋压机和数控冲床等。

(3) 特种加工类。数控特种加工机床有数控电火花线切割机床、数控电火花穿孔加工机床和数控激光切割机、数控火焰切割机等。

(4) 其他类。采用数控技术的非加工设备有多坐标测量机、自动装配机、自动绘图机、工业机器人等。

2) 按照控制刀具运动轨迹分类

根据刀具的运动轨迹可以分为以下三类：

(1) 点位控制类。点位控制数控机床只能控制刀具点对点的运动，即从一个点准确地移动到另一个点，而不控制移动的轨迹，在移动和定位过程中不进行任何加工。这个轨迹通常是折线。这类机床主要有数控坐标镗床、数控钻床、数控冲床、数控电焊机等。点位控制方式如图 1-2 所示。

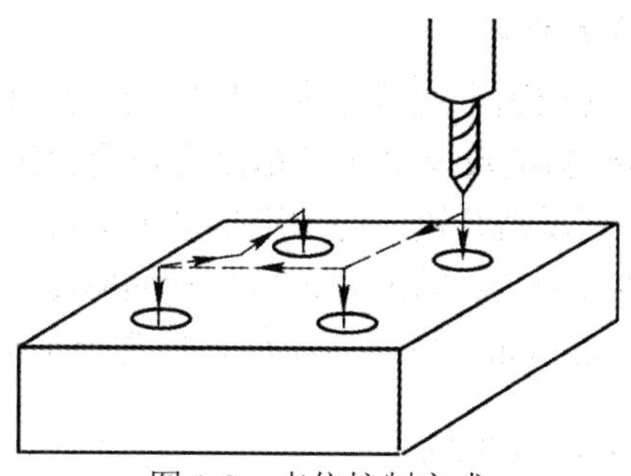

图 1-2　点位控制方式

(2) 点位直线控制类。点位直线控制数控机床可控制刀具点对点的运动和刀具平行于各轴进给方向的直线运动。它可准确地控制点的坐标和直线运动的速度及路线，在机床移动部件时进行切削加工。这类机床主要有数控坐标车床、数控磨床、数控镗铣床等。点位直线控制方式如图 1-3 所示。

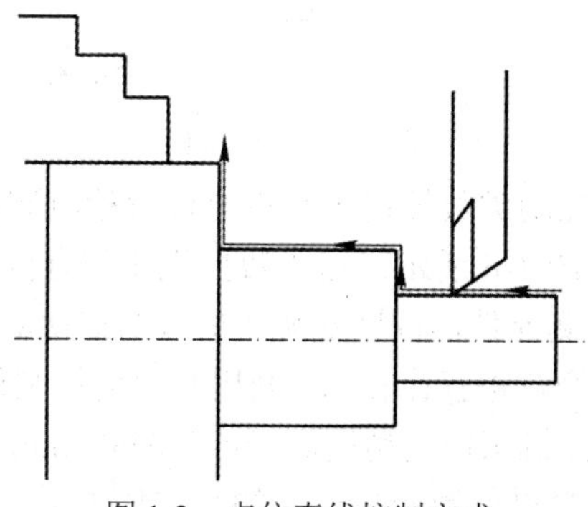

图 1-3　点位直线控制方式

(3) 轮廓控制类。轮廓控制是指数控机床可以控制刀具按照工件的轮廓进行加工，即可以同时控制两个或两个以上轴的运动，也叫作二坐标、三坐标、四坐标、五坐标甚至六坐标联动或更多的坐标联动加工。目前实际应用最多的是五坐标联动加工，它可控制刀具在轮廓每一点上的速度和位置。这种控制方式比较复杂，通常用于数控车床、数控铣床、数控加工中心、数控特种加工机床等。轮廓控制方式如图 1-4 所示。

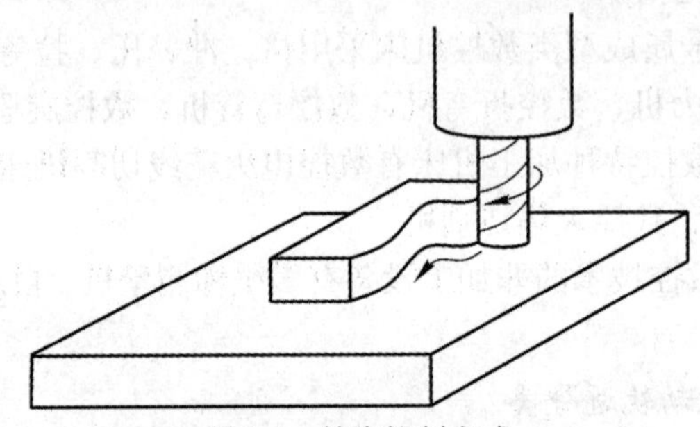

图 1-4　轮廓控制方式

目前，随着数控技术的发展，采用轮廓控制方式的数控机床越来越多，简易数控机床越来越少。一般生产线上的某道工序加工用简易数控机床，相当于数控专用机床，采用点位控制或点位直线控制方式。工厂新进的或正在使用的数控机床，绝大多数都为轮廓控制类数控机床，尤其是现在的数控系统为计算机数控(CNC)，使轮廓控制变得更加容易。

3) 按照伺服系统控制方式分类

数控机床按照伺服系统的控制方式可分为开环控制、闭环控制和半闭环控制三类。

(1) 开环控制类。开环控制类数控机床是指没有位置检测装置的数控机床，如图 1-5 所示。这类机床不带位置检测反馈装置，通常用步进电动机作为执行机构。这类数控机床的控制精度取决于步进电动机的步距精度和机械传动的精度。其控制线路简单，调节方便，精度较低(一般可以达到±0.02 mm)，制造成本低，通常用于简易数控机床或小型机床。

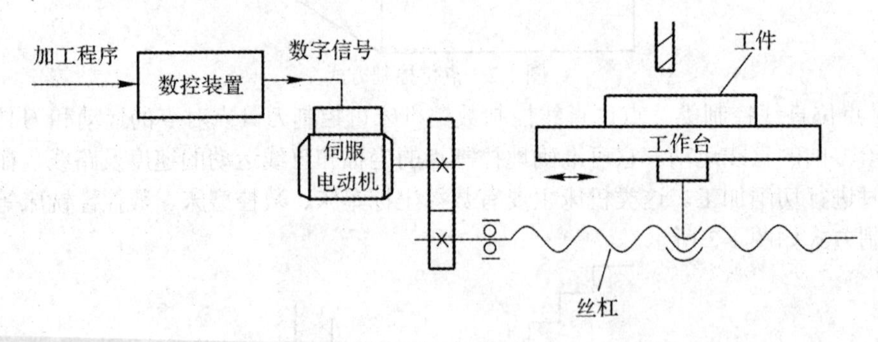

图 1-5　开环控制

(2) 闭环控制类。闭环控制类数控机床是指有位置检测装置的机床，且检测的信息为工作台或刀架的位移量，如图 1-6 所示。这类数控机床带有位置检测反馈装置，其位置检测反馈装置采用直线位移检测元件，直接安装在机床的移动部件上，将测量结果直接反馈到数控装置中，与设定的指令值进行比较后，利用其差值控制伺服电动机，直至差值为零，最终实现精确定位。这类数控机床控制精度高，可达 0.001 mm～0.003 mm，但制造成本高，维修复杂，通常用于一些高精度的数控机床，如数控加工中心、数控车削中心等。

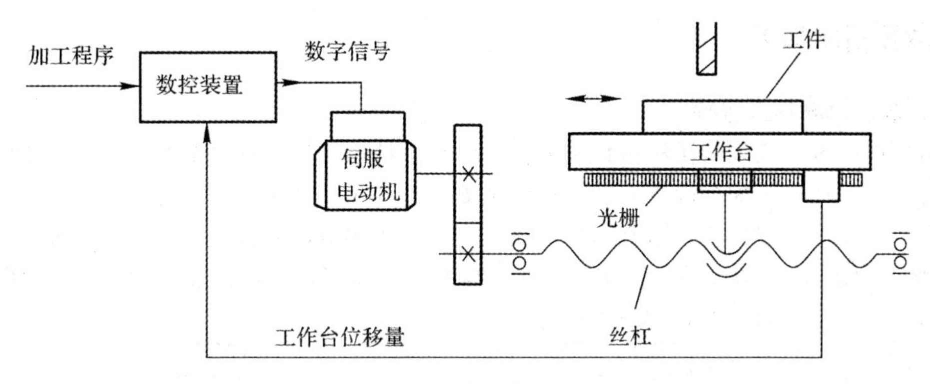

图 1-6　闭环控制

(3) 半闭环控制类。半闭环控制类数控机床是指有位置检测装置的机床，但是检测元件(如感应同步器或光电编码器等)安装在伺服电动机的轴上或滚珠丝杠的端部，检测的信息不是工作台或刀架的位移量，而是丝杠或伺服电动机的角位移量，如图 1-7 所示。由于大部分机械传动环节未包括在系统闭环环路内，因此可获得较稳定的控制特性。其控制精度虽不如闭环控制数控机床，但调试比较方便，因而被广泛采用。因此，多数数控机床属于此类控制方式。

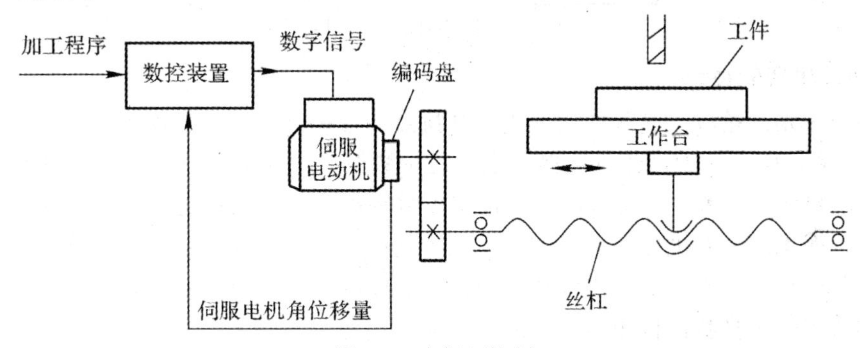

图 1-7　半闭环控制

4) 按照联动坐标数分类

数控机床控制的联动坐标数目是指数控装置能同时控制的由几个伺服电动机同时驱动的机床移动部件的运动坐标数目。联动坐标控制数分类主要有：两轴联动数控机床、2.5 轴联动数控机床、三轴联动数控机床、四轴联动数控机床和五轴联动数控机床。

(1) 两轴联动数控机床：能同时控制两个坐标轴联动的数控机床。如数控车床可同时控制 X、Z 两轴联动。

(2) 2.5 轴联动数控机床：有三个坐标轴，但是只能同时控制两个坐标轴联动，第三个坐标轴仅能作等距的周期移动。

(3) 三轴联动数控机床：能同时控制三个坐标轴联动的数控机床。

(4) 四轴联动数控机床：能同时控制 X、Y、Z 三个直线轴与一个旋转轴联动的数控机床。

(5) 五轴联动数控机床：能同时控制 X、Y、Z 三个直线轴与两个旋转轴联动的数控机床，是功能最全、控制最复杂的一种数控机床。

二、数控机床加工

1. 数控机床加工过程

数控机床加工过程是指用数控机床完成一个零件由毛坯到成品的工艺过程。数控机床加工过程和普通机床加工过程有非常相似之处，二者主要是在编程和操作上有一些区别。

数控机床加工过程比普通机床加工过程多了几个环节，如图 1-8 所示，即编制加工程序(包括切削仿真)、输入程序、建立工件坐标系，只要在普通机床加工的基础上掌握这几个环节，就可掌握数控机床的加工。

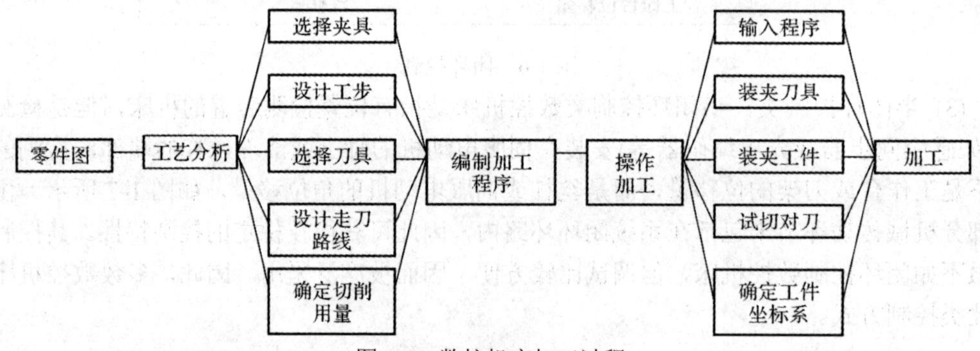

图 1-8　数控机床加工过程

2. 数控机床的特点

数控机床是高精度、高效率的机床，其特点非常突出，主要有以下几个方面：

(1) 适应性强。即柔性化程度高。柔性是指数控机床随生产对象变化而变化的适应能力。在数控机床上改变加工零件时，只需重新编制程序，输入新的程序后就能实现对新零件的加工，而不需改变机械部分和控制部分的硬件，且生产过程是自动完成的。这就为复杂结构零件的单件、小批量生产以及试制新产品提供了极大的方便。适应性强是数控机床最突出的优点，也是数控机床得以生产和迅速发展的主要原因。

(2) 精度高。数控机床的各轴移动由数控装置控制伺服系统，通过伺服电动机传动机构驱动各轴进给。数字信号可以使进给的位移量细分成很小的值，如一般常用的数控机床最小计数单位为 0.001 mm，故可以获得极高的加工精度。此外，数控机床的传动系统与机床结构都具有很高的刚度和热稳定性。通过补偿技术，数控机床可获得比本身精度更高的加工精度。尤其提高了同一批零件生产的一致性，产品合格率高，加工质量稳定。

(3) 生产效率高。零件加工所需的时间主要包括机动时间和辅助时间两部分。数控机床主轴的转速和进给量的变化范围比普通机床大，因此数控机床每一道工序都可选用最有利的切削用量。由于数控机床结构刚性好，因此允许进行大切削用量的强力切削，这就提高了数控机床的切削效率，节省了机动时间。数控机床的移动部件空行程运动速度快，工件装夹时间短，刀具可自动更换，辅助时间比一般机床大为减少。

数控机床更换被加工零件时几乎不需要重新调整机床，节省了零件安装调整时间。数控机床加工质量稳定，一般只做首件检验和工序间关键尺寸的抽样检验，因此节省了停机检验时间。在加工中心机床上加工时，一台机床实现了多道工序的连续加工，生产效率的提高更为显著。

(4) 零件结构复杂。数控机床可以实现多轴联动加工，一般机床多可以二、三轴联动，高档次的机床可以进行四、五轴联动，能加工复杂的螺旋桨、汽轮机叶片等空间曲面类零件。

三、数控系统

1. 数控系统基本原理

数控系统是数控机床的核心部件，通常由数控装置和伺服系统组成(有的书中定义为数控装置)。数控系统的作用是输入程序，编译、运算，输出信号给伺服系统，伺服系统由伺服控制单元、驱动单元、伺服电动机、传动机构、速度反馈单元、位置反馈单元组成，其作用为接收数控装置发来信号，输出电机的转动或移动，驱动机床完成加工。数控系统框图如图 1-9 所示。其基本组成为微机基本系统和接口电路，伺服系统的基本组成为速度伺服单元和伺服电动机。

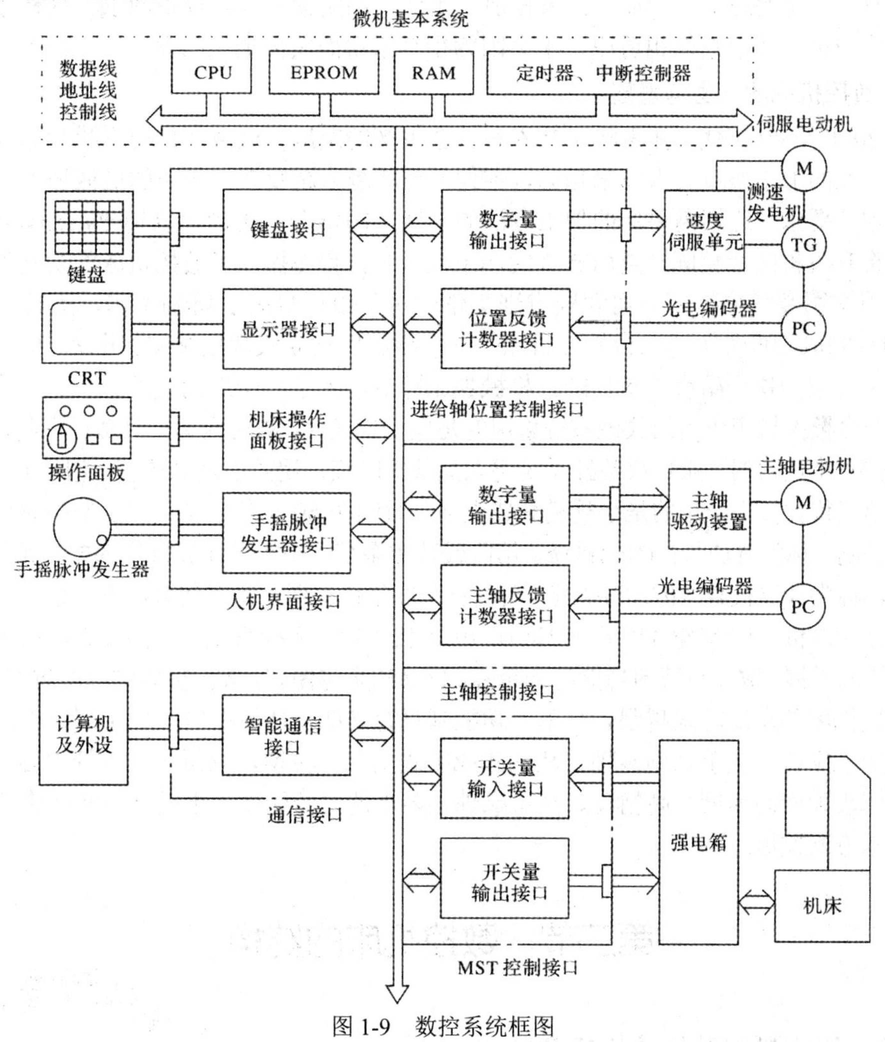

图 1-9　数控系统框图

2. 常用数控系统

目前，大多数数控机床用的是进口的数控系统，其中用得较多的是德国西门子公司的

SINUMERIK 系列(如 SINUMERIK802S/802D/810D/840C/840D 等)，日本发那科公司的FANUC 系列(如 FANUC-0MC、FANUC-0i、FANUC-16/18/21i 等)以及海德汉 Heidenhain、三菱系统等。除此之外，还有一些国产的数控系统，如华中数控(如华中世纪星 HNC-22T/M)、广州数控(如广州数控 GSK980TD)等。这些数控系统主导了几乎所有数控机床的数控系统，高档的数控机床，如四、五轴联动的数控铣床或加工中心，多使用 SINUMERIK840C、SINUMERIK840D、FANUC-21i、FANUC-30i/31i/32i 等系统；中档的有国产的和进口的，如 FANUC-0i、FANUC-0T、FANUC-0M、SINUMERIK 810D、802D 等；低档的有SINUMERIK802S、FANUC-0T、FANUC-0M、HNC-22T/M、GSK980TD 等。

数控系统有不同的品牌、不同的种类，其指令代码中的基本代码也不完全相同。数控系统之间的不同指令对学习编程是一大障碍，因为学习的数控系统如果和操作使用的数控系统不一样，则编好的程序在数控系统不相同的机床上将不能使用。因此，在数控机床实际编程时，一定要遵循一个前提：编程前一定要仔细阅读机床编程说明书。这样才能保证所编程序与机床数控系统相适应，不会因为指令错误而发生加工错误。

3. 数控机床的产生与发展

在 20 世纪 40 年代，随着科学技术和社会生产的发展，机械产品的形状和结构不断改进，对零件的加工质量要求越来越高，零件的形状越来越复杂，传统的机械加工方法已无法达到零件要求，迫切需要新的加工方法的出现。1948 年，美国帕森斯(Parsons)公司在研制加工直升飞机叶片轮廓检查用样板的加工机床时，首先提出了数控机床的初始设想。后来由美国空军委托帕森斯公司和麻省理工学院进行数控机床的研制工作，历时三年，于1952 年试制成功世界上第一台数控机床——三坐标联动立式数控铣床。此次，机械加工方法登上了机电一体化结合的新台阶，机械加工行业进入了一个新的天地。

第一台数控机床所用的数控系统采用的是电子管元件，被称为第一代数控系统，时间在20 世纪 50 年代初期。第二代数控系统进入晶体管时代，用的都是晶体管，时间在 50 年代末期。第三代数控系统用的是小规模集成电路，时间在 60 年代中期。以上数控系统都是采用硬件控制，称为普通数控(NC)系统。第四代数控系统采用小型计算机作为控制系统，用软件控制，称为计算机数控(CNC)系统，时间在 70 年代初期。第五代数控系统采用微处理机技术，称为微机数控(MNC)系统，时间在 70 年代中期。数控系统发展到今天，由于微处理芯片的不断发展，数控系统的功能越来越强，价格越来越便宜，数控机床的应用越来越普及。

数控机床的功能越来越强，从单一功能到复合功能，从数控车床到车削中心，从数控铣床到加工中心，从单轴到多轴，从立式或卧式到立卧转换，以至于到车铣中心。目前，数控机床正朝着高速度、高精度、高可靠性、多功能、智能化、集成化、网络化及其开放性等技术方向发展。

第二节　数控机床的结构

一、数控机床机械结构的组成和特点

典型数控机床的机械结构主要由基础件、主传动系统、进给传动系统、回转工作台、

自动换刀装置及其他机械功能部件等几部分组成。

(1) 基础件。数控机床的基础件通常是指床身、立柱(或横梁)、工作台、底座等结构件，是机床的基本框架。其他部件附着在基础件上，有的部件还需要沿着基础件运动。由于基础件起着支承和导向的作用，因而对基础件的基本要求是刚度好。此外，由于基础件通常固有频率较低，在设计时，还希望它的固有频率能高一些，阻尼能大一些。

(2) 主传动系统。和传统机床一样，数控机床的主传动系统将动力传递给主轴，保证系统具有切削所需要的转矩和速度。但由于数控机床具有比传统机床更高的切削性能，因而要求数控机床的主轴部件具有更高的回转精度、更好的结构刚度和抗振性能。由于数控机床的主传动常采用大功率的变速电动机，因而主传动链比传统机床短，不需要复杂的变速机构。由于自动换刀的需要，具有自动换刀功能的数控机床主轴在内孔中需要有刀具自动松开和夹紧装置。

(3) 进给传动系统。数控机床的进给驱动机械结构是直接接收计算机发出的控制指令，实现直线或旋转运动的进给和定位，对机床的运行精度和质量影响最明显。因此，对数控机床传动系统的主要要求是精度、稳定性和快速响应的能力，即要求它能尽快地根据控制指令，稳定地达到所需的加工速度和位置精度，并尽量少地出现振荡和超调现象。

(4) 回转工作台。根据工作要求可将回转工作台分成两种类型，即数控转台和分度转台。数控转台在加工过程中参与切削，相当于进给运动坐标轴，因而对它的要求和进给传动系统的要求是一样的。分度转台只完成分度运动，其主要具备分度精度指标和在切削力作用下保持位置不变的能力。转塔刀架在原理和结构上都和分度转台类似。

(5) 自动换刀装置。为了在一次安装后能尽可能多地完成同一工件不同部位的加工要求，并尽可能减少数控机床的非故障停机时间，数控加工中心的机床常具有自动换刀装置和自动化托盘交换装置。对自动换刀装置的基本要求主要是结构简单、工作可靠。

(6) 其他机械功能部件。这主要指润滑、冷却、排屑和监控机构。由于数控机床是生产效率极高并可以长时间实现自动化加工的机床，因而润滑、冷却、排屑问题比传统机床更为突出。大切削量的加工需要强力冷却和及时排屑，冷却不足或排屑不畅会严重影响刀具的寿命，甚至使得加工无法继续进行。大量冷却和润滑的作用还对系统的密封和防漏提出了更高的要求，从而导致半封闭、全封闭结构的机床出现。

为满足数控机床的高速度、高精度、高生产率、高可靠性和高自动化程度的要求，在设计和制造数控机床的过程中，在机床的机械传动和结构方面采取了许多相应的措施，这就使得数控机床与同类的普通机床在结构上虽然十分相似，但两者之间实际存在很大的差异。这些差异主要包括：

(1) 机床的支承件应有更高的静、动刚度，以及更好的抗振性。

(2) 采用在效率、刚度、精度等方面较优良的传动副，如滚珠丝杠-螺母副、静压丝杠-螺母副等。

(3) 采用消除间隙的传动副，以消除传动链中反向空行程死区，提高伺服性能。

(4) 采用自动换刀和自动更换工件装置，以减少停机时间。

(5) 采用多主轴、多刀架的结构，以提高单位时间的切削效率。

(6) 采用自动排屑、自动润滑和冷却等装置。

(7) 采取措施减小机床的热变形，保证机床的精度稳定，获得可靠的加工质量。

二、提高机床的结构刚度

根据床身所受载荷性质的不同，床身刚度分为静刚度和动刚度。床身的静刚度包括支承件的自身机构刚度、局部刚度和接触刚度，静刚度直接影响机床的加工精度及其生产率。动刚度直接反映机床的动态特征，其表征机床在交变载荷作用下所具有的抵抗变形的能力和抵抗受迫振动及自振动的能力。静刚度和固有频率是影响动刚度的重要因素。数控机床要求具有更高的静刚度和动刚度。

机床在加工过程中，承受各种外力的作用。承受的静态力有运动部件和工件的自重，承受的动态力有切削力、驱动力、加速和减速所引起的惯性力、摩擦阻力等。机床的各个部件在这些力的作用下，将产生变形。如固定连接表面或运动啮合表面的接触变形，各支承零部件的弯曲和扭转变形，以及某些支承件的局部变形等，这些变形都会直接或间接地影响刀具和工件之间的相对位移，从而导致工件的加工误差，或者影响机床切削过程的特性。

由于加工状态的瞬时多变，情况复杂，通常很难对结构刚度进行精确的理论计算。设计者只能对部分构件(如轴、丝杠等)用计算方法计算其刚度，而对床身、立柱、工作台和箱体等零件的弯曲和扭转变形，接合面的接触变形等，只能将其简化后进行近似计算，其计算结果往往与实际相差很大，故只能作为定性分析的参考。近年来，在机床设计中也开始采用有限元法进行计算，但是一般来讲，在设计时仍然需要对模型、实物或类似的样机进行试验、分析和对比，以确定合理的结构方案。尽管如此，遵循下述原则和措施，仍可以合理地提高机床的结构刚度。

1. 合理选择构件的结构形式

1) 正确选择截面的形状和尺寸

构件在承受弯曲和扭转载荷后，其变形大小取决于断面的抗弯和扭转惯性矩，抗弯和扭转惯性矩大的其刚度就高。表 1-1 列出了在截面面积相同(即重力相同)时各断面形状的惯性矩，从表中的数据可知，形状相同的截面，当保持相同的截面面积时，应减小壁厚、加大截面的轮廓尺寸；圆形截面的抗扭刚度比方形截面的大，抗弯刚度则比方形截面的小，封闭式截面的刚度比不封闭式截面的刚度大很多；壁上开孔将使刚度下降，在孔周加上凸缘可使抗弯刚度得到恢复。

表 1-1　断面面积相同时各断面形状的惯性矩

序号	截面形状/mm	惯性矩计算值 惯性矩相对值		序号	截面形状/mm	惯性矩计算值 惯性矩相对值	
		抗弯	抗扭			抗弯	抗扭
1	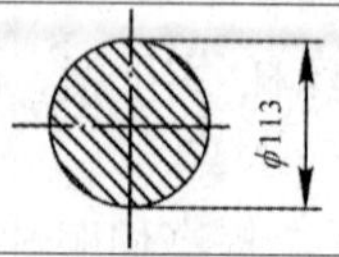 φ113	800 1.0	1600 1.0	3	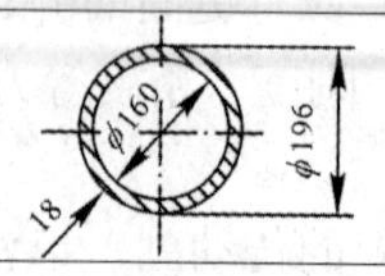 φ160, φ196, 18	4030 5.04	8060 5.04
2	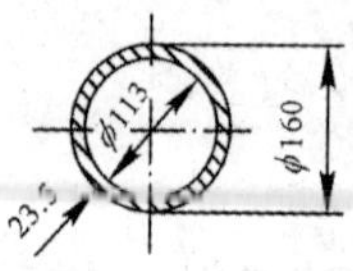 φ113, φ160, 23.5	2412 3.02	4824 3.02	4	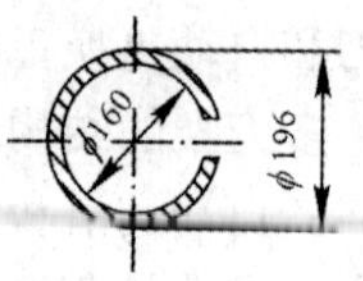 φ160, φ196		108 0.07

续表

序号	截面形状 /mm	惯性矩计算值 惯性矩相对值 抗弯	惯性矩计算值 惯性矩相对值 抗扭	序号	截面形状 /mm	惯性矩计算值 惯性矩相对值 抗弯	惯性矩计算值 惯性矩相对值 抗扭
5		$\frac{15521}{19.4}$	$\frac{134}{0.99}$	8		$\frac{3333}{4.17}$	$\frac{680}{0.43}$
6		$\frac{833}{1.04}$	$\frac{1400}{0.88}$	9		$\frac{5860}{7.33}$	$\frac{1316}{0.82}$
7		$\frac{2555}{3.19}$	$\frac{2400}{1.27}$	10		$\frac{2720}{3.4}$	

2) 合理选择及布置隔板和筋条

隔板的作用是将支承板的局部载荷传递给其他壁板，从而使整个支承件承受载荷，提高支承件的自身刚度。合理布置承重件的隔板和筋条，可提高构件的静、动刚度。常见的筋条如图 1-10 所示，其中以蜂窝状加强筋较好。

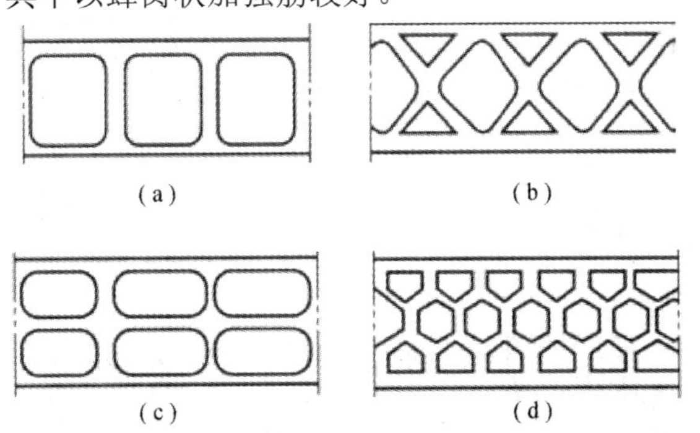

图 1-10　筋条种类

对一些薄壁构件，为减小壁面的翘曲和构件截面的畸变，可以在壁板上设置如图 1-11 所示的筋条。如图 1-11(a)所示，它除了能提高构件的刚度外，还能减小铸造时的收缩应力。

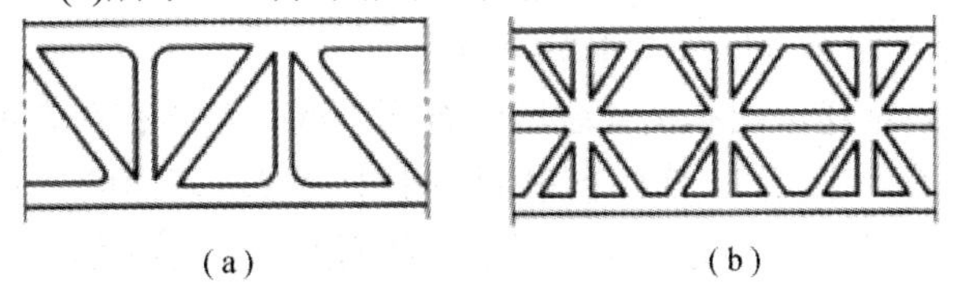

图 1-11　薄壁板上的筋条

最常见的隔板形状为 T 形、门形、V 形等，如图 1-12 所示。

(a) T形　　(b) 门形　　(c) W形

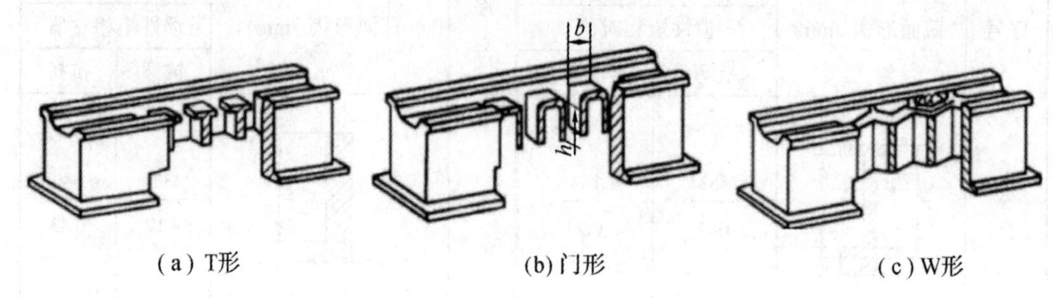

图 1-12　隔板形状

T 形隔板连接可提高水平面抗弯刚度，但对提高垂直面抗弯刚度和抗扭刚度不显著，多用在刚度要求不高的床身上。

门形隔板具有一定的宽度 b 和高度 h，在垂直面上和水平面上的抗弯刚度比 T 形好，制造工艺性也比较好，在很多大型车床上都可以看到。

W 形隔板能较好地提高水平面上的抗弯、抗扭刚度，对中心距超过 1500 mm 的长床身效果最为显著。

斜向拉筋，床身刚度最高，排屑容易。

3) 提高构件的局部刚度

机床的导轨和支承件的连接部件，往往是局部刚度最弱的部分，但是连接方式对局部刚度的影响很大，需增加导轨与支承件的连接部分的刚度。支承件在连接处抵抗变形的能力,称为支承件的连接刚度。如图 1-13 所示为导轨和床身连接的几种形式。当导轨的尺寸较宽时，应用双壁连接形式，如图 1-13(d)、(e)、(f)所示；当导轨较窄时，可用单壁或加厚的单壁连接，或者在单壁上增加垂直筋条以提高刚度。

(a)　(b)　(c)　(d)

(e)　(f)　(g)

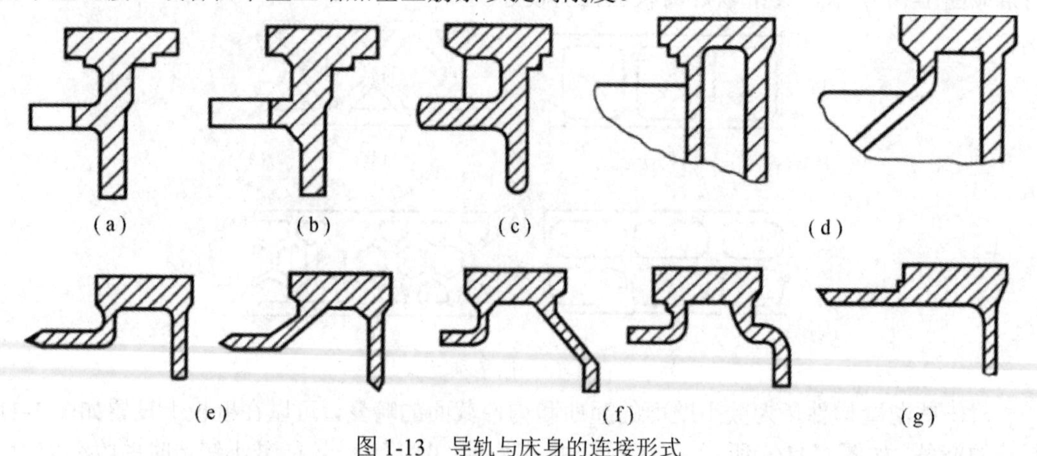

图 1-13　导轨与床身的连接形式

4) 增加机床各部件的接触刚度和承载能力

在机床各部件的固定连接面和运动副的结合面之间，总会存在宏观和微观不平，两个面之间真正接触的只是一些高点，实际接触面积小于两接触表面的面积，因此，在承载时，作用于这些接触点的压强要比平均压强大得多，从而产生接触变形。由于机床总有为数较多的静、动连接面，如果不注意提高接触刚度，则各连接面的接触变形就会大大降低机床的整体刚度，对加工精度产生非常不利的影响。

影响接触刚度的根本因素是实际接触面积的大小，任何增大实际接触面积的方法都能有效地提高接触刚度。如机床的导轨常采用人工铲刮工艺作为最终的精加工工序，通过刮研可以增加单位面积上的接触点，并使接触点分布均匀，从而增加导轨副结合面的实际接触面积，提高接触刚度；又如采用滚动轴承作为支承的主轴部件，都要设计预紧结构来调整轴承间隙，使轴承在有预加载荷的条件下运转，以提高主轴的支承刚度。预加载荷增大了实际接触点的面积，从而达到提高接触刚度的目的；采用螺纹紧固的固定连接面，合理布置一定数量的螺栓，并对螺栓的拧紧力矩提出严格要求以保证适当的预紧力，也是为提高接触刚度而常采用的措施。

5) 采用钢板焊接结构

机床的床身、立柱等支承件，采用钢板和型钢焊接而成，具有减小质量提高刚度的显著优点。钢的弹性模量约为铸铁的 2 倍，在形状和轮廓尺寸相同的前提下，如要求焊接件与铸件的刚度相同，则焊接件的壁厚只需铸件的 1/2；如果要求局部刚度相同，则因局部刚度与壁厚的三次方成正比，所以焊接件的壁厚只需铸件壁厚的 80%左右。此外，无论是刚度相同以减轻质量，或者质量相同以提高刚度，都可以提高构件的谐振频率，使共振不易发生。用钢板焊接有可能将构件做成封闭的箱形结构，从而有利于提高构件的刚度。所以，近年来以钢板焊接结构代替铸铁件的趋势不断扩大，从开始在单件和小批量的重型和超重型机床上的应用，逐步发展到有一定批量的中型机床。

2. 合理的结构布局可以提高刚度

机床的总体布局直接影响到机床的结构和性能。合理选择机床布局，不但可以使机械结构更简单、合理、经济，而且能提高机床刚度，改善机床受力情况，提高热稳定性和操作性能，使机床满足数控化的要求。

以卧式镗床或卧式加工中心为例进行分析，如图 1-14 所示的几种布局形式中，如图(a)、(b)、(c)三种方案的主轴箱是单面悬挂在立柱侧面，主轴箱的自重将使立柱产生弯曲变形；切削力将使立柱产生弯曲和扭转变形，这些变形将影响到加工精度；图(d)的主轴箱中心位于立柱的对称面内，主轴箱的自重不再引起立柱的变形，相同的切削力所引起的立柱的弯曲和扭转变形均大为减小，这就相当于提高了机床的刚度。

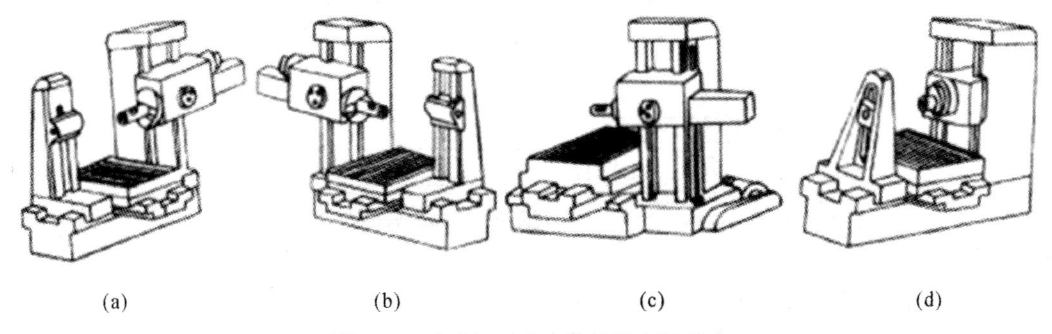

(a)　(b)　(c)　(d)

图 1-14　卧式加工中心的几种布局形式

(a)、(b)、(c)主轴箱单面悬挂在立柱侧面；(d) 主轴箱位于立柱对称面内数控机床的拖板或工作台，由于结构尺寸的限制，厚度尺寸不能设计得太大，但是宽度或跨度又不能减小，因而刚度不足。为弥补这个缺陷，除主导轨外，在悬伸部位增设辅助导轨，可大大提高拖板或工作台的刚度。如图 1-15 所示为采用辅助导轨的结构实例。

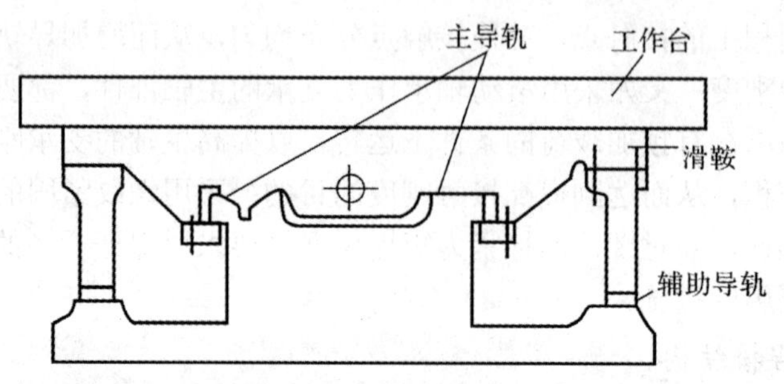

图 1-15　采用辅助导轨结构

3. 采取补偿构件变形的结构措施

当测量机床着力点的相对变形的大小和方向，或者预知构件的变形规律时，可以采取相应的措施来补偿变形以消除其影响，补偿的结果相当于提高了机床的刚度。图 1-16(a)所示的大型龙门铣床与主轴部件移到横梁的中部时，横梁的弯曲变形最大。为此，可将横梁导轨做成“拱形”，即中部为凸起的抛物线形，可使其变形得到补偿。或者通过在横梁内部安装的辅助横梁和预校正螺钉对主导轨进行预校正，也可以用加平衡重的办法，减少横梁同主轴箱自重而产生的变形，如图 1-16(b)所示。落地镗床主轴套筒伸出时的自重下垂，卧式铣床主轴滑枕伸出时的自重下垂，均可用加平衡重的办法来减少或消除其下垂。

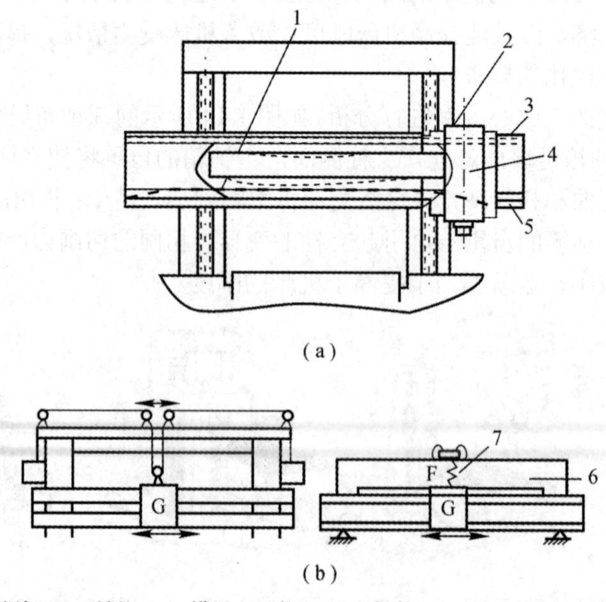

1—预校正螺钉；2—铁块；3—横梁上导轨；4—主轴箱；5—下导轨；6—辅助梁；7—拉力弹簧

图 1-16　采用平衡装置补偿部件变形

三、数控机床主轴部件

主轴部件是机床的一个关键部件，它包括主轴的支承、安装在主轴上的传动零件等。主轴部件质量的好坏直接影响加工质量。

1. 主轴部件的结构设计

1) 主轴端部的结构形状

主轴的轴端用于安装夹具和刀具，要求夹具和刀具在轴端定位精度高、定位刚度好、装卸方便，同时使主轴的悬伸长度短。在设计要求上，应能保证定位准确、安装可靠、连接牢固、装卸方便，并能传递足够的扭矩。主轴端部的结构形状都已标准化。

数控车床的主轴端部结构一般采用短圆锥法兰盘式。短圆锥法兰结构有很高的定心精度，主轴的悬伸长度短，大大提高了主轴的刚度。加工中心主轴如图 1-17 所示。其他类型机床的主轴轴端结构见表 1-2 所示。

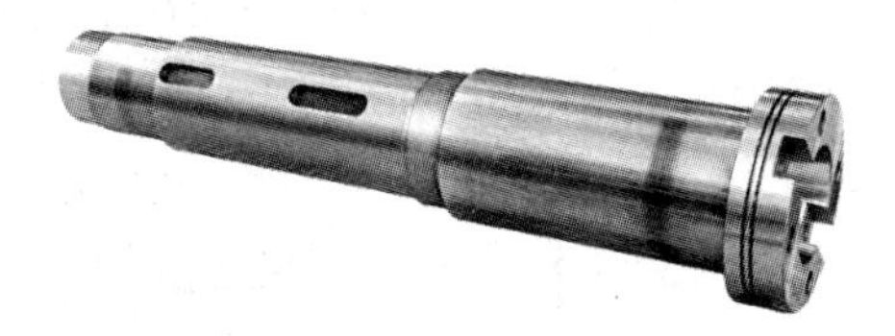

图 1-17　加工中心主轴

表 1-2　机床主轴轴端形状

序号	主轴轴端形状	应用	序号	主轴轴端形状	应用
1		铣镗类机床主轴	3		外圆磨床主轴
2		车床主轴	4		内圆磨床主轴

2) 主轴部件的支承

机床主轴带着刀具或夹具在支承中作回转运动能传递切削扭矩承受切削抗力，并保证必要的旋转精度。

(1) 主轴部件常用滚动轴承的类型：包括锥孔双列圆柱滚子轴承、双列推力向心球轴承、双列圆锥滚子轴承、带凸肩的双列圆锥滚子轴承等。

图 1-18(a)为锥孔双列圆柱滚子轴承，内圈为 1∶12 的锥孔，当内圈沿锥形轴作轴向移动时，内圈胀大，可以调整滚道间隙。特点：滚子数量多，两列滚子交错排列，因此承载能力大，刚性好，允许转速较高。但它对箱体孔、主轴颈的加工精度要求高，且只能承受径向载荷。

图 1-18(b)为双列推力向心球轴承，接触角为 60°。这种轴承的球径小、数量多，允许转速高，轴向刚度较高，能承受双向载荷。该种轴承一般与双列圆柱滚子轴承配套用作主轴的前支承。

图 1-18(c)为双列圆锥滚子轴承。这种轴承的特点是内、外列滚子数量相差一个，能使振动频率不一致，因此，可以改善轴承的动态性能。该轴承可以同时承受径向载荷和轴向载荷，通常用作主轴的前支承。

图 1-18(d)为带凸肩的双列圆锥滚子轴承。这种轴承的结构和图 1-18(c)相似，特点是滚子做成空心，因此能进行有效润滑和冷却；此外，还能在承受冲击载荷时产生微小变形，增加接触面积，起到有效的吸振和缓冲作用。常见滚动轴承的性能比较见表 1-3。

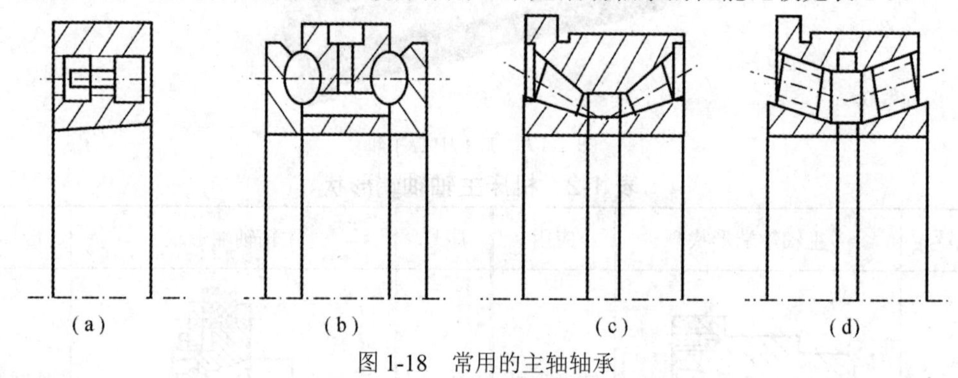

图 1-18　常用的主轴轴承

表 1-3　滚动轴承性能比较

轴承名称	极限转速	刚度	强度	温升
向心球轴承	高	中	低	低
角接触球轴承	高	中高	低	低
圆锥滚子轴承	中低	中高	较大	高
推力轴承	低	轴向高	较大	中
圆柱滚子轴承	中	高	中	中高

(2) 滚动轴承的精度。主轴部件所用滚动轴承的精度有：高级 E、精密级 D、特精级 C 和超精级 B。前轴承的精度一般比后支承的精度高一级，也可以用相同的精度等级。普通精度的机床通常前支承取 C、D 级，后支承用 D、E 级。特高精度的机床前后支承均用 B 级精度。

3) 主轴滚动轴承的配置

合理配置轴承，对提高主轴部件的精度和刚度、降低支承温升、简化支承结构有很大的作用。主轴的前后支承均应有承受径向载荷的轴承，承受轴向力的轴承的配置主要根据主轴部件的工作精度、刚度、温升和支承结构的复杂程度等因素来决定。

一般中、小型数控机床的主轴部件多数采用滚动轴承作为主轴支承，目前主要有以下四种配置方式，如图 1-19 所示。

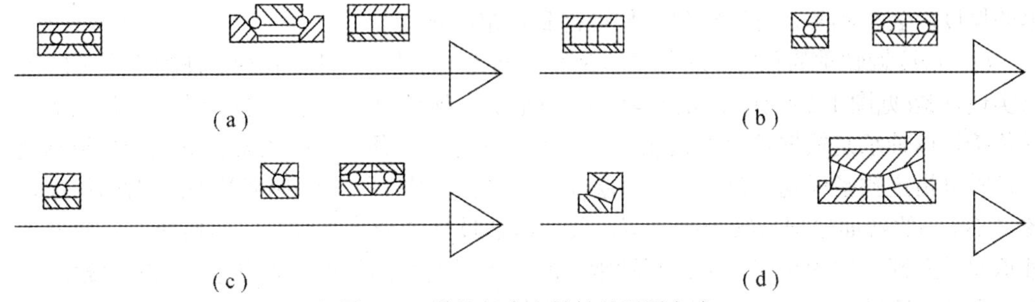

图 1-19　数控机床主轴轴承配置方式

(1) 前支承采用双列短圆柱滚子轴承和 60° 角接触双列推力向心球轴承组合，如图 1-19(a)所示。此配置方式可承受径向载荷和轴向载荷，后支承为成对的推力角接触球轴承，从而使主轴的综合刚度大幅度提高，可以满足强力切削的要求，普遍应用于各类数控机床。这种配置的后轴承也可采用圆柱滚子轴承，进一步提高后支承的径向刚度。

(2) 如图 1-19(b)所示，前轴承采用成组推力角接触球轴承，承受径向载荷和轴向载荷，后支承采用双列圆柱滚子轴承。这种配置具有良好的高速性能(主轴最高转速可达 4000 r/min 以上)，主轴部件的精度也较好，适用于高速、重载的主轴部件。

(3) 前支承采用高精度双列推力向心球轴承，如图 1-19(c)所示。双列推力向心球轴承具有良好的高速性能，主轴最高转速可达 4000 r/min，但其承载能力小，仅适用于高速、轻载和精密的数控机床的主轴。为提高这种配置方式的主轴刚度，前支承可以用四个或更多的轴承组合，后支承用两个轴承组合。

(4) 前、后轴承采用双列和单列圆锥滚子轴承，如图 1-19(d)所示。这种轴承能承受较大的径向和轴向力，使主轴能承受重载荷，尤其是承受较强的动载荷，且刚度好，安装和调试性能好。但这种配置限制了主轴的最高转速和精度，只适用于中等精度、低速与重载的数控机床主轴。

4) 主轴滚动轴承的预紧

为了提高轴承的旋转精度，增加轴承装置的刚性，减少机床工作时轴的振动，常采用预紧的滚动轴承。主轴轴承的内部间隙必须能够调整，多数轴承还应在过盈状态下工作，使滚动体与滚道之间有一定的预变形，这就是轴承的预紧。

轴承预紧后，内部无间隙，滚动体从各个方向支承主轴，有利于提高运动精度。滚动体的直径不可能绝对相等，滚道也不可能绝对正圆，因而预紧前只有部分滚动体与滚道接触。预紧后，滚动体和滚道都有了一定的变形，参加工作的滚动体将更多，各滚动体的受力将更为均匀，这些都有利于提高轴承的精度、刚度和寿命。如主轴产生振动，则由于各个方面都有滚动体支承，可以提高抗振性，但是，预紧后发热较多，温升较高，且太大的预紧将使寿命下降，故预紧要适量。

(1) 双列圆柱滚子轴承的预紧。这种轴承是靠内孔的锥面，使内圈径向胀大实现预紧的，故称径向预紧。衡量预紧量大小的是滚子包络圆直径 D_2(见图 1-20(a))与外圈滚道直径

D_1之差 $\Delta=D_2-D_1$。将 Δ 称为径向预紧量或简称预紧量，单位为 μm。装配时，把外圈装入壳体孔内，测出 D_1。先不装隔套(见图 1-20(b))，把内圈装上主轴，拧动螺母，用专门的包络圆测量仪测量滚动体的包络圆直径，直到使它比 D_1 大 Δ，测出距离 τ，按 τ 值研磨隔套的厚度。装上隔套，拧紧螺母，便可得到预定的预紧量。

(2) 角接触轴承的预紧。这种轴承是在轴向力 F_{a0} 的作用下，使内、外圈产生轴向错位以实现预紧(见图 1-20(c))。衡量预紧大小的是轴向预紧力 F_{a0}，简称预紧力，单位为 N。多联角接触球轴承是根据预紧力组配的。轴承厂规定了轻预紧、中预紧、重预紧几级预紧。订货时可指定预紧级别。轴承厂在内圈(背靠背组配，见图 1-20(d))或外圈(面对面组配，见图 1-20(e))的端面根据预紧力磨去 δ。装配时通过挤紧便可得到预定的预紧力，如果两个轴承间需隔开一定的距离，可在两轴承之间加入厚度相同的内、外隔套，在轴向载荷作用下，不受力侧轴承的滚动体与滚道不能脱离接触。满足这个条件的最小预紧力，双联组配为最大轴向载荷的 35%(近似地取 1/3)，三联组配为 24%(近似地取 1/4)。

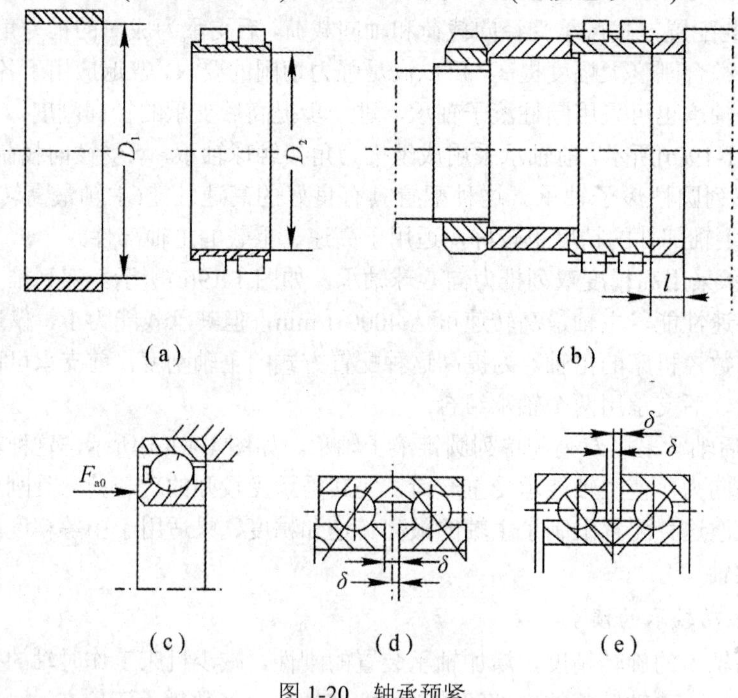

图 1-20　轴承预紧

5) 主轴的材料和热处理

主轴材料的选择主要根据刚度、载荷特点、耐磨性和热处理变形大小等因素确定。主轴材料常采用的有 45 钢、38CrMoAlA、GCr15、9Mn2V，需经渗氮和感应淬火。

2. 立式加工中心主轴部件

如图 1-21 所示为立式加工中心主轴箱的结构简图。主轴为中空外圆柱零件，前端装定向键，与刀柄配合部位采用 7∶24 的锥度。为了保证主轴部件刚度，前支承由三个 C 级向心推力角接触球轴承 4 组成，前两个大口朝上，承受切削力，提高主轴刚度，后一个大口朝下，后支承采用两个 D 级向心推力角接触球轴承 6，小口相对，后支承仅承受径向载荷，故外圈轴向不定位。轴承采用油脂润滑。

刀具自动拉紧与松开机构及切屑清除装置装在主轴内孔中，刀夹自动拉与紧松开机构由拉杆7和头部的四个5/16英寸(1英寸＝25.4 mm)钢球3、蝶形弹簧8、活塞10和圆柱螺旋弹簧9组成。夹紧时，活塞10的上端无油压，弹簧9使活塞10向上移到图示位置。蝶形弹簧8使拉杆7上移至图示位置，钢球进入刀杆尾部拉钉2的环形槽内，将刀杆拉紧。当需松开刀柄时，液压缸的上腔进油，活塞10向下移动压缩弹簧9，并推动拉杆7向下移动。与此同时，蝶形弹簧8被压缩。钢球随拉杆一起向下移动。移至主轴孔径较大处时，便松开刀杆，刀具连同刀杆将一起被机械手拔出。

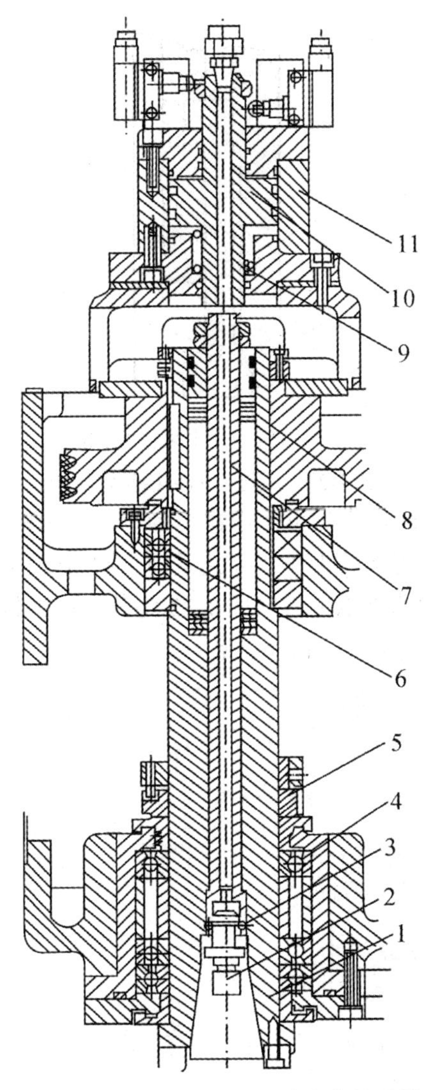

1—主轴；2—拉钉；3—钢球；4、6—向心推力角接触球轴承；5—预紧螺母；
7—拉杆；8—蝶形弹簧；9—圆柱螺旋弹簧；10—活塞；11—液压缸

图1-21　立式加工中心主轴箱结构简图

刀柄夹紧机构采用弹簧夹紧、液压放松，以保证在工作中如果突然停电，刀柄不会自行松脱。

活塞杆孔的上端接有压缩空气。机械手把刀具从主轴中拔出后，压缩空气通过活塞杆和拉杆的中孔，把主轴锥孔吹净。

行程开关用于发出夹紧和松开刀柄的信号。

该机床用钢球拉紧刀柄，此拉紧方法的缺点是接触应力太大，易将主轴孔和刀柄压出坑痕，改进后的刀杆拉紧机构采用弹力卡爪。卡爪由两瓣组成，装在拉杆 1 的下端，如图 1-22 所示。夹紧刀具时，拉杆 1 带动弹力卡爪 2 上移，卡爪下端的外周是锥面 *B*，与套 3 的锥孔相配合使爪收紧，从而卡紧刀柄。这种卡爪与刀柄的接合面 *A* 与拉力垂直，故拉紧力较大。卡爪与刀柄为面接触，接触应力较小，不易压溃。

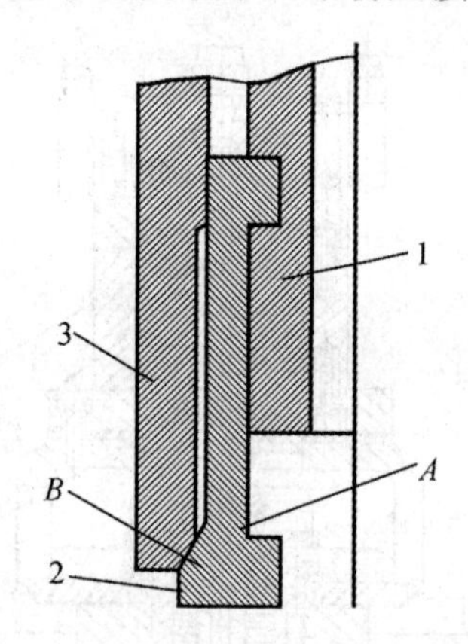

1—拉杆；2—卡爪；3—套

图 1-22　改进后的刀柄拉紧机构

活塞 10 对蝶形弹簧 8 的压力如果作用在主轴上，并传至主轴的支承，使主轴承受附加的载荷，这样不利于主轴支承的工作。因此采用了卸荷结构，使对蝶形弹簧 8 的压力转化为内力，不致传递到主轴的支承上去。图 1-23 为其卸荷结构。

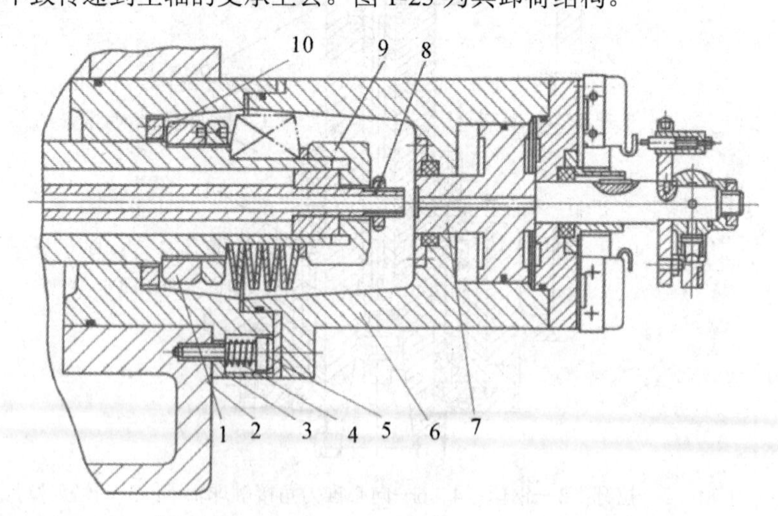

1—螺母；2—箱体；3—连接座；4—弹簧；5—螺钉；

6—油缸体；7—活塞杆；8—拉杆；9—套环；10—垫圈

图 1-23　卸荷结构

油缸体 6 与连接座 3 固定在一起，但是连接座 3 由螺钉 5 通过弹簧 4 压紧在箱体 2 的端面上，连接座 3 与箱孔为滑动配合。当油缸的右端通入高压油使活塞杆 7 向左推压拉杆 8 并压缩蝶形弹簧的同时，油缸的右端面也同时承受相同的液压力。故此，整个油缸连同连接座 3 压缩弹簧 4 而向右移动，使连接座 3 上的垫圈 10 的右端面与主轴上的螺母 1 的左端面压紧，因此，松开刀柄时对蝶形弹簧的液压力就成了在活塞与油缸体 6、连接座 3、垫圈 10、螺母蝶形弹簧、套环 9、拉杆 8 之间的内力，从而使主轴支承不致承受液压推力。

3. **主轴的准停装置**

为了保证刀具在主轴中的准确定位，提高机床的工作效率和自动化程度，多数数控机床具有主轴准停功能。所谓准停，就是当主轴停转进行刀具交换时，主轴需停在一个固定不变的方位上，因而保证主轴端面的键也在一个固定的方位，使刀柄上的键槽能恰好对正端面键。

目前准停装置很多，主要分电气定向式和机械控制式两种形式。

(1) 电气定向式主轴准停装置。现代的数控机床一般都采用电气定向式主轴准停装置，这种准停装置结构简单，动作迅速、可靠，精度和刚度较高。在主轴上或与主轴有传动联系的传动轴上安装位置编码器或磁性传感器，配合直流或交流调速电机实现纯电气定向准停。电气定向式主轴准停装置的结构原理如图 1-24 所示。在多楔带轮 1 的端面上装有一个厚垫片 4，垫片 4 上装有一个体积很小的永久磁铁 3，在主轴箱箱体对应于主轴准停的位置上装有磁传感器 2。当主运动接到主轴停转的指令后，主轴立即以最低转速转动；当永久磁铁 3 对准磁传感器 2 时，磁传感器 2 立即发出准停信号，信号放大后，由定向电路控制主轴电动机准确地停止在规定的周向位置上。

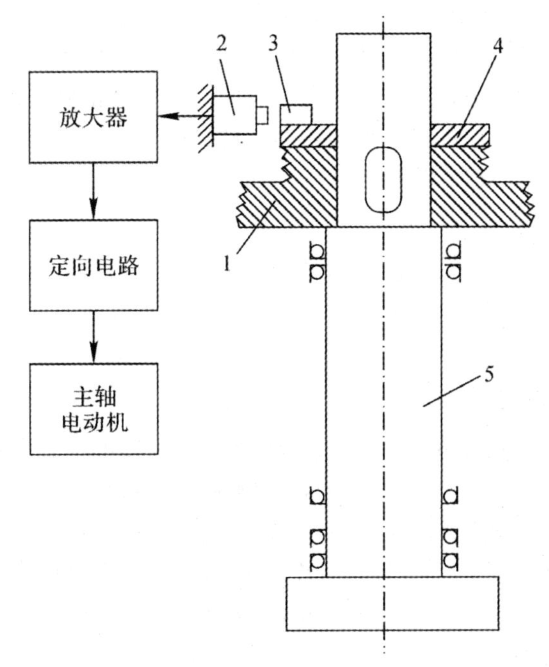

1—多楔带轮；2—磁传感器；3—永久磁铁；4—垫片；5—主轴

图 1-24　电气定向式主轴准停装置结构原理图

(2) 机械控制式主轴准停装置。机械控制式主轴准停装置采用机械凸轮机构或光电盘方式进行粗定位，然后由一个液动或气动的定位销插入主轴上的销孔或销槽实现精确定位，完成换刀后定位销退出，主轴才开始旋转。这种传统方法定位比较可靠、精确，但结构复杂，在早期数控机床上使用较多。

四、 进给系统的机械传动结构

1. 进给运动的要求

数控机床进给系统的机械传动结构，包括引导和支承执行部件的导轨、丝杠螺母副、齿轮齿条副、蜗杆蜗轮副、齿轮或齿链副及其支承部件等。数控机床的进给运动是数字控制的直接对象，不论点位控制还是轮廓控制，被加工工件的最终坐标位置精度和轮廓精度都与其传动结构的几何精度、传动精度、灵敏度和稳定性密切相关。为此，数控机床的进给系统应充分注意减小摩擦阻力，提高传动精度和刚度，减小运动部件惯量等。

1) 减小摩擦阻力

为了提高数控机床进给系统的快速响应性能和运动精度，必须减小运动件的摩擦阻力和动、静摩擦力之差。为满足上述要求，在数控机床进给系统中，普遍采用滚珠丝杠螺母副、静压丝杠螺母副、滚动导轨、静压导轨和塑料导轨。在减小摩擦阻力的同时，还必须考虑传动部件要有适当的阻尼，以保证系统的稳定性。

2) 提高传动精度和刚度

进给传动系统的传动精度和刚度，从机械结构方面考虑，主要取决于传动间隙以及丝杠螺母副、蜗轮蜗杆副(圆周进给时)及其支承结构的精度和刚度。传动间隙主要来自传动齿轮副、蜗轮蜗杆副、丝杠螺母副及其支承部件之间，应施加预紧力或采取消除间隙的措施。缩短传动链和在传动链中设置减速齿轮，也可提高传动精度。加大丝杠直径，以及对丝杠螺母副、支承部件、丝杠本身施加预紧力，是提高传动刚度的有效措施。刚度不足还会导致工作台(或拖板)产生爬行和振动。

3) 减小运动部件惯量

运动部件的惯量对伺服机构的启动和制动特性都有影响，尤其是处于高速运转的零部件，其惯量的影响更大。因此，在满足部件强度和刚度的前提下，尽可能减小运动部件的质量，减小旋转零件的直径和质量，以减小运动部件的惯量。

2. 电动机与丝杠间的连接

数控机床进给传动对位置精度、快速响应性能、调速范围等有较高的要求。实现进给传动的电动机主要有三种：步进电动机、直流伺服电动机和交流伺服电动机。目前，步进电动机只用于经济型数控机床，直流伺服电动机在我国正广泛使用，交流伺服电动机作为比较理想的传动元件正逐步替代直流伺服电动机。当数控机床的进给系统采用不同的传动元件时，其传动结构有所不同。电动机与丝杠间的连接主要有三种形式，如图1-25 所示。

1) 齿轮传动方式

如图 1-25(a)所示，数控机床在进给传动装置中一般采用齿轮传动副来达到一定的降速比要求。进给系统采用齿轮传动装置，是为了使丝杠、工作台的惯量在系统中占有较小的比重；同时可使高转速低转矩的伺服驱动装置的输出变为低转速大扭矩，从而适应驱动执行件的需要；另外，在开环系统中还可计算所需的脉冲当量。在设计齿轮传动装置时，除了要考虑满足强度、精度之外，还应考虑其速比分配及传动级数对传动件的转动惯量和执行件的传动的影响。增加传动级数，可以减小转动惯量，但级数增加，使传动装置结构复杂，降低了传动效率，增大了噪声，同时也加大了传动间隙和摩擦损失，对伺服系统不利。因此，不能单纯根据转动惯量来选取传动级数，要综合考虑，选取最佳的传动级数和各级的速比。齿轮速比分配及传动级数对失动的影响规律为：级数愈多，存在传动间隙的可能性愈大；若传动链中的齿轮速比按递减原则分配，则传动链的起始端的间隙影响较小，末端的间隙影响大。

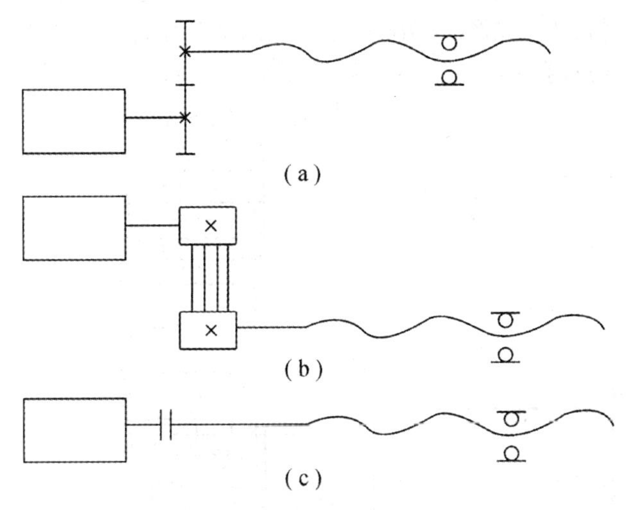

图 1-25　电动机与丝杠的连接形式

2) 同步带轮传动形式

如图 1-25(b)所示，这种连接形式的结构较为简单。同步带传动综合了带传动和链传动的优点，可以避免齿轮传动时引起的振动和噪声，但只能适用于低扭矩特性要求的场合，安装时对中心距要求严格，带与带轮的制造工艺复杂。

3) 联轴器传动形式

如图 1-25(c)所示，通常电动机轴和丝杠之间采用锥环无键连接或高精度十字连轴器连接，从而使进给传动系统具有较高的传动精度和传动刚度，并大大简化了传动结构。在加工中心和精度较高的数控机床的进给传动中，普遍采用这种连接形式。

3. 消除传动齿轮间隙的措施

齿轮在制造中不可能达到理想齿面要求，总存在着一定的误差。一对啮合齿轮必须有一定的齿侧间隙才能正常工作，但齿侧间隙会造成反向传动间隙。对闭环系统来说，齿侧间隙会影响系统的稳定性，由于有反馈作用，滞后量虽可得到补偿，但反向时会使伺服系统产生振荡而不稳定。在开环系统中会造成进给运动的位移值滞后于指令值；反向时，会出现反向死区，影响加工精度。因此，数控机床进给系统中的传动齿轮必须尽可能地消除相啮合齿轮之间的传动间隙，否则在进给系统的每次反向之后就会使运动滞后于指令信号，影响加工精度。在设计时必须采取相应的措施，使间隙减小到允许的范围内，通常采取下列方法消除间隙。

1) 刚性调整法

刚性调整法是调整后齿侧间隙不能自动补偿的调整法，因此，齿轮的周节公差及齿厚要严格控制，否则影响传动的灵活性。这种调整方法结构比较简单，具有较好的传动刚度。具体方法有偏心轴调整法、轴向垫片调整法。

(1) 偏心轴调整法。如图 1-26 所示，齿轮 1 装在偏心轴套 2 上，调整偏心轴套 2 可以改变齿轮 1 和齿轮 3 之间的中心距，从而消除间隙。

(2) 轴向垫片调整法。如图 1-27(a)所示，一对啮合的圆柱齿轮，若它们的节圆直径沿齿轮轴向制成一个较小的锥度，改变垫片 3 的厚度，就能改变齿轮 2 和齿轮 1 的轴向相对位置，从而消除齿侧间隙。如图 1-27(b)所示，在两个薄片斜齿轮 5 和 6 之间加一垫片 3，改变垫片的厚度 t，薄片斜齿轮 5 和 6 的螺旋线就会错位，这样薄片斜齿轮 5 和 6 分别与宽斜齿轮 4 的齿槽左、右侧面相互贴紧，从而消除了齿侧间隙。

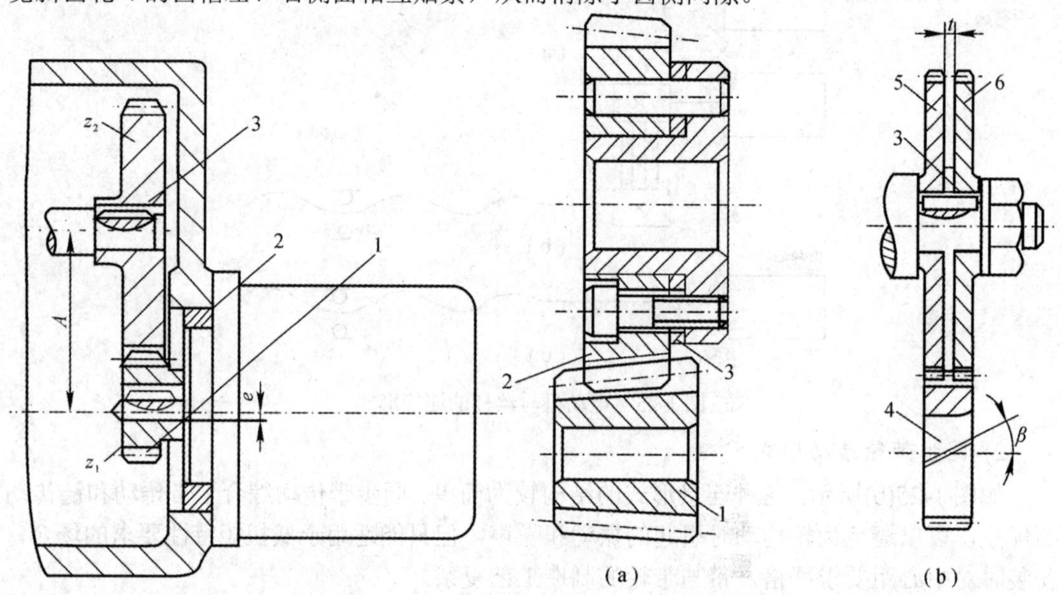

1、3—齿轮；2—偏心轴套

图 1-26　偏心轴消隙结构

1、2—齿轮；3—垫片；4—宽斜齿轮；5、6—薄片斜齿轮

图 1-27　轴向垫片消隙结构

2) 柔性调整法

柔性调整法是调整后齿侧间隙仍可自动补偿的调整法。这种方法一般都采用调整压力弹簧的压力来消除齿侧间隙，并在齿轮的齿厚和周节有变化的情况下，仍能保持无间隙啮合。但这种调整方法的结构较为复杂，轴向尺寸大，传动刚度低，传动的平稳性也较差。

(1) 轴向压簧调整法。如图 1-28 所示，两个薄片斜齿轮 1 和 2 用键 4 套在轴 6 上，用螺母 5 来调节压力弹簧 3 的轴向压力，使薄片斜齿轮 1 和 2 的左、右齿面分别与宽斜齿轮 7 的齿槽左、右齿面相互贴紧，从而消除齿侧间隙。弹簧力需调整适当，过松消除不了间隙，过紧则加速齿轮的磨损。

(2) 周向弹簧调整法。如图 1-29 所示，两个齿数相同的薄片齿轮 1 和 2 与另一个宽齿轮相啮合，齿轮 1 空套在齿轮 2 上可以相对回转。每个齿轮端面分别均匀装有四个螺纹凸耳 3 和 8，齿轮 1 的端面还有四个通孔，凸耳 8 可以从中穿过，弹簧 4 分别钩在调节螺钉 7 和凸耳 3 上。转动螺母 5 和 6 可以调整弹簧 4 的拉力，弹簧的拉力使薄片齿轮 1 和 2 相互错位，分别与宽齿轮齿槽的左、右齿面相互贴紧，消除齿侧间隙。

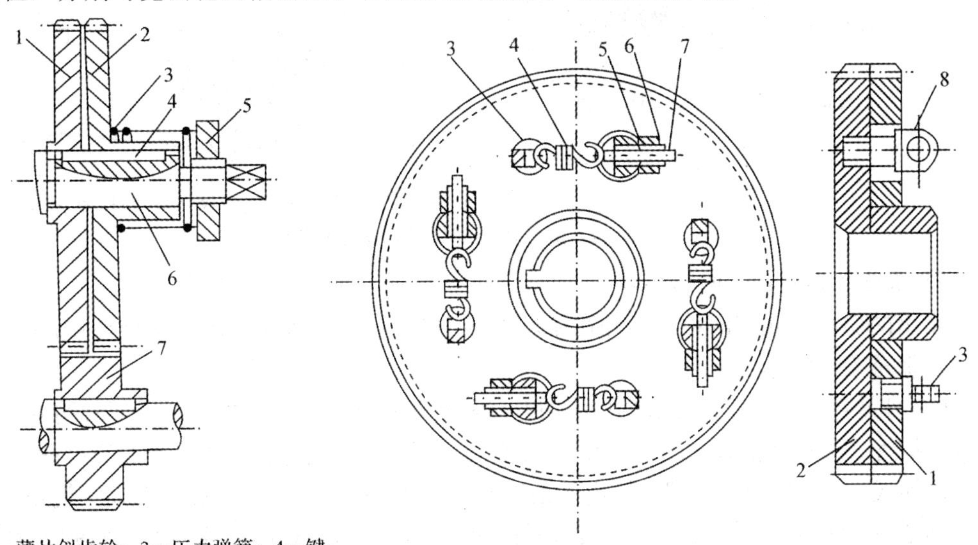

1、2—薄片斜齿轮；3—压力弹簧；4—键；5—螺母；6—轴；7—宽斜齿轮

图 1-28　轴向压簧消隙结构

1、2—薄片齿轮；3、8—凸耳；4—弹簧；5、6—螺母；7—调节螺钉

图 1-29　周向弹簧消隙结构

4. 滚珠丝杠螺母副

数控机床的进给运动链中，将旋转运动转换为直线运动的方法很多，如滚珠丝杠螺母副、静压丝杠螺母副、静压蜗杆螺母条副和齿轮齿条副等。其中最常用的是滚珠丝杠螺母副，它是在丝杠和螺母之间以钢球作为滚动介质，实现运动相互转换的一种传动元件，是数控设备机械系统中的典型机构之一。

1) 工作原理与特点

滚珠丝杠螺母副的结构原理示意图如图 1-30 所示，丝杠 1 和螺母 3 上都加工有半圆弧形的螺旋槽，它们套装在一起时便形成滚珠的螺旋滚道。滚道内装满滚珠 2，当丝杠与螺母相对运动时，滚珠沿螺旋槽向前滚动，在丝杠上滚过数圈后通过回程引导装置 4 又逐个地滚回丝杠和螺母之间，构成一个闭合回路。当丝杠旋转时，滚珠在滚道内既自转又沿滚道循环转动，因而迫使螺母(或丝杠)轴向移动。

滚珠丝杠螺母副具有以下特点：

(1) 摩擦损失小，传动效率高，可达 0.90～0.96；

(2) 丝杠螺母之间预紧后，可以完全消除间隙，提高了传动刚度；

(3) 摩擦阻力小，几乎与运动速度无关，动静摩擦力之差极小，能保证运动平稳，不易产生低速爬行现象，且磨损小、寿命长、精度保持性好；

(4) 不能自锁，有可逆性，即能将旋转运动转换为直线运动，或将直线运动转换为旋转运动。因此丝杠立式使用时，应增加制动装置。

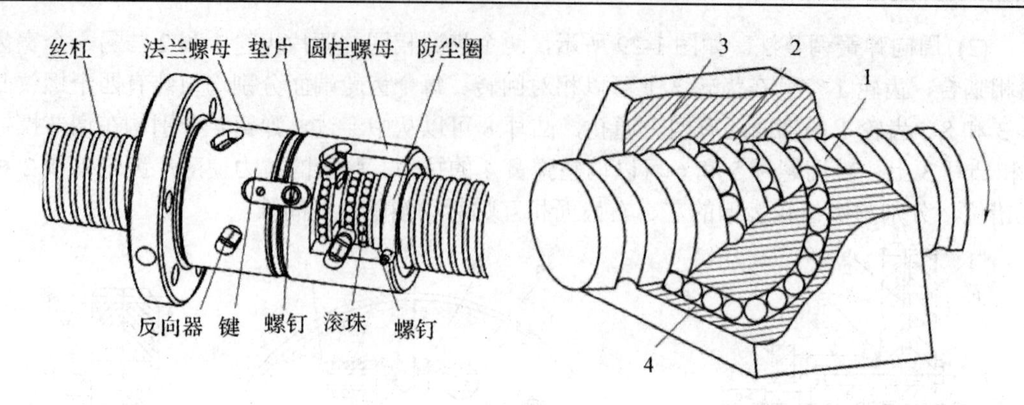

图 1-30　滚珠丝杠螺母副结构原理图

2) 滚珠丝杠螺母副的循环方式

常用的循环方式有两种：滚珠在循环过程中有时与丝杠脱离接触的称为外循环；始终与丝杠保持接触的称为内循环。

(1) 外循环：滚珠在循环过程中有时与丝杠脱离接触。该方式按滚珠循环时的返回方式又分为插管式和螺旋槽式。图 1-31(a)为常用的插管式，它用弯管作为返回通道；图 1-31(b)为螺旋槽式，它是在螺母外圆上铣出一条螺旋槽，槽的两端各钻一通孔与螺纹滚道相切，形成返回通道。外循环式结构简单、工艺性好、承载能力高，但径向尺寸大，目前使用较广泛，也可用于重载传动系统。其缺点是滚道接缝处很难做得平滑，从而影响滚珠滚动的平稳性。

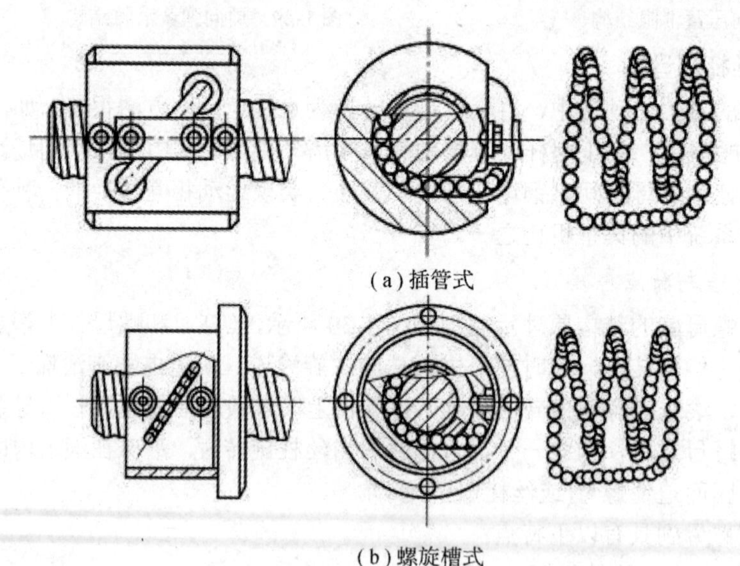

(a) 插管式

(b) 螺旋槽式

图 1-31　外循环方式原理图

(2) 内循环：滚珠在循环过程中始终与丝杠保持接触。内循环式结构均采用反向器实现滚珠循环。如图 1-32 所示，内循环靠螺母上安装的反向器接通相邻滚道。反向器上铣有 S 形反向槽，将相邻两螺纹滚道连接起来，滚珠从螺纹滚道进入反向器，借助反向器迫使滚珠越过丝杠顶牙进入相邻滚道，实现循环。

内循环方式和外循环方式相比较，其结构较为紧凑，定位可靠，刚性好，返回滚道短，摩擦损失小，且不易磨损，不易发生滚珠堵塞；但内循环式的反向器结构复杂、制造困难，适用于高灵敏度、高精度的进给系统，不适用于重载传动，也不适用于多头螺纹传动。

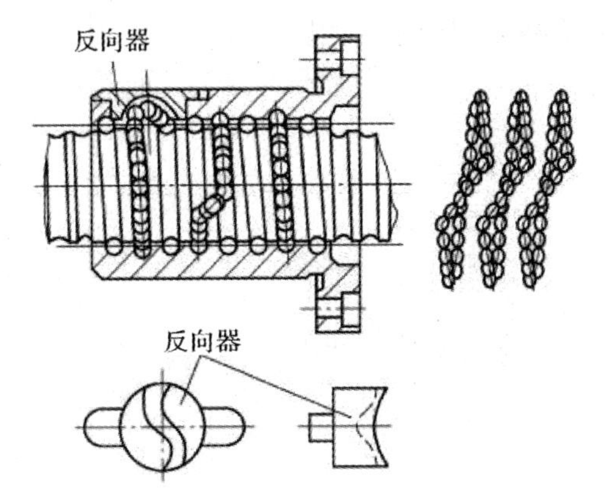

图 1-32　内循环方式原理图

3) 滚珠丝杠螺母副轴向间隙的调整和预紧方法

滚珠丝杠螺母副的轴向间隙通常是指丝杠和螺母在无相对转动时的最大轴向窜动，它除了结构本身的原有间隙之外，还包括施加轴向载荷后的弹性变形所引起的相对位移。滚珠丝杠螺母副的轴向间隙将直接影响其传动精度和传动刚度，尤其是反向传动精度，因此，必须对轴向间隙提出严格的要求。

滚珠丝杠螺母副轴向间隙的调整和预紧，通常采用双螺母预紧方式，使两个螺母之间产生轴向位移，以达到消除间隙和产生预紧力的目的。双螺母预紧方式的结构形式有以下三种。

(1) 双螺母垫片调隙式。通过改变调整垫片的厚度使左、右两个螺母产生轴向位移，即可消除间隙和产生预紧力。如图 1-33 所示，这种调整方法具有结构简单可靠、刚性好、拆装方便等优点，但调整较费时，且不能在工作中随意调整。滚道有磨损时不能随时消除间隙和进行预紧，仅适应于一般精度的数控机床。

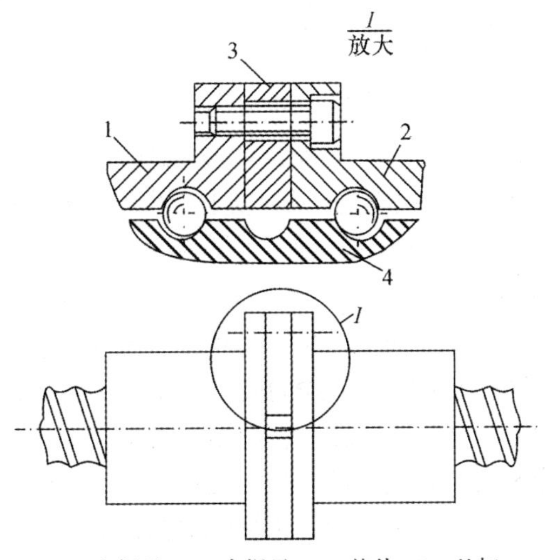

1—左螺母；2—右螺母；3—垫片；4—丝杠

图 1-33　双螺母垫片调隙式结构

(2) 双螺母齿差调隙式。如图 1-34 所示，在两个螺母的凸缘上各制有圆柱外齿轮，且齿数差为 $z_2-z_1=1$，内齿轮的齿数分别与相啮合的外齿轮的齿数相同，通过螺钉和销固定在套筒的两端。调整时先将两个内齿圈取下，根据间隙大小使螺母 5 和 2 分别在相同方向转过一个或几个齿，通过调整两个螺母之间的距离达到调整轴向间隙的目的。齿差调隙式的结构较为复杂，但调整方便、可靠，并可以预先计算出精确的调整量，但结构尺寸较大，多用于高精度的传动。

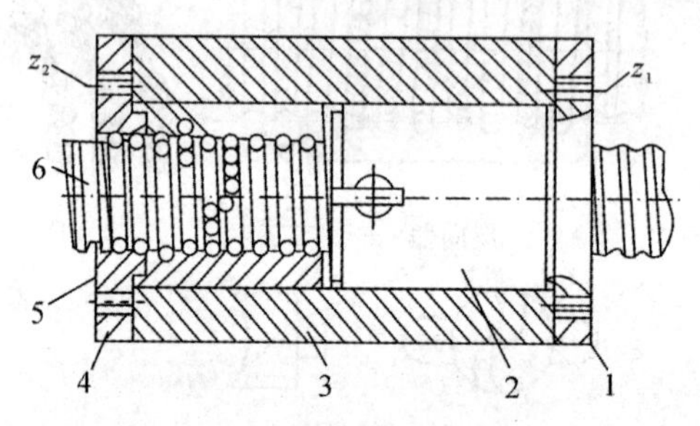

1、4—内齿轮；2、5—螺母；3—螺母座；6—丝杠

图 1-34　双螺母齿差调隙式结构

(3) 双螺母螺纹调隙式。如图 1-35 所示，左螺母外端有凸缘，右螺母外端没有凸缘而制有螺纹，并用两个圆螺母固定，使用平键限制螺母在螺母座内的转动，拧动内侧圆螺母可将左螺母沿轴向移动一定距离，即可消除间隙并产生预紧力。在消除间隙后再用外侧圆螺母将其锁紧。这种调整方法具有结构简单、工作可靠、调整方便等优点，但调整精度较差。

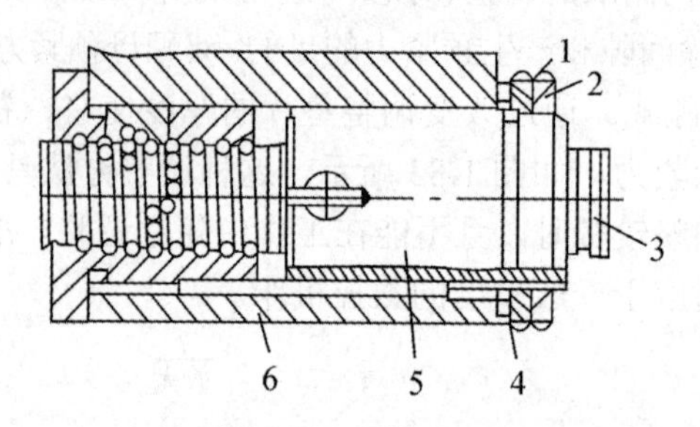

1、2—圆螺母；3—丝杠；4—垫片；5—螺母；6—螺母座

图 1-35　双螺母螺纹调隙式结构

滚珠丝杠螺母副轴向间隙的调整和预紧除以上三种常用形式外，还有单螺母变位导程预紧和单螺母加大钢球径向预紧等形式，这里不再详细介绍。

4) 滚珠丝杠螺母副的选用

根据 JB3162.2－82 标准，滚珠丝杠螺母副的精度分成 C、D、E、F、G、H 六个等级，最高精度为 C 级，最低精度为 H 级；而 JB3162.2－91 标准将滚珠丝杠螺母副的精度分成 1、2、3、4、5、7、10 七个等级，最高精度为 1 级，最低精度为 10 级。

在设计和选用滚珠丝杠螺母副时，首先要确定螺距 t、名义直径 D_0、滚珠直径 d 等主要参数。在确定后两个参数时，采用与验算滚珠轴承相似的方法，即规定在最大轴向载荷 Q 作用下，滚珠丝杠能以 33.3 r/min 的转速运转 500 h(小时)而不出现点蚀。

五、数控机床导轨

机床导轨是两个相对运动部件的结合面组成的滑动副，是机床基本结构的要素之一。机床上的运动部件都是沿着它的床身、立柱、横梁等零件上的导轨而运动，导轨的功用可概括为导向和支撑作用。因此，机床的加工精度和使用寿命很大程度上取决于机床导轨的质量、机床高速进给时不振动、低速进给时不爬行、有高的灵敏度、能在重载下长期连续工作、有高的耐磨性、有良好的精度保持性，等等。所以对数控机床的导轨要求应有：

(1) 一定的导向精度；

(2) 良好的精度保持性；

(3) 足够的刚度；

(4) 良好的耐摩擦性；

(5) 良好的低速平稳性。

因此，现代数控机床普遍采用摩擦系数小，动、静摩擦系数相差甚微，运动灵活轻便的导轨副，结构工艺性要好，便于制造和装配，便于检验、调整和维修，而且有合理的导轨防护和润滑措施等要求。

工作台导轨对数控机床的精度有很大影响。导轨的制造误差直接影响工作台运动的几何精度。导轨的摩擦特性影响工作台的定位精度和低速进给的均匀性。导轨的材料和热处理影响工作精度的保持性。按机床调节技术的要求，希望工作台导轨刚度大、摩擦小和阻尼性能好。

各种类型的机床工作部件都是利用控制轴在指定的导轨上运动。导轨是在机床上用来支承和引导部件沿着一定的轨迹准确运动或起夹紧定位作用。导轨的准确度和移动精度直接影响机床的加工精度。目前应用的导轨有滚动导轨、滑动导轨和静压导轨等。

表 1-4 概括介绍了各种类型机床工作台导轨的性能。

表 1-4　各种类型机床工作台导轨的性能

性能	滑动导轨	滚动导轨	静压导轨
摩擦与磨损性能	不好通过选择材料来改进	良好	很好
爬行的可能性	存在	不存在	不存在
对材料及表面质量的要求	很高	高	低
达到高精度的措施	很贵	不太贵	不能用
刚度	通常很好	好，如果导轨预加载且相配零件刚度足够	可变，取决于供油系统，有薄膜压力阀时刚度大
阻尼	很高，但不是常数	小	大，通过设计容易改变

尽管导轨系统的形式是多种多样的，但工作性质都是相同的，机床工作部件在指定导轨系统上移动，体现为如下三种基本功能：

(1) 为承载体提供运动导向。

(2) 为承载体提供光滑的运动表面。

(3) 把机床的切削所产生的力传到地基或床身上，减少由此产生的冲击对工件的影响。

1. 滚动导轨

滚动导轨就是在导轨工作面之间安排滚动体，使导轨面之间为滚动摩擦。滚动导轨具有摩擦系数小(一般在 0.003 左右)，动、静摩擦系数相差小，不会产生爬行现象，可以使用油脂润滑。数控机床导轨的行程一般较长，因此滚动体必须循环。滚动导轨运动轻便灵活，所需功率小，摩擦发热小，磨损小，精度保持性好，低速运动平稳，移动精度和定位精度都较高，且几乎不受运动变化的影响；但滚动导轨结构复杂，制造成本高，抗震性差。现代数控机床常采用的滚动导轨有滚动导轨块和直线滚动导轨副两种。直线滚动导轨副一般用滚珠作滚动体，滚动导轨块用滚子作滚动体。

1) 滚动导轨块

滚动导轨块又称滚动导轨支承块，是一种滚动体作循环运动的滚动导轨，多用于中等负荷，其结构形式如图 1-36 所示。端盖 2 与导向片 4 引导滚动体(滚柱 3)返回。使用时，滚动导轨块安装在运动部件的导轨面上，每一导轨至少用两块，导轨块的数目取决于导轨的长度和负载的大小，与之相配的导轨多采用镶钢淬火导轨。当运动部件移动时，滚柱 3 在支承部件的导轨面与本体 6 之间滚动，同时又绕本体 6 作循环滚动，滚柱 3 与运动部件的导轨面不接触。

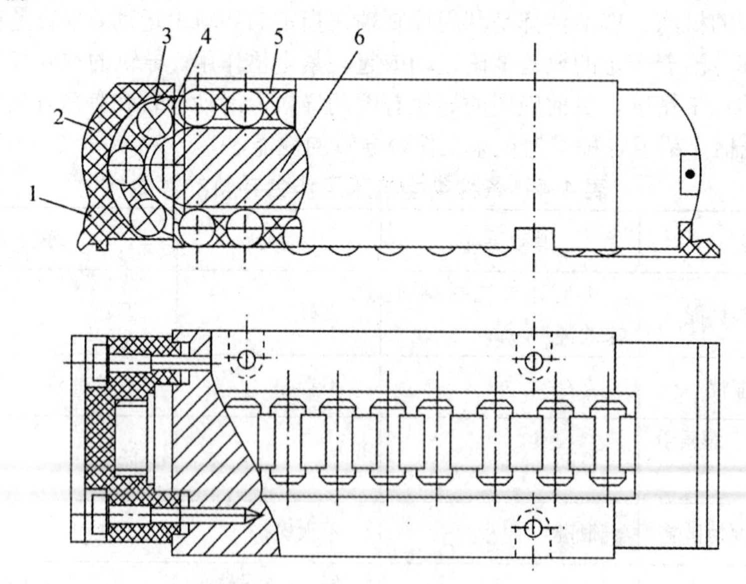

1—防护板；2—端盖；3—滚柱；4—导向片；5—保护架；6—本体

图 1-36　滚动导轨块结构示意图

滚动导轨块由专业厂家生产，有多种规格、形式供客户选用。滚动导轨块的特点是刚度高、承载能力大、便于拆装。

2) 直线滚动导轨副

直线滚动导轨副又称单元式直线滚动导轨，如图 1-37 所示，是近几年来新出现的一种滚动导轨，其结构形式如图 1-38 所示。它由导轨、滑块、滚珠、密封端盖等组成。使用时，导轨固定在不运动部件上，滑块固定在运动部件上。当滑块沿导轨体运动时，滚珠在导轨体和滑块之间的圆弧直槽内滚动，通过密封端盖内的滚道从工作负载区到非工作负载区，不断循环，从而把导轨与滑块之间的移动变成滚珠的滚动。

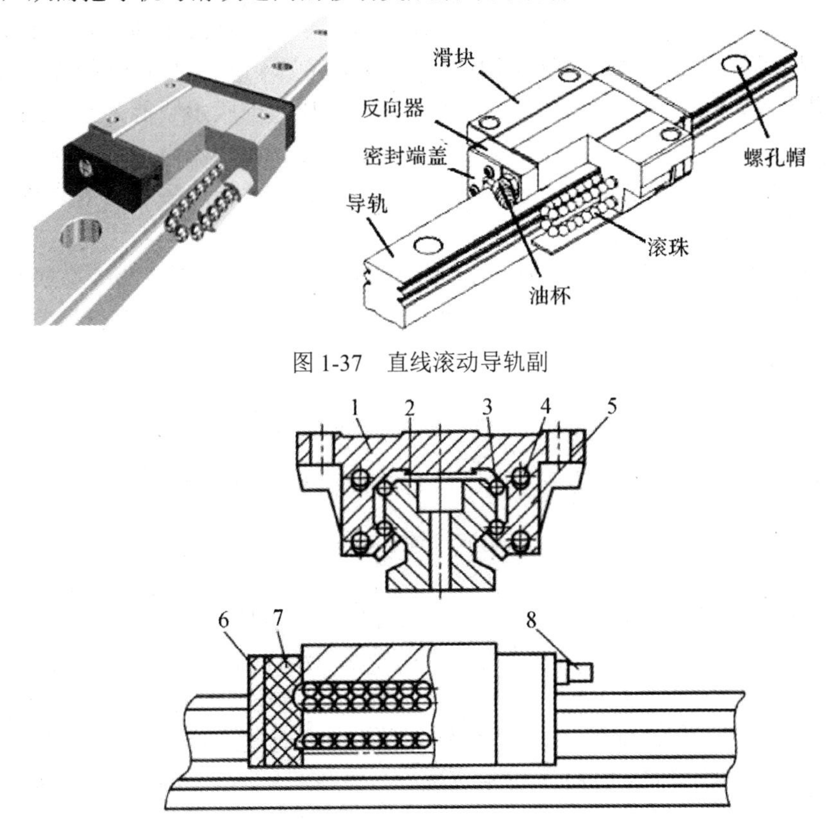

图 1-37 直线滚动导轨副

1—滑块；2—导轨；3—滚珠；4—回珠孔；5—侧密封；6—密封端盖；7—挡板8—油杯

图 1-38 直线滚动导轨副结构示意图

直线滚动导轨副一般由生产厂家组装而成，其突出的优点是没有间隙，与一般滚动导轨副相比较，还有以下特点：

(1) 具有自调整能力，安装基面允许误差大；

(2) 制造精度高；

(3) 可高速运行，运行速度可大于 10 m/s；

(4) 能长时间保持高精度；

(5) 可预加负载以提高刚度。

直线滚动导轨副分四个精度等级，即 2、3、4、5 级，2 级精度最高，依次递减。

2. 静压导轨

静压导轨是指在两个相对运动的导轨面之间通入具有一定压力的润滑油以后，使动导轨微微抬起，在导轨面间充满润滑油所形成的油膜，保证导轨面间在液体摩擦状态下工作。工作过程中，导轨面上油腔的油压随外加载荷的变化自动调节。静压导轨的滑动面之间开有油腔，将有一定压力的油通过节流器输入油腔，形成压力油膜，浮起运动部件，使导轨工作表面处于纯液体摩擦，不产生磨损，精度保持性好。根据承载的要求不同，静压导轨分为开式和闭式两种。开式静压导轨只能承受垂直方向的负载，承受颠覆力矩的能力差；闭式静压导轨则具有承受各方面载荷和颠覆力矩的能力。

静压导轨的导轨面之间处于纯液体摩擦状态，导轨的摩擦系数小(一般为 0.0005～0.001)，使驱动功率大大降低，其运动不受速度和负载的限制，低速无爬行，承载能力大，刚度好；机械效率高，能长期保持导轨的导向精度。压力油膜承载能力大，刚度好，有良好的吸振性，导轨运行平稳，低速下不易产生爬行现象。但静压导轨结构较为复杂，并需要一个具有良好过滤效果的供油系统，制造成本也较高。此导轨多用于重型数控机床。静压导轨的优点如下：

(1) 由于其导轨的工作面完全处于纯液体摩擦下，因而工作时摩擦系数极低；

(2) 导轨的运动不受负载和速度的限制，且低速时移动均匀，无爬行现象；

(3) 由于液体具有吸振作用，因而导轨的抗振性好；

(4) 承载能力大、刚性好；

(5) 摩擦发热小，导轨温升小。

静压导轨的缺点为：液体静压导轨的结构复杂，多了一套液压系统，成本高，油膜厚度难以保持恒定不变。

1) 工作原理

由于承载的要求不同，静压导轨分为开式和闭式两种。其工作原理与静压轴承完全相同。开式静压导轨的工作原理如图 1-39 所示。油经液压泵 1 吸入，用溢流阀 2 调节供油压力，再经滤油器 3，通过节流器 4 降压，(油腔压力)进入导轨的油腔，并通过导轨间隙向外流出，回到油箱。油腔压力形成浮力将运动导轨 5 浮起，形成一定的导轨间隙 h。当载荷增大时，运动导轨 5 下沉，与支撑导轨 6 的间隙减小，液阻增加，流量减小，从而油经过节流器时的压力损失减小，油腔压力增大，直至与载荷 W 平衡时为止。

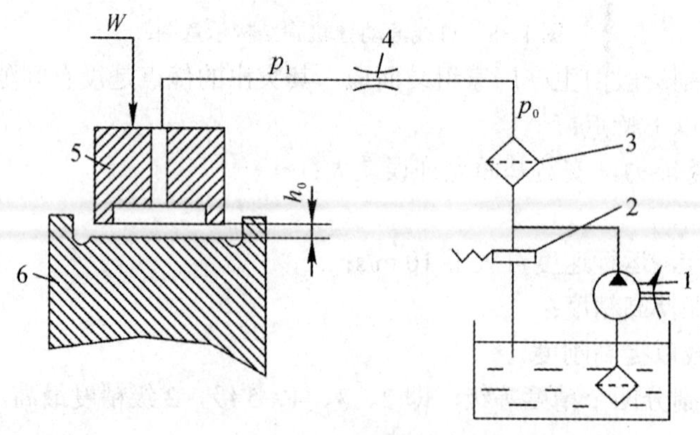

1—液压泵；2—溢流阀；3—滤油器；4—节流器；5—运动导轨；
6—支承导轨；

图 1-39　开式静压导轨的原理图

开式静压导轨只能承受垂直方向的负载，承受颠覆力矩的能力差。闭式静压导轨能承受较大的颠覆力矩，导轨刚度也较高，其工作原理如图 1-40 所示。当运动部件受到颠覆力矩 M 后，油腔 p_1、p_6 间隙减小，p_3、p_4 的间隙增大，由于各相应节流器的作用，使 p_1、p_6 升高，p_3、p_4 降低，因此作用在运动部件上的力形成了一个与颠覆力矩方向相反的力矩，从而使运动部件保持平衡。在工作台受到垂直载荷 W 时，油腔 p_1、p_4 间隙减小，油腔 p_3、p_6 间隙增大，使 p_1、p_4 升高，p_3、p_6 降低，因此形成的力向上，以平衡载荷 W。

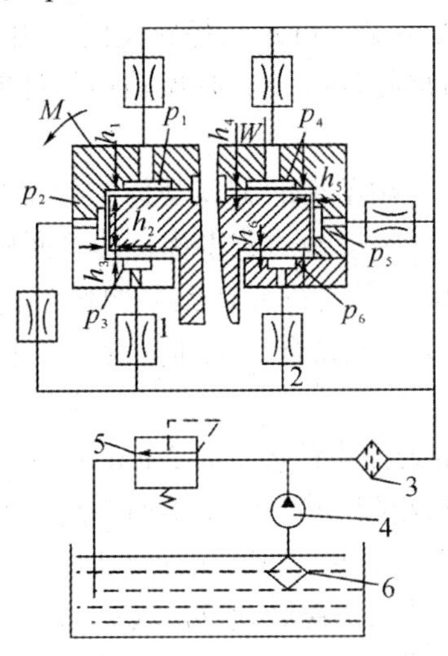

1—导轨；2—节流器；3、6—过滤器；4—节流器；5—溢流阀

图 1-40　闭式静压导轨的原理图

2) 结构形式

静压导轨横截面的几何形状一般采用 V 形与矩形两种。V 形便于导向和回油。矩形便于做成闭式静压导轨。油腔的结构对静压导轨性能影响很大。

3) 节流器的形式

静压导轨节流器分为固定节流器和可变节流器两种。

3. 塑料滑动导轨

滑动导轨具有结构简单、制造方便、接触刚度大的优点。但传统滑动导轨摩擦阻力大，磨损快，动静摩擦系数差别大，低速时易发生爬行现象。目前仅简易型数控机床使用这种类型的导轨。数控机床上常用带耐磨粘贴带覆盖层的滑动导轨和新型塑料滑动导轨，这种塑料导轨具有摩擦性能良好及寿命长的优点。

塑料导轨的床身仍是金属导轨，它只是在与床身导轨相配的滑动导轨上粘贴上静、动摩擦系数基本相同且耐磨、吸振的塑料软带，或者在定、动导轨之间采用注塑的方法制成塑料导轨。这种塑料导轨具有良好的摩擦特性、耐磨性和吸振性，因此在数控机床上被广泛使用。常用的塑料导轨有聚四氟乙烯导轨软带和环氧型耐磨树脂导轨涂层两类。

1) 聚四氟乙烯导轨软带

塑料软带是以聚四氟乙烯为基体，加入青铜粉、二硫化钼和石墨等填充剂混合烧结并做成软带状，国内已有牌号为TSF的导轨软带生产，以及配套用的DJ胶合剂。这种软带有以下特点：

(1) 摩擦特性好。采用聚四氟乙烯导轨软带的摩擦副的摩擦系数小，静、动摩擦系数差别小。这种良好的摩擦特性能防止导轨低速爬行，使运行平稳和获得高的定位精度。

(2) 耐磨性好。聚四氟乙烯导轨软带中含有青铜、二硫化钼和石墨，本身具有自润滑作用，对润滑油的供油量要求不高。此外，塑料质地较软，即便嵌入金属碎屑、灰尘等，也不致损伤金属导轨面和软带本身，可延长导轨副的使用寿命。

(3) 减振性好。塑料的阻尼特性好，其减振消声的性能对提高导轨副的相对运动速度有很大意义。

(4) 工艺性好。可降低对粘贴塑料的金属基体的硬度和表面质量要求，而且塑料易于加工(铣、刨、磨、刮)，使导轨副接触面获得优良的表面质量。

导轨软带使用的工艺简单，只要将导轨粘贴面作半精加工至表面粗糙度 *Ra*1.6 μm～3.2 μm，清洗粘贴面后，用胶合剂黏合，加压固化后，再经精加工即可。具体操作步骤如下：

首先将导轨粘贴面加工至表面粗糙度 *Ra*3.2 μm～1.6 μm，有时为了起定位作用，导轨粘贴面加工成 0.5 mm～1 mm 深的凹槽，如图 1-41 所示，用汽油或金属清洗或丙酮清洗导轨粘贴面后，用胶合剂黏合导轨软带，加压初固化 1 h～2 h 后再合拢到配对的固定导轨或专用夹具上施以一定的压力，并在室温固化 24 h 后，取下清除余胶即可开油槽和进行精加工，由于这类导轨软带采用了黏结方法，故习惯上称为“贴塑导轨”。

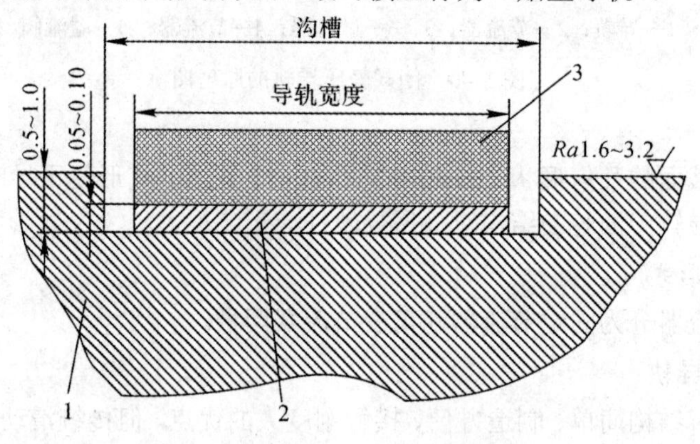

1—滑座；2—胶合剂；3—导轨软带

图 1-41　软带导轨的粘贴

2) 环氧型耐磨树脂导轨涂层

导轨注塑的材料是以环氧树脂和二硫化钼为基体，加入增塑剂，混合成以膏状和固化剂组分的双组分塑料，国内牌号为HNT。它有良好的可加工性，可经车、铣、刨、钻、磨削和刮削加工；也有良好的摩擦特性和耐磨性，而且抗压强度比聚四氟乙烯导轨软带要高，固化时体积不收缩，尺寸稳定。特别是可在调整好固定导轨和运动导轨间的相关位置精度后注入涂料，这样可节省许多加工工时，故它特别适用于重型机床和不能用导轨软带的复杂配合型面。

耐磨导轨涂层的使用工艺也很简单。首先，将导轨涂层表面粗刨或粗铣成如图 1-42 所示的粗糙表面，以保证有良好的黏附力。然后，与塑料导轨相配的金属导轨面(或模具)用溶剂清洗后涂上一薄层硅油或专用脱模剂，以防与耐磨涂层黏结。将按配方加入固化剂调好的耐磨涂层材料抹于导轨面上，然后叠合在金属导轨面(或模具)上进行固化。叠合前可放置形成油槽、油腔用的模板，固化 24 小时后，即可将两导轨分离。涂层硬化三天后可进行下一步加工。涂层面的厚度及导轨面与其他表面的相对位置精度可借助等高块或专用夹具保证。由于这类塑料导轨采用涂刮或注入膏状塑料的方法，故习惯上称为"涂塑导轨"或"注塑导轨"。

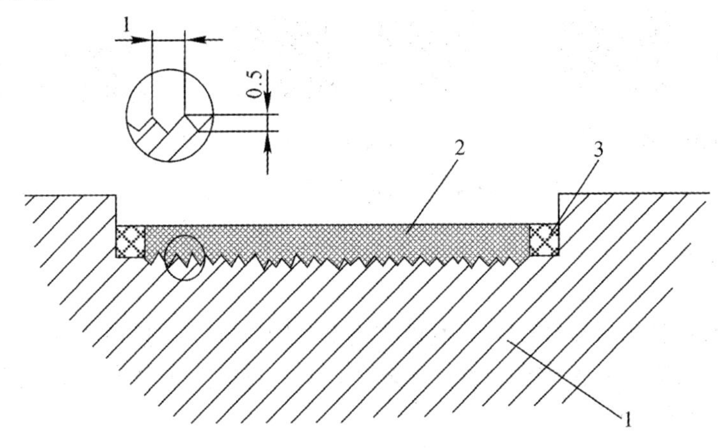

1—滑座；2—胶条；3—注塑层

图 1-42　注塑导轨

4. 导轨结构

导轨刚度的大小、制造是否简单、能否调整、摩擦损耗是否最小以及能否保持导轨的初始精度，在很大程度上取决于导轨的横截面形状。滑动导轨的横截面形状如图 1-43 所示。

(1) 山形与 V 形截面：如图 1-43(a)所示，这种截面的导轨导向精度高。导轨磨损后靠自重下沉自动补偿。下导轨用山形有利于排除污物但不易保存油液，如用于车床；下导轨用 V 形则相反，如用于磨床顶角，一般为 90°。

(2) 矩形截面：如图 1-43(b)所示，这种的导截面的导轨制造维修方便，承载能力大，新导轨导向能力高，但磨损后不能自动补偿，需用镶条调节，影响导向精度。

(3) 圆柱形导轨：如图 1-43(c)所示，这种截面的导轨制造简单，可以做到精密配合，但对温度变化较敏感，小间隙时很容易卡住，大间隙则又导向精度差。它与上述几种截面比较，应用较少。

(4) 平面环形截面：如图 1-43(d)所示，这种截面的导轨适合于旋转运动，制造简单，能承受较大的轴向力，但导向精度较差。

(5) 圆锥形环形截面：如图 1-43(e)所示，其母线倾角常取 30°，导向性比平面导轨好，可承受轴向和径向载荷，但是较难保持锥面和轴心线的同轴度。

(6) 燕尾形截面：如图 1-43(f)所示，这种截面的导轨结构紧凑，能承受倾侧力矩，但刚性较差，制造检修不便，适用于导向精度不太高的情况。

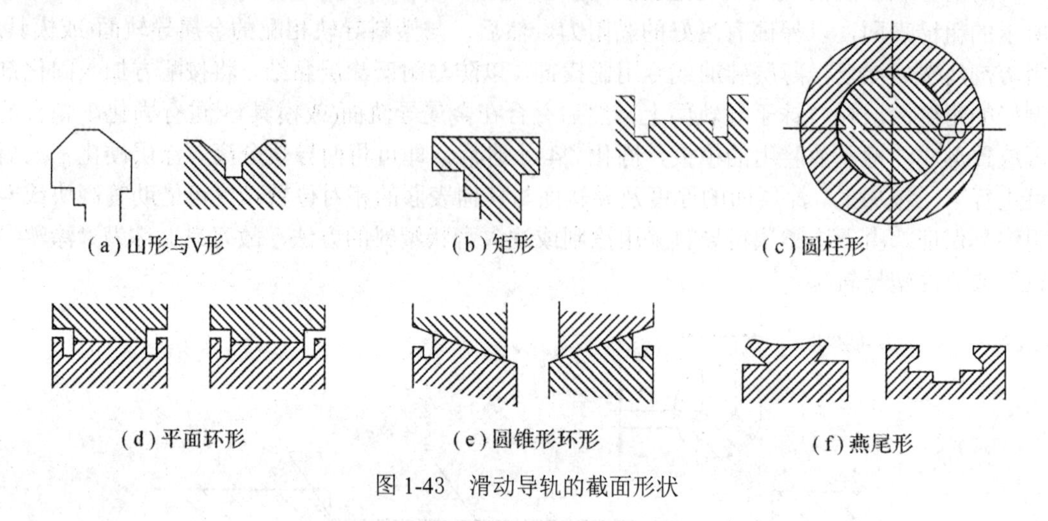

图 1-43　滑动导轨的截面形状

六、回转工作台

工作台是数控机床的重要部件，主要有矩形、回转式以及倾斜成各种角度的万能工作台。回转工作台又有分度工作台、数控回转工作台、卧式回转工作台、立式回转工作台。如图 1-44 所示为回转工作台。

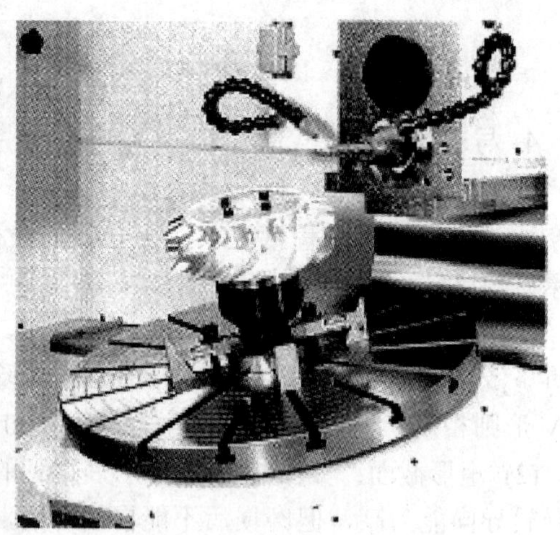

图 1-44　回转工作台

1. 分度工作台

分度工作台只能完成分度辅助运动，即按照数控系统指令，在需要分度时，将工作台及其工件回转一定的角度(45°、60°或 90°等)，以改变工件相对主轴的位置，加工工件的各个表面位置。按定位机构的不同，可分为鼠牙盘式分度工作台和定位销式分度工作台。

1) 鼠牙盘式分度工作台的结构和工作原理

鼠牙盘式分度工作台主要由工作台面、底座、夹紧液压缸、分度液压缸和鼠牙盘等零件组成，如图 1-45 所示。它是目前用得最多的一种精密的分度工作台。

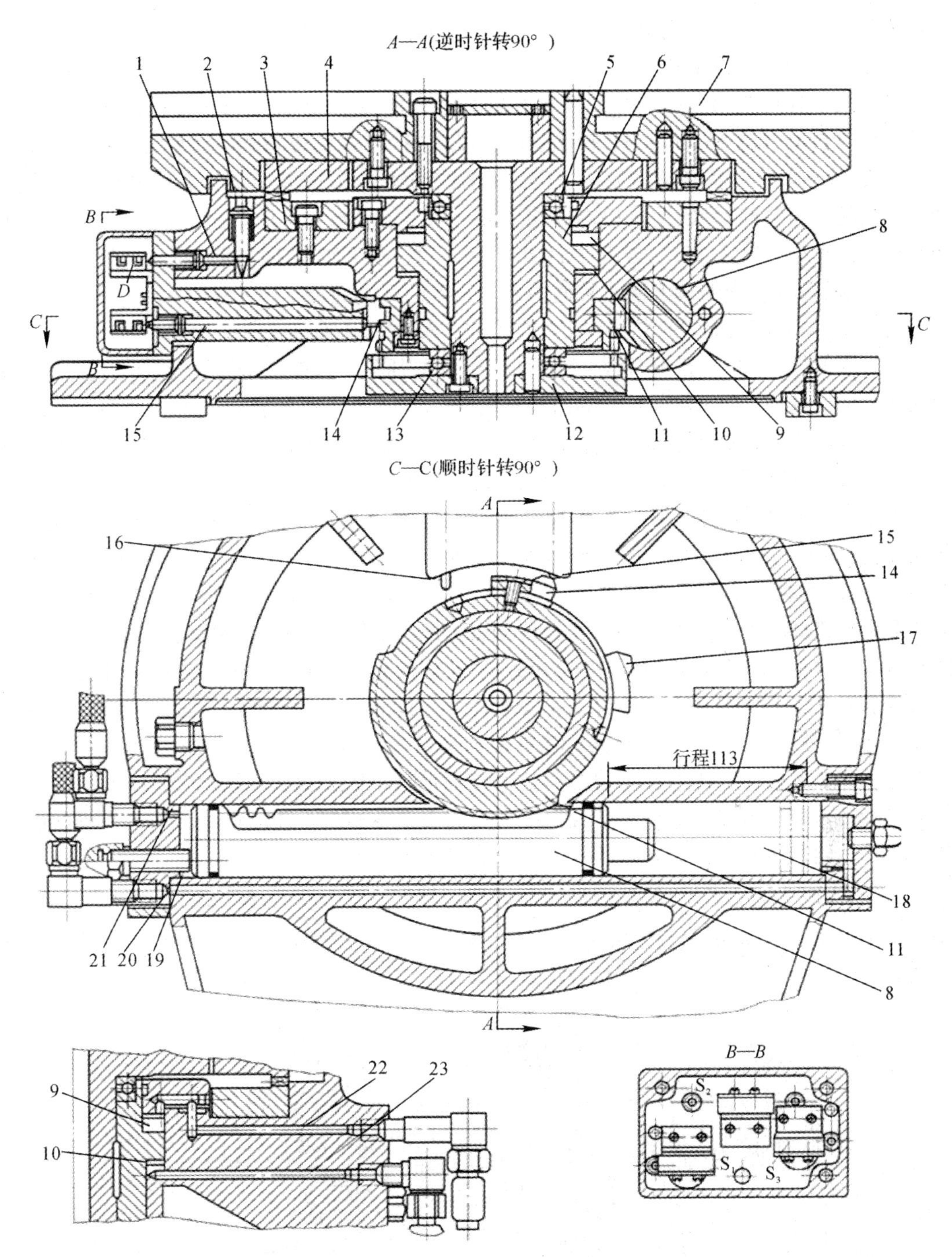

1、2、15、16—推杆；3—下鼠牙盘；4—上鼠牙盘；5、13—推力轴承；6—活塞；7—分度工作台；8—齿条活塞；9—升降液压缸上腔；10—升降液压缸下腔；11—齿轮；12—齿圈；14、17—挡块；18—分度液压缸右腔；19—分度液压缸左腔；20、21—分度液压缸进回油管道；22、23—升降液压缸进回油管道

图 1-45　鼠牙盘式分度工作台

机床需要分度时，数控装置发出分度指令(也可以用手压按钮进行手动分度)，由电磁铁控制液压阀(图中未画出)，使液压油经管道 23 至分度工作台 7 中央的升降液压缸下腔 10，推动活塞上移(液压缸上腔 9 回油经管道 22 排出)，经推力轴承 5 使分度工作台 7 抬起，

上鼠牙盘 4 和下鼠牙盘 3 脱离啮合，工作台上移的同时带动内齿圈 12 上移并与齿轮 11 啮合，完成分度前的准备工作。

当分度工作台 7 向上抬起时，推杆 2 在弹簧作用下向上移动，推杆 1 在弹簧的作用下右移，松开微动开关 S_2 的触头，控制铁磁阀(图中未画出)使压力油经管道 21 进入分度液压缸左腔 19 内，推动齿条活塞 8 右移(右腔 18 的油经管道 20 及节流阀流回油箱)，与它欲啮合的齿轮 11 作逆时针转动。根据设计要求，当齿条活塞 8 移动 113 mm 时，齿轮 11 回转 90°，因此时内齿圈 12 已与齿轮 11 相啮合，故分度工作台 7 也回转 90°。分度运动的快慢可由油管路 20 中的节流阀来控制齿条活塞 8 的运动速度。

齿轮 11 开始回转时，挡块 14 放开推杆 15，使微动开关 S_1 复位，当齿轮 11 转过 90° 时，它上面的挡块 17 压推杆 16，使微动开关 S_3 被压下，控制铁磁铁使夹紧液压缸上腔 9 通入压力油，活塞 6 下移(下腔 10 的油经管道 23 及节流阀流回油箱)，分度工作台 7 下降。上鼠牙盘 4 和下鼠牙盘 3 又重新啮合，并定位夹紧，这时分度运动已完成，管道 23 中有节流阀用来限制分度工作台 7 的下降速度，避免产生冲击。

当分度工作台下降时，推杆 2 被压下，推杆 1 左移，微动开关 S_2 的触头被压下，通过电磁铁控制液压阀，使压力油从管道 20 进入分度液压缸右腔 18，推动活塞齿条 8 左移(左腔 19 的油经管道 21 流回油箱)，使齿轮 11 顺时针回转。它上面的挡块 17 离开推杆 16，微动开关 S_3 的触头被放松，因工作台面下降夹紧后齿轮 11 下部的轮齿已与内齿圈脱开，故分度工作台面不转动。当活塞齿条 8 向左移动 113 mm 时，齿轮 11 就顺时针转 90°，齿轮 11 上的挡块 14 压下推杆 15，微动开关 S_1 的触头又被压紧，齿轮 11 停在原始位置，为下次分度做好准备。

鼠牙盘式分度工作台的优点是分度和定心精度高，分度精度可达±(0.5″～3″)；由于采用多齿重复定位，因而可使重复定位精度稳定，而且定位刚度好，只要分度数能除尽鼠牙盘齿数，就能分度；除用于数控机床外，还用在各种加工和测量装置中。其缺点是鼠牙盘的制造比较困难；此外，它不能进行任意角度的分度。

2) 定位销式分度工作台

图 1-46 所示为定位销式分度工作台的结构。在不单独使用分度工作台的情况下，两侧的长方工作台可以作为整体工作台使用。

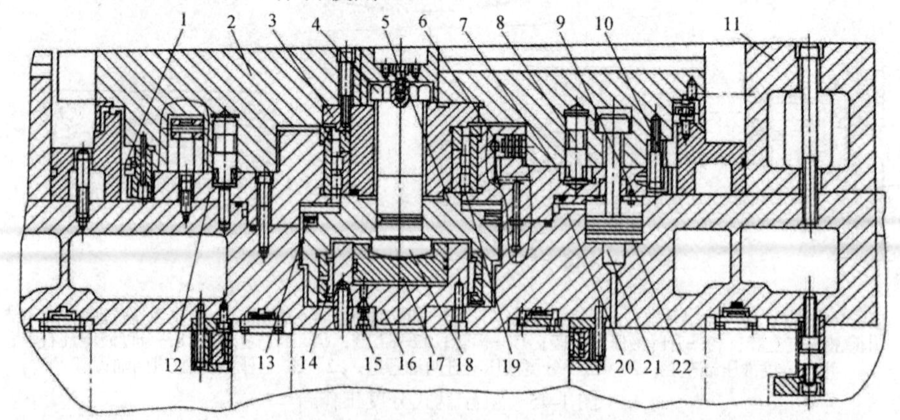

1—挡块；2—分度工作台；3—锥套；4—螺钉；5—支座；6、9、16—液压缸；7—定位孔衬套；8—定位销；10—齿轮；11—长方工作台；12—底座；13，14，19—轴承；15—油管；17—活塞；18—螺栓；20—下底座；21—弹簧；22—拉杆

图 1-46　定位销式分度工作台的结构

在分度工作台2的底部均布地固定有八个圆柱定位销8，在底座12上有一个定位孔衬套7及供定位销移动的环形槽。其中只有一个定位销进入定位孔衬套7中。因为定位销之间的分布角度为45°，因此工作台只能作45°等分的分度运动。

分度时机床的数控系统发出指令，由电器控制的液压缸使六个均布的锁紧液压缸9(图中只画出一个)中的压力油，经环行油槽流回油箱，活塞17被弹簧21顶起，分度工作台2处于松开状态。同时间隙液压缸6也卸荷，液压缸中的压力油经回油路流回油箱。油管15中的压力油进入液压缸16，使活塞17上升，并通过螺栓18、支座5把推力轴承19向上抬起15 mm，顶在底座12上。分度工作台2用四个螺钉与锥套3相连，而锥套3用六角螺钉4固定在支座5上，所以当支座5上移时，通过锥套3使分度工作台2抬高15 mm，固定在工作台面上的定位销8被从定位孔衬套7中拔出。

当工作台抬起之后发出信号使液压马达驱动减速齿轮(图中未画出)，带动固定在分度工作台2下面的齿轮10转动，进行分度运动。分度工作台的回转速度由液压马达和液压系统中的单向节流阀来调节。分度开始时作快速转动，在将要到达规定位置前减速。减速信号由固定在齿轮10上的挡块1(八个周向均布)碰撞限位开关时产生。挡块碰撞第一个限位开关时，发出信号使工作台降速；当挡块碰撞第二个限位开关时，分度工作台停止转动。此时，相应的定位销8正好对准定位孔衬套7。

分度完毕后，数控系统发出信号使液压缸16卸荷，油液经管道15流回油箱，分度工作台2靠自重下降，定位销8插入定位孔衬套7中。定位完毕后间隙液压缸6通压力油，活塞顶向分度工作台2，以消除径向间隙。经油槽来的压力油进入锁紧液压缸9的上腔，推动拉杆22下降，通过拉杆22上的T形头将分度工作台2锁紧。至此分度工作完成。

分度工作台2的回转部分支承在加长型双列圆柱滚子轴承19和滚针轴承14上，轴承19的内孔带有1∶12的锥度，用来调整径向间隙。轴承内环固定在锥套3和支座5之间，并可带着滚珠在加长的外环内作15 mm的轴向移动。轴承14装在支座5内，能随支座5作上升或下降移动并作为另一端的回转支承。支座5内还装有端面滚柱轴承13，使分度工作台回转很平稳。

定位销式分度工作台的定位精度取决于定位销和定位孔的精度，最高可达±5″，最常用的相差180°同轴线孔的定位精度高一些(常用于调头镗孔)，其他角度(45°、90°、135°)的定位精度低一些。定位销和定位衬套的制造及装配精度要求都很高，硬度的要求也很高，而且耐磨性要好。

2. 数控回转工作台

数控回转工作台主要用于数控镗床和数控铣床，其外形和分度工作台十分相似，但其内部结构却具有数控进给驱动机构的许多特点。它的功能是使工作台进行圆周进给，以完成切削工作，并使工作台进行分度。开环系统中的数控转台由传动系统、间隙消除装置及蜗轮夹紧装置等组成。

下面介绍JCS-013型自动换刀数控镗铣床的数控回转工作台(见图1-47)。当数控工作台接到数控系统的指令后，首先把蜗轮松开，然后启动电液脉冲马达，按指令脉冲来确定工作台的回转方向、回转速度及回转角度大小等参数。

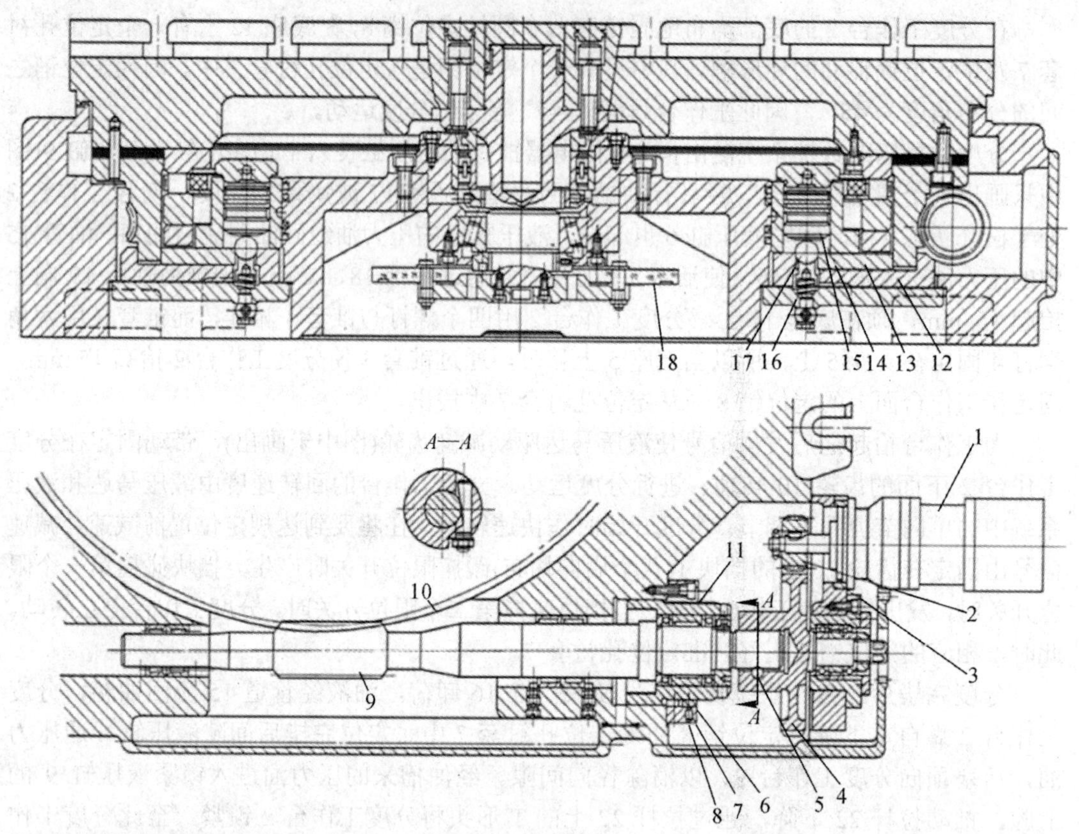

1—电液脉冲马达；2、4—齿轮；3—偏心环；5—楔形拉紧销；6—压块；7—螺母；8—锁紧螺钉；9—蜗杆；10—蜗轮；11—调整套；12、13—夹紧瓦；14—夹紧液压缸；15—活塞；16-弹簧；17—钢球；18—光栅；19—撞块；20—感应块

图1-47　数控回转工作台

工作台的运动由电液脉冲马达1驱动，经齿轮2和4带动蜗杆9，通过蜗轮10使工作台回转。为了尽量消除传动间隙和反向间隙，齿轮2和4带动蜗杆9，通过蜗轮10使工作台回转。

为了尽量消除传动间隙和反向间隙，齿轮2和齿轮4相啮合的侧隙，是靠调整偏心环3来消除的。齿轮4与蜗杆9是靠楔形拉紧销5(*A*-*A*剖面)来连接的，这种连接方式能消除轴与套的配合间隙。为了消除蜗杆副的传动间隙，采用了双螺距渐厚蜗杆，通过移动蜗杆的轴向位置来调整间隙。这种蜗杆的左右两侧面具有不同的螺距，因此蜗杆齿厚从一端向另一端逐渐增厚。但由于同一侧的螺距是相同的，所以仍然保持着正常的啮合。调整时先松开螺母7上的锁紧螺钉8，使压块6与调整套11松开，同时将楔形拉紧销5松开，然后转动调整套11，带动蜗杆9作轴向移动。根据设计要求，蜗杆有10 mm的轴向移动调整量，这时蜗杆副的侧隙可调整0.2 mm。调整后锁紧调整套11和楔形拉紧销5。蜗杆的左右两端都由双列滚针轴承支承，左端为自由端可以伸长以消除温度变化的影响；右端装有双列推力轴承，能轴向定位。工作台静止时必须处于锁紧状态。工作台面用沿其圆周方向分布的八个夹紧液压缸进行夹紧。当工作台不回转时，夹紧液压缸14的上腔进压力油，使活塞15向下运动，通过钢球17、夹紧瓦13及12将蜗轮10夹紧。当工作台需要回转时，数控系统发出指令，使夹紧液压缸14上腔的油流回油箱。在弹簧16的作用下，钢球17

抬起，夹紧瓦 12 及 13 松开蜗轮，然后由电液脉冲马达 1 通过传动装置，使蜗轮和回转工作台按照控制系统的指令作回转运动。

开环系统的数控回转工作台的定位精度主要取决于蜗杆副的传动精度，因而必须采用高精度的蜗杆副。除此之外，还可在实际测量工作台静态定位误差之后，确定需要补偿的角度位置和补偿脉冲的符号(正向或反向)记忆在补偿回路中，由数控装置进行误差补偿。

数控回转工作台设有零点，当它作返回零点运动时，首先由安装在蜗轮上的撞块 19 碰撞限位开关，使工作台减速；再通过感应块 20 和无触点开关，使工作台准确地停在零点位置上。

该数控工作台可作任意角度回转和分度，由光栅 18 进行读数控制。光栅 18 在圆周上有 21 600 条刻线，通过 6 倍频电路使刻度分辨能力为 10，因此，工作台的分度精度可达±10″。

七、回转工作台选型

由于工作台种类繁多，不同工作台具有不同的使用范围，为了满足加工要求，需要考虑多方面的因素，以选择合适的工作台，做到经济性与实用性的完美结合。通常情况下，可按以下原则进行初步选取：

(1) 根据工作台的大小、加工条件、机床结构要求等，确定工作台的基本性能参数，如工作台尺寸、台面尺寸、最大承重等，初步选择合适的工作台系列。

(2) 根据加工工件的复杂程度或其他需求，确定是否要求工作台实现圆周方向的进给运动；若需要，则选用数控回转工作台，反之可考虑选用分度回转工作台。

(3) 在加工过程中，若希望工作台能在一定范围内倾斜，实现多轴联动，则可考虑选用可倾回转工作台。

(4) 对于分度工作台，可依据定位精度要求，选择合适的定位机构工作台。为了实现高精度分度回转，优先选择鼠齿盘分度工作台，但其价格一般高于采用其他方式定位的工作台。

习　题

1. NC、CNC 的含义是什么？
2. 数控机床由哪几个部分组成？各部分的功能是什么？
3. 数控机床的开环、闭环和半闭环控制的含义是什么？
4. 数控机床的特点是什么？
5. 数控系统的基本原理是什么？常用的数控系统有哪些？
6. 数控机床结构设计有哪些特点？
7. 数控机床的主轴调速方法有哪几种？各有何特点？
8. 数控机床对进给传动系统有哪些要求？
9. 数控机床进给传动系统传动齿轮有哪些间隙消除的方法？各有何特点？

10. 滚珠丝杠螺母副与普通丝杠螺母副相比有哪些特点？

11. 试述滚珠丝杠螺母副轴向间隙的调整和预紧方法，常用的有哪几种结构形式？

12. 数控机床常用导轨有哪些？各有何特点？

13. 分度工作台和数控工作台的功用如何？

第二章　数控机床的伺服系统

数控机床伺服系统是以数控机床移动部件(如工作台、主轴或刀具等)的位置和速度为控制对象的自动控制系统，也称为随动系统、拖动系统或伺服机构。伺服系统的工作过程是接受 CNC 装置输出的插补指令，并将这些指令转换为移动部件的机械运动(主要是转动和平动)。伺服系统是数控机床的重要组成部分，是数控装置和机床本体的联系环节，其性能直接影响数控机床的精度、工作台的移动速度和跟踪精度等技术指标。本章主要介绍数控机床对伺服系统的要求、伺服系统的类型，以及伺服电动机的原理及工作特性。

第一节　概　述

与一般机床不同，数控机床伺服系统是一种自动控制系统，通常包含功率放大器、反馈装置等，对执行机构的速度、位置、方向进行精确控制。伺服系统一般由驱动控制单元、驱动元件、机械传动部分、执行元件和检测环节等组成。其中驱动元件主要是伺服电动机。伺服系统的一般结构图如图 2-1。

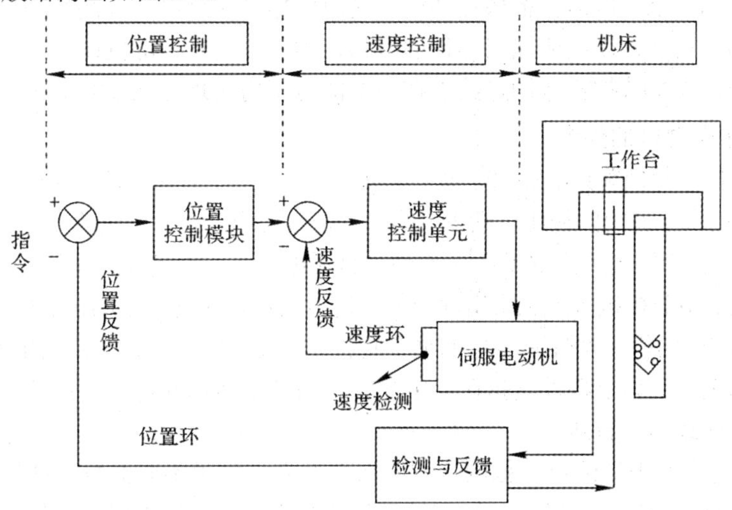

图 2-1　数控机床伺服系统结构图

一、伺服系统的基本要求

为使机床满足高速、高精度加工的需要，伺服系统应具有以下基本性能要求。

1. 位移精度

伺服系统的精度是指输出量能复现输入量的精确程度，伺服系统位移精度是指指令脉冲要求机床工作台进给的位移量和该指令脉冲伺服系统转化为工作台实际位移量之间的符合程度，两者误差越小，位移精度越高，一般要求定位精度为 0.01 mm～0.001 mm，高档机床的定位精度要求达到 0.1 μm 以上。

2. 稳定性

稳定性是指系统在给定外界干扰作用下，能在短暂的调节过程后，达到新的或者恢复到原来平衡状态的能力，要求伺服系统具有较强的抗干扰能力，保证进给速度均匀、平稳。稳定性直接影响数控加工精度和表面粗糙度。

3. 快速响应

响应速度是伺服系统动态品质的重要指标，它反映了系统的跟踪精度。为了保证轮廓切削形状精度和低的加工表面粗糙度值，对位置伺服系统除了要求有较高的定位精度外，还要求有良好的快速响应特性，即要求跟踪指令信号的响应要快。目前数控系统的插补时间都在 20 ms 以下，在短时间内使指令变化一次，需要伺服系统能迅速响应指令变化。这就对伺服系统的动态性能提出两方面的要求：一方面在伺服系统处于频繁地启动、制动、加速、减速等动态过程中，为了提高生产率和保证加工质量，则要求加、减速度足够大，以缩短过渡过程时间；另一方面当负载突变时，过渡过程前沿要陡，恢复时间要短，且无振荡，这样才能得到光滑的加工表面。

4. 调速范围

调速范围是指生产机械要求电机能提供的最高转速和最低转速之比。数控加工机床的特点是低速时进行重切削，要求伺服系统应具有低速时输出大转矩的特性，以适应低速重切削的加工实际要求；以简化机械传动链，进而增加系统刚度，提高转动精度。同时，为适应不同的加工条件，以及所加工零件的材料、类型、尺寸、部位以及刀具的种类和冷却方式等的不同，要求数控机床的进给能在很宽的范围内实现无级变化。

5. 对伺服电动机的要求

由于数控机床对伺服系统提出了如上的严格技术要求，伺服系统也对电动机提出了严格的要求。数控机床上使用的伺服电动机大多是交流伺服电动机。早期数控机床也有用专用的直流伺服电动机，如改进型直流电机、小惯量直流电机、永磁式直流伺服电动机、无刷直流电机等。在经济型数控机床上也采用混合型步进电动机。对伺服电动机的要求如下：

(1) 具有较硬的机械特性和良好的调节特性。机械特性是指在一定的电枢电压条件下，转速和转矩的关系。调节特性是指在一定的转矩条件下转速和电枢电压的关系。理想情况下，两种特性曲线是一直线。

(2) 具有宽广而平滑的调速范围。伺服系统要完成多种不同的复杂动作，需要伺服电动机在控制指令的作用下，转速能够在较大的范围内调节。性能优异的伺服电动机其转速变化可达到 1∶100 000。

(3) 具有快速响应特性。快速响应特性是指伺服电动机从获得控制指令到按照指令要求完成动作的时间要短。响应时间越短，说明伺服系统的灵敏性越高。

(4) 具有小的空载始动电压。伺服电动机空载时，控制电压从零开始逐渐增加，直到电动机开始连续运转时的电压，称为伺服电动机的空载始动电压。在外加电压低于空载始动电压时，电动机不能转动，这是由于此时电动机所产生的电磁转矩还不够克服电动机空转时所需要的空载转矩。可见，空载始动电压越小，电动机启动越快，工作越灵敏。

(5) 电动机应具有大的较长时间的过载能力，以满足低速大转矩的要求。一般直流伺服电动机要求在数分钟内过载4～6倍而不损坏。

(6) 电动机应能承受频繁启动、制动和反转。

二、伺服系统的分类

1. 按调节理论分类

1) 开环伺服系统

开环伺服系统控制过程为数控系统每发出一个进给指令脉冲，经驱动电路功率放大后，驱动步进电动机旋转一个角度，再经传动机构带动工作台移动。这类系统信息流是单向的，即进给脉冲发出去以后，实际移动值不再反馈回来，所以称为开环控制。开环系统中没有位置检测元件和速度反馈回路，省去了检测装置，其精度主要由步进电动机来决定，速度也受到步进电动机性能的限制，系统简单可靠。

2) 闭环伺服系统

闭环伺服系统控制过程为数控装置将经过运算处理的信号输出给伺服系统，伺服电动机驱动丝杠带动工作台或刀架运动，检测装置对于运动的位置和速度进行检测，并将信号反馈给数控装置进行比较运算，并矫正数控装置的输出信号，使移动轴位移精度更高，这种系统称为闭环伺服系统。应用闭环伺服系统数控机床控制精度高，但制造成本高，维修复杂。

3) 半闭环伺服系统

半闭环控制系统是在开环控制系统的伺服机构中装有角位移检测装置，通过检测伺服机构的滚珠丝杠转角，间接检测移动部件的位移。其检测的装置为只检测伺服电动机角位移量的传感器，并不是最终的工作台或刀架的位移量，但也将检测到的信息反馈给数控装置进行运算比较，并矫正数控装置的输出信号。这种系统称为半闭环伺服系统。这类数控机床控制精度较高，介于开环和闭环两类数控机床之间，价格也是介于二者之间，而且维修较简单，能满足众多零件加工的要求，尤其是价格便宜，因此，多数数控机床属于此类控制方式。

2. 按使用的执行元件分类

1) 电液伺服系统

电液伺服系统的执行元件通常为电液脉冲马达和电液伺服马达，其前一级为电气元件，驱动元件为液动机和液压缸。数控机床发展的初期，多数采用电液伺服系统。电液伺服系统具有在低速下可以得到很高的输出力矩，以及刚性好、时间常数小、反应快和速度平稳等优点。然而，液压系统需要油箱油管等供油系统，体积大，此外还有噪声、漏油等问题，因此从20世纪70年代起就被电气伺服系统代替，只是具有特殊要求时，才采用电液伺服系统。

2) 电气伺服系统

电气伺服系统的执行元件为伺服电动机(步进电动机、直流电动机和交流电动机)，驱动单元为电力电子器件，操作维护方便，可靠性高。现代数控机床均采用电气伺服系统。电气伺服系统分为步进伺服系统、直流伺服系统和交流伺服系统。

3. 按被控对象分类

1) 进给伺服系统

进给伺服系统是指一般概念的位置伺服系统，进给伺服系统用于数控机床工作台或刀架坐标的控制系统，控制机床各坐标轴的切削进给运动，并提供切削过程所需的转矩。

2) 主轴伺服系统

主轴伺服系统只是一个速度控制系统，控制机床主轴的旋转运动，为机床主轴提供驱动功率和所需的切削力，且保证任意转速的调节。

此外，刀库的位置控制是为了在刀库的不同位置选择刀具，与进给坐标轴的位置控制相比，性能要低得多，故称为简易位置伺服系统。

4. 按反馈比较控制方式分类

1) 脉冲、数字比较伺服系统

该系统是闭环伺服系统中的一种控制方式。它是将数控装置发出的数字(或脉冲)指令信号与检测装置测得的以数字(或脉冲)形式表示的反馈信号直接进行比较，以产生位置误差，达到闭环控制。

脉冲、数字比较伺服系统结构简单，容易实现，整机工作稳定，应用十分普遍。

2) 相位比较伺服系统

在该伺服系统中，位置检测装置采用相位工作方式。指令信号与反馈信号都变成了某个载波的相位，通过两者相位的比较，获得实际位置与指令位置的偏差，实现闭环控制。

相位比较伺服系统适用于感应式检测元件(如旋转变压器、感应同步器)的工作状态，可以得到要求的精度。

3) 幅值比较伺服系统

幅值比较伺服系统以位置检测信号的幅值大小来反映机械位移的数值，并以此信号作为位置反馈信号，一般还要进行幅值信号和数字信号的转换，进而获得位置偏差，构成闭环控制系统。

4) 全数字伺服系统

随着微电子技术、计算机技术和伺服控制技术的发展，数控机床的伺服系统已采用高速、高精度的全数字伺服系统，即由位置、速度和电流构成的三环反馈控制全部数字化，使伺服控制技术从模拟方式、混合方式走向全数字化方式。该类伺服系统具有使用灵活、柔性好的特点。数字伺服系统采用了许多新的控制技术和改进伺服性能的措施，使控制精度和品质大大提高。

三、伺服元件的选择

1. 功率变换器

交流伺服系统功率变换器的主要功能是根据控制电路的指令，将电源单元提供的直流电能转变为伺服电动机电枢绕组中的三相交流电流，以产生所需要的电磁转矩。功率变换器主要包括控制电路、驱动电路、功率变换主电路等。

2. 传感器

在伺服系统中，需要对伺服电动机的绕组电流及转子速度、位置进行检测，以构成电流环、速度环和位置环，因此需要相应的传感器及其信号变换电路。

电流检测通常采用电阻隔离检测或霍尔电流传感器。直流伺服电动机只需一个电流环，而交流伺服电动机(两相交流伺服电动机除外)则需要两个或三个。其构成方法也有两种：一种是交流电流直接闭环；另一种是把三相交流变换为旋转正交双轴上的矢量之后再闭环，这就需要把电流传感器的输出信号进行坐标变换的接口电路。

速度检测可采用无刷测速发电机、增量式光电编码器、磁编码器或无刷旋转变压器。位置检测通常采用绝对式光电编码器或无刷旋转变压器，也可采用增量式光电编码器进行位置检测。由于无刷旋转变压器具有既能进行转速检测又能进行绝对位置检测的优点，且抗机械冲击性能好，可在恶劣环境下工作，在交流伺服系统中的应用日趋广泛。

3. 控制器

在交流伺服系统中，控制器的设计直接影响着伺服电动机的运行状态，从而在很大程度上决定了整个系统的性能。

交流伺服系统通常有两类：一类是速度伺服系统；另一类为位置伺服系统。前者的伺服控制器主要包括电流(转矩)控制器和速度控制器，后者还要增加位置控制器。其中电流(转矩)控制器是关键的环节，因为无论是速度控制还是位置控制，最终都将转换为对电动机的电流(转矩)控制。电流环的响应速度要远远大于速度环和位置环。为了保证电动机定子电流相应的快速性，电流控制器的实现不应太复杂，这就要求其设计方案必须恰当，使其有效地发挥作用。对于速度和位置控制，由于其时间常数较大，因此可借助计算机技术实现许多复杂的基于现代控制理论的控制策略，从而提高伺服系统的性能。

1) 电流控制器

电流环由电流控制器和逆变器组成，其作用是使电机绕组电流实时、准确地跟踪电流指令信号。为了能够快速、准确地控制伺服电动机的电磁转矩，在交流伺服系统中，需要分别对永磁同步电动机(或感应电动机)的 d、q 轴电流进行控制。

2) 速度控制器

速度环的作用是保证电动机的转速与速度指令值一致，消除负载转矩扰动等因素对电动机转速的影响。速度指令与反馈的电动机实际转速相比较，其差值通过速度控制器直接产生 q 轴指令电流，并进一步用 d 轴电流指令共同作用，控制电动机加速、减速或匀速旋转，使电动机的实际转速与指令值保持一致。速度控制器通常采用的是 PID 控制方式。

3) 位置控制器

位置环的作用是产生电动机的速度指令并使电动机准确定位和跟踪。通过比较设定的目标位置与电动机的实际位置，利用其偏差由位置控制器来产生电动机的速度指令。当电动机启动后，在大偏差区域产生最大速度指令，使电动机加速运行后以最大速度恒速运行；在小偏差区域产生逐次递减的速度指令，使电动机减速运行直至最终定位。

第二节　伺服电动机及其工作特性

一、伺服电动机的分类

电动机分为电磁型电动机和非电磁型电动机两大类，如表 2-1 所示。

表 2-1　伺服电动机的分类

<table>
<tr><td rowspan="14">电磁型电动机</td><td rowspan="3">直流伺服电动机</td><td colspan="3">电磁型直流电动机</td></tr>
<tr><td colspan="2" rowspan="2">永磁式直流电动机</td><td>有刷直流电动机</td></tr>
<tr><td>无刷直流电动机</td></tr>
<tr><td rowspan="8">交流伺服电动机</td><td rowspan="3">感应式电动机 IM
(异步电动机)</td><td rowspan="2">三相异步
电动机</td><td>笼型异步电动机</td></tr>
<tr><td>绕线型异步电动机</td></tr>
<tr><td colspan="2">单相/两相异步电动机</td></tr>
<tr><td rowspan="4">同步电动机 SM</td><td colspan="2">永磁式同步电动机</td></tr>
<tr><td colspan="2">电磁型同步电动机</td></tr>
<tr><td colspan="2">磁阻电动机</td></tr>
<tr><td colspan="2">磁滞电动机</td></tr>
<tr><td rowspan="4">步进电动机</td><td colspan="3">反应式步进电动机</td></tr>
<tr><td colspan="3">永磁式步进电动机</td></tr>
<tr><td colspan="3">混合式步进电动机</td></tr>
<tr><td colspan="3">齿级型</td></tr>
<tr><td rowspan="4">非电磁型电动机</td><td colspan="4">超声波电动机</td></tr>
<tr><td colspan="4">压电控制电动机</td></tr>
<tr><td colspan="4">磁滞控制电动机</td></tr>
<tr><td colspan="4">静电控制电动机</td></tr>
</table>

1. 电磁型电动机

电磁型电动机是可以连续旋转的电-机械转换器，主要包括直流伺服电动机、交流伺服电动机和步进电动机三大类。

1) 直流伺服电动机

直流伺服电动机从 20 世纪 70 年代到 80 年代中期，在数控机床上占据主导地位。进给运动系统采用大惯量、宽调速永磁直流伺服电动机和中小惯量直流伺服电动机；主运动系统采用他激直流伺服电动机。大惯量直流伺服电动机具有良好的调速性能，输出转矩大，过载能力强。由于电动机自身惯量较大，容易与机床传动部件进行惯量匹配，所构成的闭环系统易于调整。

直流伺服电动机配有晶闸管全控桥(或半控桥)或大功率晶体管脉宽调制的驱动装置。该系统的缺点是直流伺服电动机具有电刷和机械换向器，限制了它向大容量、高电压、高速度方向发展，而且结构复杂，价格较贵，目前已经被交流伺服电动机取代。

2) *交流伺服电动机*

在电动机控制领域，基于交流电动机调速技术的突破，交流伺服系统迅速进入电气传动调速控制的各个领域。交流伺服系统使用交流感应异步伺服电动机(一般用于主轴伺服系统)和永磁同步伺服电动机(一般用于进给伺服系统)。20 世纪 80 年代以后，由于交流伺服电动机的材料、结构、控制理论和方法均有突破性的进展，电力电子器件的发展为控制与方法的实现创造了条件，使得交流驱动装置发展很快，目前已取代了直流伺服电动机。

交流伺服电动机的最大优点是容易维修，制造简单，易于向大容量、高速度方向发展，适合于在较恶劣的环境中使用。此外，交流伺服电动机还具有动态响应好、转速高和容量大等优点。同时，从减少伺服驱动系统外形尺寸和提高可靠性角度来看，采用交流伺服电动机比直流伺服电动机将更合理。

3) *步进电动机*

步进电动机能快速启动、制动和反转，在一定范围内各个运动方式都能任意改变且不会失步，具有自整步的能力，没有一周累计误差，所以定位精度高，价格便宜。但是步进电动机动态特性不如交、直流伺服电动机，尤其是运行的可靠性得不到保证，效率低，驱动惯量负载能力差，作高速运动时容易失步。它一般在开环系统、普通数控机床、钟表工业及自动记录仪，以及对精度要求低的场合都有很广泛的应用。

2. 非电磁型电动机

非电磁型电动机是利用非电磁能转换为机械能的电动机。

1) *超声波电动机*

超声波电动机是利用压电材料的逆压电特性，激发电机定子的机械振动，通过定转子之间的摩擦力，将电能转换为机械能输出，驱动转子的定向运动。与传统电动机相比，超声波电动机具有体积小、低速大转矩、反应速度快、不受磁场影响、保持力矩大等优点。

2) *压电控制电动机*

压电控制电动机是利用压电体的压电逆效应进行机电能量转换的电动机。它是利用压电体在电压作用下发生振动，驱动运动件旋转或作直线运动。由于一般压电体的能量转换效率较低，且振动或伸缩的幅值很小，因而只能制成特殊要求的专用电动机，获得微小变位的蠕动。

3) *磁滞控制电动机*

磁滞控制电动机是利用磁滞转矩启动和运行的小功率同步电动机。其转子用剩磁和矫顽力比较大的永磁材料制成。在磁场中，铁磁性转子的单元磁体沿磁场的磁力线方向排列。它们都在中心的磁力线上。它们的极性 N、S 由定子磁极决定。由于磁分子的轴线与定子磁场轴线一致，所以不产生切向力和转矩。若定子磁场旋转一个角度，则由于永磁材料磁分子之间具有很大的内摩擦力，转子单元磁体不能立刻转动同样的角度，故产生磁滞现象，两者的轴线之间有某一夹角 θ，磁力线被扭斜，于是产生切向力和转矩。这种因磁滞现象而产生的转矩称磁滞转矩。磁滞电动机结构简单，工作可靠，有较大的启动力矩，噪声小，可以带动具有较大惯性的负载平滑地进入同步运行。其缺点是效率不高，电动机的体积重量都较其他类型同步电动机大，价格较贵。

4) 静电控制电动机

静电控制电动机是利用静电为能量源的一种能量转换装置，具有结构简单、空载转速高的优点，但也有功率小、启动难等缺点。

二、交流伺服电动机

1. 交流伺服电动机的结构

交流伺服电动机分为交流感应式伺服电动机和永磁同步式伺服电动机两类。交流感应式伺服电动机相当于异步型交流伺服电动机，常用于主轴伺服系统。永磁式交流伺服电动机相当于同步型交流伺服电动机，常用于进给伺服系统。

交流感应式伺服电动机常用于主轴伺服系统。交流主轴伺服电动机要提供很大的功率，如果用永久磁体，当容量做得很大时，电动机的成本太高。主轴驱动系统的电动机还要具有低速恒转矩、高速恒功率的工况。因此，采用专门设计的异步型交流伺服电动机。

交流伺服电动机主要由定子和转子构成。目前应用较多的转子结构有两种形式：一种是采用高电阻率的导电材料做成的高电阻率导条的鼠笼转子，为了减小转子的转动惯量，转子做得细长，但为了使伺服电动机具有较宽的调速范围、线性的机械特性和快速响应的性能，以及无“自转”现象，它与普通电动机相比，应具有转子电阻大和转动惯量小这两个特点；另一种是采用铝合金制成的空心杯形转子，结构如图 2-2 所示，它由非磁性材料制成杯形，可看成是导条数很多的笼式转子，其杯壁很薄，仅 0.2 mm～0.3 mm，因而其电阻值较大。转子在内外定子之间的气隙中旋转，因空气隙较大而需要较大的励磁电流。空心杯形转子的转动惯量很小，反应迅速，而且运转平稳。

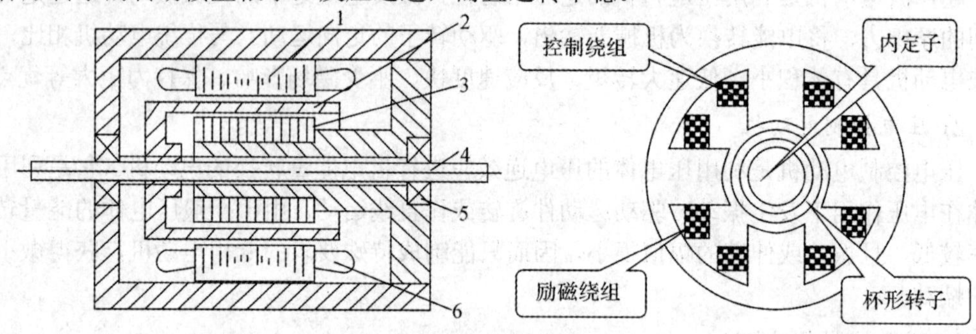

1—外定子铁芯；2—杯形转子；3—内定子铁芯；4—转轴；5—轴承；6—定子绕组

图 2-2　杯形转子交流伺服电动机结构图

鼠笼转子的结构是定子上装有对称三相绕组，而在圆柱体的转子铁芯上嵌有均匀分布的导条，导条两端分别用金属环把它们连在一起，称为笼式转子。为了增加输出功率，缩小电动机的体积，采用了定子铁芯在空气中直接冷却的办法，没有机壳，而且在定子铁芯上做出轴向孔以利通风。为此，在电动机外形上是呈多边形而不是圆形。电动机轴的尾部同轴安装有检测元件。

2. 交流伺服电动机的工作原理

交流伺服电动机在没有控制电压时，定子内只有励磁绕组产生的脉动磁场，转子静止不动。当有控制电压时，定子内便产生一个旋转磁场，转子沿旋转磁场的方向旋转，在负载恒定的情况下，电动机的转速随控制电压的大小而变化，当控制电压的相位相反时，伺服电动机将反转。

伺服电动机内部的转子是永磁铁，驱动器控制的 U/V/W 三相电形成电磁场。转子在此磁场的作用下转动，同时电动机自带的编码器反馈信号给驱动器，驱动器根据反馈值与目标值进行比较，调整转子转动的角度。伺服电动机的精度决定于编码器的精度(线数)。

伺服电动机的定子铁芯通常用硅钢片叠压而成。定子铁芯表面的槽内嵌有两相绕组，其中一相绕组是励磁绕组，另一相绕组是控制绕组，两相绕组在空间位置上相差 90°。工作时励磁绕组与交流励磁电源相连，控制绕组与控制信号电压相连。

励磁绕组串联电容 C 是为了产生两相旋转磁场。适当选择电容的大小，可使通入两个绕组的电流相位差接近 90°，从而产生所需的旋转磁场。控制电压$\dot{U}_2$与电源电压$\dot{U}$频率相同，相位相同或反相，如图 2-3 所示。

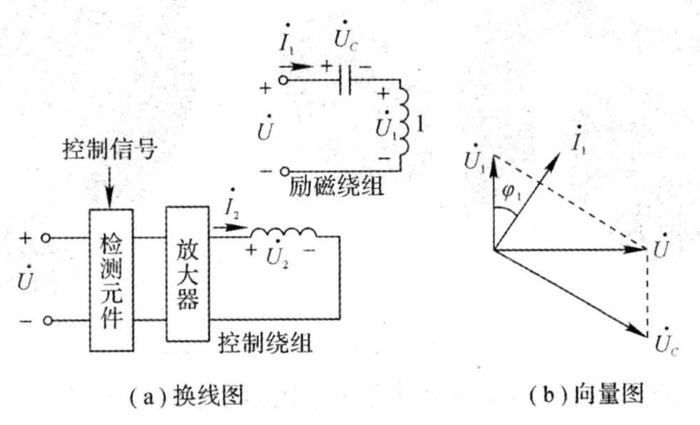

图 2-3　交流伺服电动机的接线图和相量图

励磁绕组固定接在电源上，当控制电压为零时，电机无启动转矩，转子不转。当有控制电压加在控制绕组上，且励磁电流 $\dot{I}_1$ 和控制绕组电流 $\dot{I}_2$ 不同相时，便产生两相旋转磁场。在旋转磁场的作用下，转子便转动起来。

交流伺服电动机的特点：不仅要求它在静止状态下能服从控制信号的命令而转动，而且要求在电动机运行时如果控制电压变为零，电动机就会立即停转。

三、步进电动机及其工作特性

1. 步进电动机的特点

步进电动机是将电脉冲信号转变为角位移的控制系统，电动机绕组每接受一个脉冲，转子转过相应的角度(即步距角)，低频率运行时，明显可见电机轴是一步一步转动的，故称为步进电动机。其角位移与电脉冲数成正比，转速与脉冲频率成正比。因此，通过改变脉冲频率可调节电动机的转速。

进给脉冲的频率代表了驱动速度，脉冲的数量代表了位移量，而运动方向是由步进电动机的各相通电顺序来决定的。但由于该系统没有反馈检测环节，精度主要由步进电动机来决定，速度也受到步进电动机性能的限制。

2. 步进电动机的分类和工作原理

步进电动机主要有三种：永磁式、反应式、混合式。

永磁式步进电动机的转子上有励磁线圈，依靠电磁转矩工作，其电磁阻尼大，步矩角大，启动频率低，功率小。

反应式步进电动机的转子上没有励磁线圈，依靠变化的磁阻生成磁阻转矩工作，其结构简单，步矩角小，性价比高，应用广泛，但动态性差。

混合式步进电动机在永磁和变磁阻原理共同作用下，输出转矩大，步矩角小，结构复杂，成本高。

反应式步进电动机的应用最广泛，它有三相、四相、多相之分。这里主要讨论三相反应式步进电动机的结构和工作原理，步进电动机及其驱动模块见图 2-4。

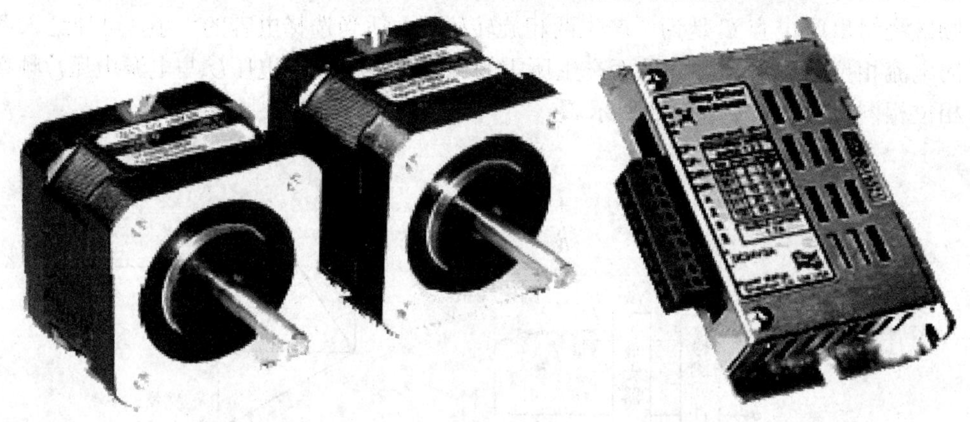

图 2-4　步进电动机及其驱动模块

单定子反应式步进电动机利用电磁铁原理，由定子和转子组成，定子分定子铁芯和定子励磁绕组。定子铁芯由硅钢片叠压而成，定子激励绕组是绕置在定子铁芯上的线圈，在直径方向上相对的两个齿上的线圈串联在一起成为一相控制绕组，从而构成 A、B、C 三相控制绕组，任一相绕组通电形成一组定子磁极。转子无绕组，有周向均布的齿，依靠磁极对齿的吸合来工作，如图 2-5 所示。

3. 三相单三拍工作方式

步进电动机根据作用原理和结构，可分为永磁式步进电动机、反应式步进电动机和永磁感应式步进电动机，其中应用最多的是反应式步进电动机。图 2-6 为三相单三拍工作方式图，三相反应式步进电动机中，定子为三对磁极，磁极对数称为“相”，相对的极属一相，步进电动机可做成三相、四相、五相或六相等。磁极个数是定子相数 m 的 2 倍，每个磁极上套有该相的控制绕组，在磁极的极上制有小齿，转子由软磁材料制成齿状。

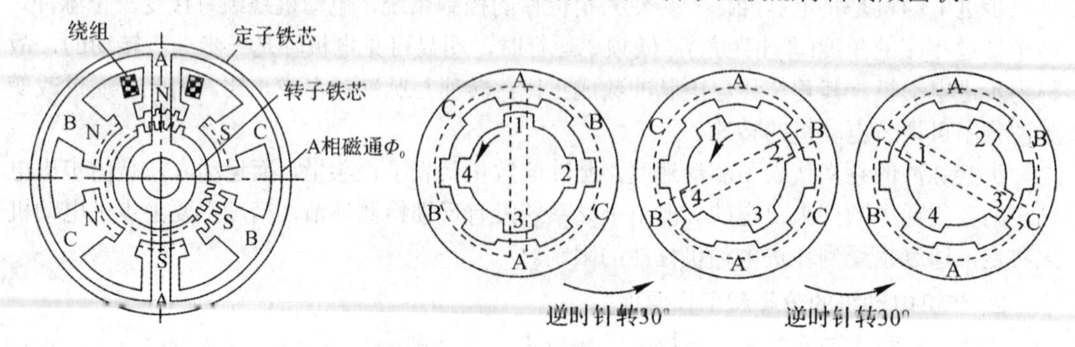

图 2-5　三相反应式步进电动机结构图　　　　图 2-6　三相单三拍工作方式图

假设转子上有四个齿，当 A 相通电时，转子 1、3 齿被磁极 A 产生的电磁引力吸引过去，使 1、3 齿与 A 相磁极对齐；接着 B 相通电，A 相断电，磁极 B 又把距它最近的一对齿 2、4 吸引过来，使转子按逆时针方向转动 30°；然后 C 相通电，B 相断电，转子又逆时针旋转 30°。依此类推，定子按 A→B→C→A 顺序通电，转子就一步步地按逆时针方向转动，每步转 30°。

若改变通电顺序，按 A→C→B→A 使定子绕组通电，步进电动机就按顺时针方向转动，同样每步转 30°。这种控制方式叫三相单三拍方式，“单”是指每次只有一相绕组通电，“三拍”是指每三次换接为一个循环。

定子的每个磁极正对转子的圆弧面上都均匀分布着 5 个小齿，呈梳状排列，齿槽等宽，齿间夹角为 9°。

转子上没有绕组，只有均匀分布的 40 个小齿，其大小和间距与定子上的完全相同。三相定子磁极上的小齿在空间位置上依次错开 1/3 齿距。三相定子相位图如图 2-7 所示。

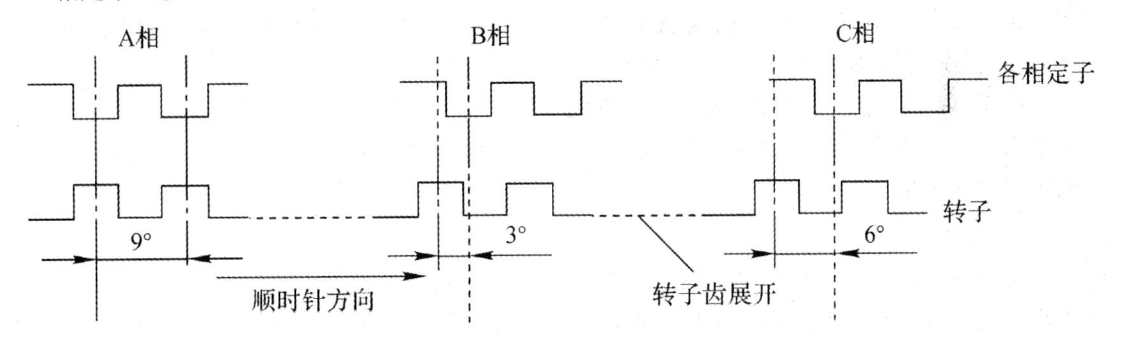

图 2-7　三相定子相位图

根据工作要求，定、转子齿距要相同，并满足以下两点：

(1) 在同相的磁极下，定、转子齿应同时对齐或同时错开，以保证产生最大转矩。

(2) 在不同相的磁极下，定、转子齿的相对位置应依次错开 $1/m$ 齿距。当连续改变通电状态时，可以获得连续不断的步进运动。

4. 步进电动机的运行特性及性能指标

1) 步进电动机的性能指标

步距角：步进电动机每步的转角称为步距角，体现为步进电动机的分辨精度，也叫分辨力。步距角是决定步进伺服系统脉冲当量的重要参数，它取决于电动机的结构和控制方式。反应式步进电动机的步距角一般为 0.5°～3°。步距角越小，数控机床的控制精度越高。常用的步距角有 3°/1.5°、1.5°/0.75°、1.2°/0.6°、0.72°/0.36°等。

距角特性：步进电动机产生的静态转矩 M_j 与失调角 θ 的变化规律。输出转矩是指步进电动机的各种转速对应的输出转矩，若施加超过输出转矩的负载转矩，则步进电动机就会停止转动。因此电动机的负载转矩必须小于输出转矩。失调角 θ 为单相定子通电时，该相定子齿与转子齿的中心线不重合。

空载时，若步进电动机某相绕组通电，根据步进电动机的工作原理，电磁力矩会使得转子齿槽与该相定子槽对齐。这时，转子上没有力矩输出，如果在电动机轴上加一逆时针方向的负载转矩 M，则步进电动机转子只有逆时针方向转过一个角度 θ 才能重新稳定下来，这时转子上受到的电磁转矩 M_j 和负载转矩 M 相等，通常称 M_j 为静态转矩及 θ 角，不断改变 M 值，对应有 M_j 值及值，从而得到 M_j 值及 θ 的函数曲线，如图 2-8 所示。

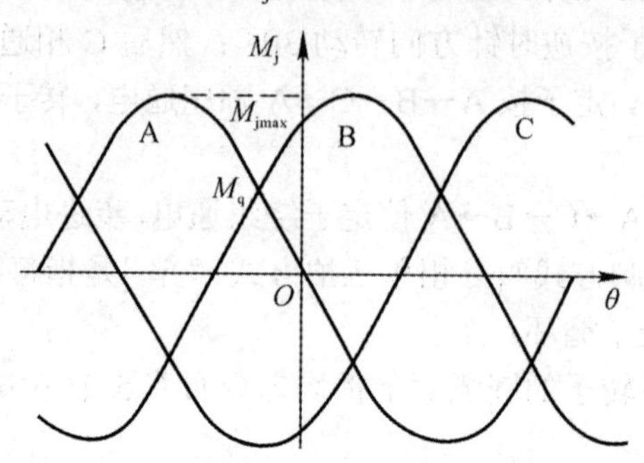

图 2-8　转矩-失调角特征曲线

最大启动转矩：相邻两通电状态时，矩角特性交点的静转矩反映了电动机的承载能力。图 2-8 中最大启动转矩 M_q 是曲线 A 和 B 的交点，当负载力矩小于 M_q 时，电动机才能正常启动运行；否则将造成失步，电动机也不能正常启动。

静态步距误差：在空载情况下，理论的步距角与实际的步距角之差一般在 10′之内。步距误差主要由步进电动机步距制造误差，定子和转子间气隙不均匀以及各相电磁转矩不均匀等因素造成。

2) 启动频率

空载时，步进电动机由静止状态突然启动，并进入不失步的正常运行的最高频率，称为启动频率或突跳频率，加给步进电动机的指令脉冲频率如大于启动频率，就不能正常工作。因此，空载启动时，步进电动机定子绕组通电状态变化的频率不能高于该突跳频率。步进电动机在带负载(尤其是惯性负载)下的启动频率比空载要低。随着负载加大(在允许范围内)，启动频率会进一步降低。

3) 连续运行频率

步进电动机启动后，其运行速度能根据指令脉冲频率连续上升而不丢步的最高工作频率，称为连续运行频率。它是决定定子绕组通电状态最高变化频率的参数，即决定了步进电动机的最高转速。其值远大于启动频率，它也随着电机所带负载的性质和大小而异，与驱动电源也有很大关系。

4) 矩频特性与动态转矩

矩频特性是描述步进电动机连续稳定运行时输出转矩与连续运行频率之间的关系，该特性上每一个频率对应的转矩称为动态转矩。当步进电动机正常运行时，若输入脉冲频率逐渐增加，则电动机所能带动负载转矩将逐渐下降。在使用时，一定要考虑动态转矩随连续运行频率的上升而下降的特点。

5. 提高步进伺服系统精度的措施

1) 传动间隙补偿

传动元件的齿轮、丝杠制造装配误差，使机械传动链在改变运动或旋转方向时，最初若干个指令脉冲只能起到消除间隙的作用，造成步进电动机的空走，而工作台无实际移动，从而产生传动误差。

补偿方法：先测出并存储间隙大小，接收反向位移指令时，先不向步进电动机输出反向位移脉冲，而将间隙值转换为脉冲数，驱动步进电动机转动，越过传动间隙，然后按照指令脉冲动作。

2) *螺距误差补偿*

滚珠丝杠螺距的制造误差直接影响机床工作台的位移精度。

补偿方法：设置若干个补偿点，在每个补偿点测量并记录工作台位移误差，确定补偿值并作为控制参数输送给数控装置。设备运行时，工作台每经过一个补偿点，CNC 系统就加入补偿量，补偿螺距误差。

3) *步进细分电路校正误差*

将一个步距角细分为若干步的驱动方法，实质上是减小了步进电动机的步距角即角脉冲当量，使转子达到新稳定点时的动能减小，振动减小，精度提高，特别是提高了低速时的平滑性。

四、步进电动机和交流伺服电动机性能比较

步进电动机是一种离散运动的装置，它和现代数字控制技术有着本质的联系。在目前国内的数字控制系统中，步进电动机的应用十分广泛。随着全数字式交流伺服系统的出现，交流伺服电动机也越来越多地应用于数字控制系统中。为了适应数字控制的发展趋势，运动控制系统中大多采用步进电动机或全数字式交流伺服电动机作为执行电动机。虽然两者在控制方式上相似(脉冲串和方向信号)，但在使用性能和应用场合上存在着较大的差异。现就二者的使用性能作一比较。

1. 控制精度不同

两相混合式步进电动机步距角一般为 1.8°、3.6°，三相电机一般基本步距角为 1.2°。五相混合式步进电动机步距角一般为 0.72°、0.36°。也有一些高性能的步进电动机步距角更小。慢走丝机床的步进电动机，其步距角为 0.09°；三相混合式步进电动机其步距角可通过拨码开关设置为 1.8°、0.9°、0.72°、0.36°、0.18°、0.09°、0.072°、0.036°，兼容了两相和五相混合式步进电动机的步距角。交流伺服电动机的控制精度由电机轴后端的旋转编码器保证。以全数字式交流伺服电动机为例，对于带标准 2 500 线编码器的电机而言，由于驱动器内部采用了四倍频技术，其脉冲当量为 360°/10000= 0.036°。对于带 17 位编码器的电机而言，驱动器每接收 2^{17}=131 072 个脉冲电机转一圈，即其脉冲当量为 360°/131 072=0.002 746 582°，是步距角为 1.8° 的步进电动机的脉冲当量的 1/655。

2. 低频特性不同

步进电动机在低速时易出现低频振动现象。振动频率与负载情况和驱动器性能有关，一般认为振动频率为电机空载起跳频率的一半。这种由步进电动机的工作原理所决定的低频振动现象对于机器的正常运转非常不利。当步进电动机工作在低速时，一般应采用阻尼技术来克服低频振动现象，比如在电机上加阻尼器，或驱动器上采用细分技术等。交流伺服电动机运转非常平稳，即使在低速时也不会出现振动现象。交流伺服系统具有共振抑制功能，可涵盖机械的刚性不足，并且系统内部具有频率解析机能(FFT)，可检测出机械的

共振点，便于系统调整。

3. 矩频特性不同

步进电动机的输出力矩随转速升高而下降，且在较高转速时会急剧下降，所以其最高工作转速一般在 300 r/m～600 r/m。交流伺服电动机为恒力矩输出，即在其额定转速(一般为 2000 r/m 或 3000 r/m)以内，都能输出额定转矩，在额定转速以上为恒功率输出。

4. 过载能力不同

步进电动机一般不具有过载能力。交流伺服电动机具有较强的过载能力，包括速度过载和转矩过载能力。其最大转矩为额定转矩的三倍，可用于克服惯性负载在启动瞬间的惯性力矩。步进电动机因为没有这种过载能力，在选型时为了克服这种惯性力矩，往往需要选取较大转矩的电机，而机器在正常工作期间又不需要那么大的转矩，便出现了力矩浪费的现象。

5. 运行性能不同

步进电动机的控制为开环控制，启动频率过高或负载过大易出现丢步或堵转的现象，停止时转速过高易出现过冲的现象，所以为保证其控制精度，应处理好升、降速问题。交流伺服驱动系统为闭环控制，驱动器可直接对电机编码器反馈信号进行采样，内部构成位置环和速度环，一般不会出现步进电动机的丢步或过冲的现象，控制性能更为可靠。

6. 速度响应性能不同

步进电动机从静止加速到工作转速(一般为每分钟几百转)需要 200 ms～400 ms。交流伺服系统的加速性能较好，交流伺服电动机从静止加速到其额定转速 3000 r/m 仅需几毫秒，可用于要求快速启停的控制场合。综上所述，交流伺服电动机在许多性能方面都优于步进电动机，但在一些要求不高的场合也经常用步进电动机来做执行电动机。所以，在控制系统的设计过程中要综合考虑控制要求、成本等多方面的因素，选用适当的控制电机。

五、直流伺服电动机

直流伺服电动机的输出转速与输入电压成正比，并能实现正反向速度控制，具有启动转矩大、调速范围宽、机械特性和调节特性的线性度好、控制方便等优点。

直流伺服电动机分为有刷和无刷电动机。有刷电动机成本低、结构简单、启动转矩大、调速范围宽、控制容易，但需要维护(换碳刷)，产生电磁干扰，对环境有要求，另外换向电刷的磨损和易产生火花会影响其使用寿命，因此它可以用于对成本敏感的普通工业和民用场合。无刷电动机体积小、重量轻、出力大、响应快、速度高、惯量小、转动平滑、力矩稳定，避免了电刷摩擦和换向干扰，因此灵敏度高、死区小、噪声低，对周围电子设备干扰小，容易实现智能化，其电子换相方式灵活，可以方波换相或正弦波换相，但是电动机控制复杂。无刷电动机免维护、效率很高、运行温度低、电磁辐射很小、寿命长，可用于各种环境。

直流伺服电动机的输出转速/输入电压的传递函数可近似视为一阶迟后环节，其机电时间常数一般大约在十几毫秒到几十毫秒之间。而某些低惯量直流伺服电动机(如空心杯转子型、印刷绕组型、无槽型)的时间常数仅为几毫秒到二十毫秒。小功率规格的直流伺服电动机的额定转速在 3000 r/min 以上，甚至大于 10 000 r/min。

1. 直流伺服电动机与速度控制

1) 直流伺服电动机

直流伺服电动机的由定子、转子电刷与换向片组成，如图 2-9 所示。定子产生定子磁极、磁场；转子表面嵌有线圈，通直流电时，在定子磁场作用下产生带负载旋转的电磁转矩；为使产生的电磁转矩保持恒定的方向，保证转子能沿着固定方向均匀地连续旋转，将电刷与外加直流电源连接，换向片与电枢线圈连接。数控机床使用的直流伺服电动机主要是大功率直流伺服电动机。

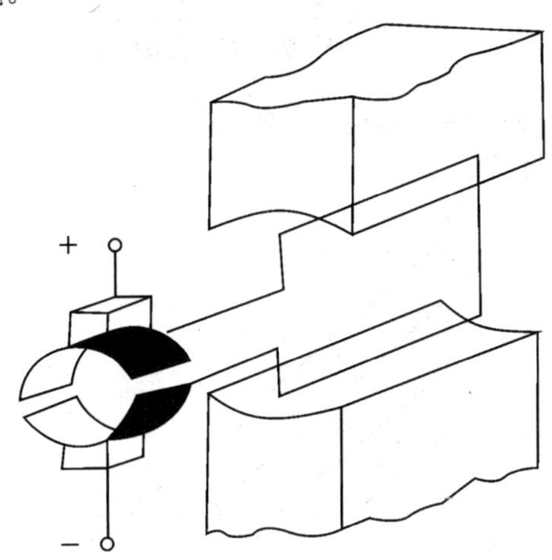

图 2-9　直流伺服电动机的结构示意图

小惯量直流伺服电动机：最大限度地减小电枢的转动惯量，可以获得较快的响应速度。

宽调速直流伺服电动机：转子直径较大，力矩大，转动惯量大，能在较大过载转矩时长时间工作。

2) 直流伺服电动机速度调节

直流伺服电动机的三种调速方法：

(1) 改变电枢外加电压 U_a。该方法可以得到调速范围较宽的恒转矩特性，机械特性好，适用于主轴驱动的低速段和进给驱动。

(2) 改变磁通量 ϕ。改变励磁线圈电压可使磁通量改变，适用于主轴驱动的高速段，不适合于进给驱动。

(3) 改变电枢电路的电阻 R_a。该方法得到的机械特性较软，不能实现无级调速，也不适合于数控机床。

目前应用最多的是晶体管脉宽调制(PWM)调速系统：利用大功率晶体管的开关作用，将直流电压转换成一定频率的方波电压加到直流电机的电枢上，通过对方波脉冲宽度的控制，改变电枢的平均电压，调节电机的转速。

2. 直流伺服电动机的机械特性

直流伺服电动机的供电方式为他励供电。励磁绕组和电枢分别由两个独立的电源供电。直流伺服电动机的接线图如图 2-10 所示。

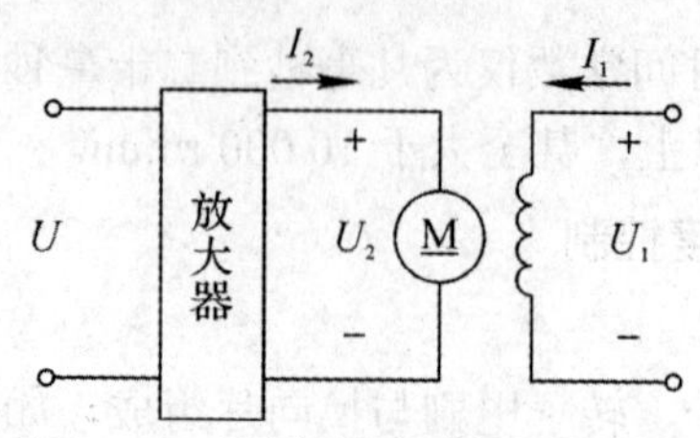

图 2-10　直流伺服电动机的接线图

图 2-10 中，U_1 为励磁电压，U_2 为电枢电压。

直流伺服电动机的机械特性与他励直流电机相同，也可用下式表示：

$$n = \frac{U_2}{K_E \Phi} - \frac{R_a}{K_E K_T \Phi^2} T$$

式中：K_E 为电动机电势常数；K_T 为电动车转矩常数。

机械特性曲线如图 2-11 所示。

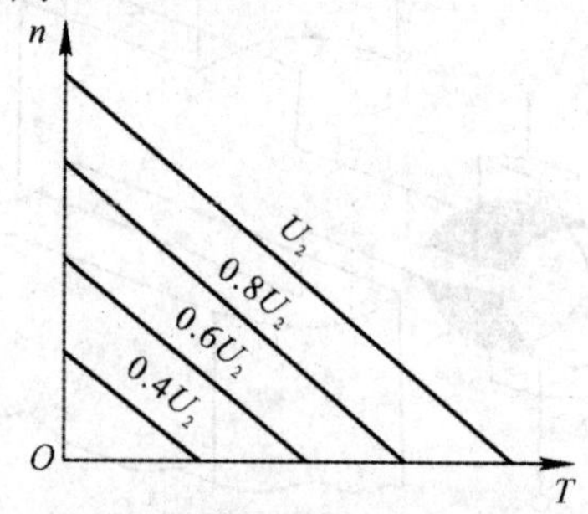

图 2-11　直流伺服电动机的 $n=f(T)$ 曲线(U_1=常数)

由机械特性可知：

(1) 一定负载转矩下，当磁通 Φ 不变时，$U_2\uparrow \to n\uparrow$。

(2) U_2=0 时，电机立即停转。

电动机反转：改变电枢电压的极性，电动机反转。

习　题

1. 伺服系统按调节理论分为哪几类？
2. 伺服系统按照执行元件分为哪几类？
3. 伺服系统的基本要求是什么？
4. 交流感应式伺服电动机的结构有哪些？分别是什么？
5. 步进电动机三相单三拍的工作原理是什么？
6. 如何提高步进伺服系统的精度？
7. 步进电动机和交流伺服电动机的性能有什么不同？
8. 直流伺服电动机的特点是什么？

第三章　数控编程基础

第一节　数控机床坐标系

数控机床为了能控制刀具运动轨迹，需要用数字标定刀具在空间的位置和运动的方向，实现这一目的，就要用坐标系。在机床上建立坐标系，要确定各个轴的移动方向和坐标原点。数控机床在设计时就将各个轴的方向和原点定好了，一般数控机床有一个固定的原点——机床原点，这是厂家在制造数控机床时就设定好的，用户不能更改。

1. 坐标系的规定

为了统一坐标系的标准，ISO 和我国 JB3051－82 标准规定坐标系为右手直角笛卡尔坐标系，三个直线运动和三个回转运动，如图 3-1 所示。三个直线运动轴为 *X*、*Y*、*Z*，三个回转运动轴为与直线对应的 *A*、*B*、*C*，并规定在工件与刀具的相对运动中，工件是假定静止的，刀具相对于工件运动。三个直线轴的正向为刀具远离工件的方向。

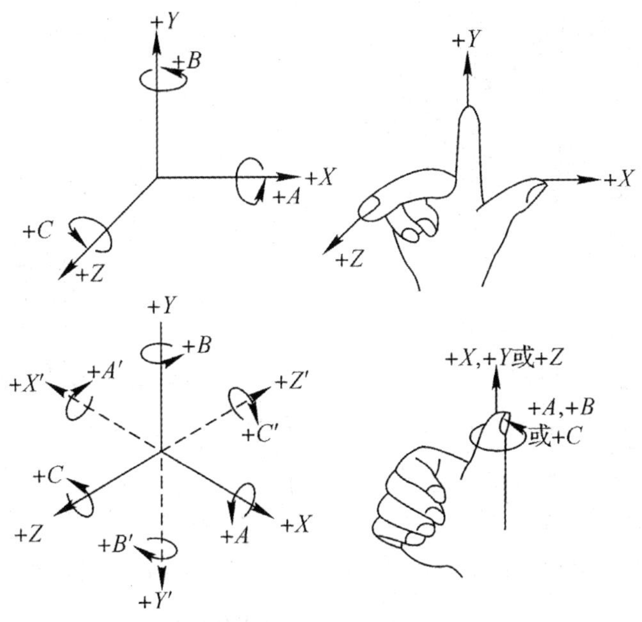

图 3-1　坐标系的规定

对于机床上的轴的标定，有如下规定：

(1) *Z* 轴。以平行于主轴的坐标轴为 *Z* 轴，刀具远离工件(增大刀具与工件之间距离)的方向为正向，若有多个主轴，则选垂直于工件装夹平面的主轴为 *Z* 轴。

(2) *X* 轴。以水平、垂直于 *Z* 轴并平行于工件装夹平面的方向为 *X* 轴。对于工件旋转的机床(车床、磨床)，取平行于横向滑座的方向(工件的径向)为 X 轴，刀具远离工件的方向为正。对于刀具旋转运动的机床(铣床、镗床)，当 Z 轴为水平时，沿着刀具主轴后端向工件方向看，向右方向为正；当主轴为立式时，对于单立柱机床，面对刀具主轴向立柱方向看，向右为 X 正向。

(3) Y 轴。垂直于 Z、X 轴坐标，右手确定 $+Y$ 方向。

(4) 附加运动坐标的规定。当在机床上在同一个方向有两个或两个以上的运动部件，则要设立第二组直线轴和第三组直线轴，分别规定为 U、V、W 和 P、Q、R。

部分数控机床的坐标系如图 3-2 所示。

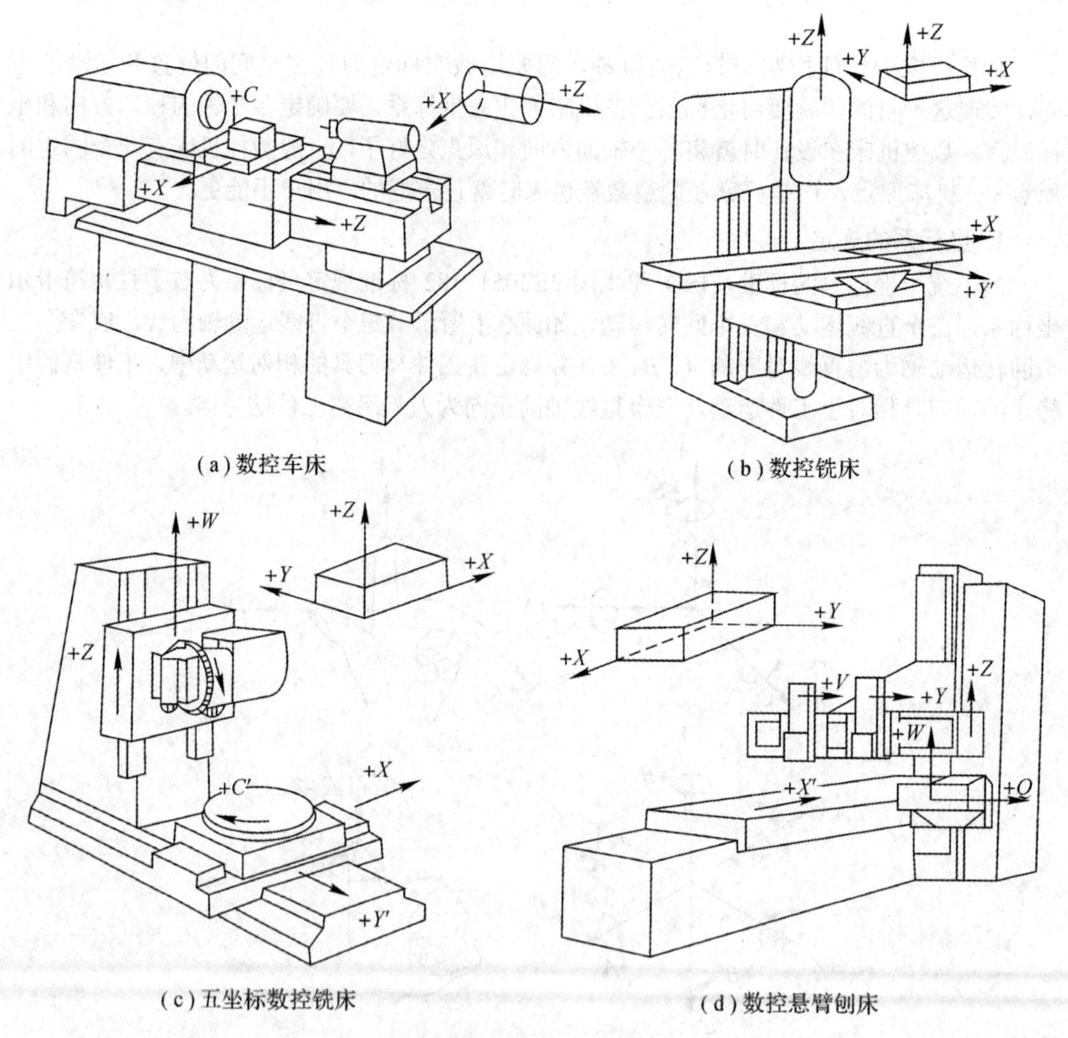

图 3-2 部分数控机床的坐标系

2. 机床坐标系与机床原点、机床参考点

机床坐标系是指机床制造厂家设定在机床上的固有坐标系，其原点为机床原点，这个原点用户不能随便更改。机床参考点是机床制造厂家在机床上用行程开关设置的一个位置，机床参考点与机床原点之间的相对位置是一个已知的固定值，在机床出厂之前由机床

制造厂家精密测量确定。在开机时要手动返回参考点，以便在机床建立准确的机床坐标系位置，返回参考点的操作，可以根据机床参考点在机床坐标系中的坐标值，间接确定机床原点的位置，数控装置就建立了机床坐标系，如图 3-3 所示。

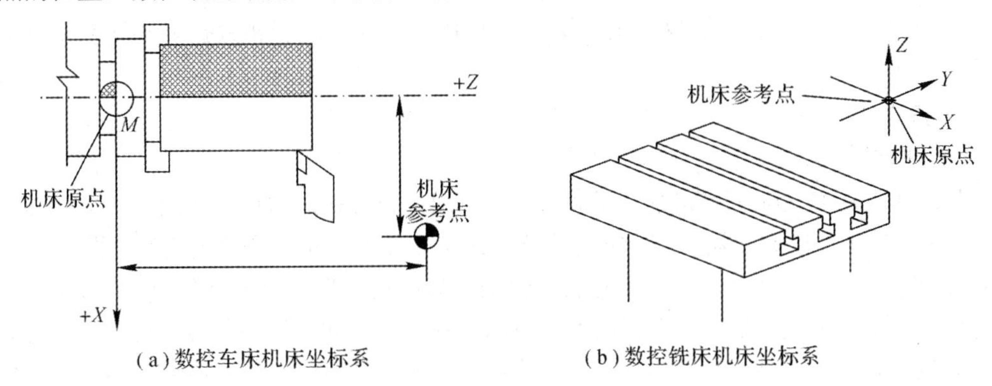

(a) 数控车床机床坐标系　(b) 数控铣床机床坐标系

图 3-3　机床坐标系

3. 工件坐标系与工件原点

工件坐标系是编程者在工件上设定的坐标系，是刀具轨迹、工件轮廓各种点坐标计算的参考系，也是加工程序中坐标值的参考系。工件坐标系的原点就是工件原点，工件坐标系设定者是编程人员，可以根据零件的特点，选定的原点应使坐标值容易计算。

工件坐标系与机床坐标系的关系非常重要，它是建立在机床坐标系中的一个坐标系，如图 3-4 所示。要确定其位置，将工件原点在机床坐标系中的坐标值设定在数控系统中，再通过指令在程序中指定，就可使数控系统控制刀具按工件坐标系运动。

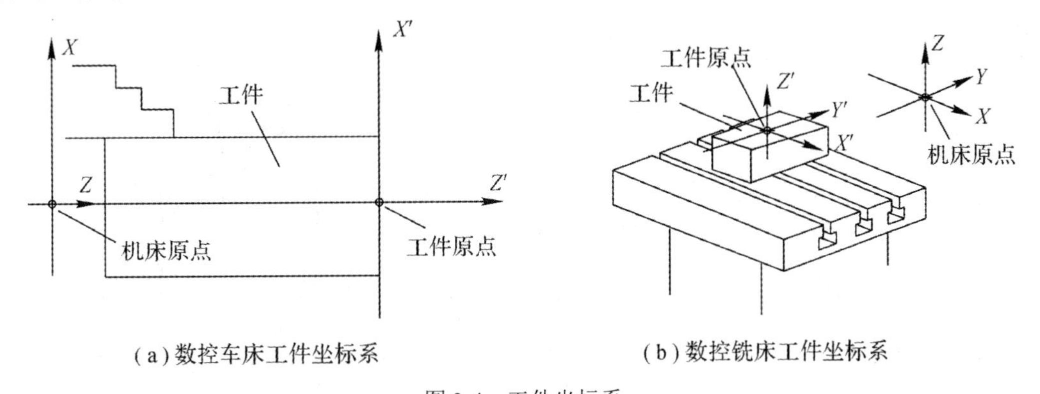

(a) 数控车床工件坐标系　(b) 数控铣床工件坐标系

图 3-4　工件坐标系

第二节　插　　补

数控机床可以加工复杂型面、二维轮廓曲面、三维曲面以及其他复杂型面。数控机床之所以能加工这些面，是因为数控系统能控制刀具运行轨迹，可以是空间任意方向的直线，以及指定平面内任意半径和方向的圆弧。由这些轨迹构成刀具运动的基本轨迹，并可以组合形成零件所需要的任意型面。而普通机床是无法实现这种轨迹运动的。

这些基本轨迹——直线和圆弧是由数控系统控制刀具运动实现的，其内部控制原理就是运用插补计算，算出刀具运动轨迹的坐标(参数)，控制刀具按坐标(参数)运动，实现直线进给和圆弧进给。

插补计算有多种方法，逐点比较法、数字积分法和数据采样法等方法，逐点比较法简单，但误差较大，现多用数据采样法。下面介绍逐点比较法和数据采样法来了解插补原理。

1. 逐点比较法

(1) 直线插补。

如图 3-5(a) 中 OA 为要求加工的直线轨迹，规定刀具轨迹与插补直线在 Y 向的差值为 F。实际加工时，刀具的实际运动轨迹是沿 X 或 Y 轴线方向不断变化的折线，即从 O 点开始向 X 或 Y 任意方向前进一步(一般向 X 方向)，数控装置判断加工点在 OA 直线上方及直线上或直线下方的偏差值 F，根据偏差值自动判别进给方向。当加工点在直线的上方时，$F \geqslant 0$，向 $+X$ 方向进给一步；当加工点在直线下方时，$F < 0$，向 $+Y$ 方向进给一步。依次边判别边进给，即加工出折线 1—2—3—4—5—6－7 来逼近直线 OA。折线的步长越短，逼近的程度越好，加工精度越高。步长取决于脉冲当量，即数控装置发出一个脉冲，伺服机构驱动机床运动部件沿某坐标方向的移动量，称为脉冲当量，常用脉冲当量为 0.01 mm～0.001 mm。

(2) 圆弧插补。

图 3-5(b)中规定加工(插补)点到原点的距离与半径 R 的偏差值为 F，若加工点在 AB 圆弧上或在圆弧的外侧，则 $F \geqslant 0$；若加工点在圆弧内侧，则 $F < 0$。加工时，$F \geqslant 0$，向 $-X$ 方向走一步；$F < 0$，向 $+Y$ 方向走一步，即刀具沿折线 A－1－2－3－4－……依次逼近圆弧 AB。

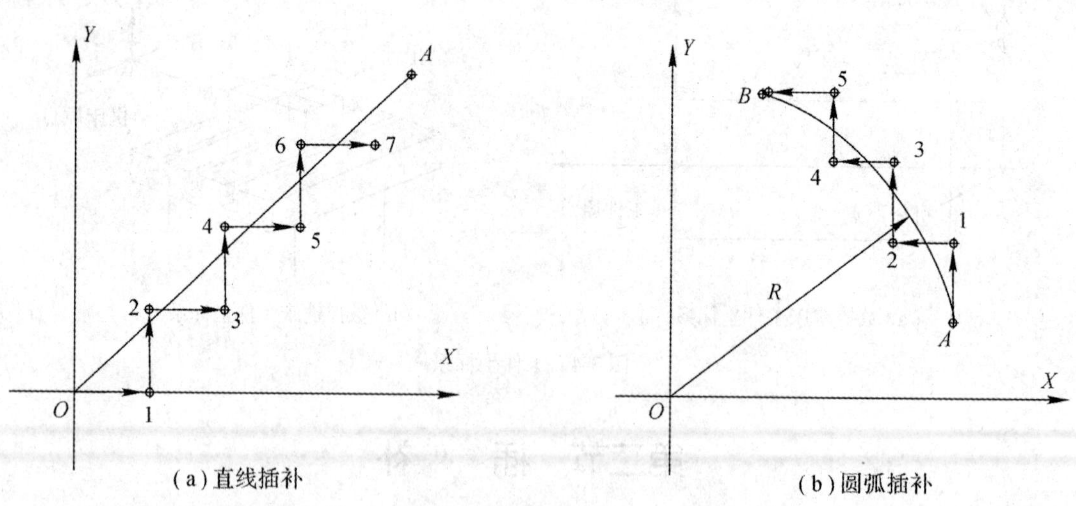

图 3-5　直线和圆弧插补

由于具有上述的插补功能，数控机床可控制刀具运行复杂的轨迹，从而能加工复杂的零件。

2. 数据采样法

目前，CNC 系统采用较为广泛的插补计算方法为数据采样插补法，也叫时间分割法。

它适用于闭环和半闭环以直流或交流电动机为执行机构的位置采样控制系统。

数据采样插补法的插补原理是将刀具运动时间分割成小的时间段，在这个时间段中，系统进行插补运算，计算出每一时间段的刀具运动在各轴上的坐标增量，按坐标增量各轴同时运动，形成插补运动。

数据采样插补法的时间段是固定的，各个数控系统不一样，FANUC-0M 系统为 8 ms，美国 A-B 系统为 10.24 ms。

设 λ 为时间段，v 为进给速度，f 为每个插补段刀具运动的步长，则

$$f=\lambda v$$

插补运算的目的就是算出在各轴上步长的分量 f_x、f_y、f_z 等，控制刀具按 f_x、f_y、f_z 运动。

下面简要介绍数据采样插补法的直线插补方法。

如图 3-6 所示，设要求刀具沿 OA 作直线运动，A 点坐标为(X_a, Y_a)，OP 为插补步长 f。

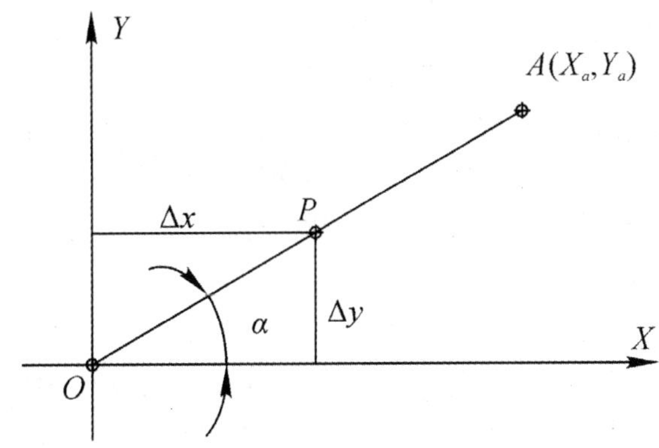

图 3-6　数据采样直线插补法

设直线与 X 轴的夹角为 α，则

$$\tan\alpha=\frac{Y_a}{X_a},\qquad \cos\alpha=\frac{1}{\sqrt{1+\tan^2\alpha}}$$

X 轴进给量：　　$\Delta x=f\cos\alpha$

Y 轴进给量：　　$\Delta y=\Delta x\tan\alpha$

刀具每个采样时间段都按 Δx、Δy 运动，走到 A 点，完成插补运动，形成了直线运动。由于这两个分量是按直线方向划分的，所以插补出来的直线无误差。

此外，最新 FANUC 系统还有纳米 CNC 系统，用高速处理器 RISC 进行纳米插补，经插补运算输送到伺服系统的位置指令单位为 1 nm (纳米)，实现了机床的最佳控制功能。

第三节　数 值 计 算

数控机床编程需要计算相关点在工件坐标系中的坐标值，这些点包括零件轮廓的各相邻几何元素的交点、切点，孔的中心，刀具运动轨迹的起点、终点，用直线段或圆弧

段逼近非圆曲线各线段的交点等，它们又分为基点和节点两类。下面介绍这些点的计算方法。

一、基点的计算

基点是指零件中的直线、圆弧、二次曲线等各种几何元素之间的连接点。如两直线之间的交点、直线与圆弧之间的切点、圆弧与圆弧之间的交点和切点等。基点坐标的计算一般由零件图上的已知尺寸，利用几何元素之间三角函数关系和解析几何就可以求出基点的坐标。

二、节点的计算

当数控机床在加工非圆曲线形成的型面时，在满足允许误差(简称“允差”)要求的条件下用若干直线或圆弧段去逼近非圆轮廓曲线，用逼近直线段或圆弧段代替这些非圆曲线，逼近的直线段或圆弧段之间的交点称为节点。

节点的计算方法很多，主要是利用解析几何，根据理想轮廓与实际轮廓允许的误差，在误差不超过允差的条件下，计算节点坐标。方法主要有三种：等间距法、等步长法和等误差法。等间距法计算简单，可以利用宏程序编程，但逼近误差较难控制；等步长法计算较为复杂，节点多，误差不会超过允差，加工效率较低；等误差法计算复杂，节点少，误差等于允差，加工效率高。

1. 等间距法

等间距法直线逼近是使某一个坐标的增量相等，然后根据曲线方程求出另一个坐标值，即求出曲线上相应的节点坐标，将相邻的节点连成直线段，用这些直线段逼近轮廓曲线。在直角坐标系中一般令 X 坐标的增量相等，在极坐标系中可以令转角坐标的增量相等。该方法计算简单，但误差较难控制。

如图 3-7 所示的非圆曲线，曲线方程为 $y = f(x)$，取等间距的 x_1～x_3，代入方程 $y = f(x)$，求出 y_1～y_3 值，从而可以得出 P_1～P_3 的坐标即为节点的坐标。坐标增量取得愈小，则节点增加，插补误差愈小，但程序段增多，加工效率降低。

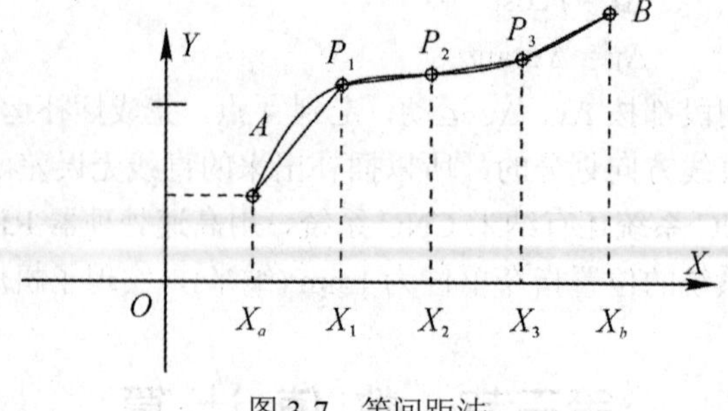

图 3-7　等间距法

2. 等步长法

等步长法是根据直线逼近曲线时，根据曲线最小曲率半径处误差最大的特性，在最小曲率半径处算出逼近直线的误差，当误差等于允差时，其直线的步长是多少，以此作为逼近直线的步长，并以这个步长在曲线上截线段，则逼近直线与理论曲线的误差都小于允差。如图 3-8 所示，曲线方程为$y=f(x)$，逼近直线与理论曲线的允许误差为$\delta_{允}$，节点算法如下：

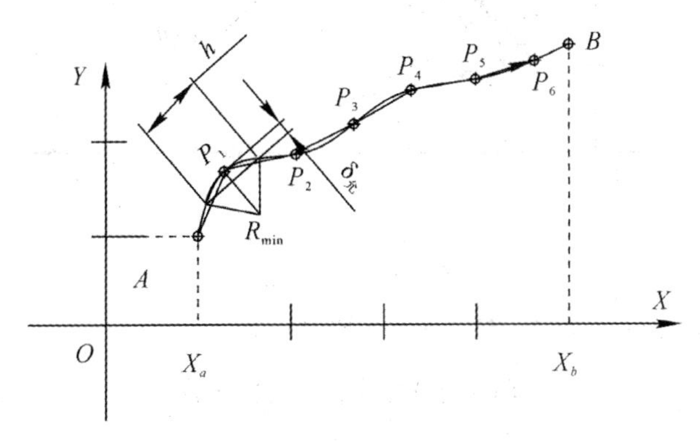

图 3-8　等步长法

(1) 求出最小曲率半径：其公式为

$$R=\frac{[1+(y')^2]^{2/3}}{y''}$$

对其求导，$\frac{\mathrm{d}R}{\mathrm{d}X}=0$，得 $R_{\min}$。

(2) 求出在最小曲率半径处的步长 h，弦高为$\delta_{允}$，得

$$h\approx\sqrt{8R_{\min}\delta_{允}}$$

(3) 求节点：以 O 点为圆心，以 h 为半径作圆，交 $y=f(x)$ 曲线于 P_1 点，P_1 为节点。

解方程组

$$\begin{cases}(x-x_0)^2+(y-y_0)^2=h^2 & ① \\ y=f(x) & ②\end{cases}$$

得
$$x=x_1, y=y_1$$

即 $P_1(x_1,\ y_1)$。再以点 P_1 为圆心，以 h 为半径作圆，交 $y=f(x)$ 曲线于 P_2 点，依此类推，可得 P_2、P_3、P_4 等节点的坐标。

3. 等误差法

等误差法是将每一步逼近曲线的直线长短不等，但与理论曲线的误差$\delta_{允}$均相等。计算方法为先在起点作圆，圆心是起点，半径为$\delta_{允}$；再作圆与曲线公切线，作过起点与公切线平行的直线并与曲线相交，这个交点就是节点。如图 3-9 所示，设曲线方程$y=f(x)$，逼近直线与理论曲线的允许误差为$\delta_{允}$，等误差法节点算法如下：

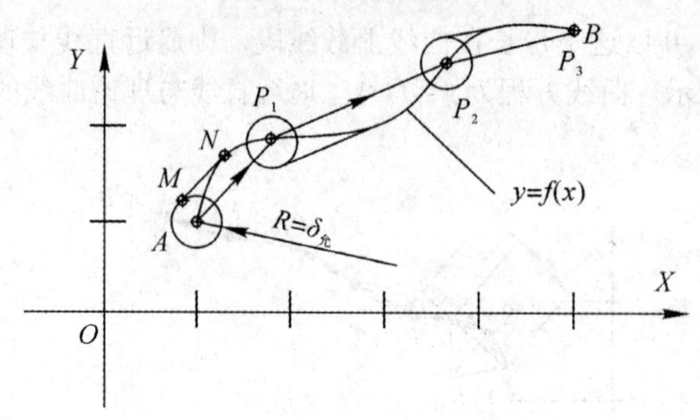

图 3-9　等误差法

(1) 以起点 $A(x_0, y_0)$为圆心，$\delta_{允}$ 为半径作圆，得

$$(x-x_0)^2+(y-y_0)^2=\delta_{允}{}^2 \quad ①$$

(2) 作圆与曲线的公切线 MN，圆与曲线相切于 $M(x_1, y_1)$、$N(x_2, y_2)$点

M 点满足圆方程：$y_1=F(x_1)$　②

M 点圆切线方程：$F'(x_1)=\dfrac{y_2-y_1}{x_2-x_1}$　③

N 点满足曲线方程：$y_2=f(x_2)$　④

N 点曲线切线方程：$f'(x_2)=\dfrac{y_2-y_1}{x_2-x_1}$　⑤

解方程②～⑤，得切线 MN 的斜率：

$$k=\frac{y_2-y_1}{x_2-x_1}$$

(3) 过 A 点作与公切线 MN 平行的直线 AP_1，与曲线相交于点 P_1，P_1 点即为所求节点。

直线 AP_1 方程：$y-y_0=k(x-x_0)$　⑥

曲线方程：$y=f(x)$　⑦

解方程⑥、⑦得

$$x=x_{P1}, \quad y=y_{P1}$$

即 $P_1(x_{P1}, y_{P1})$。再以 P_1 为圆心、$\delta_{允}$ 为半径作圆，按上述方法可求得 P_2 点坐标。依此类推，可求得其他节点的坐标。

上述方法都是用直线段逼近非圆曲线，还可以用圆弧段逼近非圆曲线，误差会更小，但计算较为复杂。

第四节　程序与指令

数控加工程序是数控机床加工过程指令化和数字化的表征，是数控机床所进行的一系列加工动作的依据。指令和坐标值(功能字)构成程序段，程序段的集合组成加工程序，功能字由字地址(英文字母)和数字组成。

一、程序段与程序格式

程序段是由指令和坐标(功能字)组成的，指令包括准备功能*G*指令和辅助功能*M*指令，以及其他设置功能*S*、*F*、*T*、*H*指令等。坐标是根据各轴的不同，具有不同的坐标值。程序段是按照字地址格式设定的，每个指令或坐标值都是由字(英文字母)和数字组成的，如G90、G01、X50.6等。程序段的格式遵照GB8870－88和ISO6983－I－1982的标准规定，其格式如下：

N××G××X××Y×××Z×××H××F××S××M××T××；

N××——程序段号，可以跟四位数，也可以不要序号。

G××——准备功能指令，主要用于控制刀具运动、设定相关参数。

X、Y、Z——坐标，表示刀具移动的方向。坐标值的大小规定在各数控系统中有所不同，FANUC-0MC系统规定小数点前五位、小数点后三位。

H××——刀具补偿号，设定刀补值的重要参数，径向刀补也可用D××表示。

F××——进给量，无级变速，从最大到最小可任意选取，单位为mm/min或mm/r；指定刀具进给的速度。

S××——主轴转速，无级变速，从最大到最小可任意选取。有些机床分高、中、低速三挡手动变速，单位为r/min，指定主轴转速。

M××——辅助指令，主要指定机床的一些辅助功能的开关动作。

T××——刀具号，指定加工所用的刀具。

；——结束符，每条程序段都要有结束符，不同的系统代号不同，有“*”“CR”“LF”等。若有序号，则有些系统可以无结束符，具体需要阅读机床说明书。

程序的格式较为简单，由“O”加程序号开头，中间为程序段组成的程序，最后由“%”结束。如：

O××××　………………(程序开头，O××××为程序号，FANUC系统)

G54G90G00X0Y0；………(程序)

……

……

M30 ………………………(程序结束指令)

%

不同的数控系统，程序的格式不完全一样，在具体机床上操作时，应注意阅读机床说明书。

二、常用指令的用法

指令在程序段中的作用是控制数控机床动作，设定工件坐标系、刀补及各种单位等参数，非常重要。指令分为 G 指令和 M 指令二种，G 指令为准备功能指令，主要控制刀具运动和机床状态设置；M 指令为辅助指令，主要控制机床开关量信号，辅助机械动作的顺序逻辑控制。

不同的数控系统其指令不完全一样，但基本指令还是一样的，在实际编程时要注意阅读机床说明书，了解各个系统的具体指令。

1. 常用 G 指令用法

1) 绝对坐标(G90)与增量坐标(G91)

所有坐标以一个固定的点为原点计量的坐标系为绝对坐标系。运动轨迹的终点坐标以起点为坐标原点，计算其坐标，坐标值为增加的量，即为增量坐标或相对坐标。在数控机床编程时绝对坐标用指令 G90 设定，增量坐标用指令 G91 设定，如图 3-10 所示。

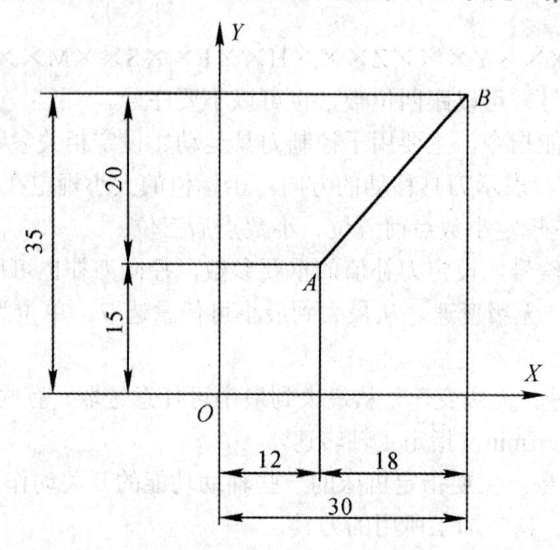

A–B：G90G00X12Y15；(*B*(12，15))　　*A–B*：G91G00X–18Y–20；(*B*(–18，–20))

B–A：G90G00X30Y50；(*A*(30，35))　　*B–A*：G91G00X18Y20；(*A*(18，20))

绝对坐标　　增量坐标

图 3-10　绝对坐标与增量坐标

2) 快速点定位(G00)

指令格式：G00X______Y______；

X、Y 为终点坐标，这个指令不是插补指令，但它与后面的几个指令是同一组模态指令，可以互相取代。快速点定位走的路线一般是折线，如图 3-11 所示。先将 X、Y 同时快速移动(呈 45° 方向移动)，当一个坐标走到其坐标值时，该坐标停止运动，其余坐标接着走，综合而成折线。G00 速度是快进速度，分三挡：3 000 mm/min、50 000 mm/min、10 000 mm/min(有些机床速度更高)。例如：G00 X200 Y100。

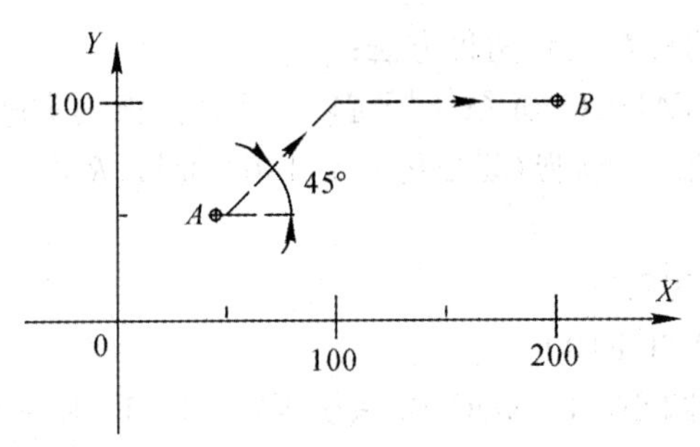

图 3-11　G00 快速点定位

3) 直线插补(G01)

指令格式：G01X__Y__F__；

X、Y 为终点坐标，这是直线进给的指令，进给速度按工进速度(*F* 设定)，轨迹为从起点到终点的直线。如图 3-12 所示，执行时系统内部进行插补运算。例如：G01 X200 Y100 F100。

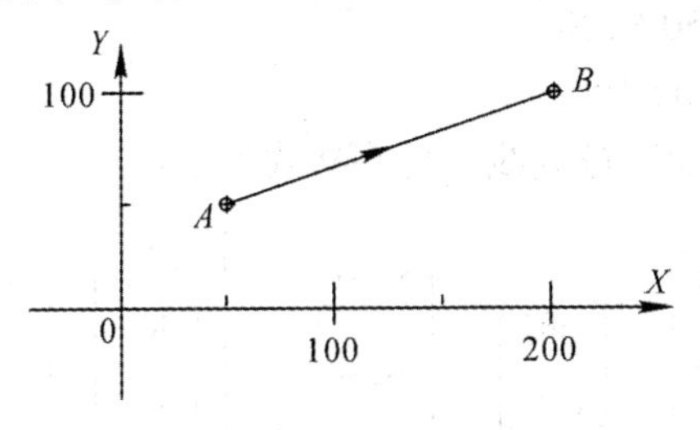

图 3-12　G01 直线插补

4) 顺时针圆弧插补(G02)/逆时针圆弧插补(G03)

G02 指令表示顺时针圆弧插补，G03 指令表示逆时针圆弧插补，如图 3-13 所示。

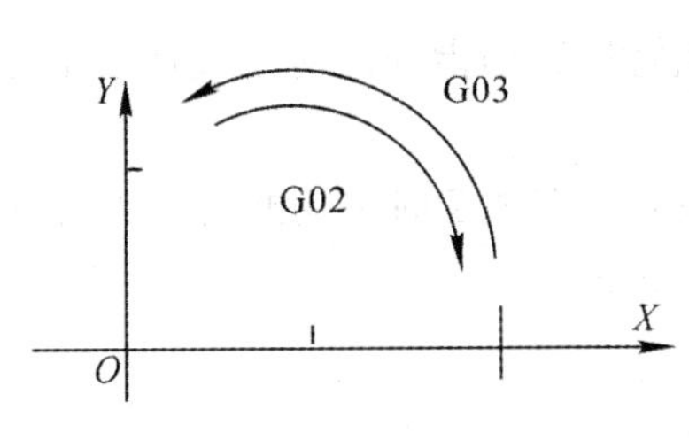

(a) 顺时针和逆时针走向

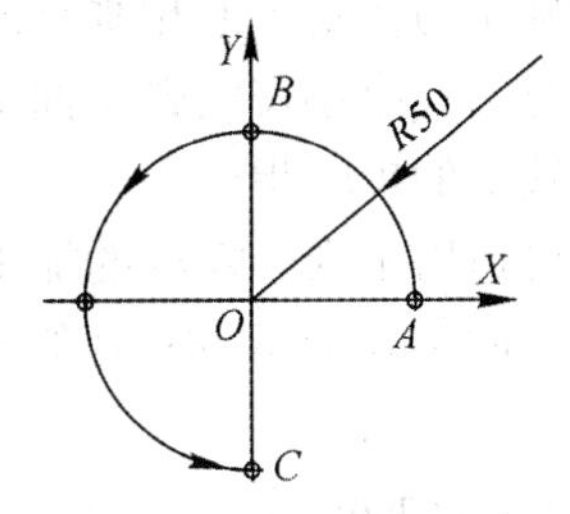

(b) 圆弧半径与圆心的标定

图 3-13　G02/G03 圆弧插补

指令格式：

XY 平面：G17G02(G03)X__Y__R__F__；

或　　G17G02(G03)X__Y__I__J__F__；

ZX 平面：G18G02(G03)X__Z__R__F__；

或　　G18G02(G03)X__Z__I__K__F__；

YZ 平面：G19G02(G03)Y__Z__R__F__；

或　　G19G02(G03)Y__Z__J__K__F__；

式中，G17、G18、G19 三个指令用于指定圆弧插补平面(G17 为开机默认)，G17 指定 *XY* 平面，G18 指定 *ZX* 平面、G19 指定 *YZ* 平面，*F* 为进给量，*X*、*Y*、*Z* 的坐标值为插补圆弧终点坐标，在圆弧半径的设置上有两种方法：

(1) 用 *R* 设定半径，FANUC-0i 系统规定，当插补圆弧为劣圆(圆心角小于等于 180°)时，*R* 取正值；当插补圆弧为优圆(圆心角大于 180°)时，*R* 取负值。如图 3-13 所示，圆弧运动程序如下：

A—*B*：G03X0Y50R50F100;

A—*C*：G03X0Y-50R-50 F100;

(2) 用 I、J、K 设定圆心，FANUC-0i 系统规定，I、J、K 为圆心到圆弧起点的坐标，或者说，I、J、K 为圆弧起点到圆心的矢量(增量坐标)，I、J、K 与 X、Y、Z 对应，如图 3-13 所示，圆弧运动程序如下：

A—*B*：G03X0Y50I-50J0 F100;

A—*C*：G03X0Y-50I-50J0 F100;

若圆弧反向运动：

B—*A*：G02X50Y0I0J-50 F100;

C—*A*：G02X50Y0I0J50 F100;

(3) G02/G03 指令可以加工螺旋线，程序格式如下：

$$\begin{bmatrix}\text{G17}\\ \text{G18}\\ \text{G19}\end{bmatrix} \begin{bmatrix}\text{G02}\\ \text{G03}\end{bmatrix} \begin{bmatrix}\text{X\_Y\_}\\ \text{X\_Z\_}\\ \text{Y\_Z\_}\end{bmatrix} \begin{bmatrix}\text{I\_J\_}\\ \text{I\_K\_}\\ \text{J\_K\_}\\ \text{或R\_}\end{bmatrix} \begin{bmatrix}\text{Z\_}\\ \text{Y\_}\\ \text{X\_}\end{bmatrix} \text{F\_};$$

其中：X、Y、Z 坐标是 G17/G18/G19 平面选定的两个坐标，为螺旋线投影圆弧的终点坐标，第 3 坐标是与选定平面相垂直的轴终点坐标。

该指令对另一个不在圆弧平面上的坐标轴施加运动指令，对于任何小于 360° 的圆弧可附加任一数值的单轴指令。

该指令可适用于内外螺纹的加工，和平头立铣刀加工时采用螺旋下刀方式。

例：编写图 3-14 所示 *A*—*B* 的螺旋线程序。

```
……
G90 G17 F300;
G03 X0 Y50 R50 Z20;
……
```

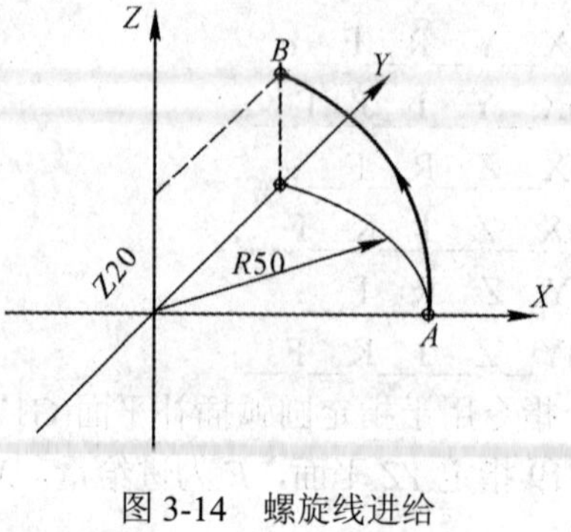

图 3-14　螺旋线进给

5) 加工平面设置(G17、G18、G19)

G17 指令用于设置 XY 平面；G18 指令用于设置 *ZX* 平面；G19 指令用于设置 *YZ* 平面。这三个指令用于指定圆弧插补和刀具补偿平面。开机时默认 G17 指令。

6) 尺寸单位的设定(G20/G21)

工程图样中的尺寸标注有英制和米制两种形式。编程时英制用 G20 指令设定米制，用 G21 指令设定。注意：G20/ G21 必须在设定工件坐标系之前指定；电源接通时，英制、米制转换的 G 代码与切断电源前相同；程序执行过程中不要变更 G20、G21。在有些系统中，英制、米制转换采用 G71/ G70 代码，如 SIMENS、FAGOR 系统。

7) 暂停(G04)

G04 指令可使刀具作短暂无进给加工，在数控车床上可使工件空转使车削面光整以达到光洁度要求。该指令常用于车槽、镗孔、锪孔等场合。

8) 进给速度单位的设定(G94、G95)

指令格式：

G94 [F_];　　　每分钟进给，单位为 mm/min 或 in/min

G95 [F_];　　　每转进给，单位为 mm/r 或 in/r

G94、G95 是模态指令，彼此可以相互取消。数控铣床上通常用 G94 为初始设定，数控车床上通常用 G95 为初始设定。

9) G27、G28、G29 指令

(1) G27　X_Y_Z_：用于定位校验，其坐标值为参考点在工件坐标系中的坐标值。执行此指令，刀具快速移动，自动减速并在指定坐标值处作定位校验，当指令轴确实定位在参考点时，该轴参考点信号灯亮。

(2) G28 X_Y_Z_：使刀具经过给定的坐标值快速移动到参考点。

(3) G29 X_Y_Z_：使刀具从参考点经 G28 时经过的中间点返回到指定的坐标处。

例：车床上 G28 与 G29 指令的应用示例如图 3-15 所示。

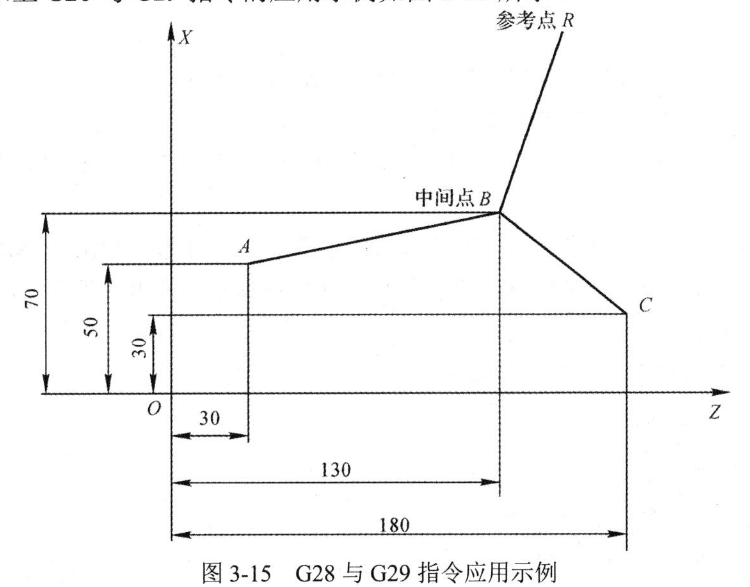

图 3-15　G28 与 G29 指令应用示例

G28 U40.0 W100.0　　*A*—*B*—*R*

T0202　　换刀

G29 U-80.0 W50.0　　*R*—*B*—*C*

10) 与坐标系有关的指令

(1) 机床坐标系指令 G53：将刀具快速定位到机床坐标系中的指定位置上。

指令格式：G53 X_Y_Z_;

其中，X、Y、Z 为刀具运动的终点坐标。

G53 指令是非模态指令，只能在绝对坐标(G90)状态下有效；在使用 G53 指令前应消除相关的刀具半径、长度或位置补偿，而且必须使机床回参考点以建立起机床坐标系。

(2) 工件坐标系的设定指令。工件坐标系可用下述两种方法设定：

① G92 指令。G92 指令是基于刀具的当前位置来设置工件坐标系的。

指令格式：G92 X_Y_Z_;

其中，X、Y、Z 为刀具当前刀位点在工件坐标系中的绝对坐标值。

② 零点偏置法(G54～G59 指令)。零点偏置法是基于机床原点来设置工件坐标系的。G54～G59 指令这六个工件坐标系为模态指令，可相互注销，其中 G54 为缺省值。

G92 指令是非模态指令，只能在绝对坐标(G90)状态下有效。

在 G92 指令的程序段中尽管有位置指令值，但不产生刀具与工件的相对运动。零点偏置法是基于机床原点，通过工件原点偏置存储页面中设置参数的方式来设定工件坐标系的。因此一旦设定，工件原点在机床坐标系中的位置是不变的，它与刀具当前位置无关，除非再经过 MDI 方式修改。故在自动加工中即使断电，其所建立的工件坐标系也不会丢失。

G 指令分为模态指令和非模态指令。

模态指令：在后续程序段一直有效，直到被同组指令取代为止，可以不写在程序段中。

非模态指令：只在本程序段起作用，如 G04。

2. M 指令

常用的 M 指令有 M00、M01、M02、M03、M04、M05、M06、M07、M08、M09、M30 等 11 个，它主要控制机床的辅助动作。

M00——程序停止，程序运行到 M00 时，停止运行，按下机床上的循环启动按钮，程序继续运行。

M01——计划停止，机床面板上有“计划停止”键，按下后，M01 与 M00 动作相同，程序停止运行，按下机床上的循环启动按钮，程序继续运行。若没有按下“计划停止”键，则程序不执行 M01。

M02/M30——程序结束。

M03——主轴正转。

M04——主轴反转。

M05——主轴停止。

M06——换刀，加工中心用。

M07/M08——开冷却液。

M09——关冷却液。

M 指令分为前指令和后指令。

前指令：在程序段动作开始时执行，如 M03、M07 等。

后指令：在程序段动作结束时执行，如 M05、M09 等。

3. T 指令和 S 指令

(1) T 指令。该指令数控系统进行选刀或换刀，由地址 T 和其后的数字来指定刀具号和刀具补偿号。

车床上刀具号和刀具补号有两种形式：T1+1 或 T2+2。1+1 格式中，第一位表示刀具号，第二位表示刀补号；2+2 格式中，第一、二位表示刀具号，第三、四位表示刀补号。这两种形式均有采用，通常采用 T2+2 形式。例如 T0101 表示采用 1 号刀具和 1 号刀补。

(2) S 指令。该指令指定主轴转速或速度，由地址 S 和其后的数字组成。

三、编程方法与步骤

1. 编程方法

1) 手工编程

手工编程是指编制数控加工程序的所有步骤都由编程人员人工来完成。手工编程的内容主要包括：工艺分析、数值计算、编写加工程序单等。

一般来说，手工编程主要用于编写计算较简单、程序段不多的点位加工和几何形状不太复杂的零件。对于几何元素虽不复杂，但计算及编写程序相当繁琐且程序量很大的零件，由于工作量大容易出错，且很难校对，因此采用手工编程较难完成。对于轮廓形状由复杂曲线或空间曲面组成的复杂零件，其计算量、计算难度和程序量都很大，采用手工编程也难以完成。这些都要借助于计算机编程。

2) 自动编程

自动编程是指计算机辅助编程，根据编程信息的输入方法和计算机对信息处理方式的不同，分为 APT 语言自动编程和 CAD 图形交互式自动编程两种途径。

(1) APT 语言自动编程。APT(Automatically Programmed Tools)语言是由美国麻省理工学院开发的一种用于零件数控加工的自动编程语言。APT 语言自动编程是指编程人员按照零件图样用 APT 语言编写零件源程序输入计算机内，由编译程序自动进行编译、数学处理，计算出刀具位置数据，通过后置处理生成符合具体数控机床要求的零件加工程序，并可以在绘图机或 CRT 上模拟刀具相对运动轨迹，用来检验加工程序的正确性。校验后的加工程序可以通过打印机输出加工程序单，或者输入数控系统存储器，以控制数控机床的加工。

采用 APT 语言自动编程，用计算机自动编程代替编程人员完成了繁琐的数值计算工作，并省去了编写程序单的工作量，不但提高了编程效率，而且解决了手工编程中无法解决的许多复杂零件的编程难题。

(2) CAD 图形交互式自动编程。CAD 图形交互式自动编程是编程人员利用自动编程软件的计算机辅助设计功能，在显示器上用人机对话的形式，建立加工零件的几何模型，通过软件的计算机辅助制造功能，编辑处理生成零件的数控加工程序，并通过接口与 CNC 机床之间进行数据传输，实现数控加工。

随着 CAD/CAM 技术的飞速发展，图形交互自动编程的应用越来越普遍，不管是 CAD 阶段零件几何模型的定义、显示和修改，还是 CAM 过程中刀具选择、刀具相对于零件表面的运动方式、切削加工参数的确定、走刀轨迹的生成、加工过程的动态图形仿真显示、程序验证直到后置处理等过程，都是在屏幕菜单及命令驱动等人机对话的方式下完成的，具有形象、直观和高效等优点。

2. 编程步骤

程序编制的步骤一般分为三步：工艺分析、数值计算、编写程序。

(1) 工艺分析。这是编制程序的基础，先分析零件图，选择夹具，设计工步，选择刀具，设计走刀路线和选择切削用量，这些工作不做好，所编程序将不能用于实际加工。

(2) 数值计算。在工艺分析基础上，将走刀路线所涉及的基点、节点坐标计算出来，作为程序中重要的参数。

(3) 编写程序。根据工艺分析和数值计算的结果，将刀具的走刀路线用指令和坐标表述出来，即可得到数控加工程序。

习　题

1. 坐标系有哪些规定？*Z* 轴如何确定？何谓机床坐标系、机床原点及机床参考点？
2. 工件坐标系、工件原点的含义是什么？它们与机床坐标系、机床原点有何关系？
3. 何谓插补？它的基本原理是什么？它对于数控机床的作用是什么？
4. 基点、节点的含义是什么？
5. 节点的计算方法有哪些？各有哪些特点？
6. 等步长法的计算方法和思路是什么？等误差法的计算方法和思路是什么？
7. 数控机床程序的程序段格式是什么？各字符代表什么含义？
8. 数控机床程序格式是怎样的？程序号怎样表示？
9. G 指令主要起什么作用？M 指令起什么作用？
10. 建立工件坐标系的方法有几种？怎样建立工件坐标系？
11. 绝对输入方式与增量输入方式的区别是什么？
12. 回参考点指令有几个？写出其指令格式，有何不同？
13. 暂停指令有几种使用格式？G04 X1.5、G04 P2000、G04 U300 F100 各代表什么意义？
14. 被加工零件的轮廓 *ABCDEFGHIJKLMNPA* 如图 3-16 所示，图中 *XOY* 是工件坐标系，O 是工件坐标系的原点，零件的尺寸按绝对坐标标注。现用圆柱立铣刀精加工该轮廓。已知：刀具半径 *R* 为 8 mm，进给速度为 180 mm/min，主轴的转速为 350 r/min，逆铣，起刀点(0，0，100)。为了保证 A 点的尖角工艺性，刀具先从起刀点移至 P_0 点(80，80)，再从 P_0 点沿 Z 坐标负方向进刀至轮廓的底部，从点 A_1(65，60)切入，从点 A_2(60，65)切出。分别用绝对坐标和增量坐标编写刀具从 P_0—A_1—A—B—C…—A—A_2 运动的程序。

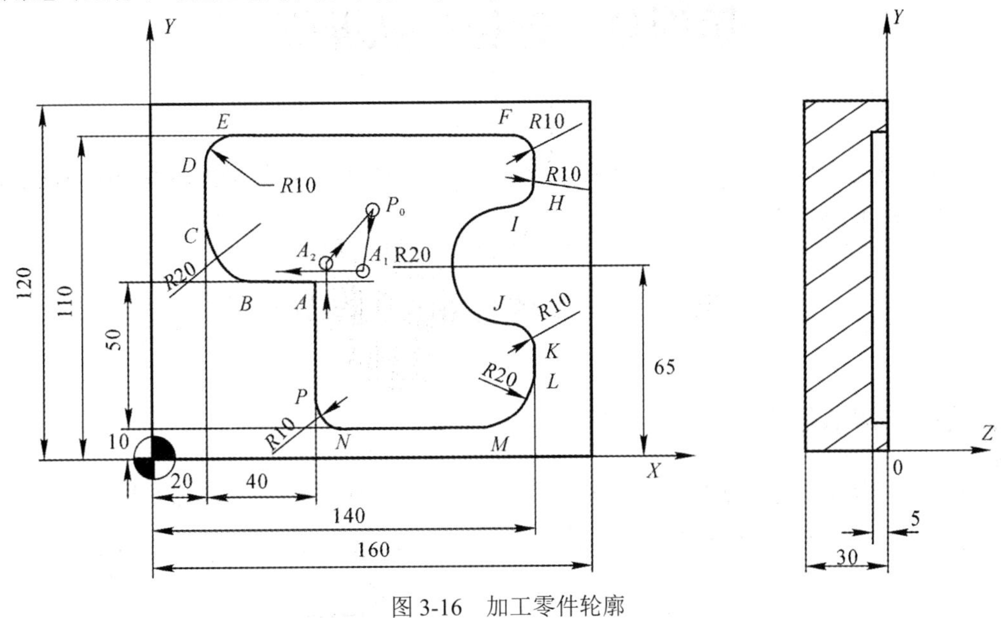

图 3-16　加工零件轮廓

第四章　数控车床编程

数控车床是国内使用量最大、覆盖面最广的一种数控机床，能加工各种形状不同的轴类、盘类及回转体零件。

第一节　数控车床的特点

一、数控车床的组成

数控车床是由床身、主轴箱、刀架进给系统、尾座、液压系统、冷却系统、润滑系统等部分组成的。图 4-1 所示为数控车床的外观图。

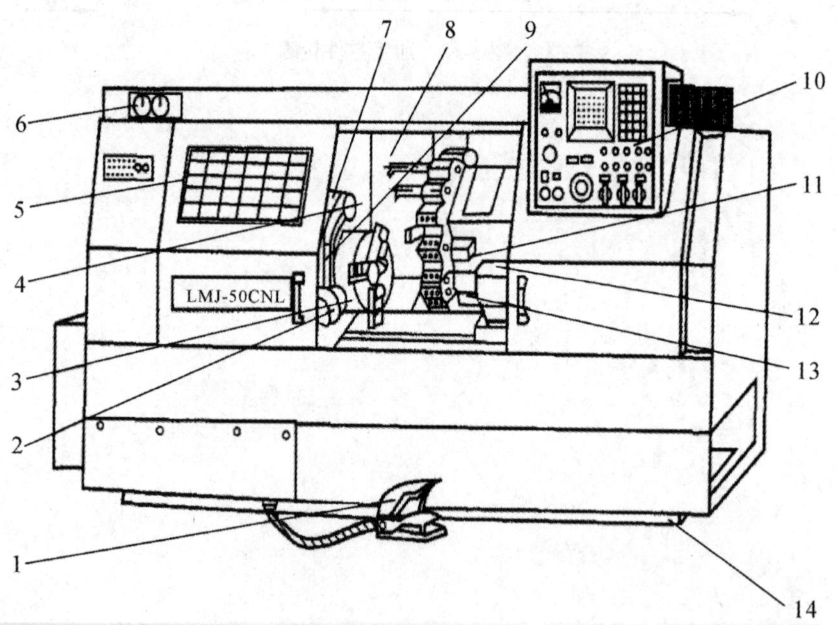

1—主轴卡盘松、夹开关；2—对刀仪；3—主轴卡盘；4—主轴箱；5—机床防护罩；6—压力表；7—对刀仪防护罩；8—导轨防护罩；9—对刀仪转臂；10—操作面板；11—回转刀架；12—尾座；13—床鞍；14—床身

图 4-1　数控车床的外观图

1. 床身

数控车床的床身结构有多种形式，主要有水平床身、水平床身斜刀架、斜床身等，如图 4-2 所示。

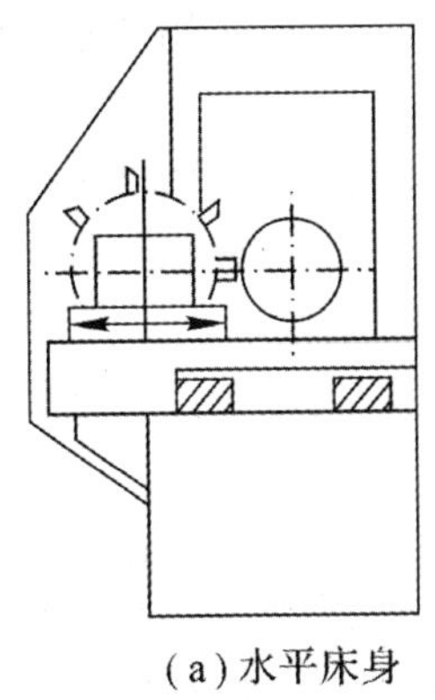

(a) 水平床身

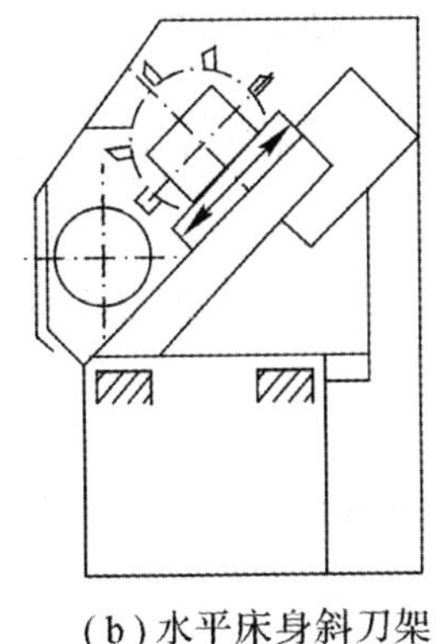

(b) 水平床身斜刀架

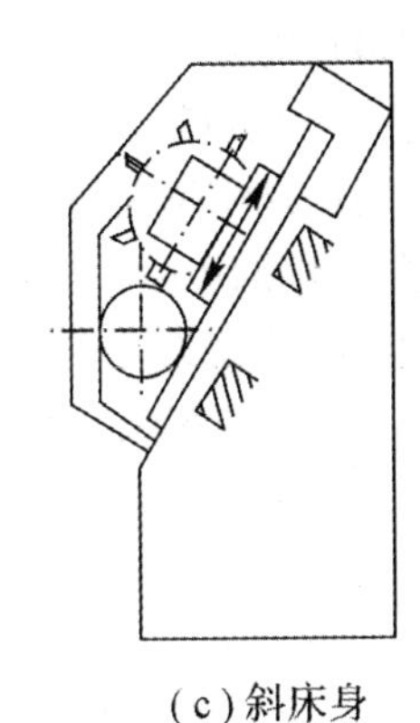

(c) 斜床身

图 4-2　数控车床的床身结构

2. 主传动系统

数控车床的主传动系统一般采用直流或交流无级调速电动机，通过皮带传动带动主轴旋转，由数控系统指令控制，实现自动无级变速及恒切削速度控制。

3. 进给传动系统

数控车床进给传动系统一般由横向进给传动系统和纵向进给传动系统组成。横向进给传动系统是带动刀架作横向(X 轴)移动的装置，它控制工件的径向尺寸；纵向进给传动系统是带动刀架作纵向(Z 轴)移动的装置，它控制工件的轴向尺寸。进给传递系统一般由伺服电机和滚珠丝杠螺母、纵向拖板或横向拖板、检测装置组成。

4. 自动回转刀架

刀架是数控车床的重要部件，它安装各种切削加工刀具，其结构直接影响机床的切削性能和工作效率。

数控车床的刀架分为转塔式和排式刀架两大类。转塔式刀架是普遍采用的刀架形式，它通过转塔头的旋转、分度、定位来实现机床的自动换刀工作。转塔式回转刀架分为立式和卧式两种形式。根据同时装夹刀具的数量分 4、6、8、12 等工位，如图 4-3 所示。

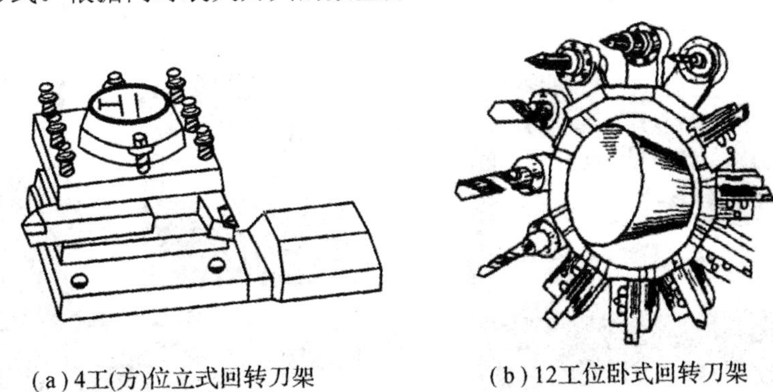

(a) 4工(方)位立式回转刀架　　(b) 12工位卧式回转刀架

图 4-3　数控车床自动回转刀架

二、数控车床的结构特点

数控车床与普通车床相比，其结构具有以下特点：

(1) 数控车床刀架的两个方向运动分别由两台伺服电动机驱动，一般采用与滚珠丝杠直连，传动链短。

(2) 数控车床刀架移动一般采用滚珠丝杠副，丝杠两端安装滚珠丝杠专用轴承，它的接触角比常用的向心推力球轴承大，能承受较大的轴向力；数控车床的导轨、丝杠采用自动润滑，由数控系统控制定期、定量供油，润滑充分，可实现轻拖动。

(3) 数控车床一般采用镶钢导轨，摩擦系数小，机床精度保持时间较长，可延长其使用寿命。

(4) 数控车床主轴通常采用主轴电动机通过一级皮带传动，主轴电动机由数控系统控制，采用直流或交流控制单元来驱动，实现无级变速，不必用多级齿轮副来进行变速。

(5) 数控车床还具有加工冷却充分、防护严密等特点，自动运转时一般都处于全封闭或半封闭状态。

(6) 数控车床一般还配有自动排屑装置、液压动力卡盘及液压顶尖等辅助装置。

三、数控车床的分类

随着数控车床制造技术的不断发展，数控车床的种类繁多，规格不一，可采用不同的方法进行分类。

1. 按数控车床的功能分类

(1) 经济型数控车床。经济型数控车床是在卧式车床基础上进行改进设计的，一般采用步进电动机驱动的开环伺服系统，其控制部分通常用单板机或单片机实现，成本较低，自动化程度和功能都较差，车削加工精度不高，适用于要求不高的回转类零件的车削加工，如图 4-4 所示。

(2) 全功能型数控车床。全功能型数控车床是根据车削加工特点，在结构上进行专门设计，配备功能强的数控系统；一般采用直流或交流主轴控制单元来驱动主轴电动机，按控制指令作无级变速；进给系统采用交流伺服电动机，实现半闭环或闭环控制。这种数控车的床自动化程度和加工精度比较高，一般具有恒线速度切削、钻孔循环、刀尖圆弧半径自动补偿等功能，适用于复杂回转体零件的车削加工，如图 4-5 所示。

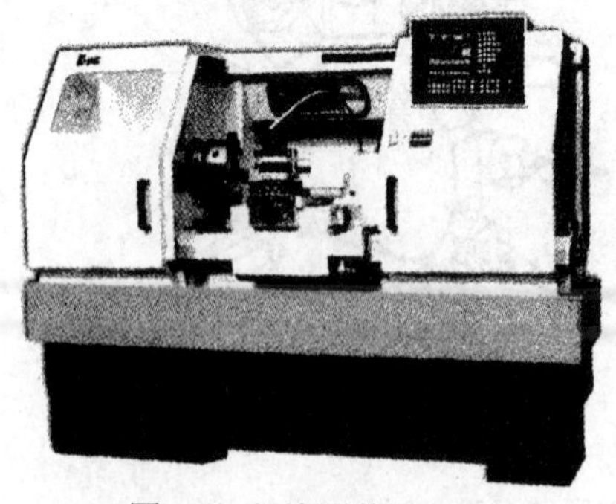

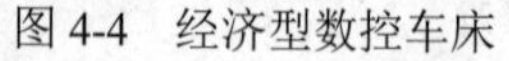
图 4-4　经济型数控车床

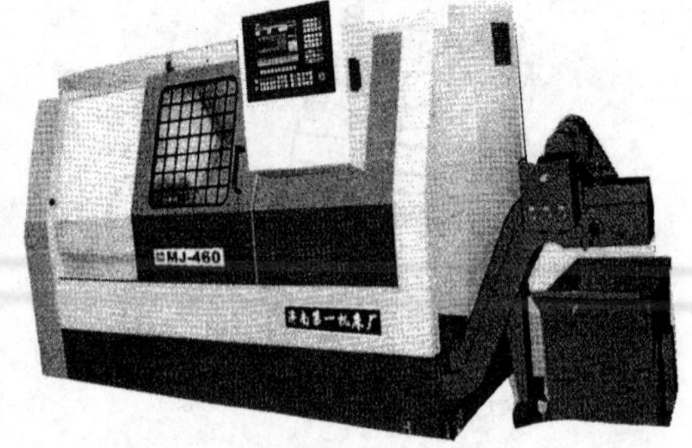

图 4-5　全功能型数控车床

(3) 车削中心。车削中心是在全功能型数控车床的基础上进行专门设计，增加了刀库、动力头和 C 轴，可控制 X(横向)、Z(纵向)、C(主轴回转位置控制)三个坐标轴，实现了三坐标两联动轮廓控制。由于增加了 C 轴和刀库，加工功能大大增强，除了能车削、镗削外，还能对端面和圆周面上的任意位置进行钻、攻螺纹等加工；也可以进行径向和轴向铣削、曲面铣削，如图 4-6 所示。

图 4-6　车削中心

2. 按主轴的配置形式分类

(1) 卧式数控车床。数控车床的主轴轴线处于水平面位置，有水平导轨和倾斜导轨两种。图 4-7 为双转塔刀架倾斜导轨卧式数控车床，倾斜导轨结构可以使车床具有更大的刚性，并易于排除切屑，因此，全功能型数控车床一般都采用倾斜导轨。

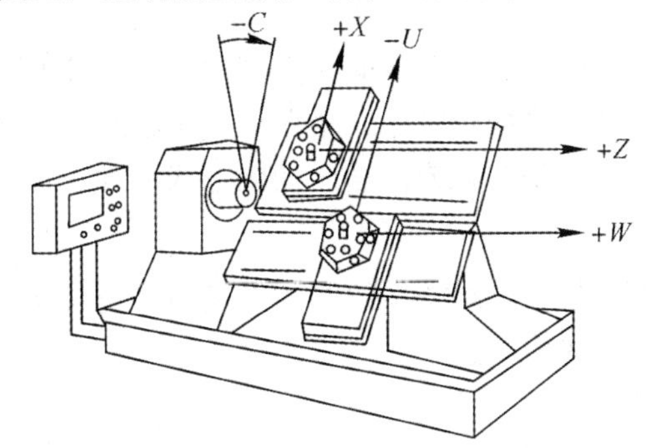

图 4-7　双转塔刀架倾斜导轨卧式数控车床

(2) 立式数控车床。如图 4-8 所示，其主轴轴线垂直于水平面，工件装夹在直径很大的工作台面上。这种车床主要用于加工径向尺寸大、轴向尺寸相对较小的大型复杂回转体零件。

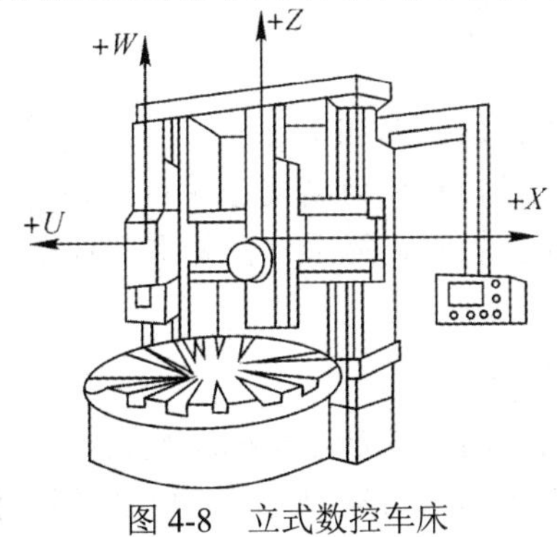

图 4-8　立式数控车床

四、数控车床的编程特点

(1) 在一个程序段中，可以采用绝对值编程(*X*、*Z*)、增量值编程(*U*、*W*)或两者混合编程。

(2) 为了方便程序的编制和修改，通常程序 *X* 坐标以工件直径值编程。

(3) 由于车削加工常用棒料或锻料作为毛坯、加工余量大。为简化编程，数控系统常具有车外圆、车端面、车螺纹等固定循环指令，也可实现多次重复循环切削。

(4) 大多数数控车床具备刀尖半径自动补偿功能(G41、G42)，这类数控车床可以直接按工件实际轮廓尺寸编程。在加工过程中，刀具的位置、几何形状、刀尖圆弧半径的变化，都无需更改加工程序，只要将变化的尺寸或圆弧半径输入到系统中，加工中系统就能自动进行补偿。

第二节 数控车削加工工艺

一、数控车削加工零件的类型

数控车床车削的主运动是工件装卡在主轴上的旋转运动，加工的工件类型主要是回转体零件。回转体零件分为轴套类、轮盘类和其他类几种。

1. 轴套类零件

轴套类零件的长度大于直径，加工表面大多是内、外圆柱面及圆锥面。圆周面母线可以是与 *Z* 轴平行的直线，切削形成台阶轴，轴上可有螺纹和退刀槽等；也可以是斜线，切削形成锥面或锥螺纹；还可以是圆弧或曲线，切削形成曲面。

2. 轮盘类零件

轮盘类零件的直径大于长度，此类零件的加工表面多是端面或孔，端面的轮廓也可以是直线、斜线、圆弧及其他曲线等。

3. 其他类零件

其他类零件包括偏心轴、箱体等零件。数控车床与普通车床一样，装上特殊卡盘或夹具就可以加工偏心轴或箱体上的孔或外圆。

二、数控车削的主要加工对象

数控车削是数控加工中用得最多的加工方法之一。由于数控车床具有加工精度高、能作直线和圆弧插补以及在加工过程中能自动变速的特点，因此，其工艺范围较普通机床宽得多。凡是能在普通车床上加工的回转体零件都能在数控车床上加工。针对数控车床的特点，下列几种零件最适合数控车削加工。

1. 精度要求高的回转体零件

数控车床刚性好，制造精度高，能方便和精确地进行自动补偿，所以能加工尺寸精度要求较高的零件。数控车削的刀具运动是通过高精度插补运算和伺服驱动来实现的，再加上机床的刚性好和制造精度高，所以它能加工对母线直线度、圆度、圆柱度等形状精度要求高的零件。对于圆弧以及其他曲线轮廓，加工出的形状与图纸上所要求的几何形状的接近程度比用仿形车床要高得多。位置精度要求高的零件用普通车床车削时，因机床制造精度低，工件装夹次数多，而达不到要求，只能在车削后用磨削或其他方法进行精加工，使用数控车床部分尺寸能以车代磨。

2. 表面粗糙度要求高的回转体零件

数控车床具有恒线速切削功能，能加工出表面粗糙度值小而均匀的表面，在材质、精车余量和刀具选定的情况下，表面粗糙度取决于进给量和切削速度。在普通车床上车削锥面和端面时，由于转速恒定不变，致使车削后的表面粗糙度不一致，使用数控车床的恒线速切削功能，就可选用最佳线速度来切削锥面和端面，使车削后的表面粗糙度值既小又一致。数控车床可进行高速车削，主轴速度达到每分钟几千转，再加上润滑液，加工出的表面质量高。

3. 表面形状复杂的回转体零件

数控车床可以车削由任意直线和曲线组成的形状复杂的回转体零件。如图 4-9 所示的成型内腔零件，在普通车床上是无法加工的，而在数控车床上则很容易加工出来。组成零件轮廓的曲线可以是数学方程式描述的曲线，也可以是列表曲线。对于由直线或圆弧组成的轮廓，直接利用机床的直线或圆弧插补功能进行编程、加工，对于由非圆曲线组成的轮廓可用 CAD/CAM 软件进行编程、加工。

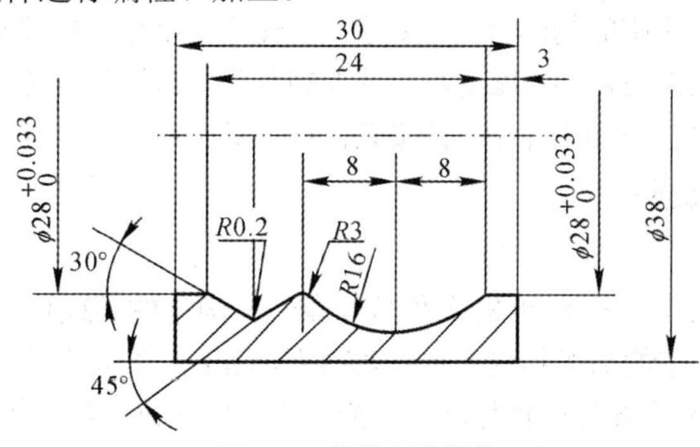

图 4-9　成型内腔零件

4. 带锥螺纹及其他特殊螺纹的回转体零件

普通车床所能车削的螺纹相当有限，它只能车削一定范围等导程的公、英制圆柱螺纹。数控车床不但能车削任何等导程的圆柱、圆锥和端面螺纹，而且能车增导程、减导程螺纹。数控车床更适合车削没有退刀槽的内、外螺纹。

三、数控车削加工的工艺分析

制订工艺是数控车削加工的前期准备工作，工艺制订得合理与否，对程序编制、机床的加工效率和零件的加工精度都有重要影响。因此，应遵循一般的工艺原则并结合数控车床的特点，认真而详细地制订好零件的数控车削加工工艺。其主要内容有：分析零件图纸、确定工件定位与装夹、选择刀具、确定各表面的加工顺序和刀具的进给路线及切削用量的合理选择等。

1. 零件图纸的分析

零件图是编制加工程序、选择刀具及工件装夹的依据，制订车削工艺前必须对零件图进行认真的分析。零件图分析主要工作内容如下：

(1) 零件图尺寸标注及轮廓几何要素分析。零件图上尺寸标注最好以同一基准引注或直接给出坐标尺寸，既便于编程又利于设计基准、工艺基准与编程原点(工件坐标系)的统一。在编制程序时，必须认真分析构成零件轮廓的几何要素参数及各几何要素间的关系。手工编程时，需要计算所有基点和节点的坐标；自动编程时，需要对构成零件轮廓的几何元素进行定义。因此，在分析零件图时，要分析给定的几何元素的条件是否充分。

(2) 尺寸公差和表面粗糙度分析。分析零件图样的尺寸公差和表面粗糙度要求，是选择机床、刀具、切削用量以及确定零件尺寸精度的控制方法的重要依据。在数控车削加工中，常对零件要求的尺寸取其最大极限尺寸和最小极限尺寸的平均值，作为编程的尺寸依据，对表面粗糙度要求较小的表面，则应采用恒线速度切削。此外，还要考虑本工序的数控车削加工精度能否达到图纸要求，若达不到要求则应给后道工序留有足够的加工余量。

(3) 形状、位置公差及技术要求分析。零件图上给定的形状和位置公差是保证零件精度的重要要求，在工艺分析过程中，应按图样的形状和位置公差要求确定零件的定位基准、加工工艺，以满足公差要求。数控车削加工中，工件的圆度误差主要与主轴的回转精度有关，圆柱度误差与主轴轴线与纵向导轨的平行度有关，同轴度误差与零件的装夹有关。车床机械精度的误差不得大于图样规定的形位公差要求，在机床精度达不到要求时，需在工艺准备中考虑进行技术性处理的相关方案，以便有效地控制其形状和位置误差。图样上有位置精度要求的表面，应尽量一次装夹加工完成。需要两次以上装夹的，必须采用相应的夹具。

2. 工件的定位与装夹

1) 车床定位原则

定位是指工件在夹具中相对于机床和刀具有一个确定的正确位置。工件的定位是否正确、合理，直接影响工件的加工精度。定位基准有两种：一种是以未加工表面为定位基准，称为粗基准；一种是以已加工表面为定位基准，称为精基准。数控车床上零件的安装方法与普通车床一样，要合理选择定位基准和夹紧方案，主要注意以下几点：

(1) 力求设计基准、工艺基准与编程原点统一，这样可以减少基准不重合误差，也有利于数值计算及编程。

(2) 选择粗基准时，应尽量选择不加工表面或能可靠装夹的表面，粗基准只能使用一次。

(3) 选择精基准时，应尽可能以设计基准或装配基准为定位基准，并尽量与测量基准重合。精基准理论上可以重复使用，但为了减少定位误差，应尽量减少精基准的重复使用。

(4) 尽量减少装夹次数，尽可能在一次装夹后，加工出全部或大部分待加工面，若需二次装夹，则应尽量采用同一定位基准，以减少装夹误差，提高加工表面间的位置精度。

(5) 避免采用占机人工调整式方案，以免占机时间太多，影响加工效率。

2) 车床夹具

车床夹具可分为通用夹具和专用夹具两大类。通用夹具是指能够装夹两种或两种以上工件的同一夹具，例如车床上的三爪卡盘、四爪卡盘、弹簧卡套等；专用夹具是专门为加工某一指定工件的某一工序而设计的夹具。数控车床通用夹具、专用夹具与普通车床基本相同，在大批量生产中常采用液压、电动及气动夹具。

(1) 三爪卡盘。图 4-10(a)三爪卡盘是最常用的车床通用夹具。三爪卡盘最大的优点是可以自动定心，夹持范围大，装夹方便，但定心精度存在误差，不适于同轴度要求高的工件的二次装夹。通常三爪卡盘为保证刚度和耐磨性要求，进行热处理，硬度较高，加紧力很大，容易夹伤工件。

常见的三爪卡盘有机械式和液压式两种。液压卡盘装夹迅速、方便，但夹持范围变化小，尺寸变化大时需重新调整卡爪位置。数控车床经常采用液压卡盘，特别适用于批量加工。

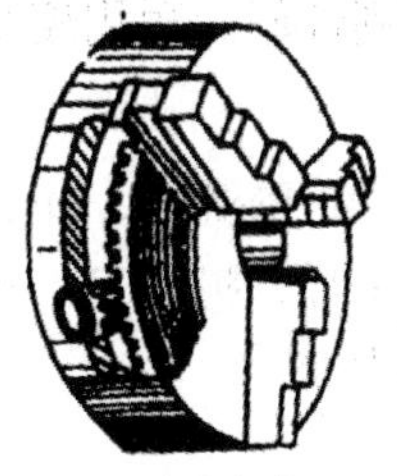

(a) 三爪卡盘

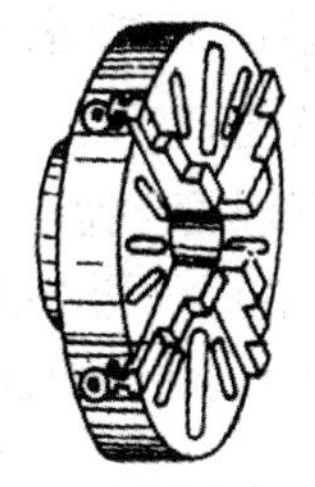
(b) 四爪卡盘

图 4-10　车床通用夹具

(2) 软爪。当对同轴度要求高的工件二次装夹时，常常使用软爪。软爪是一种能够切削的夹爪，通常在装夹工件前要对软爪进行加工。当被加工件以外圆定位时，软爪内圆直径应与工件外圆直径相同。其目的是软爪内圆与工件外径完全接触。当加工的软爪内径大于工件外径时，会导致软爪与工件形成三点接触，此种情况接触面积小时，夹紧牢固程度差，应尽量避免。当加工的软爪内径过小时，夹持会形成六点接触，一方面会在被加工表面留下压痕，同时也使软爪接触面变形。

软爪克服了三爪卡盘定心精度不高的缺点，适合于以精基准外圆定位的工件加工，以达到同轴度要求。软爪有机械式和液压式两种。

(3) 弹簧夹套。弹簧夹套夹持工件的外径是标准系列，并非任意直径，其定心精度高，装夹工件快捷方便，常用于已精加工过的外圆表面定位的工件。

(4) 四爪卡盘。如图 4-10(b)所示，当加工精度要求不高、有偏心距要求或工件的夹持部分为非圆柱面时，可采用四爪卡盘。数控车床常用的夹具见表 4-1。

表 4-1　数控车床常用的夹具

序号	装夹方法	特点	适用情况
1	三爪卡盘	夹紧力较小，夹紧时不需找正，装夹迅速方便	适于轴类、正三边形、正六边形工件
2	四爪单动卡盘	夹紧力大，定位精度高，但夹持工件时需要找正	适于形状不规则的工件
3	两顶尖及鸡心夹头	用两端中心孔定位，易保证定位精度，但顶尖细小，装夹不牢靠，不易用大的切削用量进行加工	轴类工件的精加工
4	一夹一顶	定位精度较高，装夹牢靠	轴类工件
5	中心架	配合卡盘装夹工件，防止弯曲变形	细长轴类工件
6	芯轴与弹簧夹头	芯轴以孔定位，加工外表面。弹簧夹头以工件外圆面定位，加工内孔	适于装夹内外表面位置精度较高的套类工件

3. 车刀的选择

数控加工过程中刀具的选择是保证加工质量和提高生产率的重要环节，合理选择数控刀具需综合考虑数控车床的刀架结构、工序加工内容、零件材料的切削性能等因素。

1) 对数控车床刀具的要求

数控车床加工时，能根据程序指令实现全自动换刀。为了缩短数控车床的准备时间，适应柔性加工要求，数控车床要求刀具精度高、刚性好、耐用度高、安装调整方便。

2) 车刀的类型和用途

车刀主要用于回转体表面的加工，如内外圆柱面、圆锥面、圆弧面、螺纹等的切削加工。

车刀按加工表面特征可分为外圆车刀、端面车刀、切断刀、螺纹车刀和内孔车刀等。

外圆车刀如图 4-11 所示，主要用于工件外圆加工。

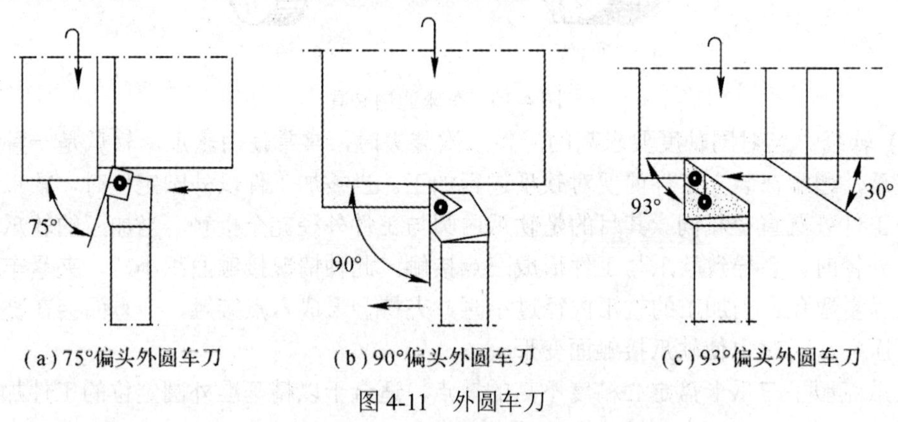

(a) 75°偏头外圆车刀　(b) 90°偏头外圆车刀　(c) 93°偏头外圆车刀

图 4-11　外圆车刀

端面车刀如图 4-12 所示，主要用于工件端面及台阶面加工。

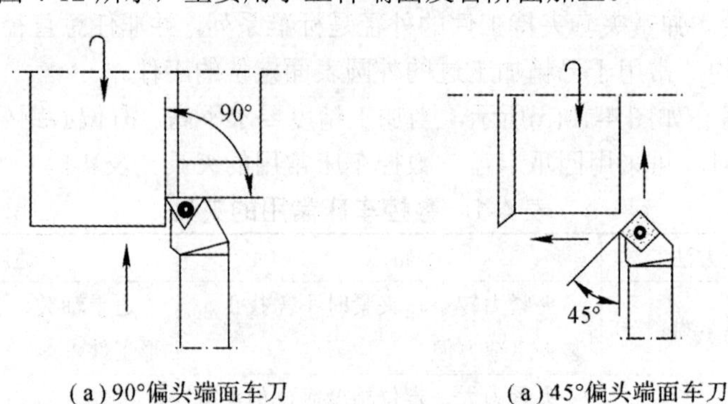

(a) 90°偏头端面车刀　(a) 45°偏头端面车刀

图 4-12　端面车刀

切槽、切断车刀如图 4-13 所示，主要用于工件直槽、圆弧槽加工及切断。

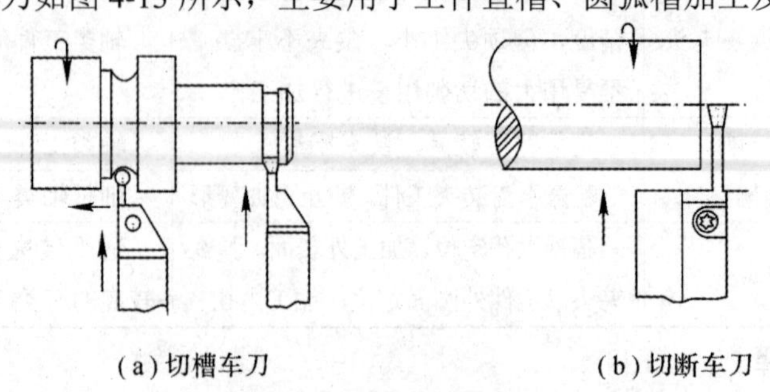

(a) 切槽车刀　(b) 切断车刀

图 4-13　切槽、切断车刀

螺纹车刀如图 4-14 所示，主要用于内、外螺纹加工。

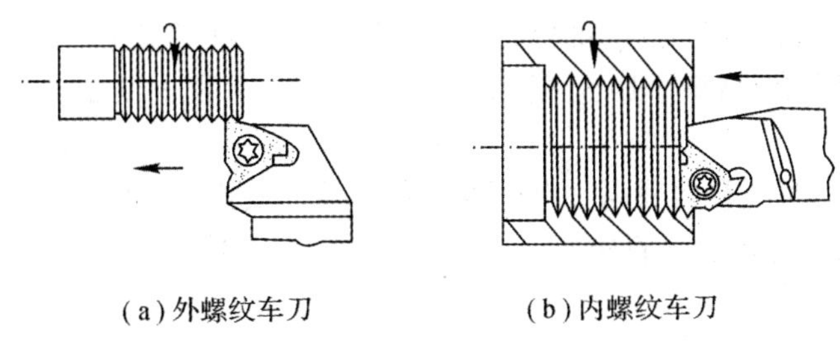
（a）外螺纹车刀　　　　　　　　（b）内螺纹车刀

图 4-14　螺纹车刀

内孔车刀如图 4-15 所示，主要用于内孔加工。

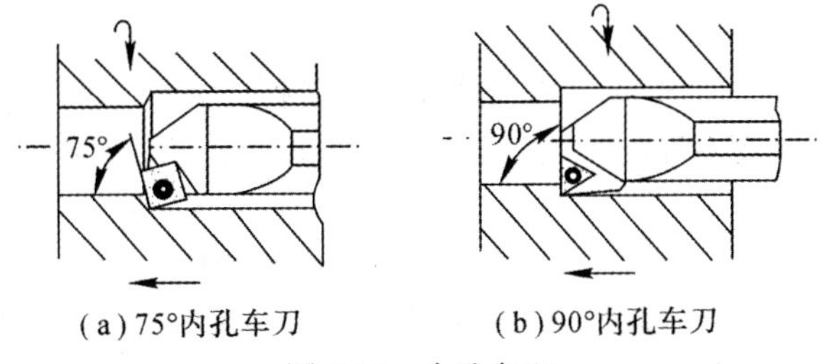

（a）75°内孔车刀　　　　　　（b）90°内孔车刀

图 4-15　内孔车刀

车刀按结构形式，可分为整体式、焊接式、机夹式和可转位式，见图 4-16。

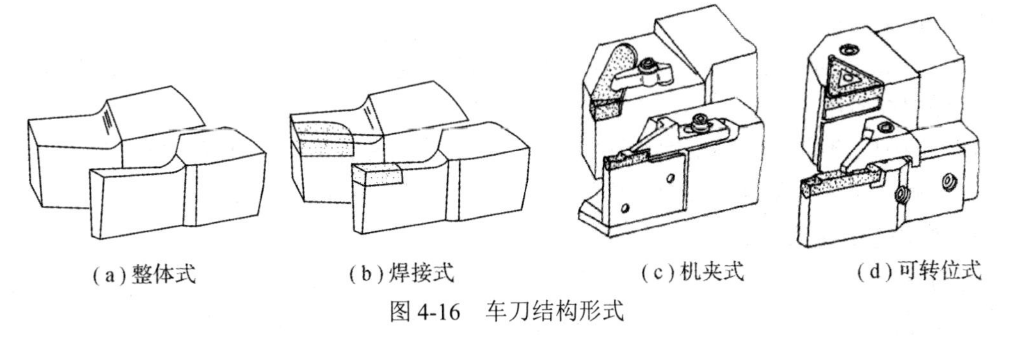
（a）整体式　　　　　　（b）焊接式　　　　　　（c）机夹式　　　　　　（d）可转位式

图 4-16　车刀结构形式

3) 数控车刀的选用原则

(1) 在可能的范围内，尽量少换刀或不换刀，以缩短准备和调整的时间。

(2) 尽可能采用可转位刀片，以提高加工效率，刀片的规格要与刀杆相配套，刀片材料根据被加工零件材料选择。

(3) 尽可能选用断屑和排屑性能好的刀具。

(4) 粗车时，选用强度高的刀具，以便满足大吃刀量、大进给量的要求。

(5) 精车时，选用精度高、耐磨性好的刀具，以保证精度要求。

4. 车削加工顺序的安排

1) 数控车削加工工序安排遵循的原则

(1) 上道工序的加工不能影响下道工序的定位与夹紧。

(2) 先粗后精。在车削加工中，按照粗车→半精车→精车的顺序安排加工，逐步提高加工表面的精度和减小表面粗糙度。粗车在短时间内切除毛坯的大部分加工余量，以提高生产率；同时，尽量满足精加工的余量均匀性要求，为精车做好准备。粗加工完毕后，再进行半精加工及精加工。

(3) 先近后远。离起刀点近的部位先加工，离起刀点远的部位后加工，这样可以缩短刀具移动距离，减少空行程时间，提高生产效率。此外，有利于保证坯件或半成品的刚性，改善切削条件。

(4) 先内后外。对既有内表面又有外表面的零件，安排加工顺序时，应先进行内、外表面的粗加工，再进行内表面的精加工，然后进行外表面的精加工。

2) 车削工步设计

工步是数控机床加工的最小工艺单元，数控加工程序是根据加工工步的内容编制的。一个工步的程序是数控程序的基本编制单元，一个大的程序是由多个基本编制单元组成的。数控车削中，典型的工步有以下几种：

(1) 粗车外、内圆。一把外圆车刀连续加工的外圆、圆弧、圆锥面等，或者一把镗刀连续加工的内圆柱、内圆弧和内圆锥面等为一个工步。粗车采用多刀循环加工，主要任务是去除毛坯余量。

(2) 精车外、内圆。一把外圆精车刀连续加工的外圆柱、圆弧、圆锥等外表面，或者精镗刀连续加工的内圆柱、内圆锥、内圆弧等面为一个工步。精车余量很小，切削一刀可将余量去掉，主要是保证精度。

(3) 切内、外圆槽。指用切槽刀切直槽、圆弧槽的加工及切断，或者用挖槽刀切内圆空刀槽的加工过程。

(4) 车内、外螺纹。对于公称直径较大的螺纹，通常采用车削的办法加工，即 M20 以上的内外螺纹多用车削加工。

以上四种工步的加工是车削的基本工步，多数车削零件的表面都是由这些表面组合而成的。掌握了这些工步设计的方法就基本掌握了车削零件的工步设计。

5. 车削走刀路线设计

走刀路线的设计是与工步相对应的，一个工步设计一条走刀路线，一条走刀路线编制一个程序单元。设计走刀路线就是编制图形化程序的过程，使编写指令变得非常简单，可以达到事半功倍的效果。设计走刀路线的步骤如图 4-17 所示。

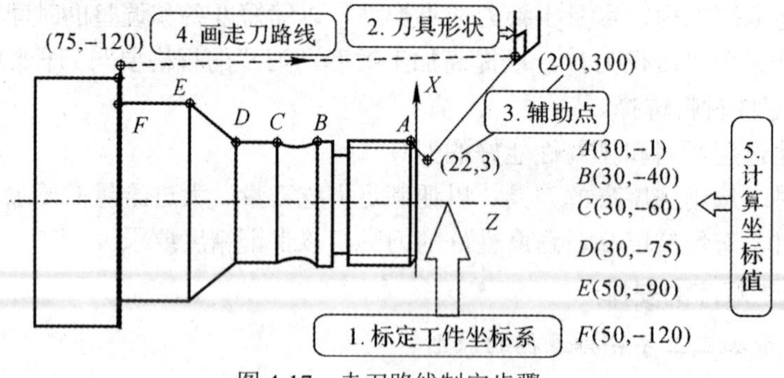

图 4-17　走刀路线制定步骤

1) 标定工件坐标系

在走刀路线图上首先标定出工件坐标原点的位置。这样才能对零件上的点确定出具体坐标值。车削工件原点一般选在工件右端面上的轴心，坐标系应按 X 坐标向上来表示。这样的优点是第三坐标 Y 轴正向向外，刀具从上边进刀，判断圆弧指令的方向不易发生错误。

车床坐标系 X 坐标值为直径值，因为便于计算和测量。

2) 画出刀具基本形状并标定刀位点

刀具位于初始位置，刀位点是刀具上设定坐标值的点，当刀具移动时，该点在工件坐标系中的坐标值代表刀具的位置。

3) 选定辅助点坐标

辅助点包括起刀点、进刀点、退刀点、抬刀点、换刀点等。根据零件加工需要选择必要的辅助点，并计算其坐标。

起刀点为刀具的初始位置，车床选定距离工件较远的安全位置，便于换刀。铣床选定在距离工件比较高的位置，同样是便于换刀和装夹工件。进刀点为刀具接近工件时由快速进给转为工进速度的点，一般距工件 3 mm～5 mm。退刀点为刀具退出切削时，开始快速退刀的点。

4) 画出走刀路线

根据工步设计的加工内容，刀具在实际加工时运行的路线，画出刀具每一步的运动轨迹，快进为虚线，工进为实线，用箭头表示进刀方向。

5) 计算基点坐标

计算刀具轨迹经过的基点坐标，标在图中。

6) 典型工步的走刀路线

(1) 粗车走刀路线。粗车的主要任务是去余量，可用一个复合循环指令来设定。设计走刀路线时，应设定工件坐标系 XOZ，设定起刀点 $A(X_a, Z_a)$，循环起点 $B(X_b, Z_b)$，按照复合循环指令 G71 的要求，选定每层进刀量 Δd、退刀量 $R(e)$以及精车余量 Δu、Δw，还要计算精车刀具所运行轨迹的基点坐标。将这些点按照刀具运行的顺序，用线条连接起来，快进用虚线，工进用实线，就构成了粗车的走刀路线，如图 4-18 所示。对于多次进刀的路线可以用 G71 复合循环指令控制刀具轨迹，有关 G71 的参数 Δd、e、Δu、Δw 已经设定好了。

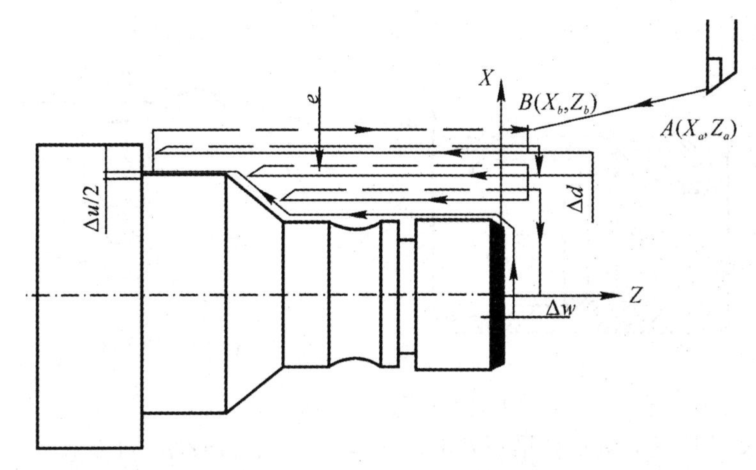

图 4-18　粗车外圆走刀路线

内圆加工与外圆加工相同。如图 4-19 所示，内圆设置的点及参数和外圆基本一样。只不过在取值时，Δu 取负值。

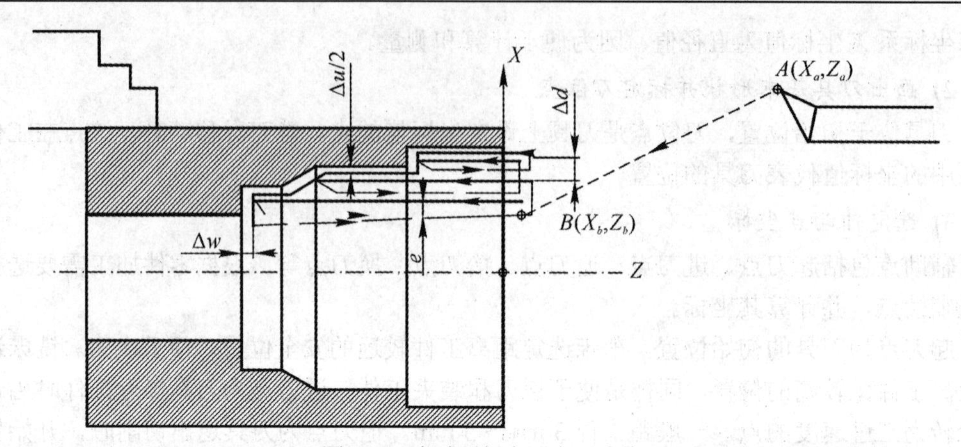

图 4-19 粗车(镗)内圆走刀路线

(2) 精车内外圆。精车路线是比较简单的，加工余量小，一般一次走刀完成加工余量。外圆走刀路线要设定起刀点 $A(X_a, Z_a)$、进刀点 $B(X_b, Z_b)$，并计算相应的基点坐标 C、D、E、F、G、H、J、I、K 的坐标值，如图 4-20 所示。

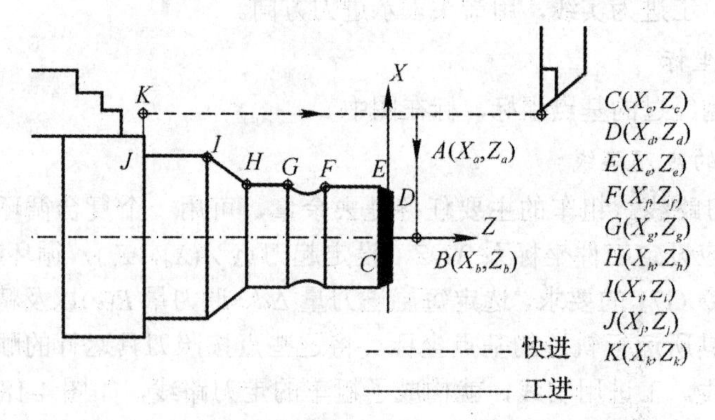

图 4-20 精车外圆走刀路线

精车(精镗)内圆走刀路线，设定起刀点 $A(X_a, Z_a)$、进刀点 $B(X_b, Z_b)$、退刀点 $I(X_i, Z_i)$，并算出相应基点 C、D、E、F、G、H 的坐标，如图 4-21 所示。

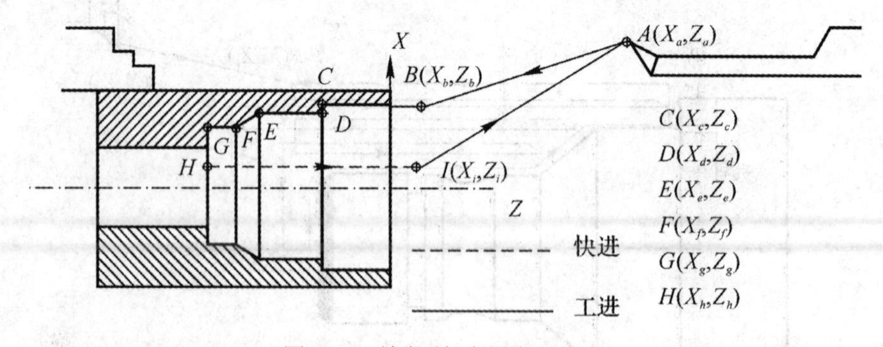

图 4-21 精车(镗)内圆走刀路线

(3) 切槽走刀路线。选定切槽刀刀位点、起刀点 $A(X_a, Z_a)$、进刀点 $B(X_b, Z_b)$，并算出相应的基点坐标(C、D、E)，进退刀只能沿 X 向进行。当刀宽等于槽宽时，切槽刀只切一次；当刀宽小于槽宽时，应根据情况切多次，路线为先 X 向退刀、Z 向平移，再 X 向进刀，如图 4-22 所示。不能切入后沿 Z 向进刀，这样会使刀具折断(打刀)。

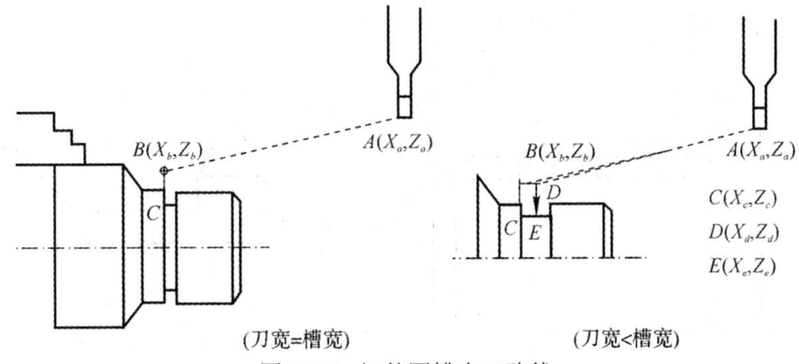

图 4-22　切外圆槽走刀路线

内槽与切外槽走刀路线相同，设定点要多一个 $C(X_c，Z_c)$，并计算相应的基点坐标，如图 4-23 所示。

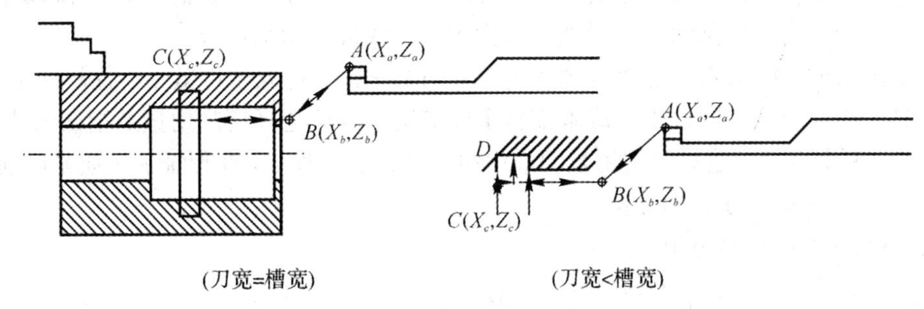

图 4-23　切(挖)内槽走刀路线

(4) 车螺纹走刀路线。车内螺纹和外螺纹路线相似，分简单循环和复合循环，刀具循环进刀的路线都是矩形，在参数上有所区别。

螺纹一般要求多次走刀，在走刀之前需要先进行计算，计算螺纹的小径和要加工的总高度。螺纹小径为

$$d = D-1.0825P$$

其中：d 为螺纹小径；D 为螺纹大径；P 为螺纹导程。

要加工的高度为

$$H = 1.0825P$$

根据要加工的高度，设定每次进刀的切削深度 X_1，X_2，…，设定起刀点 $A(X_a，Z_a)$、进刀点 $B(X_b，Z_b)$、螺纹终止点 $C(X_c，Z_c)$，如图 4-24 所示。

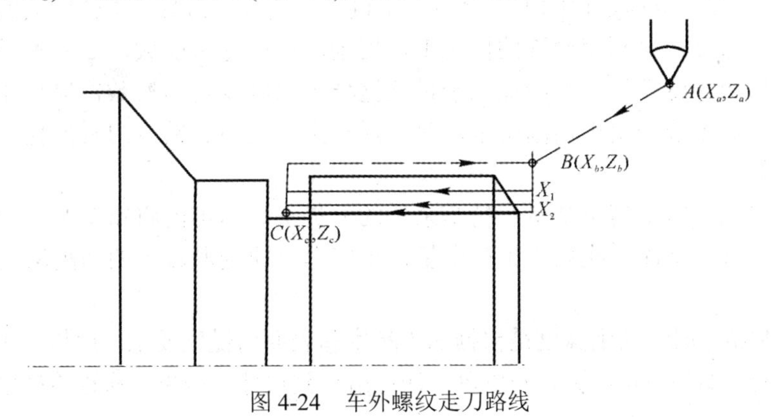

图 4-24　车外螺纹走刀路线

车内螺纹走刀路线如图4-25所示。

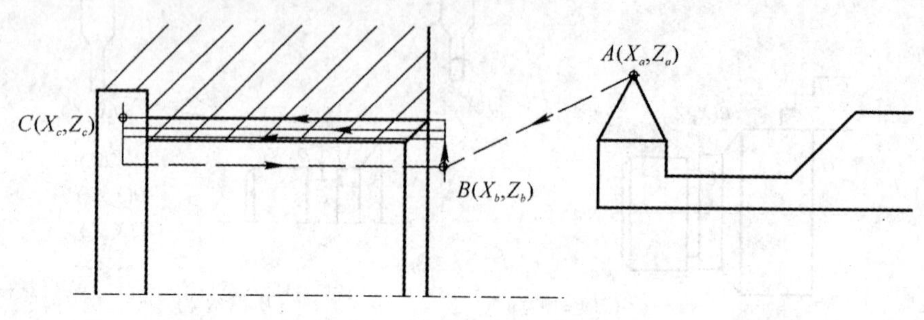

图4-25　车内螺纹走刀路线

6. 切削用量的选择

切削用量是指切削速度、进给量和切削深度三者的总称。在编制加工程序时，应使主轴转速、进给速度及切削深度三者能互相适应，形成最佳切削参数。

切削用量的选择关系到能否合理使用刀具与机床，对提高生产效率、提高加工精度及表面质量、提高效益、降低生产成本都有重要作用。合理选择切削用量是指在工件材料、刀具已确定的情况下，选择切削用量的最优组合进行切削加工，在保证加工质量的前提下，获得高的生产率和低的加工成本。

1) 切削用量的选择原则

(1) 保证安全，不发生人身、设备事故。

(2) 保证工件加工质量。

(3) 在满足上述要求的前提下，充分发挥机床的潜力和刀具的切削性能，在不超过机床的有效功率和工艺系统刚性所允许的极限负荷的条件下，尽量选用较大的切削用量。

(4) 粗车时，应考虑尽可能提高生产效率和保证必要的刀具寿命，同时，也应考虑经济性和加工成本。首先选用较大的切削深度，然后选较大的进给量，最后考虑合适的切削速度。

(5) 精车时，首先应保证加工精度和表面质量，同时又要考虑刀具寿命和生产效率。因此，选择较小的切削深度和进给量，选用切削性能好的刀具材料，尽可能提高切削速度。

2) 切削用量的选择

(1) 切削深度。根据零件的加工余量，由机床、夹具、刀具、工件组成的工艺系统的刚性确定切削深度。在刚度允许的情况下，切削深度应尽可能大，如果不受加工精度的限制，则使切削深度等于零件的加工余量，这样可以减少走刀次数，提高加工效率。因此，根据以上原则选择粗车切削用量，对于提高生产效率、减少刀具消耗、降低加工成本都是有利的。

粗车时，在保留半精车余量和精车余量的前提下，尽可能将粗车余量一次切去。当毛坯余量较大时，不能一次切除粗车余量，也应尽可能选取较大的切削深度，以减少进给次数。

半精车和精车时，切削深度是根据加工精度和表面粗糙度要求，由粗加工后留下的余量大小确定的。如果余量不大，则可以一次进给车到尺寸。如果一次进给产生振动或切屑拉伤已加工表面(如车孔)，不能保证加工质量，则应分成两次或多次进给车削，每次进给的切削深度按余量分配，依次减小。当使用硬质合金刀具时，因其切削刃在砂轮上不能磨得很锋利(刃口圆弧半径较大)，最后一次的切削深度不宜太小，否则，很难达到工件表面质量的要求。

(2) 进给量(mm/min 或 mm/r)。在切削深度选定以后，根据工件的加工精度和表面粗糙度要求以及刀具和工件的材料进行选择，确定进给量的适当值。最大进给量受到机床刚度和进给性能的制约，不同的机床系统，其最大进给量也不同。

粗车时，由于作用在工艺系统上的切削力较大，进给量主要受机床功率和系统刚性等因素的限制。在条件允许的前提下，可选用较大的进给量，增大进给量有利于断屑。

半精车和精车时，因切削深度较小，切削阻力不会很大。为了保证加工精度和表面粗糙度要求，一般选用较小的进给量。

车孔时，刀具刚性较差，应采用小一些的切削深度和进给量。在切断或用高速钢刀具加工时，宜选择较低的进给速度。

进给速度应与主轴转速和切削深度相适应。一般数控机床都有倍率开关，能够控制数控机床的实际进给速度。因此，在数控编程时，可以给定一个理论的进给速度，而在实际加工时，则根据加工实际由倍率开关确定进给速度。

(3) 切削速度。切削速度对切削功率、刀具磨损和刀具寿命、表面加工质量和尺寸精度都有较大影响。提高切削速度可以提高生产率和降低成本，但过分提高切削速度则会使刀具寿命下降，迫使切削深度和进给量减小，结果反而使生产率降低，加工成本提高。所以，相对于最经济的刀具寿命必有一个最佳的切削速度。最佳切削速度可根据不同加工条件选取。

粗车时，切削深度和进给量均较大，切削速度除受刀具寿命限制外，还受机床功率的限制，可根据生产实践经验和有关资料来确定，一般选择较低的切削速度。

半精车和精车时，一般可根据刀具切削性能的限制来确定切削速度，可选择较高的切削速度，但要避开产生积屑瘤的切削速度区域。

工件材料的加工性较差时，应选较低的切削速度。加工灰铸铁的切削速度应比加工中碳钢低，加工铝合金和铜合金的切削速度比加工钢高得多。

刀具材料的切削性能越好，切削速度可选得越高。因此，硬质合金刀具的切削速度可选得比高速钢高几倍，而涂层硬质合金、陶瓷、金刚石和立方氮化硼刀具的切削速度又可选得比硬质合金刀具的高许多。

切削速度确定以后，要计算主轴转速，编制加工程序。

车削光轴时的主轴转速。根据零件上被加工部位的直径，按零件和刀具的材料及加工性质等条件所允许的切削速度来确定主轴转速，计算公式如下：

$$n = \frac{1000v}{\pi D}$$

式中：v 为切削速度，m/min；D 为工件切削部位回转直径；n 为主轴转速，r/min。

数控车床的控制面板上一般备有主轴转速修调倍率开关和进给速度修调倍率开关，可在加工过程中对主轴转速或进给速度进行修调。表 4-2 为硬质合金刀具或涂层硬质合金刀具切削不同材料时的切削用量(长度单位 mm 省写)。

表 4-2　硬质合金刀具或涂层硬质合金刀具切削不同材料时的切削用量

刀具材料	工件材料	粗加工			精加工		
		切削速度 f / (m/min)	进给量 f / (mm/r)	背吃刀量	切削速度/ (m/min)	进给量 f / (mm/r)	背吃刀量
硬质合金或涂层硬质合金	碳素钢	220	0.2	3	260	0.1	0.4
	低合金钢	180	0.2	3	220	0.1	0.4
	高合金钢	120	0.2	3	160	0.1	0.4
	铸铁	80	0.2	3	140	0.1	0.4
	不锈钢	80	0.2	2	120	0.1	0.4
	钛合金	40	0.3	1.5	60	0.1	0.4
	灰铸铁	120	0.3	2	150	0.15	0.5
	球墨铸铁	100	0.25	2	120	0.15	0.5
	铝合金	1600	0.2	1.5	1600	0.1	0.5

四、数控车削工艺编制的原则

数控车床的加工过程是按照预先编好的程序，在数控系统的指令控制下执行，只需按一次按钮，就能完成许多工步内容，编制程序的过程相当于操作机床的过程。在制订数控加工工艺时，首先要遵循普通车床加工工艺的基本原则与方法，同时，还需考虑数控加工本身的特点和零件编程的要求。

1. 加工工序要相对集中

工件在一次装夹中，使用不同刀具，尽可能完成多个表面的加工，可保证被加工表面之间的位置精度，减少加工工序，缩短生产周期，有助于提高劳动生产率。

2. 工艺内容具体表现在程序中

在编制数控车床加工程序时，许多具体的工艺问题，如加工过程中的走刀路线，切削用量以及粗、精加工等，都必须认真考虑，做出正确的选择，以便编制数控加工程序。

3. 工艺制订要准确严密

数控车削加工按照事先编制好的加工程序自动进行加工，故不能像普通车削加工，可以根据加工过程中出现的问题，由操作者灵活地进行调整。因此，在进行数控加工工艺编制时，必须全面仔细考虑加工过程中的每一个细节；在对零件图样进行数学处理、计算和编程时，都要做到准确无误，万无一失，以便使加工能顺利进行。

第三节　数控车削加工工艺分析举例

如图 4-26 所示，该零件为一回转体零件，要求从毛坯(ϕ70×112)开始加工，设备为数控车床。下面进行工艺分析。

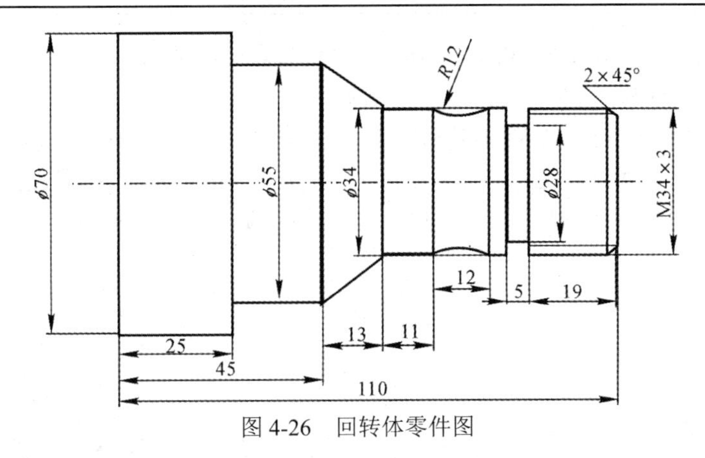

图 4-26　回转体零件图

1. 选择夹具

对于回转体零件，一般选择三爪卡盘。本零件选三爪卡盘作夹具。

2. 工步设计

该零件从棒料开始加工，要进行粗加工、精加工、切槽以及车螺纹加工。

3. 刀具选择

刀具选择是根据工步来选择的，原则上一个工步对应一把刀具，在选刀的同时，选择对应的刀具刀补号。

(1) 粗车：90° 外圆车刀 T0101；

(2) 精车：90° 外圆车刀 T0202；

(3) 切槽：切断刀(刀宽 5 mm)T0303；

(4) 车螺纹：螺纹车刀 T0404。

4. 设计走刀路线

走刀路线是图形化编程，要根据工步确定。

(1) 粗车循环。要求：

① 确定工件坐标系。

② 画出刀具形状。

③ 标明进刀点、起刀点、每层切深、退刀量、精车余量 ΔU 和 ΔW。

④ 画出刀具运动轨迹，如图 4-27 所示。

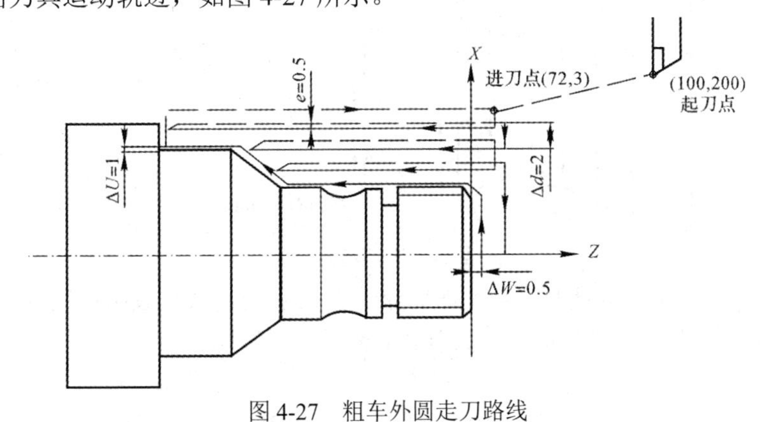

图 4-27　粗车外圆走刀路线

⑤ 确定坐标值。起刀点(100，200)为安全位置，进刀点(72，3)为接近工件点，切深$\Delta d=2$，退刀量$e=0.5$，精车余量$\Delta U=1$，$\Delta W=0.5$。

(2) 精车。精车外圆即在粗车基础上车一刀即可，其走刀路线较为简单，标出关键点，画出刀具轨迹。如图 4-28 所示：起刀点(100，100)、进刀(接近)点(72，3)、退刀点(72，-85)，将每一走刀段都标上号，与编程一一对应，并计算出所有基点坐标，标注在图上。

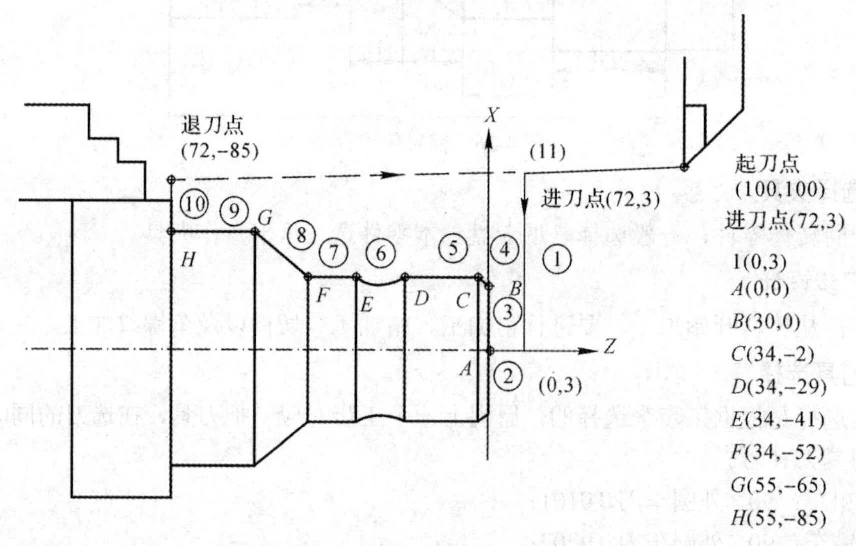

图 4-28　精车外圆走刀路线

(3) 切槽。切槽即在工件上切一个退刀槽，用切断刀加工，刀宽 5 mm，切槽时，只能 X 向进退刀，不能 Z 向切削，否则易打刀(刀具折断)。如图 4-29 所示：起刀点(100，100)、进刀点(36，-24)、基点 A(28，-24)。

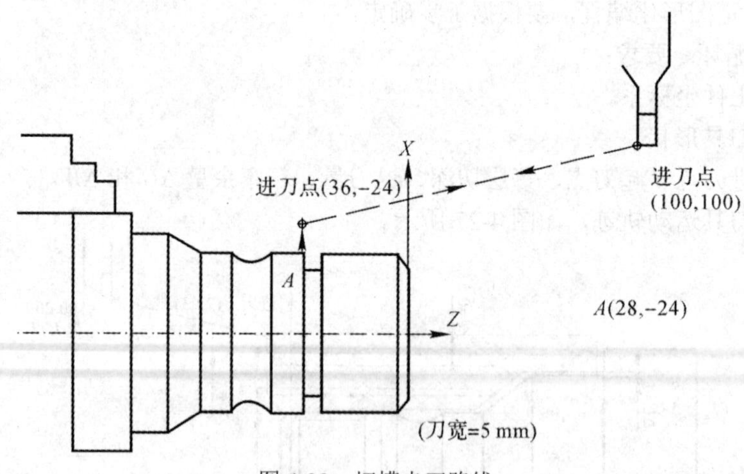

图 4-29　切槽走刀路线

(4) 车螺纹。车螺纹车刀走的轨迹是平行于 Z 的直线，只是进给速度为：每转进给一个导程。螺纹一般要求多次走刀，在走刀之前需要先计算螺纹的小径和要加工的总高度。螺纹小径为

$$d = D - 1.0825P = 34 - 1.0825 \times 3 \approx 30.75$$

要加工的高度为

$$H = 1.0825P \approx 3.25$$

如果4次走刀切削完成螺纹加工，则每层进刀量不同，分别为1.5、1、0.5、0.25，对应的值见表4-3。

表4-3　螺纹加工进刀表

次数	总切削高度	每层进刀量	对应的 X 值	对应的坐标值
1	3.25	1.5	32.5	(32.5，−21.5)
2		1	31.5	(31.5，−21.5)
3		0.5	31	(31，−21.5)
4		0.25	30.75	(30.75，−21.5)

如图4-30所示，起刀点坐标值为(100，100)、进刀点 A(36，3)，终止点 E(30.75，−21.5)，每层进刀量不等(螺纹的外径在车螺纹前应加工到比公称直径小0.2 mm，即 ϕ33.8)。简单螺纹循环和复合螺纹循环在进刀参数上差别较大，这在车床编程中再详细介绍。

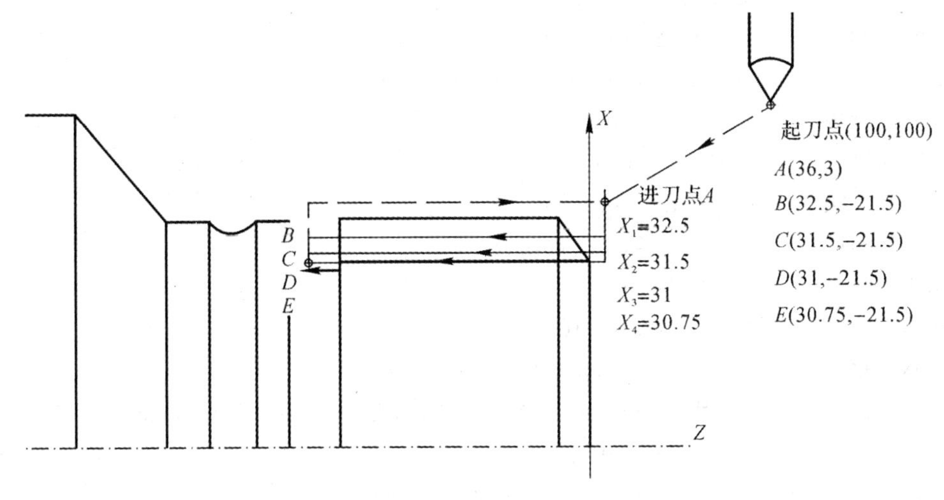

图4-30　车螺纹走刀路线

(5) 切削用量。一般根据刀具材料、走刀路线来定，按工步选：

粗车 S800，F0.3；

精车 S1200，F0.15；

切槽 S300，F0.05；

车螺纹 S150，F3(螺距)。

下面是根据上述工艺分析所编制的加工程序，系统为FANUC-0T。

```
O0001               程序号
T0101;              粗车部分，选1号刀具，设定1号刀补及工件坐标系
S800M03;            主轴正转，转速为800 r/min
G99G00X72Z3;        设定进给量单位为mm/r，刀具快进至(72，3)点
G71U2R0.5;          粗车循环，设定每次进刀背吃刀量为2 mm，退刀量为0.5 mm
G71P10Q20U1W0.5F0.3; 设定精车程序段起始序号为10，终止序号为20，精车余量为X1，z0.5，
```

进给量为 0.3 mm/r

N10G00X0Z3;　　精车路线对应走刀路线①段，快进至(0，3)点

G01Z0F0.15S1200; 对应走刀路线②段，工进至(0，0)点，进给量为 0.15 mm/r，转速为 1200 r/m

X30;　　(对应走刀路线③段，工进至(30，0)点)

X34Z-2;　　(对应走刀路线④段，工进至(34，−2)点)

Z-29;　　(对应走刀路线⑤段，工进至(34，−29 点)

G02W-12R12;　　(对应走刀路线⑥段，顺时针圆弧进给至(34，−41)点，半径为 *R*12)

G01W-11;　　(对应走刀路线⑦段，工进至(34，−52)点)

X55W-13;　　(对应走刀路线⑧段，工进至(55，−65)点)

G01Z-85;　　(对应走刀路线⑨段，工进至(55，−85)点)

X72;　　(对应走刀路线⑩段，工进至(72，−85)点)

N20G00Z3　　(精车程序结束段，对应走刀路线 (11) 段，快速退至(72，3)点)

G00X100Z200;　　(刀具远离工件，准备换刀)

T0202;　　(换 2 号刀具)

G00X72Z3;　　(刀具快进至进刀点(72，3)点)

G70P10Q20;　　(精车循环指令，加工零件的外圆部分)

G00X100Z200;　　(刀具远离工件，准备换刀)

T0303S300;　　(切槽部分，换 3 号刀，设定 3 号刀补，转速降至 300 r/min)

G00X36Z-24;　　(快进至(36，−24)点)

G01X26F0.05;　　(工进切槽至(26，−24)点)

G04P1000;　　(暂停 1 s)

G01X36;　　(工退至(36，−24)点)

G00X100Z100;　　(快速退刀至(100，100)点，准备换刀)

T0404S150;　　(车螺纹部分，换 4 号刀，设定 4 号刀补，转速降至 150 r/min)

G00X36Z3;　　(快进至(36，3)点)

G92X32.5Z-21.5F3; (简单螺纹循环，第一次循环螺纹，终点为(32.5，−21.5))

X31.5;　　(第二次循环螺纹，终点为(31.5，−21.5))

X31;　　(第三次循环螺纹，终点为(31，−21.5))

X30.75;　　(第四次循环螺纹，终点为(30.75，−21.5))

G00X100Z100M05;　(快退至(100，100)点，主轴停)

M30;　　(程序结束)

第四节　数控车床常用指令及编程方法

一、数控车床机床坐标系与工件坐标系

数控车床的坐标系分为机床坐标系和工件坐标系。无论哪种坐标系都规定：与车床主轴轴线平行的坐标轴为 *Z* 轴，刀具远离工件的方向为 *Z* 轴的正方向；与车床主轴轴线垂直

的坐标轴为 X 轴，且规定刀具远离主轴轴线的方向为 X 轴的正方向。

1. 机床坐标系

由机床坐标原点与机床的 X、Z 轴组成的坐标系，称为机床坐标系。机床坐标系是机床固有的坐标系，在出厂前已经预调好，一般情况下不允许用户随意改动。机床坐标原点是机床的一个固定点，定义为主轴端面与主轴旋转中心线的交点，见图 4-31，O 点即为机床原点。

机床通电后，不论刀架位于什么位置，当完成回参考点操作后，面板显示器上显示的都是刀位点(刀架中心)在机床坐标系中的坐标值，就相当于数控系统内部建立了一个以机床原点为坐标原点的机床坐标系。

机床参考点也是机床的一个固定点，其位置由 Z 向与 X 向的机械挡块来确定。该点与机床原点的相对位置如图 4-31 所示，O' 点即为机床参考点，它是 X、Z 轴最远离工件的那一个点。当发出回参考点的指令时，装在横向和纵向滑板上的行程开关碰到相应的挡块后，由数控系统控制滑板停止运动，完成回参考点的操作。

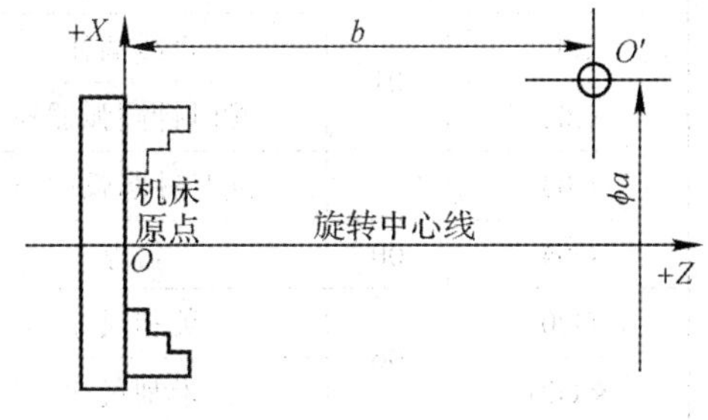

图 4-31　机床坐标系

2. 工件坐标系

在数控编程时，为了简化编程，首先要确定工件坐标系和工件原点。工件原点也叫编程原点，是人为设定的。它的设定依据标注习惯，为了便于节点计算及编程，一般车削件的工件原点设在工件的左、右端面或卡盘端面与主轴旋转中心线的交点处。如图 4-32 所示为以工件右端面为工件原点的坐标系。工件坐标系是由工件原点与 X、Z 轴组成的工件坐标系，当建立起工件坐标系后，显示器上绝对坐标显示的是刀位点(刀尖点)在工件坐标系中的位置。

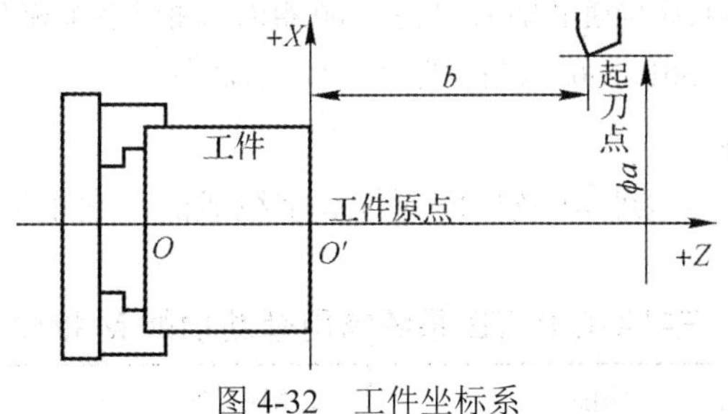

图 4-32　工件坐标系

编制数控程序时，首先要建立一个工件坐标系，程序中的坐标值均以此坐标系为编程依据。

工件坐标系的原点选择要尽量满足编程简单、尺寸换算少、引起的加工误差小等条件。通常情况下，数控车床的工件坐标系原点都设置在主轴中心线与工件右端面的交点处。

加工时，工件坐标系的建立通过对刀来实现，而且必须保证与编程时的坐标系一致。

二、数控车床常用指令

由于目前数控机床、数控系统的种类较多，同一指令其含义不完全相同。因此，编程前必须对所使用的数控系统功能进行仔细研究，参考编程手册，掌握每个指令的确切含义，以免发生错误。

1. 准备功能 G 指令

准备功能也称 G 功能，它是由地址字 G 及其后面的两位数字组成的，主要用来设定机床的动作方式。表 4-4 是日本 FANUC 0i-TB 系统的部分功能指令。

表 4-4　FANUC 0i-TB 系统常用准备功能 G 指令及功能

<table>
<tr><th>G 指令</th><th>组号</th><th>功能</th><th>G 指令</th><th>组号</th><th>功能</th></tr>
<tr><td>★G00</td><td rowspan="4">01</td><td>快速点定位</td><td>G70</td><td rowspan="5">00</td><td>精车循环</td></tr>
<tr><td>G01</td><td>直线插补</td><td>G71</td><td>粗车外圆复合循环</td></tr>
<tr><td>G02</td><td>顺时针圆弧插补</td><td>G72</td><td>粗车端面复合循环</td></tr>
<tr><td>G03</td><td>逆时针圆弧插补</td><td>G73</td><td>固定形状粗加工复合循环</td></tr>
<tr><td>G04</td><td>00</td><td>暂停</td><td>G76</td><td>螺纹切削复合循环</td></tr>
<tr><td>G20</td><td rowspan="2">06</td><td>英制尺寸</td><td>G90</td><td rowspan="3">01</td><td>单一形状固定循环</td></tr>
<tr><td>★G21</td><td>米制尺寸</td><td>G92</td><td>单一螺纹切削循环</td></tr>
<tr><td>G32</td><td>01</td><td>螺纹切削</td><td>G94</td><td>端面切削循环</td></tr>
<tr><td>★G40</td><td rowspan="3">07</td><td>取消刀具半径补偿</td><td>G96</td><td rowspan="2">02</td><td>恒线切削速度控制</td></tr>
<tr><td>G41</td><td>刀尖圆弧半径左补偿</td><td>★G97</td><td>取消恒线切削速度控制</td></tr>
<tr><td>G42</td><td>刀尖圆弧半径右补偿</td><td>G98</td><td rowspan="2">05</td><td>进给速度按每分钟设定</td></tr>
<tr><td>G50</td><td>00</td><td>设定坐标系
设定主轴最高转速</td><td>★G99</td><td>进给速度按每转设定</td></tr>
<tr><td>★G54～G59</td><td>14</td><td>选择工件坐标系</td><td></td><td></td><td></td></tr>
</table>

注：带★号的 G 指令为机床接通电源时的状态。00 组的 G 指令为非模态 G 指令。在编程时，G 指令中前面的 0 可省略，G00、G01、G02 可简写为 G0、G1、G2。

2. 辅助功能 M 指令

辅助功能 M 指令是由地址 M 及后面两位数字组成的，它主要是机床加工时的工艺性指令，见表 4-5。

表 4-5　FANUC 0i-TB 系统常用辅助功能 M 指令及功能

M 指令	功能	M 指令	功能
M00	程序暂停	M08	切削液开
M01	选择停止	M09	切削液关
M02	程序结束	M30	程序结束
M03	主轴正传	M98	调用子程序
M04	主轴反转	M99	子程序结束
M05	主轴停转		

注：在编程时，M 指令中前面的 0 可以省略，如 M03、M05 可以简写为 M3、M5。

3. F、T、S 功能指令

1) F 功能指令

F 指令用来指定进给速度，由地址 F 和其后面的数字组成。

(1) 每转进给(G99)：在一条含有 G99 指令的程序段后面，再遇到 F 指令时，则 F 指令所指定的进给速度单位为 mm/r。如 G99 F0.3，即进给速度为 0.3 mm/r。系统开机状态为 G99 状态，只有输入 G98 指令后，G99 指令才被取消。

(2) 每分钟进给(G98)：在一条含有 G98 指令的程序段后面，再遇到 F 指令时，则 F 指令所指定的进给速度单位为 mm/min。如 G98 F120，即进给速度为 120 mm/min。G98 指令被执行一次后，系统将保持 G98 状态，直到被 G99 指令取消为止。

2) T 功能指令

T 指令用来设定数控系统进行选刀或换刀，用 T 地址和后面的数字来指定刀具号和刀具补偿号。数控车床上一般采用 T○○□□的形式，其中：○○表示刀具号，□□表示刀补号。

例如：T0203 表示选 02 号刀具，执行 03 组刀补。

数控车床加工时，通常用 T 指令代替工件坐标系的设置，通过每把刀的对刀，输入刀补参数，T 指令可以建立对应于每把刀的工件坐标系，程序中只用 T○○□□指令，不用 G50。

3) S 功能指令

S 指令用来指定主轴速度，由地址 S 和其后面的数字组成。S 指令包含以下三种功能：

(1) 直接指定主轴速度。例如：M03 S500 表示主轴 500 r/min 正转。

(2) 主轴最高速度限定(G50)。G50 指令除有坐标系设定功能外，还有主轴最高速度设定的功能，即用 S 指令指定的数值设定主轴每分钟最高转速。例如：G50 1500 表示把主轴最高速度限定为 1500 r/min。

(3) 恒线速度控制(G96)。G96 指令是接通恒线速度控制的指令。系统执行 G96 指令后，便认为用 S 指令指定的数值确定切削速度 v，单位为 m/min。例如：G96 S150 表示控制主轴转速，使切削点的线速度始终保持在 150 m/min。用恒线速度控制加工端面、锥度和圆弧时，由于 X 坐标不断变化，当刀具逐渐接近工件的旋转中心时，主轴转数越来越高，在不断增大的离心力的作用下，加上其他原因，工件有从卡盘飞出的危险，所以为了防止事故的发生，必须在 G96 指令之前用 G50 限定主轴的最高转数。

G97 指令是取消恒线速度控制的指令。G97 指令后用 S 指令指定的数值表示主轴每分钟的转数。例如：G97 S1200 表示主轴转速为 1200 r/min。

三、数控车床基本编程指令与格式

1. 绝对值编程与增量值编程

数控车床编程时，可采用绝对值编程、增量值编程和两者混合编程。由于被加工零件的径向尺寸在图样的标注和测量时都是以直径值表示的。所以，直径方向用绝对值编程时，X 以直径值表示；用增量值编程时，以径向实际位移量的二倍值表示，并带上方向符号。

1) 绝对值编程

绝对值编程是根据预先设定的编程原点计算出绝对值坐标尺寸进行编程的一种方法。首先找出编程原点的位置，并用地址 X、Z 进行编程，例如 X30 Z0，语句中的数值表示终点的绝对值坐标。

2) 增量值编程

增量值编程是根据与前一位置的坐标值来表示位置的一种编程方法，即程序中的终点坐标是相对于起点坐标而言的。采用增量值编程时，用 U、W 代替 X、Z 进行编程。U、W 的正负由移动方向来确定，移动方向与机床坐标方向相同时为正，反之为负。例如：U10 W-25 表示终点相对于前一加工点的坐标差值在 X 轴方向为 10，Z 轴方向为−25。

3) 混合编程

设定工件坐标系后，将绝对值编程与增量值编程混合起来进行编程的方法叫混合编程。

如图 4-33 所示，应用以上三种不同方法编写程序分别如下：

绝对方式编程：

X400.0 Z50.0;

相对增量方式编程：

U200.0 W-400.0;

混合方式编程：

X400.0 W-400.0;

U200.0 Z50.0;

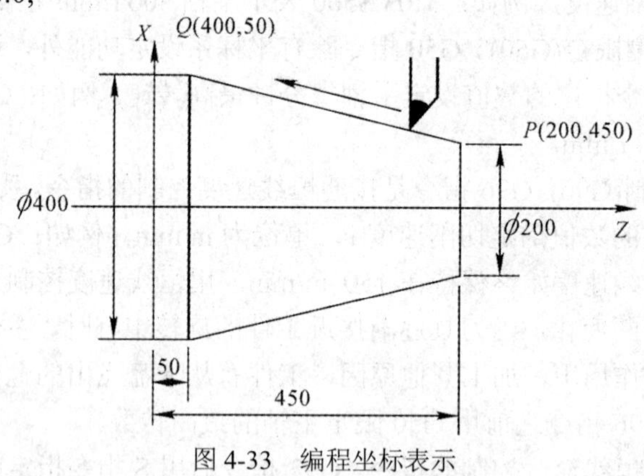

图 4-33 编程坐标表示

2. 常用编程 G 指令

1) 工件坐标系设定 G50

该指令是基于刀具在工件坐标系中的位置来设定工件原点。坐标值 *X*、*Z* 为刀位点在工件坐标系中的起始点(即起刀点)位置。当刀具的起刀点空间位置一定时，工件原点选择不同，刀具在工件坐标系中的坐标 *X*、*Z* 也不同。其指令格式如下：

G50 X_ Z_；

2) 零点偏置设定指令 G51~G59

基于工件原点相对机床原点的坐标值来设定工件坐标系。

3) T00XX 指令设定工件坐标系

每把刀设定自己的工件坐标系，通过对刀，确定刀位点与工件原点重合时刀架在机床坐标系的坐标值，并输入到每把刀的补偿地址处。

4) 圆弧插补指令 G02、G03

圆弧插补指令是命令刀具在指定平面内按给定的 F 进给速度作圆弧运动，切削出圆弧轮廓。圆弧插补指令分为顺时针圆弧插补指令 G02 和逆时针圆弧插补指令 G03。图 4-34 为顺时针圆弧插补，图 4-35 为逆时针圆弧插补。圆弧运动的判定方向为从第三坐标的正向朝负向看，顺时针方向就是 G02，逆时针方向就是 G03。

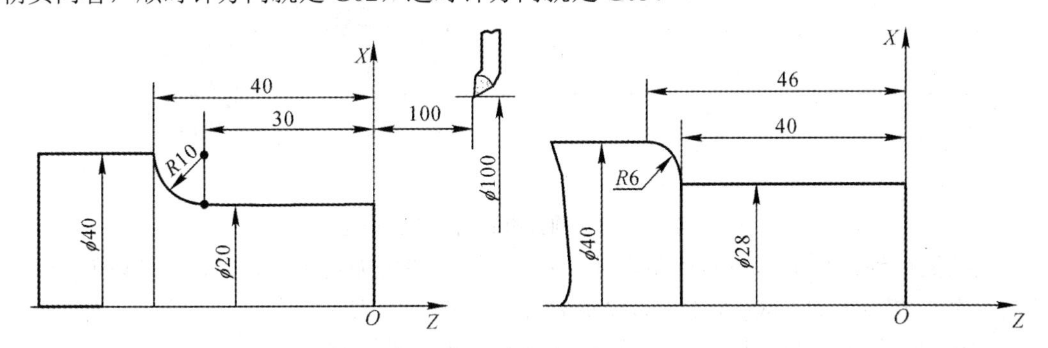

图 4-34　顺时针圆弧插补的零件　　图 4-35　逆时针圆弧插补的零件

在车床上加工圆弧时，不仅需要用 G02 或 G03 指出圆弧的顺逆方向，用 X(U)、Z(W) 指定圆弧的终点坐标，而且还要指定圆弧的中心位置。

用 I、K(对应 X、Z，为圆心相对圆弧起点的坐标)指定圆心位置，其格式如下：

G02(G03)X(U)__Z(W)__I__K__F__;

用圆弧半径 R 指定圆心位置，其格式如下：

G02(G03)X(U)__Z(W)__R__F__;

5) 螺纹切削 G32

G32 指令用于单行程螺纹切削，使车刀进给运动严格根据输入的螺纹导程进行切削，切入、切出、返回均需输入程序。其指令格式如下：

G32 X(U)__Z(W)__F__;

其中，F 为螺纹导程。

四、车刀刀尖圆弧半径补偿

数控程序是针对刀具上的某一点即刀位点进行编制的。车刀的刀位点为理想尖锐状态下的假想刀尖 A 点或刀尖圆弧圆心 O 点。但实际加工中的车刀，由于工艺或其他要求，刀尖往往不是一理想尖锐点，而是一段圆弧。当切削加工时，刀具切削点在刀尖圆弧上变动，造成实际切削点与刀位点之间的位置有偏差，故会产生过切或少切现象，如图 4-36 所示。这种由于刀尖不是一理想尖锐点而是一段圆弧造成的加工误差，可用刀尖半径补偿功能来消除。

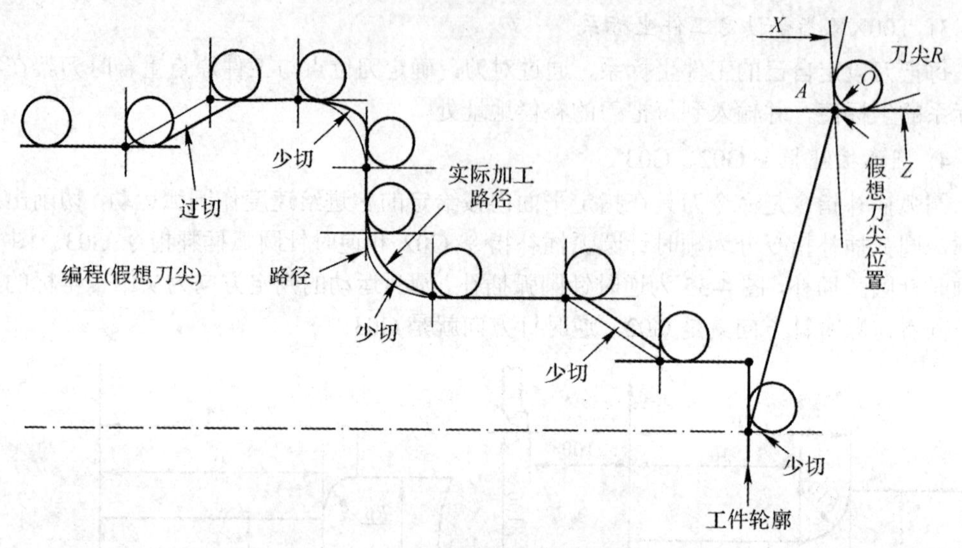

图 4-36　刀尖圆弧引起的过切或少切

系统执行到含有 T 指令的程序段时，是否对刀具进行刀尖半径补偿，以及以何种方式补偿，由 G 指令中的 G40、G41、G42 来决定，如图 4-37 所示。

G40：取消刀尖半径补偿，刀尖运动轨迹与编程轨迹一致；

G41：刀尖半径左补偿，沿进给方向，刀尖位置在编程轨迹左边；

G42：刀尖半径右补偿，沿进给方向，刀尖位置在编程轨迹右边。

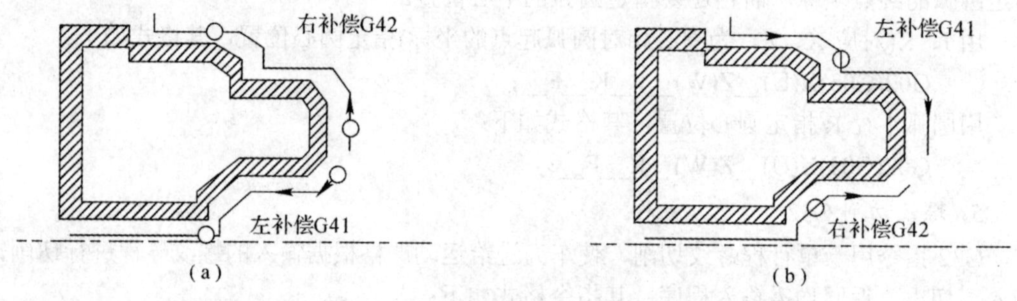

图 4-37　刀尖圆弧半径补偿的方向

刀尖半径补偿指令 G41/G42 是在加工平面内，沿进给方向看，根据刀尖位置在编程轨迹左/右侧来判断区分的。加工平面的判断，与观察方向即第三轴方向有关。

由于数控程序是针对刀具上的刀位点即 *A* 点或 *O* 点进行编制的，因此对刀时使该点与程序中的起点重合。在没有刀具圆弧半径补偿功能时，按哪点编程，则该点按编程轨迹运动，产生过切或少切的大小和方向因刀尖圆弧方向及刀尖位置方向而异。当有刀具圆弧半径补偿功能时须定义上述参数，其中刀尖位置从 0 至 9 有 10 个方向号，如图 4-38 所示。当按假想刀尖 *A* 点编程时，刀尖位置方向因安装方向不同，从刀尖圆弧中心到假想刀尖的方向有 8 种刀尖位置方向号可供选择，并依次设为 1～8 号；当按刀尖圆弧中心 *O* 点编程时，刀尖位置方向设定为 0 或 9 号。该方向的判断也与第三轴有关。

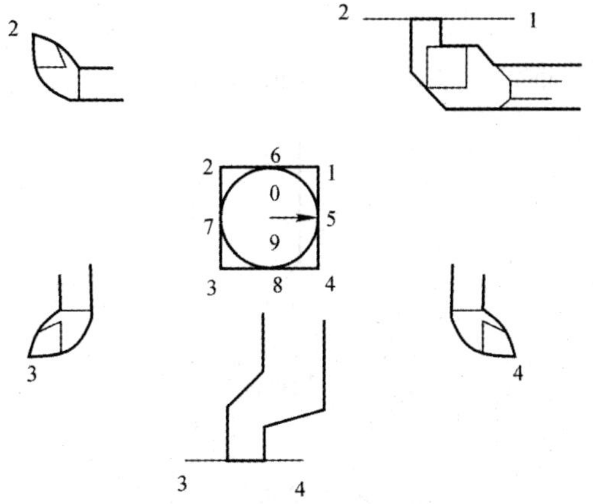

图 4-38　刀尖方位的判别

刀尖半径补偿的加入是执行 G41 或 G42 指令时完成的，当前面没有 G41 或 G42 指令时，可以不用 G40 指令，直接写入 G41 或 G42 指令即可；发现前面为 G41 或 G42 指令时，则先指定 G40 指令取消前面的刀尖半径补偿后，再写入 G41 或 G42 指令，刀尖半径补偿的取消是在 G41 或 G42 指令后面，加 G40 指令完成的。

注：

(1) 当前面有 G41、G42 指令时，如要转换为 G42、G41 或结束半径补偿时应先指定 G40 指令取消前面的刀尖半径补偿。

(2) 程序结束时，必须清除刀补。

(3) G41、G42、G40 指令应在 G00 或 G01 程序段中加入。

(4) 在补偿状态下，没有移动的程序段(M 指令、延时指令等)，不能在连续 2 个以上的程序段中指定，否则会过切或欠切。

(5) 在补偿启动段或补偿状态下不得指定移动距离为 0 的 G00、G01 等指令。

(6) 在 G40 刀尖圆弧半径补偿取消段，必须同时有 X、Z 两个轴方向的位移。

编程格式如下：

G41/G42/G00(G01)X__Z__；(建立补偿，如图 4-39 所示)

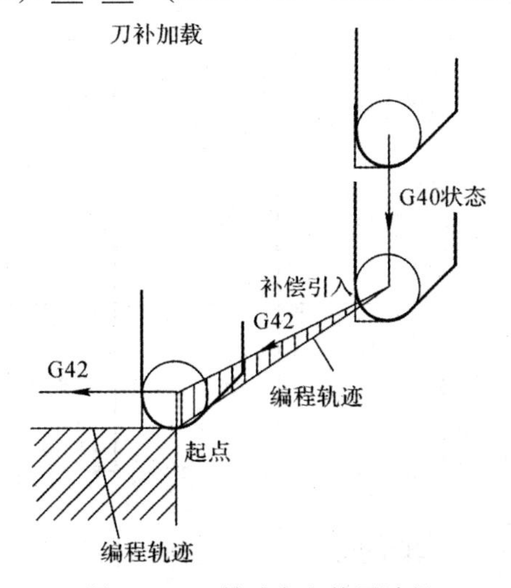

图 4-39　刀补建立和使用过程

…

G40G00X X__Z__；(取消补偿，如图 4-40 所示)

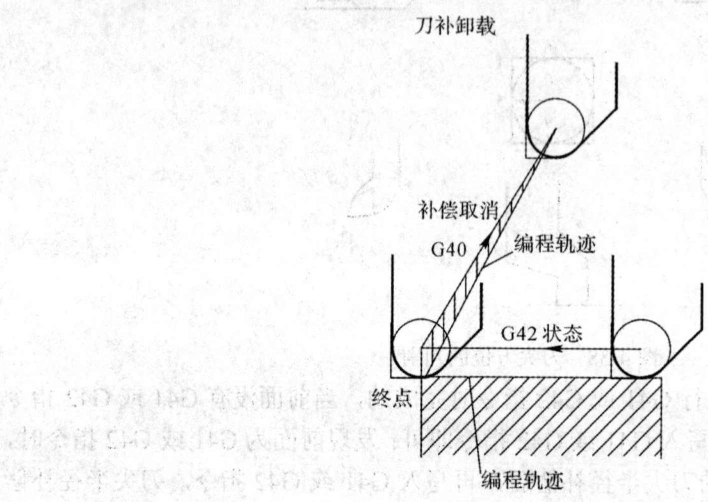

图 4-40　补偿取消过程

刀具补偿量的设定，是由操作者在 CRT/MDI 面板上用“刀补值”功能键并置入刀具补偿寄存器(每个刀具补偿号都对应一组刀补值：刀尖圆弧半径 R 和刀尖位置号 T，如图 4-41 所示)来实现的。

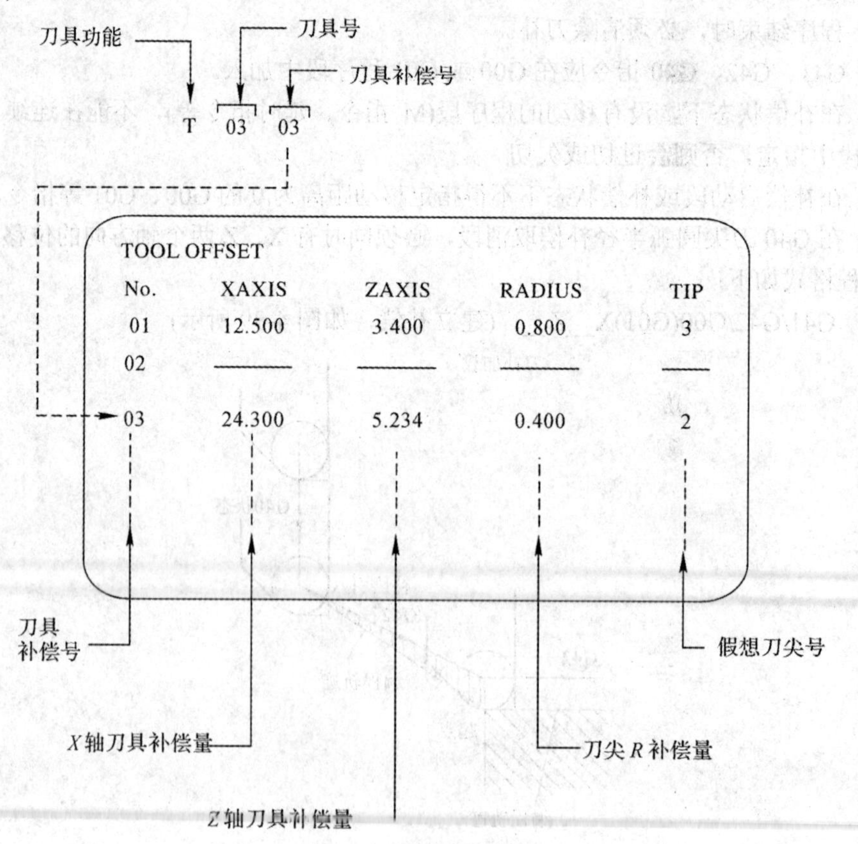

图 4-41　刀补输入界面

第五节　数控车床固定循环指令的用法

数控车床上常用的被加工工件毛坯为棒料或铸、锻件，因此加工余量大，一般需要多次重复循环加工才能去除全部余量。为了简化编程，数控系统提供不同形式的固定循环功能，以缩短程序长度，减少程序所占内存。固定循环一般分为单一固定循环和多重固定循环。

一、单一固定循环指令

1. 外圆切削循环指令 G90

指令格式：

G90 X(U)___Z(W)___F___；

如图 4-42 所示，刀具从循环起点按矩形循环，最后又回到循环起点。图中虚线表示快速运动，实线表示按 F 指定的工作进给速度运动。*X*、*Z* 为圆柱面切削终点坐标值；*U*、*W* 为圆柱面切削终点相对循环起点的增量值。其加工顺序按 1、2、3、4 进行。

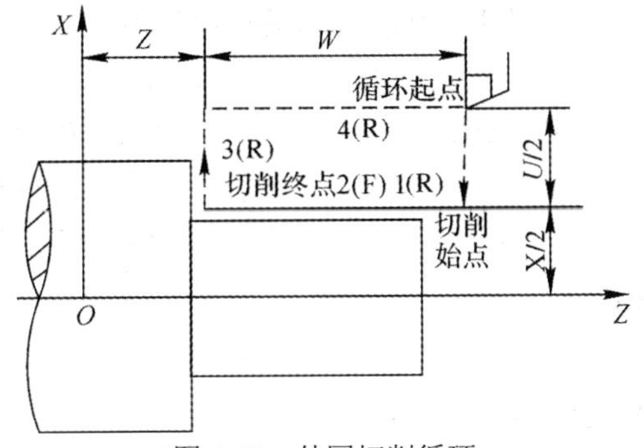

图 4-42　外圆切削循环

例：加工如图 4-43 所示的工件，其加工相关程序如下：

…

N10 G99 G90 X40 Z20 F0.3;　　*A—B—C—D—A*

N20 X30;　　*A—E—F—D—A*

N30 X20;　　*A—G—H—D—A*

…

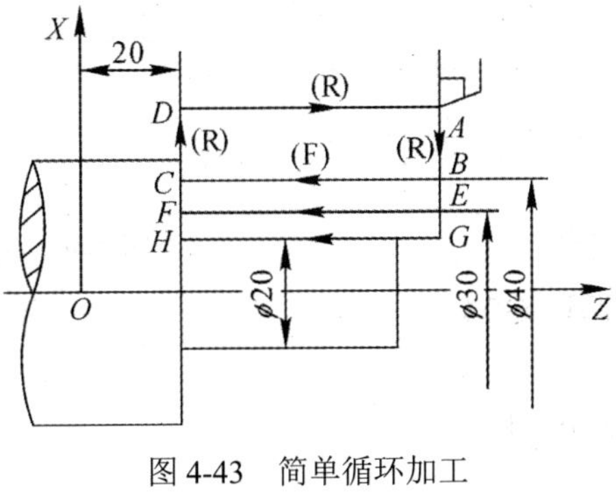

图 4-43　简单循环加工

2. 锥面切削循环 G90

其指令格式：

G90 X(U)__Z(W)__R__F__；

如图 4-44 所示，*R* 为锥体大小端的半径差。编程时，应注意 *R* 的符号，锥面起点坐标大于终点坐标时 *R* 为正，反之为负。图示位置 *R* 为负。

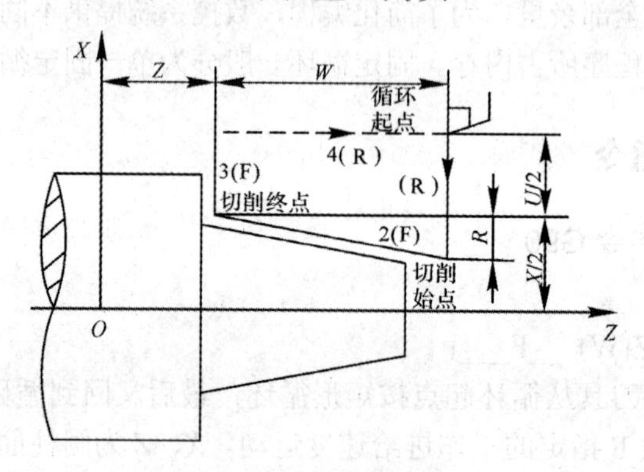

图 4-44　锥面切削循环

例：加工如图 4-45 所示的工件，其加工相关程序如下：

…

N10 G99 G90 X40 Z20 R-5 F0.2;　　A—B—C—D—A

N20 X30;　　A—E—F—D—A

N30 X20;　　A—G—H—D—A

3. 端面切削循环 G94

指令格式：

G94 X(U)__Z(W)__F__；

如图 4-46 所示，*X*、*Z* 为端面切削终点的坐标值，*U*、*W* 为端面切削终点相对循环起点的坐标分量。

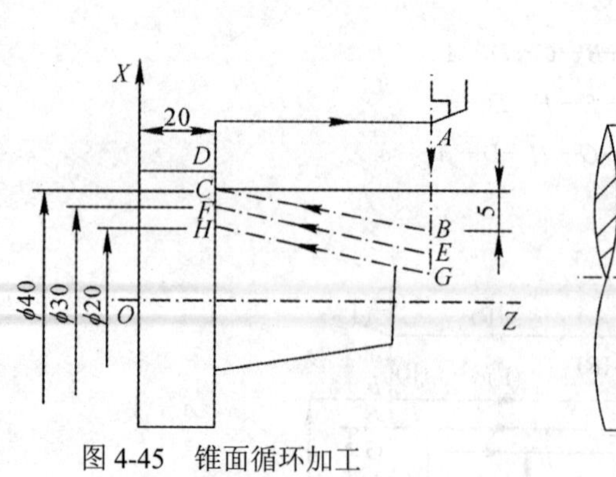

图 4-45　锥面循环加工

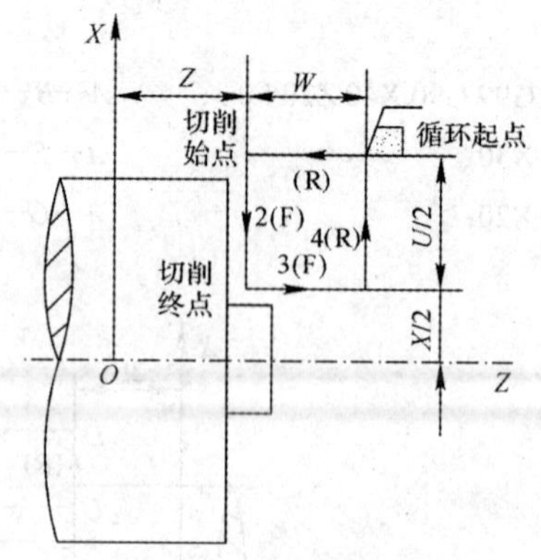

图 4-46　端面切削循环

4. 带锥度的端面切削循环 G94

指令格式：

G94 X(U)__Z(W)__R__F__；

如图 4-47 所示，R 为端面切削始点到终点位移在 Z 轴方向的坐标增量值。编程时，应注意 R 的符号，锥面起点 Z 坐标大于终点 Z 坐标时 R 为正，反之为负。图示位置 R 为负。

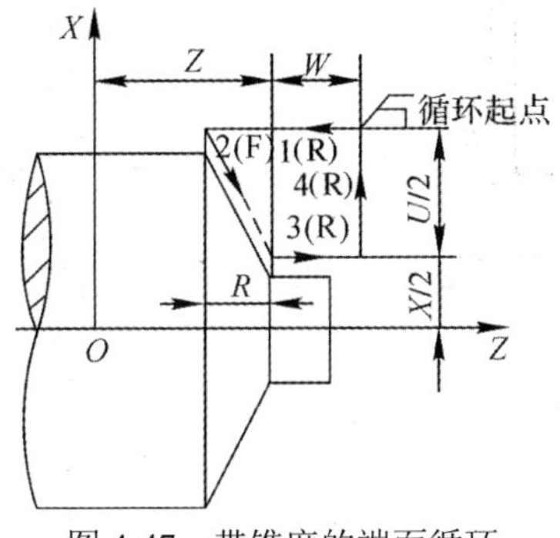

图 4-47　带锥度的端面循环

二、多重固定循环指令

该指令应用于粗车和多次走刀加工的情况下。利用多重固定循环功能，只要编写出最终走刀路线，给出每次切除余量，机床即可自动完成多重切削直至加工完毕。

1. 外圆粗车循环 G71

该指令适用于切除棒料毛坯的大部分加工余量。如图 4-48 所示，G71 粗车外圆的走刀路线。图中 C 点为起刀点，A 点是毛坯外径与端面轮廓的交点。

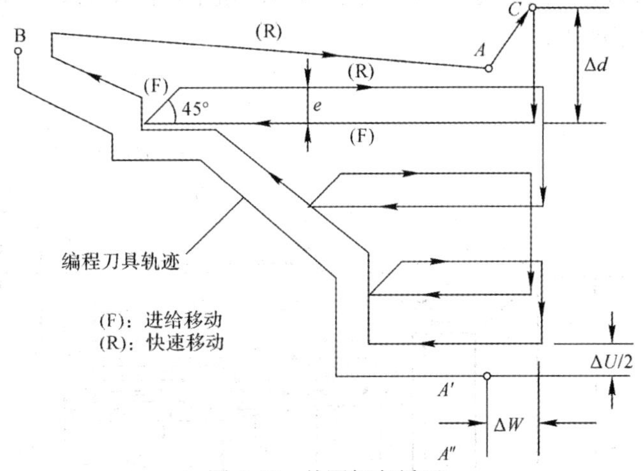

图 4-48　外圆粗车循环

指令格式：

G71 U(Δd)R(e)；G71 P(ns)Q(nf)U(ΔU)W(ΔW)F__S__T__；

其中：Δd 每次径向吃刀深度(半径给定)；e 为径向退刀量(半径给定)；ns 为精加工程序的第一个程序段号，一般为 A-A' 的程序段(精加工编程轨迹为 A'—B)；nf 为精加工程序的最后一个程序段号；ΔU 为径向 X 的余量；ΔW 为轴向 Z 的余量。

精车预留余量 ΔU 和 ΔW 的符号与刀具轨迹的移动方向有关，即沿刀具移动轨迹移动时，如果 X 方向坐标值单调增加，则 ΔU 为正，反之则为负；如果 Z 坐标值单调减小，则 ΔW 为正，反之则为负。如图 4-49 所示，A—B—C 为精加工轨迹，A'—B'—C' 为粗加工轨迹。

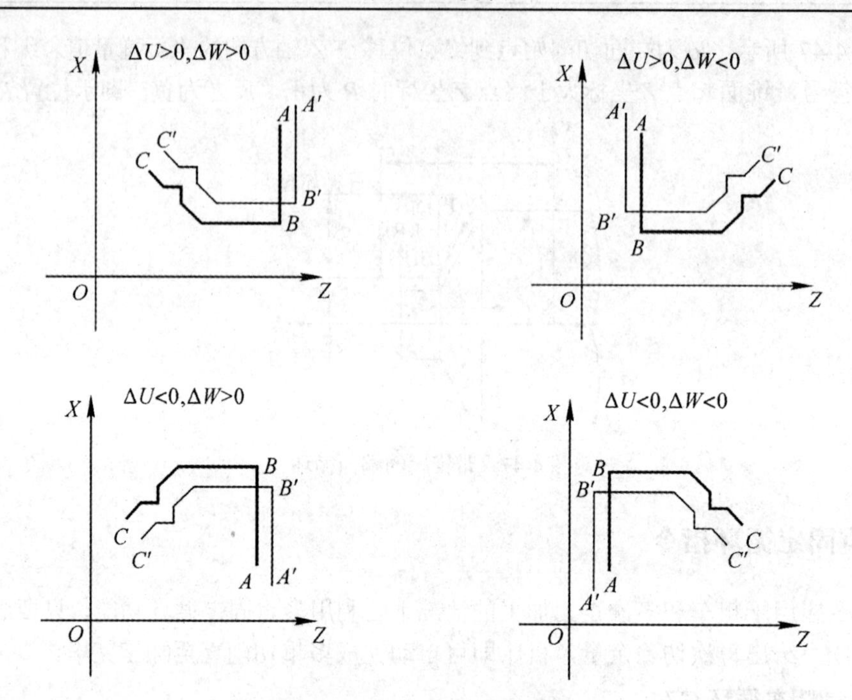

图 4-49　精车余量符号的判断

如图 4-50 所示为要进行外圆粗车的短轴，粗车深度定为 1 mm，退刀量为 1 mm，精车削预留量 X 方向为 0.5 mm，Z 方向为 0.25 mm，粗车进给率为 0.3 mm/r，主轴转速为 550 r/min。数控程序如下：

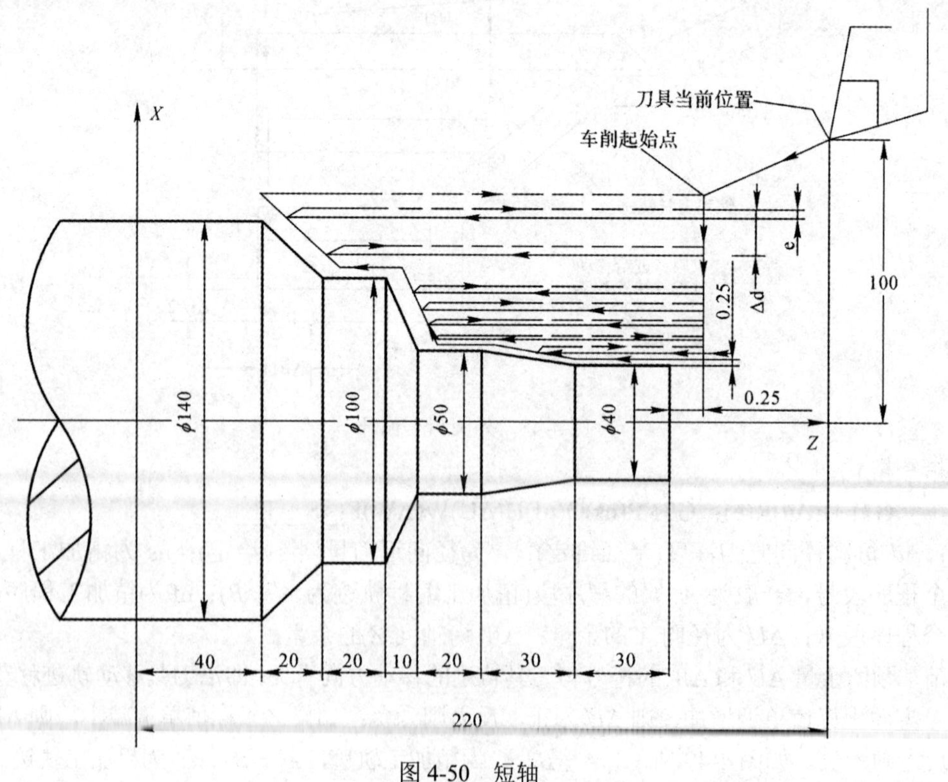

图 4-50　短轴

```
O1987;
N10 T0101 M08;            (调 01 号粗车刀)
N12 G00 X160.0 Z 180.0;(刀具快速走到粗车循环起始点)
N14 G71 U1.0 R1.0;        (定义 G71 粗车循环，切削深度为 1 mm，退刀量为 1 mm)
N16 G71 P18 Q30 U0.5 W0.25 F0.3 S550;(粗车主轴转速为 550 r/min，进给率为 0.3 mm/r)
N18 G00 X40.0;            (程序段号 N18～N30 定义精车削刀具轨迹)
N20 G01 W-40.0 F0.15;
N22 X60.0 W-30.0;
N24 W-20.0;
N26 X100.0 W-10.0;
N28 W-20.0;
N30 X140.0 W-20.0;
N32 G30 U0 W0;
N34 T0303;                (调 03 号精车刀)
N36G70P18Q30;             (粗车后精车削)
…
M30
```

2. 端面粗车循环 G72

该指令适用于圆柱棒料毛坯端面方向粗车，从外径方向往轴心方向车削端面循环。如图 4-51 所示，G72 粗车端面的走刀路线。图中 *C* 点为起刀点，*A* 点是毛坯外径与端面轮廓的交点。

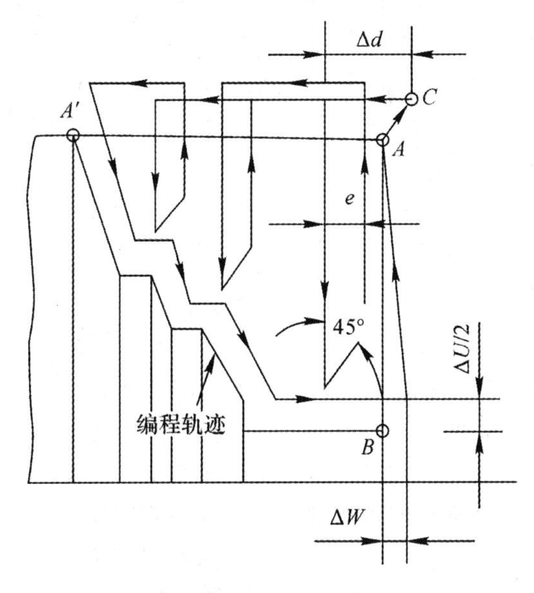

图 4-51　端面粗车循环

指令格式：

G72 W(Δd)R(e);

G72 P(ns)Q (nf) U(ΔU) W (ΔW) F__S__T__；

其中：Δd 为每次轴向吃刀深度；e 为轴向退刀量；ns 为精加工程序中的第一个程序段号；一般为 A-A' 的程序段(精加工编程轨迹为 A'-B)；nf 为精加工程序的最后一个程序段号；ΔU 为径向 X 的余量；ΔW 为轴向 Z 的余量。

如图 4-52 所示为要进行端面粗车的短轴，粗车深度定为 1 mm，退刀量为 1 mm，精车削预留量 X 方向为 0.5 mm，Z 方向为 0.25 mm，粗车进给率为 0.3 mm/r，主轴转速为 550 r/min。数控程序如下：

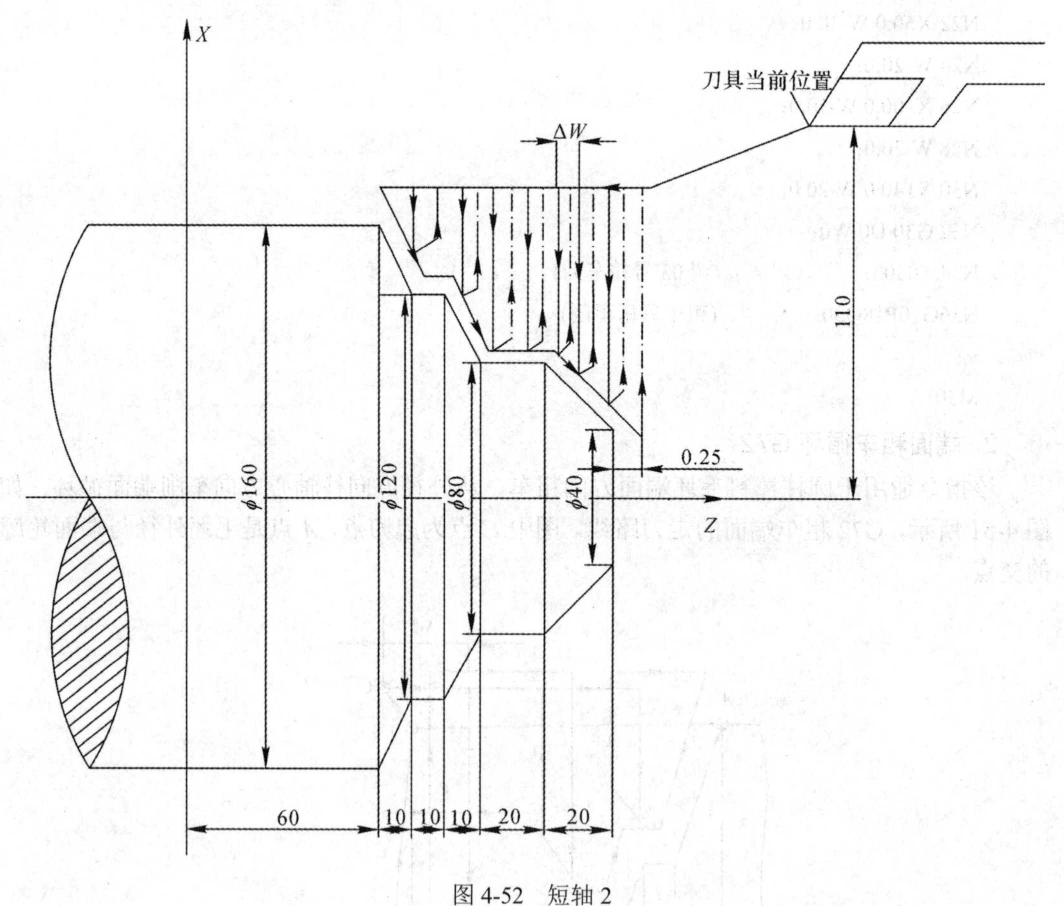

图 4-52　短轴 2

O1234；	
N10 T0101 M03；	(调 01 号粗车刀)
N12 G00 Xl76.0 Z 130.25；	(刀具快速走到粗车循环起始点)
N14 G72 W1.0 R1.0；	(定义 G72 粗车循环)
N16 G72 P18 Q28 U0.5 W0.25 F0.3 S550；	(调用程序段 N18～N28 进行粗车)
N18 G00 Z56.0；	(快速走到精车起始点)
N20 G01 X120.0 W12.0；	(程序段 N20～N28 定义精车削刀具轨迹)
N22 W10.0；	
N24 X80.0 W10.0；	
N26 W20.0；	

N28 X36.0 W22.0；

N32 G30 U0 W0；

N34 T0303；　　(调 03 号精车刀)

N36 G70 P18 Q28；　　(粗车后精车削)

N38 G30 U0 W0 M09；

N40 M30；

3. 固定形状粗车循环 G73

该指令适用于毛坯轮廓形状与零件轮廓形状基本接近的铸、锻毛坯。其走刀路线如图4-53 所示。执行 G73 功能时，每一刀的切削路线的轨迹形状是相同的，只是位置不同。每走完一刀，就把切削轨迹向工件吃刀方向移动一个位置，这样就可以将铸、锻件的待加工表面分层均匀地切削余量。

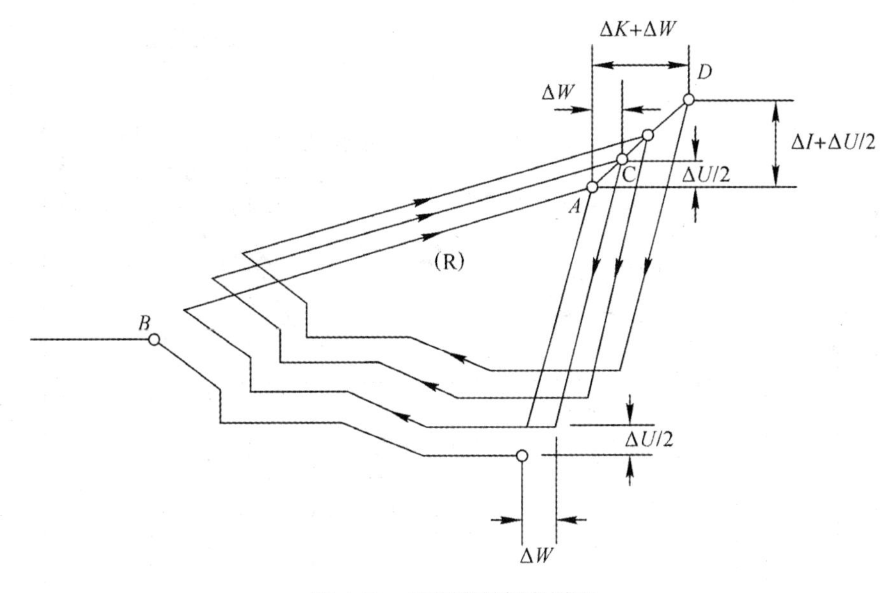

图 4-53　固定形状粗车循环

指令格式：

G73 U(ΔI) W(ΔK) R (D)

G73 P(ns) Q(nf)U(ΔU) W(ΔW) F_____S_____T_____；

其中：ΔI 为 X 方向退刀量；ΔK 为 Z 方向退刀量；D 为分刀数；ns 为精加工程序中的第一个程序段号；nf 为精加工程序中的最后一个程序段号；ΔU 为径向 X 的余量；ΔW 为轴向 Z 的余量。

图 4-54 所示为要进行成形粗车的短轴，X 退刀量为 14 mm，Z 退刀量为 14 mm，精车削预留量 X 方向为 0.5 mm，Z 方向为 0.25 mm，分割次数为 3，粗车进给率为 0.3 mm/r，主轴转速为 180 r/min。数控程序编写如下：

O4321；

N12 T0101 M03 M08；

N14 G00 X220.0 Z160.0；　　(快速走到车削循环起始点)

N16 G73 U14.0 W14.0 R3；　　(定义 G73 粗车循环，分割次数 3)

```
N18 G73 P18 Q28 U0.5 W0.2 5F0.3 S180；    (G73 循环起始段 N18～N28)
N20 G00 X80.0 W-40；                      (快速走到车削始点)
N22 G01 W-20.0 F0.15；                    (N20～N28 定义精车程序段)
N24 X120.0 W-10.0；
N26 W-20.0；
N28 G02 X160.0 W-20.0 R20.0；
N30 G01 X180.0 W-10.0；
N32 G30 U0 W0 T0202；
N34 G70 P18 Q28；                         (精车)
N36 G30 U0W0 M09；
N38 M30；
```

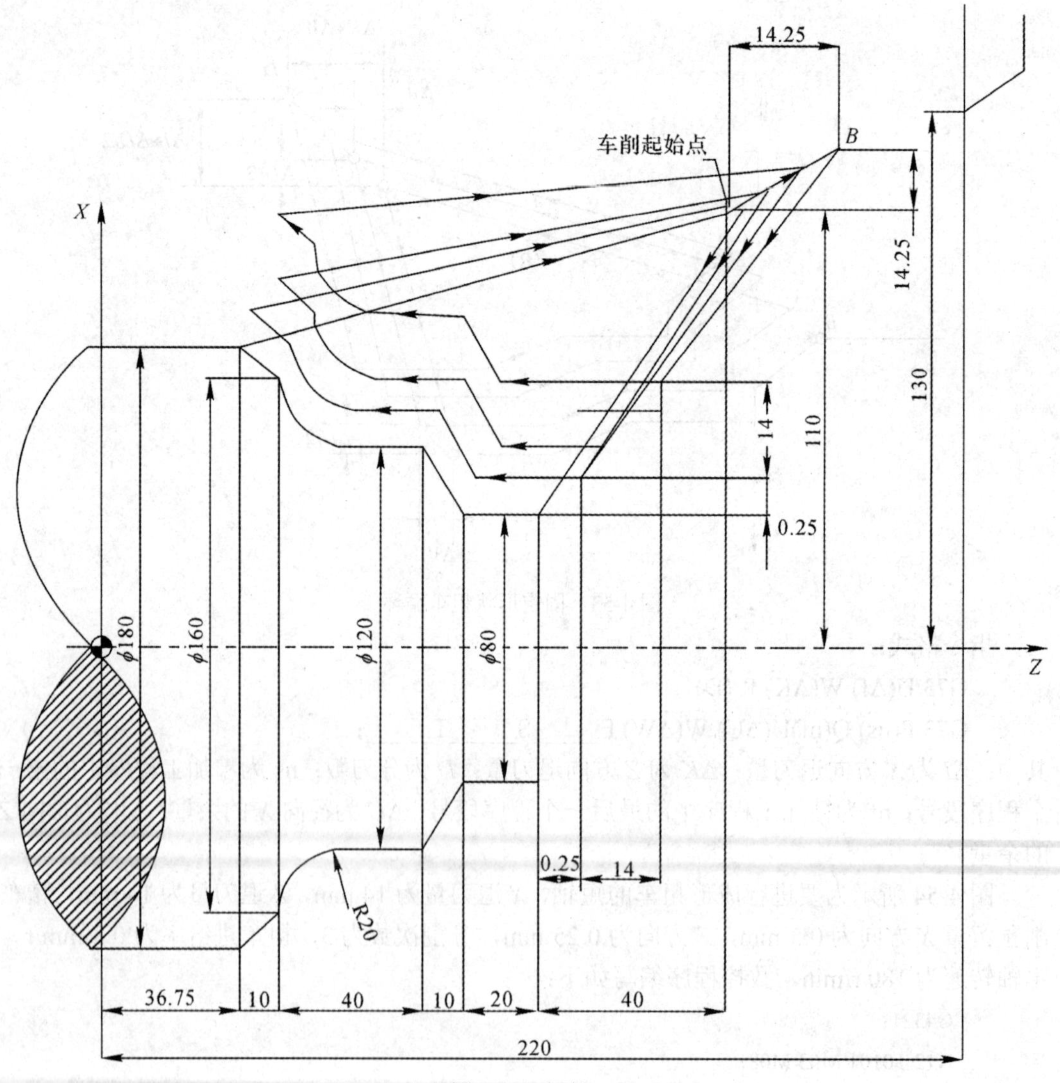

图 4-54　短轴 3

4. 纵向切削固定循环 G74

纵向切削固定循环本来用于端面纵向断续切削，但实际多用于深孔钻削加工，故也称之为深孔钻削循环。其指令格式如下：

G74 R(e)；

G74 X(U)_____Z (W)_____I_____K_____D_____F_____；

其中：X为B点的X坐标；U为A—B增量值；Z为C点的Z坐标；W为A—C的增量值；I为X方向的移动量(无符号指定)；K为Z方向的切削量(无符号指定)；D为切削到终点时的退刀量；F为进给速度。

如果程序段中 X (U)、I、D 为 0，则为深孔钻加工。

指令动作如图 4-55 所示。

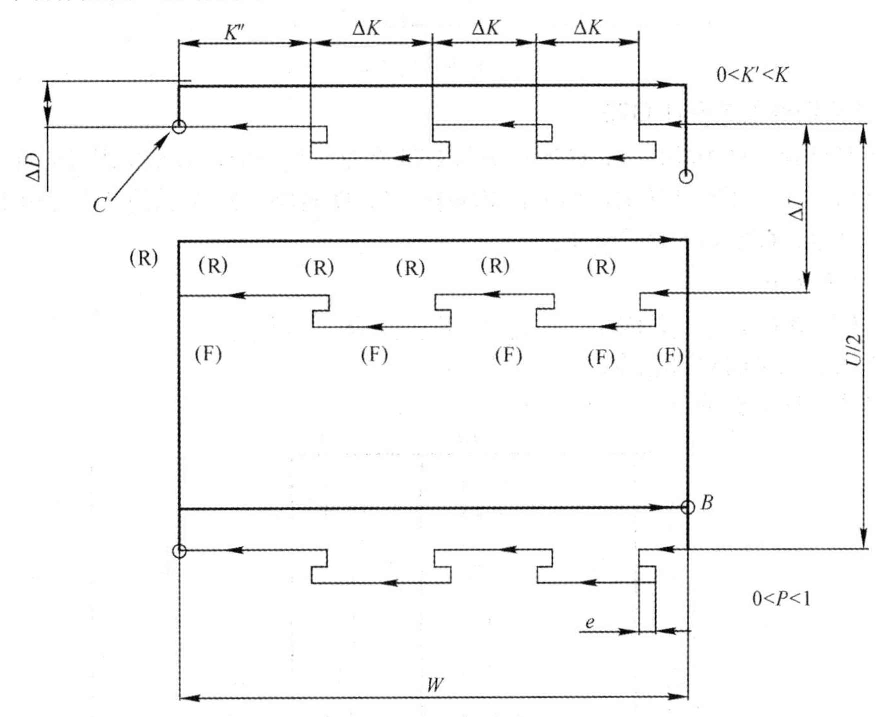

图 4-55　纵向切削固定循环过程

如图 4-56 所示，要在车床上钻削直径为 10 mm、深度为 100 mm 的深孔，其程序如下：

```
T0101M03S500：                     (建立工件坐标系)
N02 G00 X0 Z108.0；                (钻头快速趋近)
G74R1
N03 G74 Z 8.0 K5.0 F0.1 S800；     (用 G74 指令钻削循环)
N04 G00 X50.0 Z 100.0；            (刀具快速退至参考点)
N05M30；
```

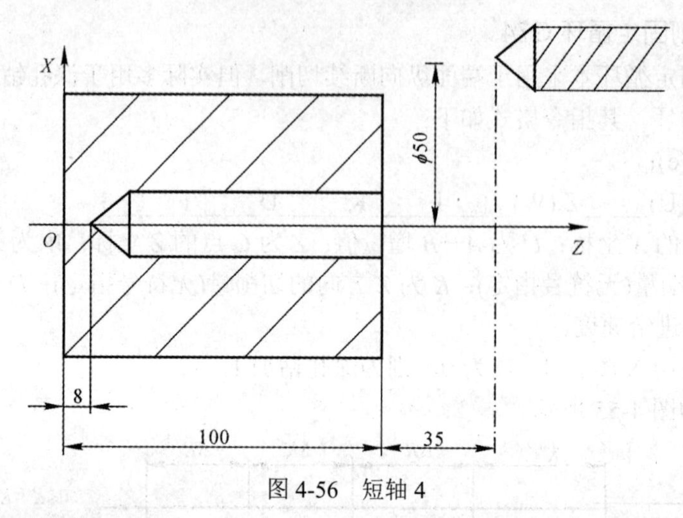

图 4-56　短轴 4

5. 外径切槽固定循环 G75

G75 是外径切槽循环指令，G75 指令与 G74 指令动作类似，只是切削方向旋转 90°。这种循环可用于端面断续切削，如果将 Z(W)和 K、D 省略，则 *X* 轴的动作可用于外径沟槽的断续切削。G75 指令格式如下：

G75R (e);

G75 X (U) _____Z (W)_____I_____K_____D_____F_____;

各参数的意义同 G74 指令。

其动作如图 4-57 所示。

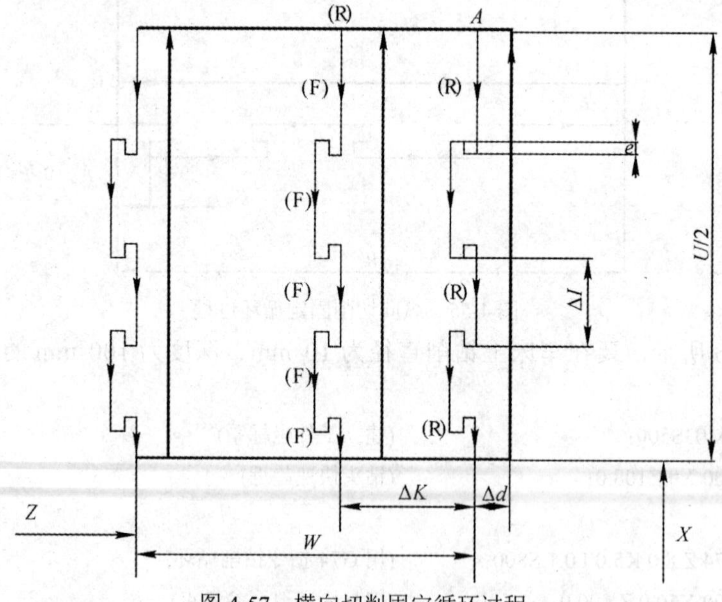

图 4-57　横向切削固定循环过程

如图 4-58 是用 G75 外径切槽循环指令加工槽的实例，刀具宽度为 4 mm，*X* 方向分四次加工，*Z* 方向分两次加工，其程序如下：

N01T0101 M3;	(建立工件坐标系)
N02 G00 X41.0 Z41.0 S600;	(刀具快速趋近)

```
G75R1；
N03 G75 X20.0 Z25.0 I2.5 K10 F2.5；         (用 G75 指令切槽)
N04 X90.0 Z125.0；                          (刀具快速退至参考点)
N05 M30；
```

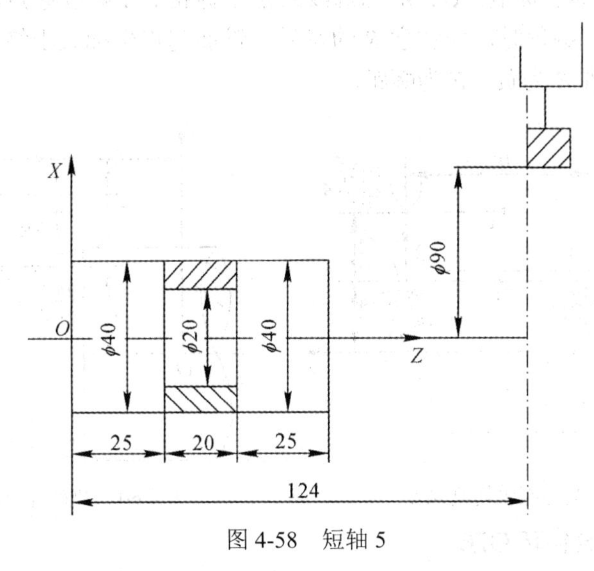

图 4-58　短轴 5

6. 精车循环 G70

当用 G71、G72、G73 粗车工件后，用 G70 来指定精车循环切除粗加工的余量，实现精加工。

指令格式：

G70 P (ns) Q (nf)

其中：ns 为精车加工循环的第一个程序段号；nf 为精车加工循环中的最后一个程序段号。

在(ns)至(nf)程序中指定的 F、S、T 对精车循环 G70 有效，但对 G71、G72、G73 无效；如果(ns)至(nf)精车加工程序中不指定 F、S、T，则粗车循环中指定 F、S、T 有效。当 G70 精车循环结束时，刀具返回到起点。

三、螺纹切削循环

螺纹切削循环分为圆柱螺纹切削循环、圆锥螺纹循环和螺纹切削复合循环。

1. 圆柱螺纹切削循环 G92

指令格式：

G92 X (U)__Z (W)__F__；

如图 4-59 所示，刀具从循环起点开始，按 *A*、*B*、*C*、*D* 序进行自动循环，最后又回到循环起点 *A*。图中虚线表示按 *R* 快速移动，实线表示按 *F* 指定的工作进给速度移动。*X*、*Z* 为螺纹终点(*C* 点)的坐标值；*U*、*W* 为螺纹终点坐标相对于螺纹起点的增量坐标。*F* 为螺距。

2. 圆锥螺纹切削循环 G92

指令格式：

G92 X(U) __Z(W)__R__F__;

如图 4-60 所示，刀具从循环起点开始，按 *A*、*B*、*C*、*D* 序进行自动循环，最后又回到循环起点 *A*。图中虚线表示按 *R* 快速移动，实线表示按 *F* 指定的工作进给速度移动。*X*、*Z* 为螺纹终点(*C* 点)的坐标值；*U*、*W* 为螺纹终点坐标相对于螺纹起点的增量坐标；*R* 为锥体大小端的半径差。编程时，应注意 *R* 的符号，锥面起点坐标大于终点坐标时，*R* 为正，反之为负，图示位置 *R* 为负。*F* 为螺距。

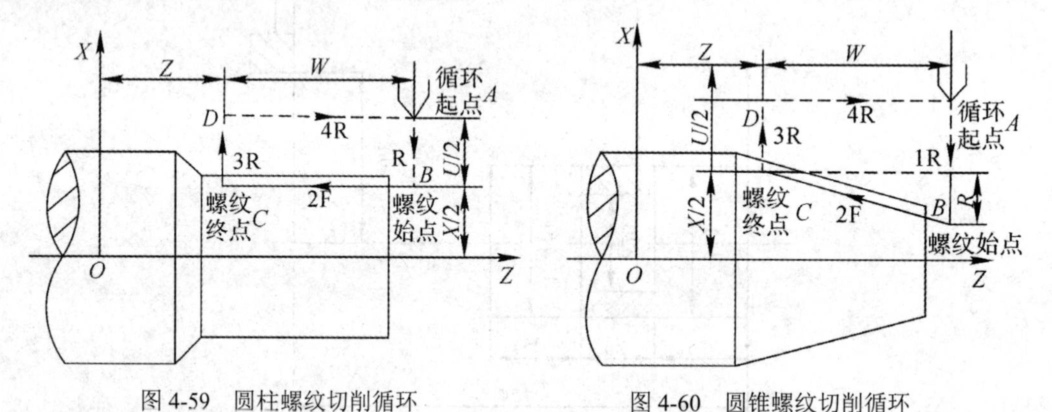

图 4-59　圆柱螺纹切削循环　　　　图 4-60　圆锥螺纹切削循环

3. 螺纹切削复合循环 G76

如图 4-61 所示，刀具从循环起点开始，按图示轨迹进行自动循环，每次 *Z* 方向回退位置不同，由系统参数设定，见图 4-62。

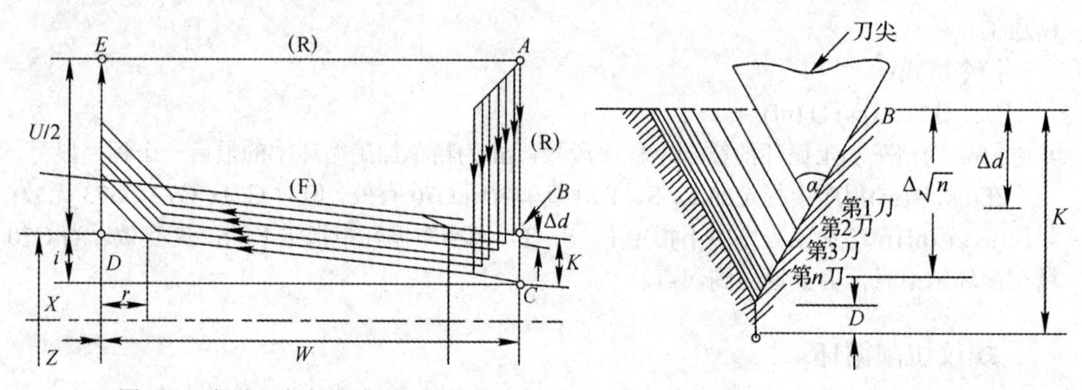

图 4-61　螺纹切削复合循环刀具轨迹　　　　图 4-62　螺纹切削复合循环刀尖位置

螺纹切削复合循环的指令格式：

G76 P(m)(r)(a)Q(Δdmin)R(d)

G76 X(U)__Z(W)__R(i)__P(K)__Q(Δd)__F(L)__;

其中：*X*、*Z* 为螺纹终点坐标值；*m* 为精加工重复次数，取值为 01～99；*r* 为倒角量，取值为 00～99；*α* 为刀尖角度，可以选择 80、60、55、30、29 等数值，代表相应的角度；*d* 为加工余量；*L* 为锥螺纹起点与终点的半径差，为零时表示加工圆柱螺纹；*K* 为螺纹牙型高度(半径值)，取正值；Δ*d* 为第一刀切削深度(半径值)，取正值；*F* 为螺纹螺距。

第六节　典型零件的车削编程示例

如图 4-63 所示的螺纹套零件，编写数控车削程序。所用机床为 SSCK20A，数控系统为 FANUC-0i Mate TB。

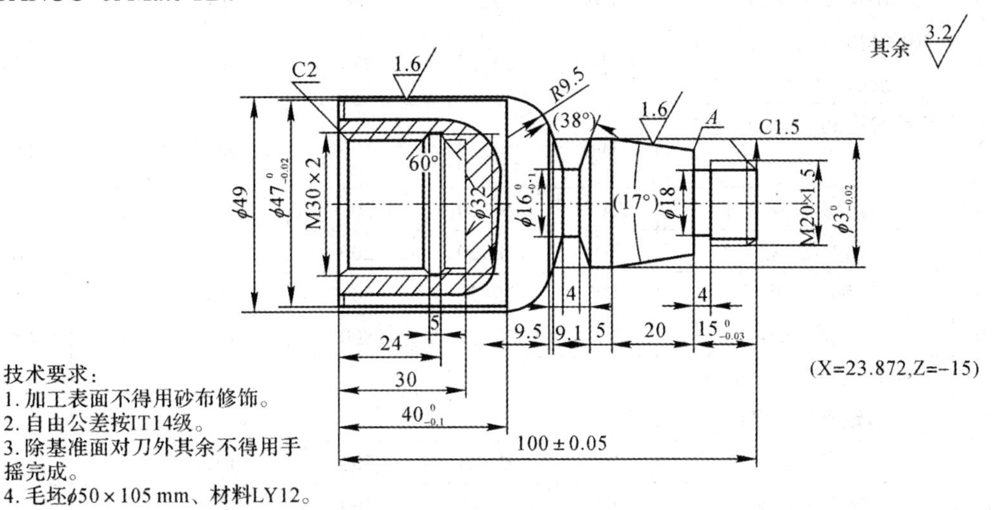

图 4-63　螺纹套

1. 零件图工艺分析

该零件表面由外圆柱面、圆锥面、圆弧面、带轮槽、内外螺纹及退刀槽组成，其中，零件直径与轴向有较高尺寸精度及表面粗糙度要求，M30×2 内螺纹由于排屑困难不易加工。零件图尺寸标注完整，符合数控加工尺寸标注要求，轮廓描述清楚完整，零件材料为 LY12，切削加工性能较好。从零件结构分析，应先加工左端各部分，掉头再加工右端各部分并且保证总长度。

2. 确定装夹方法

用三爪自动定心卡盘加紧零件，先加工左端外圆、端面、内螺纹，掉头用软爪夹持再加工右端各部分并且保证总长度。

3. 工步设计(见表 4-6)

表 4-6　轴承套数控加工工艺卡片

<table>
<tr><td rowspan="2">单位名称</td><td rowspan="2">×××</td><td colspan="2">产品名称或代号</td><td colspan="2">零件名称</td><td colspan="2">零件图号</td></tr>
<tr><td colspan="2">×××</td><td colspan="2">螺纹套</td><td colspan="2">×××</td></tr>
<tr><td>工序号</td><td>程序编号</td><td colspan="2">夹具名称</td><td colspan="2">使用设备</td><td colspan="2">车间</td></tr>
<tr><td>001</td><td>×××</td><td colspan="2">三爪卡盘和软爪</td><td colspan="2">SSCK20A</td><td colspan="2">数控中心</td></tr>
<tr><td>工步号</td><td>工步内容
(尺寸单位：mm)</td><td>刀具号</td><td>刀具、刀柄规格</td><td>主轴转速/
$(r \cdot min^{-1})$</td><td>进给速度/
$(mm \cdot r^{-1})$</td><td>背吃刀量</td><td>备注</td></tr>
<tr><td>1</td><td>平端面</td><td>T01</td><td>25×25</td><td>500</td><td>0.15</td><td>1</td><td>自动</td></tr>
</table>

续表

工步号	工步内容 (尺寸单位：mm)	刀具号	刀具、刀柄规格	主轴转速/ $(r \cdot Min^{-1})$	进给速度/ $(mm \cdot r^{-1})$	背吃刀量	备注
2	钻ϕ5 中心孔	T02	ϕ5	950	0.1	2.5	自动
3	钻 M30×2 孔的底孔ϕ25	T03	ϕ25	300	0.1	13	手动
4	粗镗 M30 底孔为ϕ28×30 及孔口 2×45° 倒角	T04	20×20	320	0.1	0.8	自动
5	精镗ϕ28×30 内孔及 2×45° 倒角	T04	20×20	500	0.05	0.2	自动
6	内孔切槽 ϕ32×5	T05	20×20	500	0.05	5	自动
7	车内螺纹 M30×2	T06	20×20	200	2		自动
8	粗车外圆	T07	25×25	500	0.3	1.5	自动
9	精车外圆	T07	25×25	800	0.1	0.2	自动
	掉头软爪夹持加工另一端 (编写新程序)						
1	平端面	T01	25×25	400	0.15	1	自动
2	粗车外轮廓	T07	25×25	500	0.3	1.5	自动
3	精车外轮廓	T07	25×25	800	0.1	0.2	自动
4	切槽	T08	25×25	320	0.05	4	自动
5	车外螺纹	T09	25×25	200	1.5		自动
编制 ×××	审核 ×××	批准 ×××		年　月　日		共　页	第　页

4. 刀具选择(见表 4-7)

表 4-7　螺纹套数控加工刀具卡片

产品名称或代号		×××	零件名称	轴承套	零件图号	×××
序号	刀具号	刀具规格名称	数量	加工表面		备注
1	T01	45° 硬质合金端面车刀	1	车端面		
2	T02	ϕ5 mm 中心钻	1	钻ϕ5 mm 中心孔		
3	T03	ϕ25 mm 钻头	1	钻底孔		
4	T04	镗刀	1	镗内孔及孔口倒角		
5	T05	内切槽刀(刀宽 5)	1	切内槽		
6	T06	60° 内螺纹刀	1	切内螺纹		
7	T07	95° 外圆车刀	1	车外圆		
8	T08	95° 外圆车刀	1	车外圆		
9	T09	切槽刀(刀宽 4)	1	车外圆槽		
10	T10	60° 螺纹刀	1	车外螺纹		
编制	×××	审核 ×××	批准	×××	年　月　日	共　页　第　页

5. 左端加工零件程序

O0001；　(程序名)

N10 T0101 M03 S500；　(主轴正转，调 1 号刀执行 1 号刀补)

N20 G00 X55 Z2 M08；　(快进到工件附近，开冷却液)

N30 G96 S500；　(调用恒表面切削速度指令)

N40 G50 S2000；　(主轴最高转速为 2000 r/min)

N50 G94 X0 Z1 F0.15；　(调用车端面单一固定循环指令)

N60 Z0；　(端面车 2 mm 至编程零点)

N70 G00 X100 Z100；　(快速退回到换刀位置)

N80 T0202 S950;　(换 2 号刀，主轴转速为 950 r/m)

N90 G00 X0 Z4;　(快进到中心附近)

N100 G01 Z-3 F0.1;　(点窝)

N110 G00 Z5;　(退到孔外)

N120 X100Z100;　(回换刀位)

N130 T0303 S300;　(调 3 号刀，执行 3 号刀补)

N140 G00X0Z3;　(快进到中心附近)

N150 G01Z-35F0.1;　(钻孔)

N160G0 Z5;　(退到孔外)

N170G00X100Z100;　(回换刀位)

N180 T0404 M03 S500；　(调 4 号刀，执行 4 号刀补，主轴正转)

N190　X25 Z1；　(刀具定位到循环起点)

N200 G71 U1 R1；　(调用粗车复合循环指令)

N210 G71 P220 Q240 U-0.4 W0.1 F0.1；　(粗加工螺纹底孔)

N220 G00 X34；　(快速到达起刀位)

N230 G01 X28 Z-2 F0.1；　(内圆倒角)

N240 Z-30；　(镗孔至长度尺寸)

N250 G70 P220 Q240 S800；　(精车指令)

N260 G00 X100 Z100；　(快速退回换刀位置)

N270 T0505 X27 Z1 S300；　(调 5 号刀，执行 5 号刀补)

N280 Z-24；　(快速到达起刀位)

N290 G01 X32 F0.05；　(挖内螺纹退刀槽至尺寸)

N300 G00 X27；　(*X* 退刀)

N310 Z5；　(*Z* 快退)

N320 G00 X100 Z100；　(快速回换刀位)

N330 T0606 X27 Z5 S800；　(调 6 号刀，执行 6 号刀补)

N340 Z-22；　(快速到达起刀位)

N350 G76 P01 1 60 Q100 R0.1；　(调用车螺纹复合循环指令(Q 单位：μm))

N360 G76 X30.2 Z-26 P1100 Q500 F2；　(粗、精车内螺纹至尺寸(P、Q 单位：μm))

N370 G01 Z5

```
N380 G00 X100 Z100                     (快速退回换刀位置)
N390 T0707 X55 Z1；                    (调 7 号刀，执行 7 号刀补，快速接近工件表面)
N400 G71 U1.5 R1；                     (调用粗车复合循环指令，粗车外圆至尺寸)
N410 G71 P420 Q470 U0.4 W0.1 F0.3；
N420 G00 X44；                         (快速到达起刀位)
N430 G01 X47 Z-0.5 F0.1；              (外圆倒角)
N440 Z-40；                            (车外圆，长度至要求尺寸)
N450 X48；                             (退刀)
N460 X49 W-0.5；                       (外圆倒角)
N470 Z-52；                            (车外圆，长度至要求尺寸)
N500 G70 P420 Q470；                   (精车外圆)
N510 G97 G00 X100 Z100；               (注销恒线速度，快速退回换刀位置)
N520 T0101 M09；                       (换 1 号刀，关冷却)
N530 M05；                             (主轴停)
N540 M30；                             (程序结束)
%
```

6. 右端加工零件程序

```
%O0002；                               (程序名)
N10 T0101 M03 S500；                   (主轴正转，调 1 号刀，执行 1 号刀补，主轴正转)
N20 G00 X55 Z2 M08；                   (快进到工件附近)
N30 G96 S500；                         (调用恒表面切削速度指令)
N40 G50 S2000；                        (主轴最高转速为 2000 r/min)
N50 G94 X0 Z3 F0.15；                  (调用车端面单一固定循环指令)
N60 Z2；                               (端面车 2 mm)
N70 Z1；                               (端面车 1 mm)
N80 Z0；                               (去总长度至尺寸)
N90 G00 X100 Z100；                    (快速退回换刀位置)
N100 T0707 X55 Z1；                    (调 7 号刀，执行 7 号刀补，快速接近工件表面)
N120 G71 U1.5 R1；                     (调用粗车复合循环指令，粗、精车外圆至尺寸)
N130 G71 P140 Q200 U0.4 W0.1 F0.3；
N140 G00 X15；                         (快速到达起刀位)
N150 G01 X19.85 Z-1.5 F0.1；           (倒螺纹角)
N160 Z-15；                            (车螺纹外圆)
N170 X23.872；                         (X 退至外锥起刀点)
N180 X30 W-20；                        (车外锥面)
N190 Z-50.5；                          (车外圆)
N200 G03 X49 W-9.5 R9.5；              (车顺圆弧)
N210 G70 P140 Q200；                   (精车指令)
N220 G97 S300 G00 X100 Z100；          (注销恒线速度)
```

```
N230 T0808 G00 X32 Z-46.55;        (调 3 号刀，快速接近工件表面)
N240 G01 X16 F0.05;                (车皮带轮槽)
N250 G00 X30;                      (X 退刀)
N260 G01Z-49.1;                    (Z 进刀)
N270 X16 W2.55;                    (车皮带轮槽斜面)
N280 G00 X30;                      (X 退刀)
N290 G01W2.55 F0.1;                (Z 进刀)
N300 X16 W-2.55;                   (车皮带轮槽斜面)
N310 G00 X32;                      (X 退刀)
N320 Z-15;                         (Z 快进)
N330 X25;                          (螺纹退刀槽起刀点)
N340 G01 X18 F0.1;                 (车螺纹退刀槽)
N350 G00 X30;                      (X 退刀)
N360 G00 X100 Z100;                (快速回换刀位)
N370 T0909 X22 Z-13 S100;          (调 4 号刀，到工件起刀点)
N380 G92 X19.5 Z5 F1.5;            (调用车螺纹循环指令)
N390 X19.1;                        (车螺纹第一刀)
N400 X18.8;                        (车螺纹第二刀)
N410 X18.6;                        (车螺纹第三刀)
N420 X18.35;                       (车螺纹第四刀)
N430 G00 X100 Z100 M09;            (快速回换刀位，关冷却)
N440 T0101;                        (换 1 号刀)
N450 M05;                          (主轴停)
N460 M30;                          (程序结束)
%
```

第七节　数控车床操作方法简介

数控车床不同的车床系统，操作方法不同，具体操作时要认真阅读机床机械、电气说明书及控制系统编程操作说明书。下面以 SSCK20A 数控车床配 FANUC-0i Mate-TB 系统为例，介绍数控车床的基本操作方法。

一、SSCK20A 数控车床主要技术参数

卡盘直径	210 mm
床身上最大回转直径	450 mm
最大加工直径	200 mm
轴类最大加工长度	500 mm
滑鞍最大纵向行程	660 mm

滑板最大横向行程		170 mm
主轴孔径		55 mm
主轴转速(无级)		45 r/min～2400 r/min
回转刀架工位		6 工位
车刀刀方		20 mm × 20 mm
脉冲当量	纵向(*Z* 轴)	0.001 mm
	横向(*X* 轴)	0.001 mm(直径上)
快速移动速度	纵向(*Z* 轴)	10000 mm/min
	横向(*X* 轴)	8000 mm/min
主轴电动机功率	FANUC 主轴电动机	11 kW
进给伺服电动机功率	FANUC(*Z*、*X* 轴)	1.2 kW
数控系统	FANUC 0i Mate-TB	

二、SSCK20A 数控车床操作面板主要的按钮及功能

1．FANUC-0i Mate-TB 系统 CRT/MDI 单元各键的功能

图 4-64 为 FANUC-0i Mate-TB 系统的 CRT/MDI 单元示意图。CRT 右侧为 MDI 键盘；CRT 下部为软键，根据不同的画面，软键有不同的功能，其功能显示在 CRT 屏幕的底端。

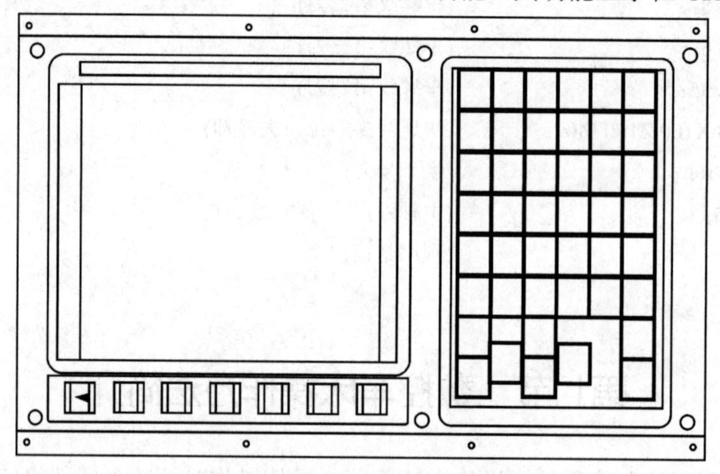

图 4-64　CRT/MDI 单元示意图

图 4-65 为 MDI 键盘的布局示意图，各键功能如下：

(1) 地址/数字键：可以输入字母、数字或者其他字符。

(2) 功能键：切换不同功能的显示屏幕。POS：显示坐标位置屏幕；PROG：显示程序屏幕；OFFSET/SETTING：显示偏置/设置屏幕；SYSTEM：显示系统屏幕；MESSAGE：显示信息屏幕；CUSTOM/GRAPH：图形显示屏幕。

(3) 切换键 SHIFT：在该键盘上，地址/数字键有些键具有两个功能，按下 SHIFT 键可以在这两个功能之间进行切换。

(4) 取消键 CAN：删除最后一个进入输入缓冲区的字符或符号。

(5) 输入键 INPUT：当按下一个字母键或者数字键时，再按该键则数据被输入到缓冲

区，并且显示在屏幕上。

(6) 编辑键：进行程序编辑。ALTER：替换；INSERT：插入；DELETE：删除。

(7) 翻页键：PAGE↓；PAGE↑。

(8) 光标移动键：→；←；↓；↑。

(9) 帮助键 HELP。

(10) 复位键 RESET：可使 CNC 复位、消除报警等。

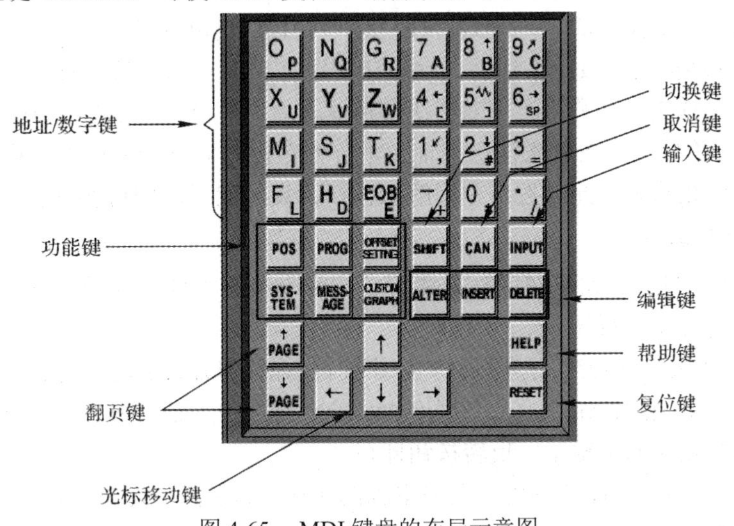

图 4-65　MDI 键盘的布局示意图

2. 机床总电源开关

机床总电源开关一般位于机床的侧面或背面。在使用时，将主电源开关置于“ON”位置，关闭时置于“OFF”位置。

3. 主操作面板

主操作面板位于 CRT/MDI 面板下方，包括有关机床操作的各个旋钮开关、波段开关、急停按钮、机床状态指示灯等功能。

1) 电源控制部分

(1) NC 电源开：按下操作面板上的“电源开”按钮，经过 12 s 系统自检后，显示器显示坐标位置。

(2) 准备按钮：按下此按钮，CNC 处于工作状态，机床润滑、冷却等机械部分上电，此时液压系统启动，板面上的机床准备灯亮，机床处于正常工作状态。

(3) 急停按钮：当出现紧急情况按下该按钮时，机床及 CNC 装置随即处于急停状态。这时，在屏幕上出现 EMG 字样，机床报警指示灯亮。要消除紧急状态，可顺时针转动“急停”按钮，使按钮向上弹起，则报警自动消除。

(4) NC 电源关：按下此按钮即可关闭 CNC 电源，显示器关闭。

2) 刀架移动控制部分

(1) 点动控制按钮：+X、−X、+Z、−Z，用来控制刀台移动。该按钮与状态开关、点动进给倍率开关、快移倍率开关配合使用。

(2) 回零按键：将按钮开关选在回零下方式，按+X 键，刀架沿+X 方向回到 X 轴参考点；按 +Z 键，刀架沿 +Z 方向回到 Z 轴参考点。

(3) 手摇操作：将按钮开关选在手摇位置，通过手摇脉冲发生器实现刀台移动。选择不同的倍率挡位，每摇一个刻度，刀台将按选择的倍率移动 0.001 mm、0.01 mm、0.1 mm、1 mm。

(4) 进给速率开关：在刀架进行自动进给时调整进给速度，在(0～150)%区间调节；在刀架进行点动进给时，可以选择点动进给量，在(0～1260)mm/min 区间调节；当选择空运行状态时，自动进给操作的 F 码无效，按空运行设置的速度移动。

(5) 快速移动按钮：按此按钮与点动按钮同时按下时，刀台按快移倍率开关选择的速度快速移动。快移速率开关可改变刀架快移速度，有 F0、25%、50%、100%四挡。

(6) 超程解除按钮：当机床任意一轴超出行程范围时，该轴的硬件超程开关动作，机床便进入紧急停止状态，此时按下超程解除按钮，反方向手动即可将其移出超程区域。

3) 主轴控制部分

(1) 主轴正、反转按钮：在手动方式下，同时卡盘必须处于卡紧状态，按此按钮，主轴按 S 指定的速度正、反转。

(2) 主轴停止按钮：按此按钮主轴立刻停止旋转，在任何方式下均可使主轴立即减速停止。

在自动状态下按此按钮，主轴立刻停止，若重新启动主轴，则必须把方式开关放在手动位置上，再按相应的主轴正、反转按钮即可。

(3) 主轴倍率开关：此开关可以调整主轴的转速，调整范围为 50%、60%、70%、80%、90%、100%、110%、120%。

4) 工作方式控制部分

(1) 程序编辑按键：在这种方式下可以输入的零件加工程序，并进行修改、编辑。

(2) 自动方式按键：在此方式下机床可按存储的程序进行加工。

(3) 手动输入方式：即 MDI 方式，在此方式下，可以通过键盘手动输入几段程序指令，所输入指令均能在屏幕上显示出来，按循环启动按键，即可执行所输入的程序。

5) 运行控制部分

(1) 机床闭锁：将该开关打开，相应的指示灯被点亮。在自动、手动方式下，各轴的运动都被锁住，显示的坐标位置正常变化。

(2) 试运行：将该开关打开，相应的指示灯被点亮。自动方式下加工程序中 F 速度将以同样的速度进行，由进给倍率开关确定。

(3) 循环启动按钮：按下此按钮，在编辑或 MDI 方式下输入的程序被自动执行，相应的指示灯被点亮，当执行完时指示灯灭。

(4) 进给保持按钮：在循环启动执行中，按下该按钮，相应的指示灯被点亮。此时暂停程序的执行，并保持主轴旋转，当再次按下循环启动键时，进给保持状态消失，机床继续工作。

(5) 单程序段按钮：按下该按钮，相应的指示灯被点亮。按循环启动按钮，程序被一段一段地执行。

(6) 选择跳段：将该开关打开，相应的指示灯被点亮。自动方式下加工程序中有“/”符号的程序段将被跳过而不执行。

(7) 选择停止：将该开关打开，相应的指示灯被点亮。自动方式下，若加工程序中有

M01，则被认为与 M00 具有同样的功能。

三、数控车床操作步骤

1. 开机准备工作

数控车床在开机前，应充分做好各项准备工作，即先做好车床外观的例行检查及日常的保养工作，只有确定机床一切状况正常，才能正常开机工作。

开机及回车床参考点的操作步骤如下：

(1) 打开车床主电源开关。

(2) 打开 CNC 面板电源开关。

(3) 按下准备按钮。

(4) 回车床参考点：

① 按下手动返回车床参考点按钮；

② 按下轴向选择键“＋X”，则 X 轴回参考点；待 X 轴的参考点指示灯亮，即表示 X 轴已完成回参考点操作；

③ 按下轴向选择键“＋Z”，则 Z 轴回参考点；待 Z 轴的参考点指示灯亮，即表示 Z 轴已完成回参考点操作。

2. 车床手动控制

手动操作时，可完成进给运动、主轴旋转、刀具转位、冷却液开或关、排屑器启停等动作。

(1) 进给运动操作。进给运动操作包括手动方式的选择，进给速度、进给方向的控制。进给运动中，按下坐标进给键，进给部件连续移动，直到松开坐标进给键为止。

(2) 主轴及冷却操作。在手动状态下，可启动主轴正转、反转和停转以及冷却液开、关等。

(3) 手动换刀。通过操作面板，可手动控制刀架进行换刀。

3. 程序的编辑操作

1) 在 EDIT 编辑方式下创建程序

(1) 进入 EDIT 方式；

(2) 按下 PROG 键；

(3) 按下地址键 O，输入程序号(4 位数字)；

(4) 按下 INSERT 键。

2) 程序号检索方法

(1) 选择 EDIT 方式；

(2) 按下 PROG 键显示程序画面；

(3) 按下地址键 O；

(4) 输入要检索的程序号；

(5) 按下“O SRH”软键；

(6) 检索结束后，检索到的程序号显示在画面的右上角。如果没有找到该程序，就会出现 P/S 报警。

3) 字的插入、替换和删除

(1) 选择 EDIT 方式；

(2) 按下 PROG 键；

(3) 选择要进行编辑的程序；

(4) 检索一个将要修改的字；

(5) 执行替换、插入、删除字等操作。

4) 删除一个程序的步骤

(1) 选择 EDIT 方式；

(2) 按下 PROG 键，显示程序画面；

(3) 输入地址键 O；

(4) 输入要删除的程序号；

(5) 按下 DELETE 键，所输入程序号的程序被删除。

4. 工件的装夹

根据工件的加工要求，进行正确的装夹。

5. 对刀操作

设置加工中所使用的每把刀具的刀补。

6. 自动加工

1) 机床试运行

(1) 按下 AUTO 自动运行按钮；

(2) 按下 PROG 键，按下“检视”软键，使屏幕显示正在执行的程序及坐标；

(3) 按下“机床锁住”键 MLK，按下“单步执行”键 SBK；

(4) 按下“循环启动”键，每按一下，机床执行一段程序，这时即可检查编辑与输入的程序是否正确无误。

机床的试运行检查还可以在空运行状态下进行，两者虽然都用于程序自动运行前的检查，但检查的内容却有区别。机床锁住运行主要用于检查程序编制是否正确，程序有无编写格式错误等；而机床空运行主要用于检查刀具轨迹是否与要求相符。

2) 机床的自动运行

(1) 调出需要执行的程序，确认程序正确无误；

(2) 按下 AUTO 自动方式选择键；

(3) 按下 PROG 键，按下“检视”软键，使屏幕显示正在执行的程序及坐标；

(4) 按下“循环启动”键，自动循环执行加工程序；

(5) 根据实际需要调整主轴转速和刀具进给量。在机床运行过程中，旋动“主轴倍率”旋钮可进行主轴转速的修调；旋动“进给倍率”旋钮可进行刀具进给速度的修调。

3) 动态图形显示

(1) 按功能键 GRAPH，显示图形参数画面；

(2) 移动光标到欲设定的参数处；

(3) 输入数据，设置显示参数，按 INPUT 键输入；

(4) 重复(2)、(3)步，直到所有的参数被设定；

(5) 按“GRAPH”键，显示动态图形画面。

7. 工件首件检测

由于加工过程中影响工件精度的因素有很多，需要按图纸对加工的工件进行逐项测量，通过刀具补偿功能，进行精度补偿，以满足工件的各项技术要求。

8. 机床的维护与保养

加工完成后，要按规定对机床进行清扫、维护和保养工作，手动将刀架移动到行程中间位置，切断总电源。将工量夹具放到指定的位置，整理、清洁工作现场。

习 题

1. 数控车床由哪些部分组成？其结构特点有哪些？
2. 数控车床的分类方式有哪些？如何分类？
3. 数控车床的编程特点有哪些？X 坐标为什么用直径编程？
4. 数控车床的机床坐标系的规定是什么？机床原点和机床参考点在什么位置？
5. 数控车床的工件坐标系与机床坐标系的关系是什么？工件原点通常建立在工件的什么位置？
6. 数控车床的刀补是如何设定的？用什么指令？
7. 数控车床如何设定恒线速度？为什么要设定恒线速度？
8. 单一固定循环功能的作用是什么？它适于加工何种零件？
9. 多重固定循环功能的作用是什么？它适于加工何种零件？
10. 如图 4-66 所示，加工该零件，毛坯为ϕ32×65。
11. 如图 4-67 所示，加工该零件，毛坯为ϕ32×90。

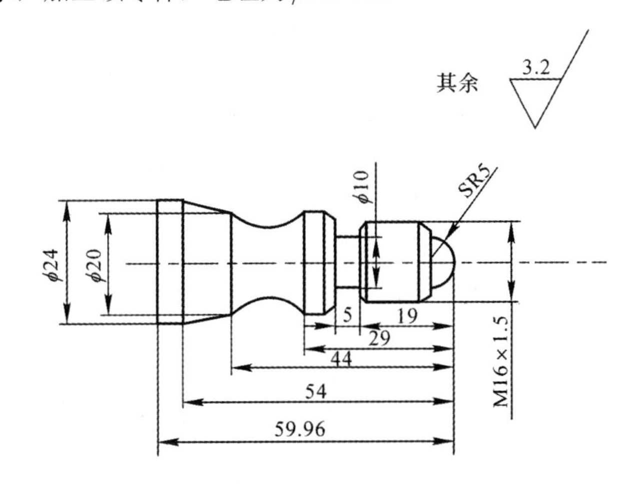

技术要求：

未注倒角C1.5　　毛坯直径：ϕ32 mm

图 4-66 题 10 图

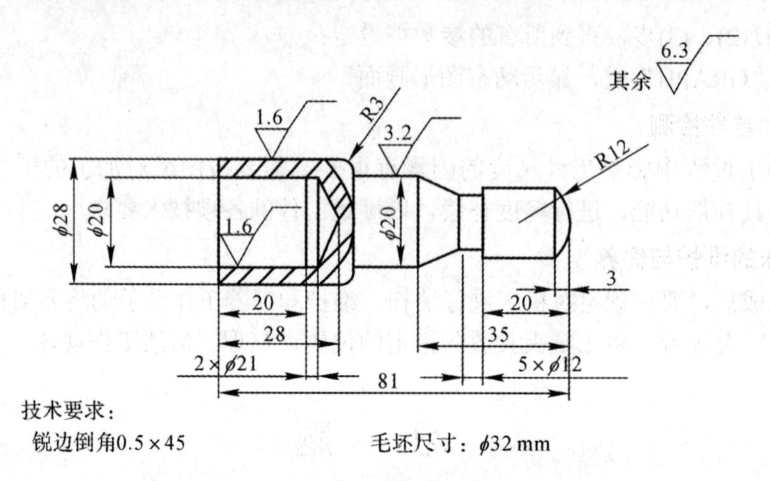

6.3
其余
1.6
R3
3.2
R12
φ28
φ20
1.6
φ20
20
28
2×φ21
81
20
35
5×φ12
3
技术要求：
锐边倒角0.5×45
毛坯尺寸：φ32 mm

图 4-67　题 11 图

第五章　数控铣床的编程与操作

数控机床中加工型面最为复杂的是数控铣床，它可以五轴联动加工最为复杂的螺旋桨叶片和水轮机叶轮等。数控铣床是一种加工功能很强的数控机床，目前迅速发展起来的加工中心、柔性加工单元等都是在数控铣床、数控镗床的基础上产生的，两者都离不开铣削方式。由于数控铣削工艺最复杂，需要解决的技术问题也最多，因此，人们在研究和开发数控系统及自动编程语言的软件系统时，也一直把铣削加工作为重点。数控铣床编程是数控机床编程方法中最为重要的一种方法，学习数控编程必须掌握它。

第一节　数控铣床的结构与特点

一、数控铣床的分类

数控铣床按照机床结构与加工范围可分为立式数控铣床、卧式数控铣床、龙门式数控铣床等。

1. 立式数控铣床

立式数控铣床其结构与普通立式数控铣床机械结构相似，主轴轴线为竖直上下方向，且垂直于工作台面，如图 5-1 所示。

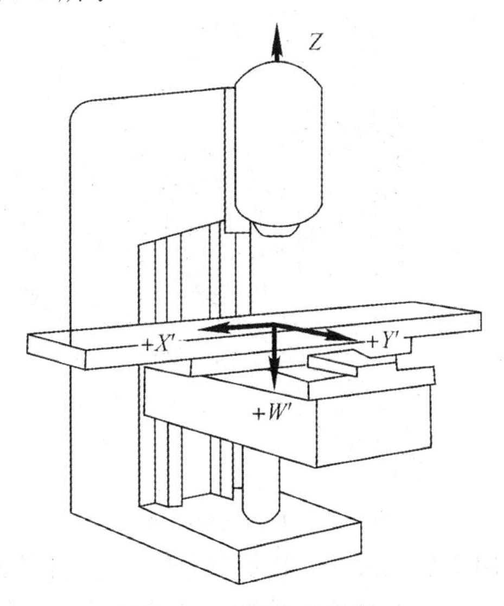

图 5-1　立式数控铣床

立式数控铣床加工范围广，适于加工中小型零件，可以铣、钻、镗、铰等方式加工零件，加工二维轮廓面、孔系、粗铣凸台和型腔，以及空间曲面。目前，在数控铣床中立式铣床占的比例最高。本章也以此类机床为准，介绍数控铣床的编程方法。

2. 卧式数控铣床

卧式数控铣床其主轴轴线是水平的，平行于工作台面，与普通铣床相似。一般卧式数控铣床带有回转工作台，回转工作台可以分度，也可以进行插补加工，如图 5-2 所示。

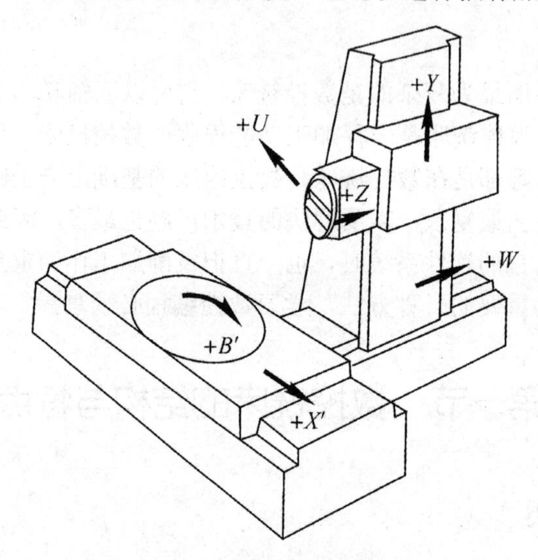

图 5-2　卧式数控铣床

卧式数控铣床一般用于加工大中型零件，工件装夹平稳，适于加工箱体零件，尤其是变速箱孔系的镗孔加工。

3. 龙门式数控铣床

龙门式数控铣床是大型数控铣床，有一个门式的框架，横梁上有主轴箱，如图 5-3 所示。

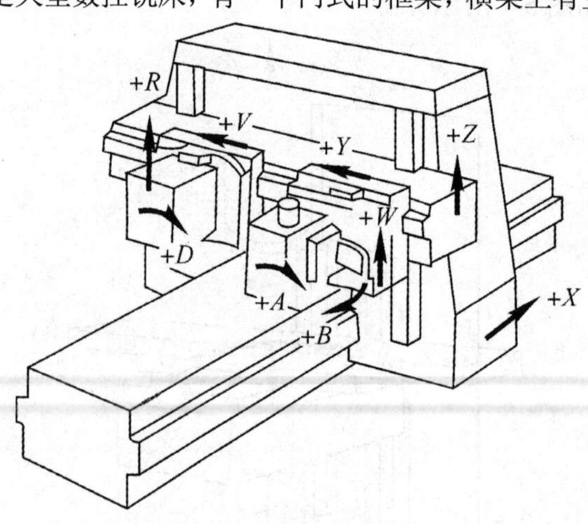

图 5-3　龙门式数控铣床

龙门式数控铣床主要用于加工大型、超长型零件，像飞机的翼梁、壁板等超长承载零件，以及需要整体加工的零件。大型龙门式数控铣床的工作台长度很长、很宽，有的有双主轴，可控制而不联动的最多有 8、9 轴。

数控铣床除了根据结构进行分类，还可根据控制轴数量进行分类，有 2.5 轴的(二轴联动，另一轴周期进给)、3 轴的，还有 4 轴、5 轴的，联动控制的最多 5 轴，如图 5-4 所示。

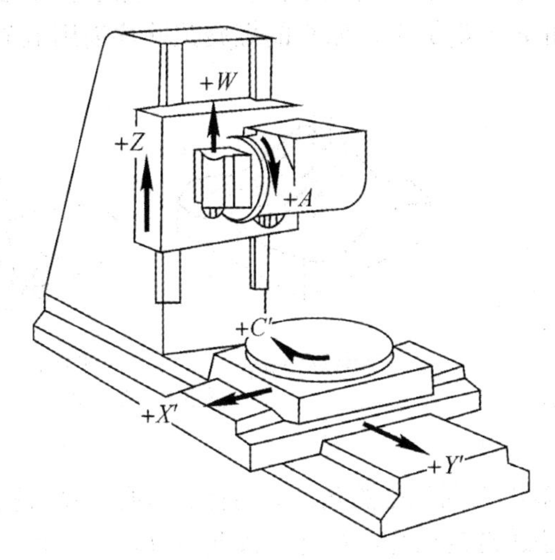

图 5-4　数控五坐标联动铣床

二、数控铣床的加工对象

数控铣床进行铣削加工主要是以零件的平面、曲面为主，还能加工孔、内圆面和螺纹面。它可以使各个加工面的形状及位置获得很高的精度。下面就适于数控铣削加工的主要零件进行分类。

1. 平面类零件

零件被加工表面平行、垂直于水平面或加工面与水平面的夹角为定角的零件称为平面类零件。平面类零件的被加工表面是平面或可以展开成平面。平面的铣削方法对于平面垂直于坐标轴的面，即水平面或垂直面，其加工方法与普通铣床一样。斜面的加工方法可采用将斜面垫平，和水平面一样加工；或者用行切法加工斜面，这样会留有行与行之间的残留余量，需钳工修平，如图 5-5 所示。也可采用用五坐标机床主轴摆角后加工，不留残留余量，效果最好，如图 5-6 所示。

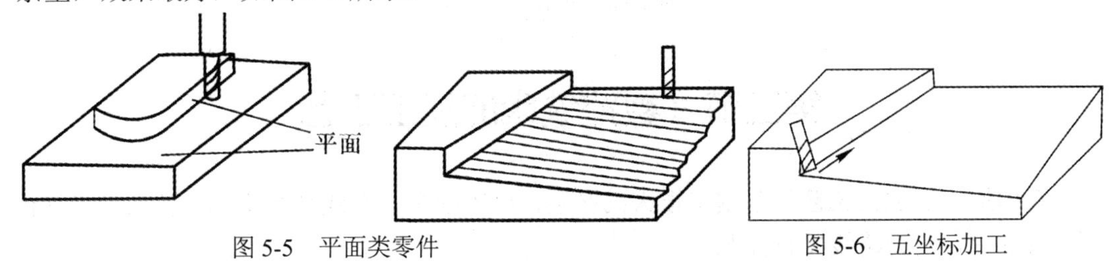

图 5-5　平面类零件　　图 5-6　五坐标加工

2. 曲面类零件

零件被加工表面为空间曲面的零件为曲面类零件。曲面可以是公式曲面，如抛物面、双曲面等，也可以是列表曲面，如图 5-7 所示。其加工特点是被加工面不能展开为平面，加工面与铣刀始终点与点相接触。加工方法为三坐标数控铣床二坐标联动、另一坐标周期性进给，即 2.5 坐标加工。该方法适用于不太复杂的曲面，路线为其中两行分别平行于一个坐标平面，第三个坐标周期性进给。三坐标联动加工的路线为每一行可选择任意方向，*X*、*Y*、*Z* 三坐标同时联动。曲面类零件加工一般用球头铣刀，加工面不太复杂时也可用平底立铣刀(刀角 $r = 0$)加工，如有的螺旋桨叶片需用五坐标联动加工，如图 5-8 所示。

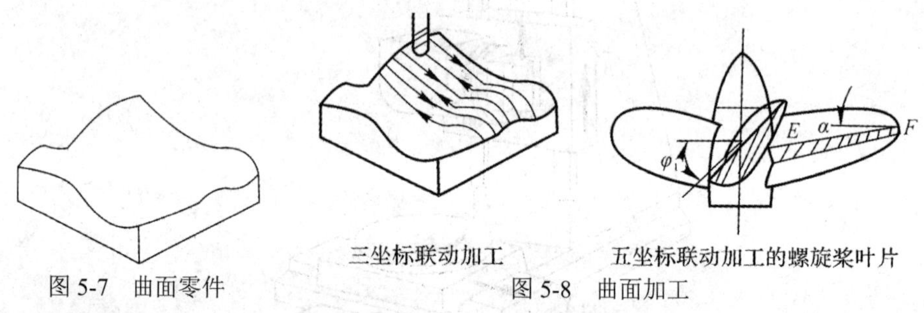

图 5-7　曲面零件

三坐标联动加工　　五坐标联动加工的螺旋桨叶片

图 5-8　曲面加工

3. 孔类零件

孔类零件上一般有多组不同类型的孔，如通孔、盲孔、螺纹孔、台阶孔、深孔等，如图 5-9 所示。其加工方法通常为钻孔、扩孔、铰孔、攻丝、镗孔、锪孔、锪端面等，如图 5-10 所示。

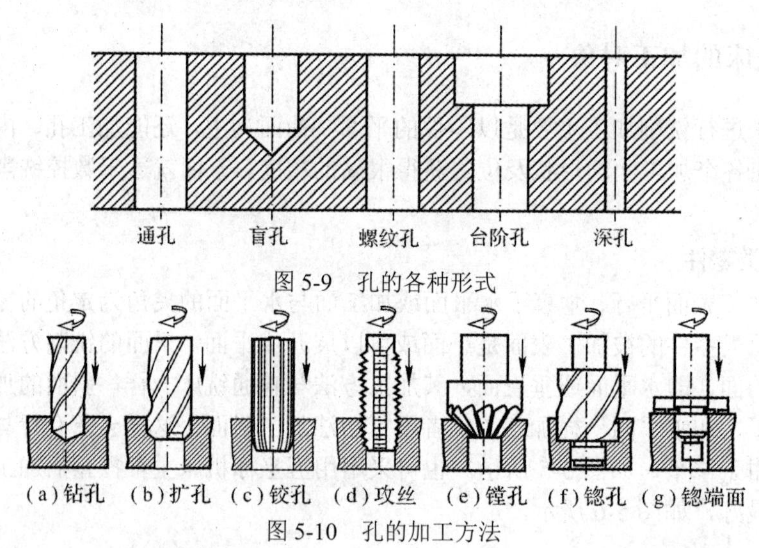

图 5-9　孔的各种形式

(a) 钻孔　(b) 扩孔　(c) 铰孔　(d) 攻丝　(e) 镗孔　(f) 锪孔　(g) 锪端面

图 5-10　孔的加工方法

第二节　数控铣床的加工工艺

铣削加工的加工工艺与车削有很大的区别，比车削多一个或几个坐标，各点的坐标计算比较麻烦，走刀路线比较复杂。

一、夹具选择

铣削加工的零件其结构一般比车削复杂的，夹具也复杂。结构比较规整的零件选通用夹具，如小型的用虎钳，较大的用压板，如图 5-11 所示。结构复杂的零件选组合夹具或设计专用夹具。

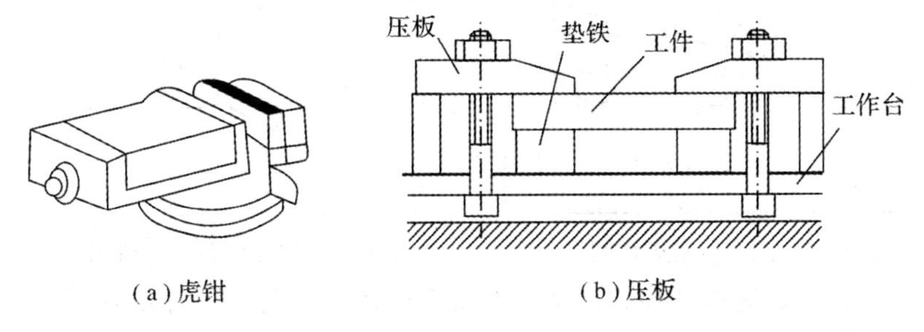

图 5-11　夹具

选择夹具时要考虑定位准确、稳定、可靠，还要考虑刀具的干涉问题。所谓刀具干涉，是指刀具在加工时会与夹具相碰，造成打刀或损坏夹具；刀具的刀柄与工件或夹具相碰，使夹具移动或机床因刀柄碰撞移动力太大，造成机床报警。下面几种情况应避免。

(1) 夹具压板装夹位置不合适，压在了被加工区域的上方。

(2) 压板螺钉太高，干涉刀柄的位置。

(3) 虎钳装夹，工件露出的加工部分太少，刀具会伤虎钳。

夹具装夹问题如图 5-12 所示。

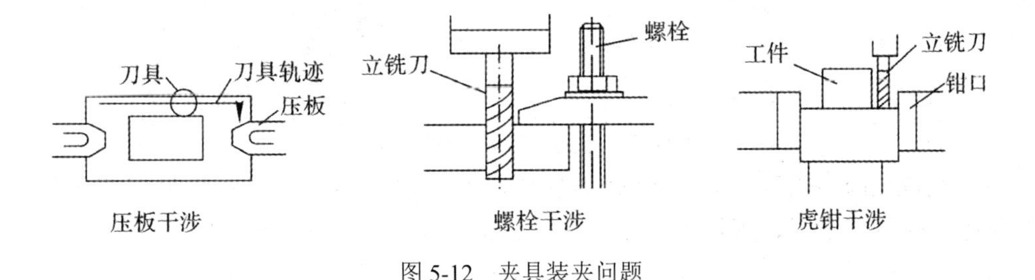

图 5-12　夹具装夹问题

二、工步设计

铣削加工的基本工步包括粗铣凸台(型腔)、精铣轮廓、孔系加工和曲面加工，构成了数控铣床加工的基本单元。从加工模式来说，工步分成两种：一种是用铣刀铣削加工的工步，另一种是孔加工的工步。

1. 铣刀铣削的工步

铣削一般用立铣刀的侧刃和底刃切削工件，用侧刃加工形成零件的侧面和轮廓，一般用于精铣控制零件的轮廓尺寸，也可以粗铣去余量；用底刃加工构成了零件的台阶面，凸台的台阶面、顶面和型腔里的台阶面、底面，这些加工一般用于粗加工，精加工时余量应小，如图 5-13 所示。用立铣刀加工的工步一般设计为先粗铣凸台和型腔，后精铣内外轮廓。

对于有圆弧角的型面，一般要选择带有 R 角的立铣刀，其半径与工件要求的一致，如图 5-14 所示。

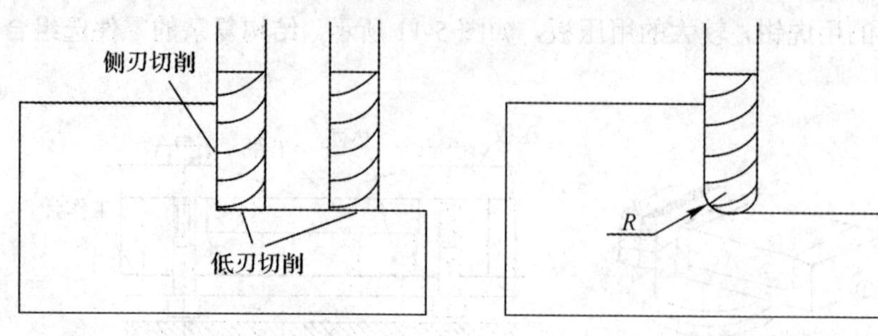

图 5-13　侧刃与底刃切削　　　　图 5-14　带 *R* 圆角的立铣刀与工件

加工曲面时，刀具选择球头刀，加工方式为行切法，用刀具的 *R* 刃切削，形成曲面；曲面(凸曲率)也可以用平底的立铣刀加工，用行距控制曲面的光滑度。粗加工用两刃铣刀，半精加工和精加工用四刃铣刀，如图 5-15 所示。

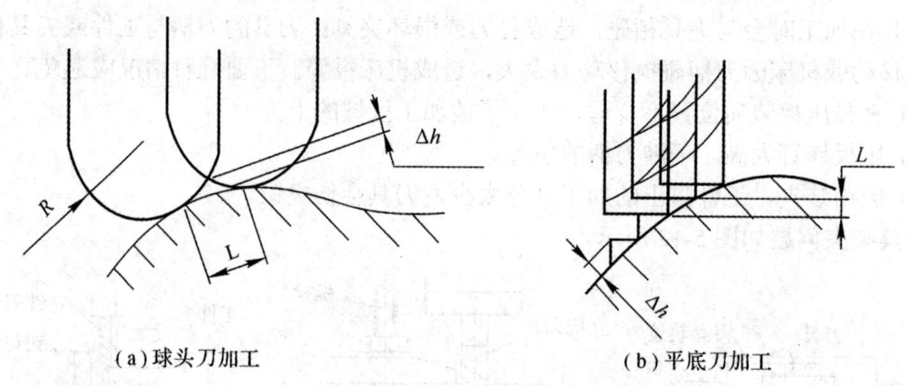

图 5-15　球头刀与平底刀加工曲面

对于粗铣型腔的工步来说，若毛坯为实心，则要考虑下刀问题，可采用三种方式下刀：垂直下刀、螺旋式下刀、倾斜式下刀，如图 5-16 所示。

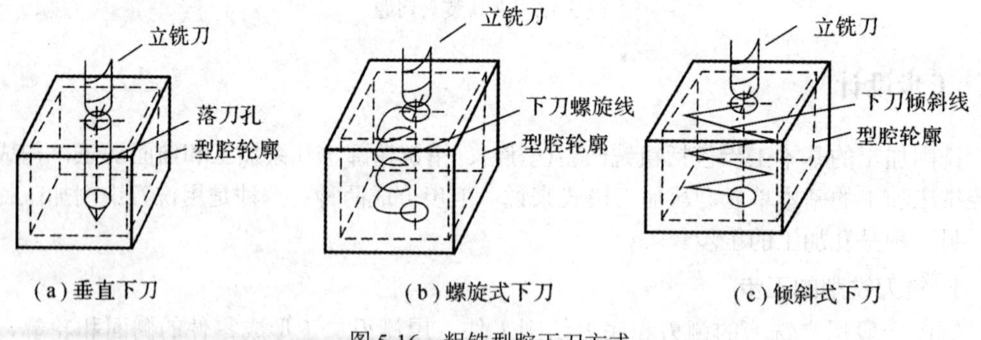

图 5-16　粗铣型腔下刀方式

2. 孔加工的工步

孔加工工步要根据孔的精度要求选择加工方法，主要有钻孔、镗孔、铰孔、扩孔、锪孔，还有点窝和铣孔。这些加工方法与普通钻镗床的加工方法相似，也有其特色。

(1) 点窝。数控铣床加工孔的位置靠坐标控制，因而不需画线和使用钻模，在确定中心时，为保证位置精度需要先用中心钻点窝，再钻孔，如图 5-17 所示。防止钻头横刃定心差，钻孔钻偏。若用 U 钻则可省略点窝。

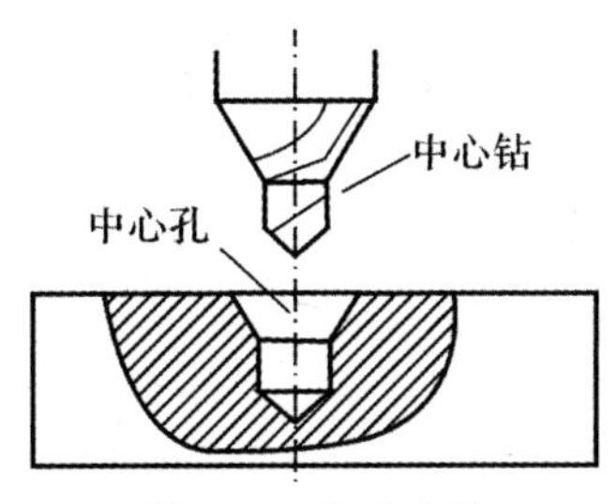

图 5-17　钻中心孔

(2) 镗孔。镗孔是数控铣床加工中使用非常多的加工方法，主要是保证孔的位置精度，以及加工大直径的孔。镗孔的定位路线选择应避免铣床上丝杠间隙引起的误差，从各坐标轴的一个方向趋近，如图 5-18 所示。

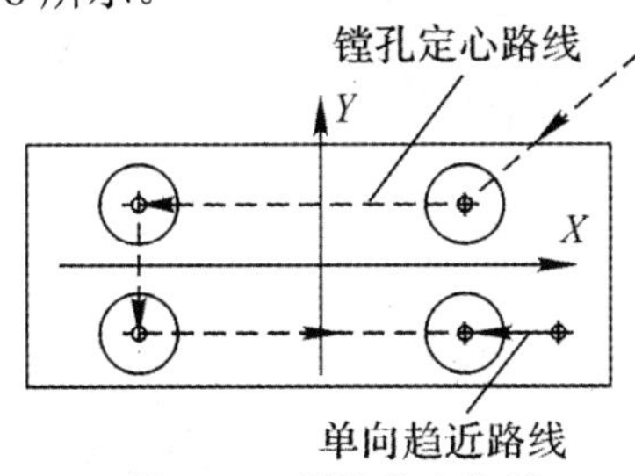

图 5-18　镗孔单向趋近

(3) 铰孔。铰孔用于对孔的精度要求较高(直径尺寸 IT6～IT7 级精度，粗糙度 *Ra*1.6)时。铰孔要在钻孔后进行，钻孔给铰孔留 0.2 mm～0.3 mm 余量。

(4) 铣孔。铣孔是数控铣床的一个加工特色，用于加工大直径孔去余量或加工台阶孔，可取代锪孔。铣孔主要用立铣刀的侧刃加工，利用数控铣床走圆弧的特点来进行加工，如图 5-19 所示。

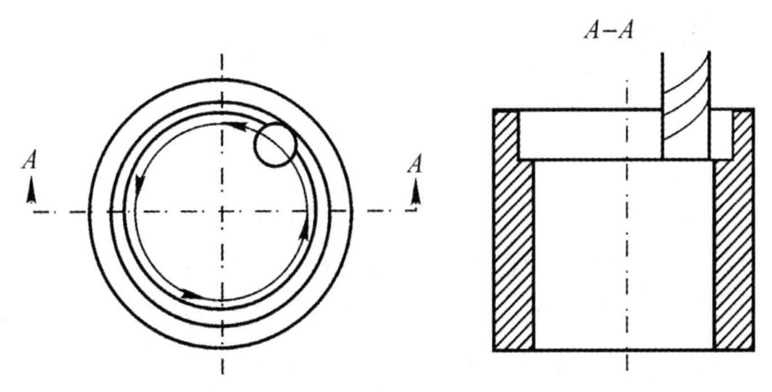

图 5-19　铣孔

工步设计的原则是：先面后孔，先内后外，先粗后精。

三、刀具选择

刀具选择涉及的因素很多，包括刀具的材料、刀具的结构、刀具的直径长短、切削刃的长度以及刀具的刚度和耐用度等。

1. 铣平面

铣较大的平面时，为了提高生产效率和提高加工表面粗糙度，一般采用合金面铣刀，如图 5-20 所示。

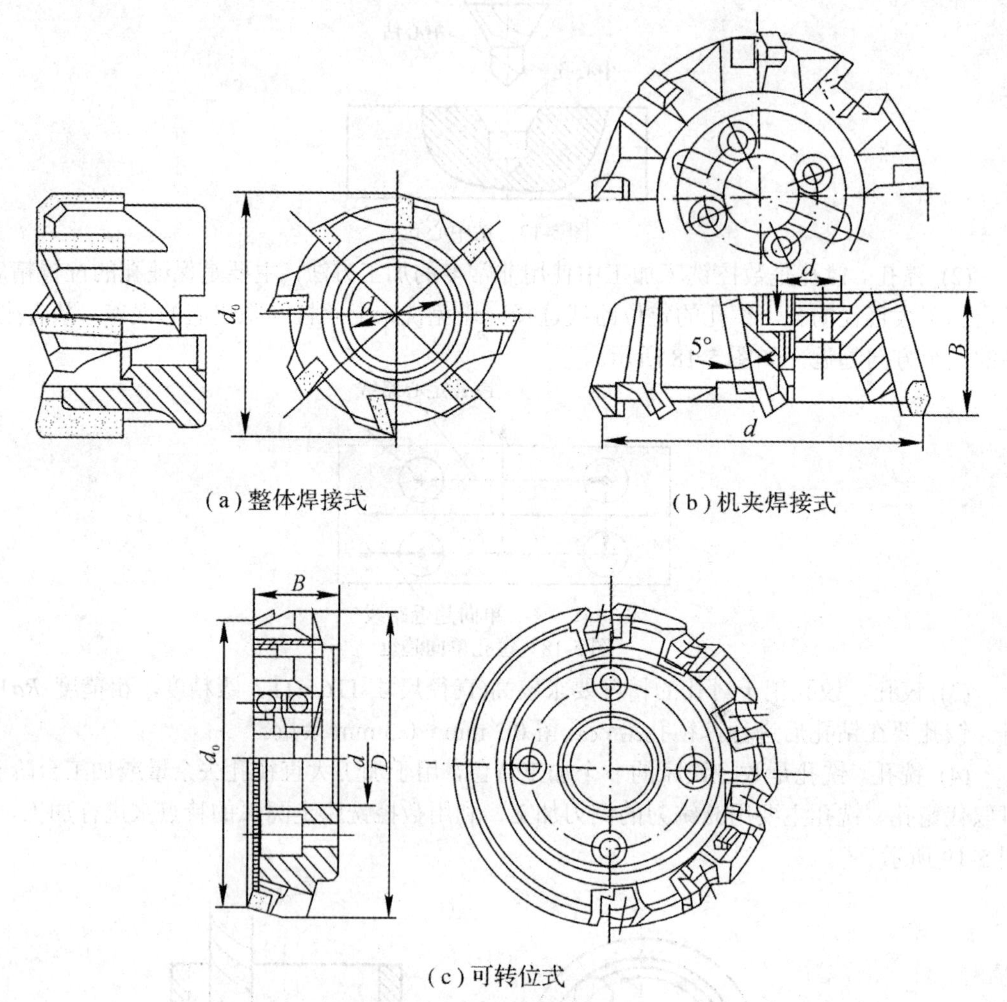

(a) 整体焊接式　　(b) 机夹焊接式

(c) 可转位式

图 5-20　硬质合金面铣刀

面铣刀的圆周表面和端面上都有切削刃，端部切削刃为副切削刃。面铣刀多制成套式镶齿结构，刀齿为高速钢或硬质合金，刀体为 40Cr。

高速钢面铣刀按国家标准规定，直径 d=80 mm～250 mm，螺旋角 β= 10°，刀齿数 Z= 10～26。硬质合金面铣刀与高速钢铣刀相比，铣削速度较高，加工效率高，加工表面质量也较好，并可加工带有硬皮和淬硬层的工件，故得到广泛应用。

2. 铣键槽

为了保证槽的尺寸精度、一般用两刃键槽铣刀，如图 5-21 所示。

键槽铣刀有两个刀齿，圆柱面和端面都有切削刃，端面刃延至中心，既像立铣刀，又像钻头。用键槽铣刀铣削键槽时，先轴向进给达到槽深，然后沿键槽方向铣出键槽全长。由于切削力引起刀具和工件的变形，一次走刀铣出的键槽形状误差较大，槽底一般不是直角。为此，通常采用两步法铣削键槽，即先用小号铣刀粗加工出键槽，然后以逆铣方式精加工四周，即可得到真正的直角(见图 5-22)。

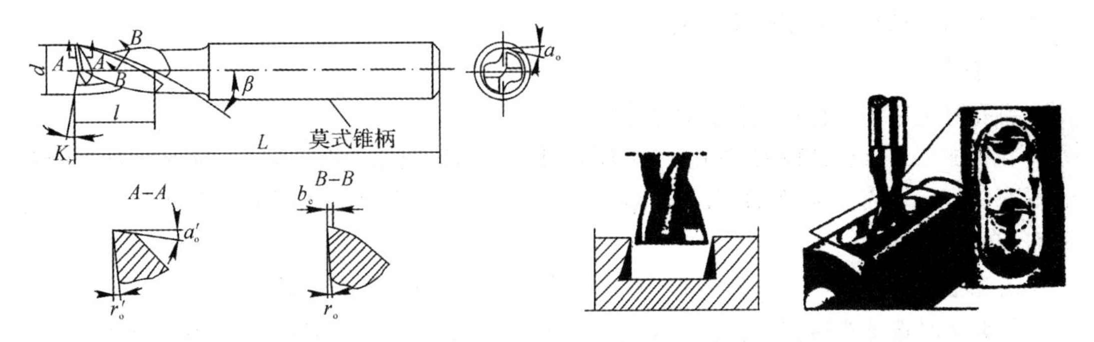

图 5-21　键槽铣刀　　　　图 5-22　两步法铣键槽

直柄键槽铣刀直径 d=2 mm～22 mm，锥柄键槽铣刀直径 d=14 mm～50 mm。键槽铣刀直径的偏差有 e8 和 d8 两种。键槽铣刀的圆周切削刃仅在靠近端面的一小段长度内发生磨损，重磨时，只需刃磨端面切削刃，因此重磨后铣刀直径不变。

3. 铣轮廓

如图 5-23 所示，在加工凸轮廓时，立铣刀的直径应尽量选大一些，刚性好。若是加工凹轮廓或内轮廓，刀具半径应小于凹轮廓最小曲率半径或内轮廓的最小圆角半径。

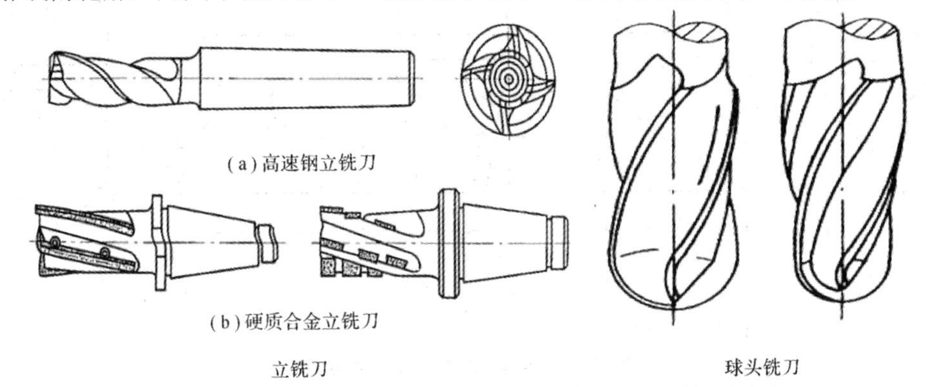

图 5-23　铣削刀具

铣外轮廓立铣刀的直径一般在ϕ20～ϕ30 范围内。选刀时，为了编程需要，还要确定刀具的刀补号：长度刀补 HXX，径向刀补 HXX(DXX)，每把刀具都要选定对应的刀补号。若刀具用于加工中心，则还要有刀号 TXX。

4. 铣凸台(粗铣)

铣凸台时，立铣刀直径可选得大些，一般为ϕ20～ϕ40，应确定长度刀补号 HXX；不需要半径刀补，其编程轨迹是按刀具中心轨迹来编程的。若用于加工中心，则还要有刀号 TXX。

5. 铣型腔(粗铣)

铣型腔时，选择立铣刀的直径要考虑内腔的结构。内角 R 若太小，则先用大刀铣，最后用小直径的立铣刀清根。需确定长度刀补号 HXX，不需要半径刀补。若用于加工中心，则还要有刀号 TXX。

6. 点窝

点窝时选中心钻，位置精度要求高的孔要先点窝再钻孔，确定长度刀补号 HXX。若用于加工中心，还要有刀号 TXX。还有一种新型钻头 U 钻，将定心的中心钻与钻头做成一体成为组合钻头，加工时不需要点窝。

7. 钻孔

钻孔时选钻头，直径根据孔径决定。

孔类加工刀具包括铰刀(铰孔)、镗刀(镗孔)、丝锥(攻丝)，直径大小根据所要加工的孔直径来决定，还需刀补号 HXX，只需长度刀补，无需半径刀补。若用于加工中心，则还要有刀号 TXX。

8. 铣曲面

铣曲面时选球头铣刀，直径大小根据凹形曲面的最小曲率半径定，否则会产生过切。对于凸曲面，尽可能选直径大一点的立铣刀，这样残留余量会小一点儿，表面粗糙度也小，如图 5-23 所示。若用于加工中心，则还要有刀号 TXX。

成型铣刀一般都是为特定的工件或加工内容专门设计制造的，适用于加工平面类零件的特定形状(如角度面、凹槽面等)，也适用于加工特形孔或台。图 5-24 所示的是几种常用的成型铣刀。

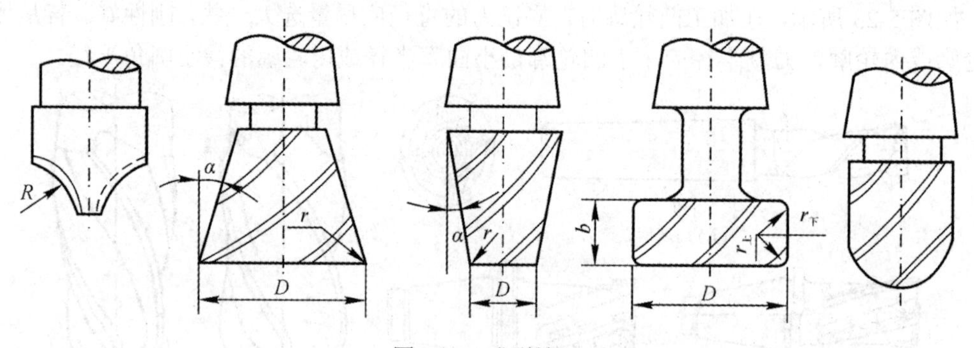

图 5-24　成型铣刀

铣削加工刀具选择见表 5-1。

表 5-1　铣削加工常用刀具表

序号	工　步		刀具	说　明
1	粗铣凸台、型腔		立铣刀	用于加工各种平面、型腔、沟槽等
2	精铣内外轮廓		立铣刀	用于加工各种平面、型腔、沟槽等
3	孔类加工	点窝	中心钻	用于加工中心孔。位置精度要求高的孔要先点窝再钻孔
4		钻孔	麻花钻	用于在实体上加工孔。直径大小根据所要加工的孔直径来决定
5		扩孔	扩刀	用于中、小尺寸的孔进行中等精度的孔加工，选择的刀具
6		铰孔	铰刀	用于中、小尺寸的孔进行半精加工和精加工
7		镗孔	镗刀	用于大尺寸的孔进行半精加工和精加工
8		螺纹孔	丝锥	用于加工螺纹孔
9		锪孔	锪孔刀	根据零件的具体形状、尺寸来选择刀具
10	曲面加工		球头铣刀	用于曲面加工

四、进给路线确定

1. 顺铣和逆铣的选择

铣削有顺铣和逆铣两种方式(如图 5-25 所示)。当工件表面无硬皮、机床进给机构无间隙时，应选用顺铣，按照顺铣安排进给路线。因为采用顺铣加工后，零件已加工表面质量好，刀齿磨损小。精铣时，尤其是零件材料为钛合金或耐热合金时，应尽量采用顺铣。当工件表面有硬皮、机床的进给机构有间隙时，应选用逆铣，按照逆铣安排进给路线。因为逆铣时，刀齿从已加工表面切入，不会崩刀；机床进给机构的间隙不会引起振动和爬行。

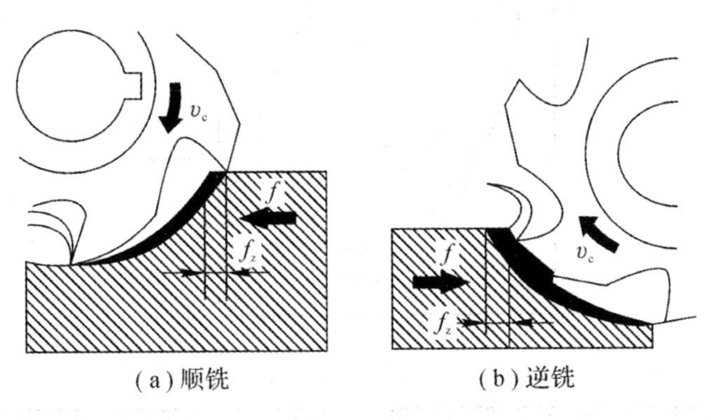

图 5-25　铣削方式

2. 铣削外轮廓的进给路线

(1) 铣削平面零件外轮廓时，一般采用立铣刀侧刃切削。刀具切入工件时，应避免沿零件外轮廓的法向切入，而应沿切削起始点的延伸线逐渐切入工件，保证零件曲线的平滑过渡。同理，在切离工件时，也应避免在切削终点处直接抬刀，要沿着切削终点延伸线逐渐切离工件，如图 5-26 所示。

(2) 当用圆弧插补方式铣削外整圆时(如图 5-27 所示)，要安排刀具从切向进入圆周铣削加工。当整圆加工完毕后，不要在切点处直接退刀，而应让刀具沿切线方向多运动一段距离，以免取消刀补时，刀具与工件表面相碰，造成工件报废。

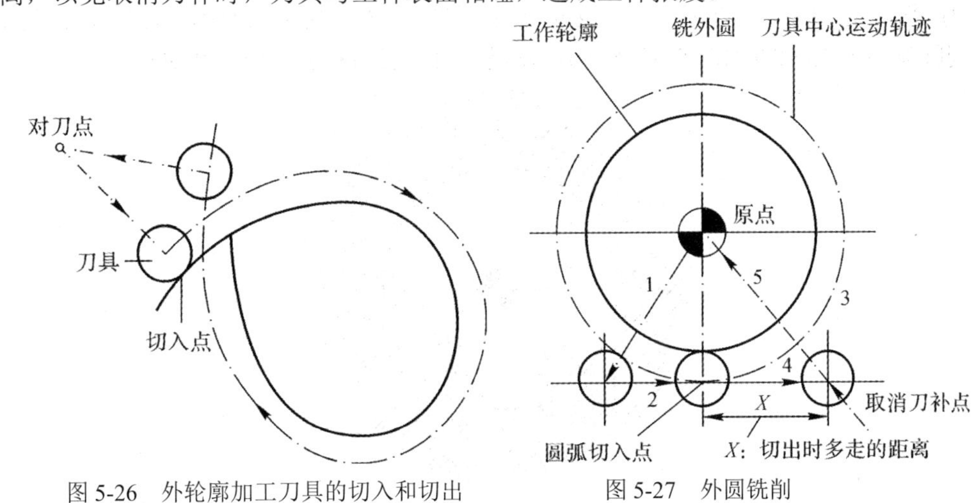

图 5-26　外轮廓加工刀具的切入和切出　　图 5-27　外圆铣削

3. 铣削内轮廓的进给路线

(1) 铣削封闭的内轮廓表面，若内轮廓曲线不允许外延(如图 5-28 所示)，刀具只能沿内轮廓曲线的法向切入、切出，此时刀具的切入、切出点应尽量选在内轮廓曲线两几何元素的交点处。当内部几何元素相切无交点时(如图 5-29 所示)，为防止刀补取消时在轮廓拐角处留下凹口(见图 5-29(a))，刀具切入、切出点应远离拐角(见图 5-29(b))。

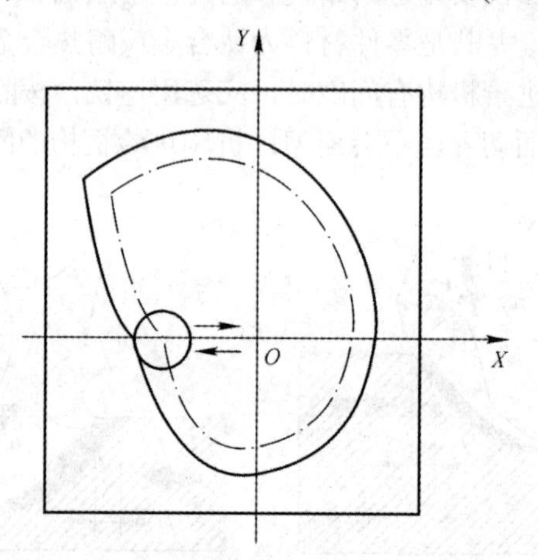

图 5-28　内轮廓加工刀具的切入和切出

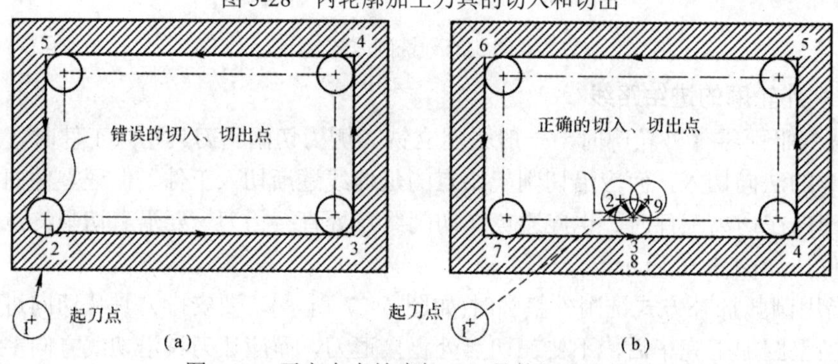

图 5-29　无交点内轮廓加工刀具的切入和切出

(2) 当用圆弧插补铣削内圆弧时也要遵循从切向切入、切出的原则，最好安排从圆弧过渡到圆弧的加工路线(如图 5-30 所示)，以提高内孔表面的加工精度和质量。

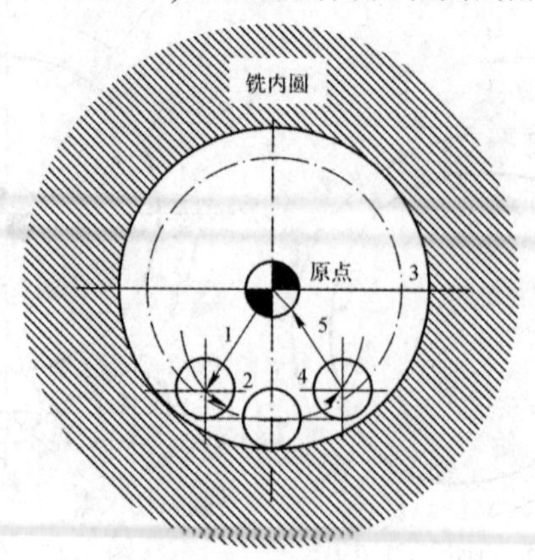

图 5-30　内圆铣削

4. 铣削内槽的进给路线

所谓内槽是指以封闭曲线为边界的平底凹槽。内槽一律用平底立铣刀加工，刀具圆角半径应符合内槽的图纸要求。图 5-31 所示为加工内槽的三种进给路线。图 5-31(a)和图 5-31(b)分别为用行切法和环切法加工内槽。两种进给路线的共同点是都能切净内腔中的全部面积，不留死角，不伤轮廓，同时尽量减少重复进给的搭接量；不同点是行切法的进给路线比环切法短，但行切法将在每两次进给的起点与终点间留下残留面积，因而达不到所要求的表面粗糙度；用环切法获得的表面粗糙度要好于行切法，但环切法需要逐次向外扩展轮廓线，刀位点计算稍微复杂一些。采用图 5-31(c)所示的进给路线，即先用行切法切去中间部分余量，最后用环切法环切一刀光整轮廓表面，既能使总的进给路线较短，又能获得较好的表面粗糙度。

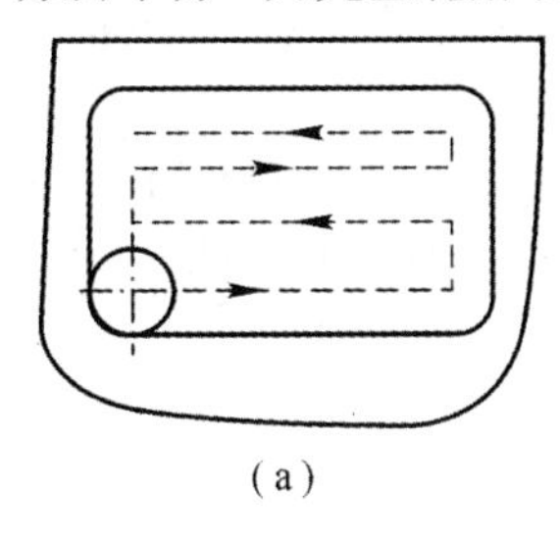

(a)

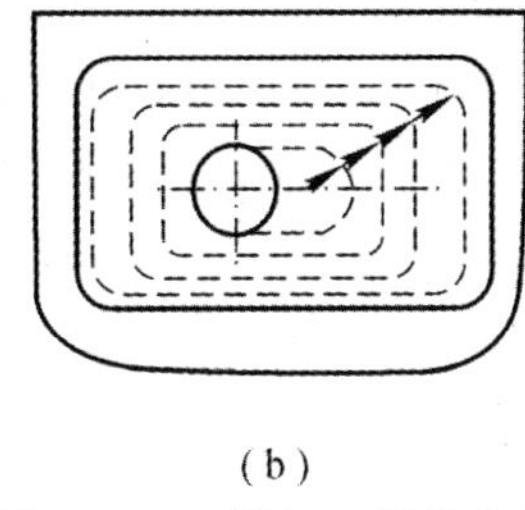

(b)

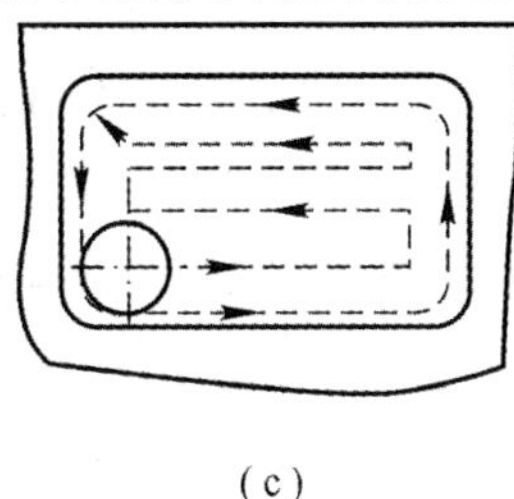

(c)

图 5-31　凹槽加工进给路线

5. 铣削曲面轮廓的进给路线

铣削曲面时，常用球头刀采用行切法进行加工。所谓行切法，是指刀具与零件轮廓的切点轨迹是一行一行的，而行间的距离是按零件加工精度的要求确定的。

对于边界敞开的曲面加工，可采用两种加工路线，以图 5-32 所示的发动机大叶片为例，当采用图(a)所示的加工方案时，每次沿直线加工，刀位点计算简单，程序少，加工过程符合直纹面的形成，可以准确保证母线的直线度；当采用图(b)所示的加工方案时，符合这类零件数据给出情况，便于加工后检验，叶形的准确度较高，但程序较多。由于曲面零件的边界是敞开的，没有其他表面限制，所以曲面边界可以延伸，球头刀应由边界外开始加工。

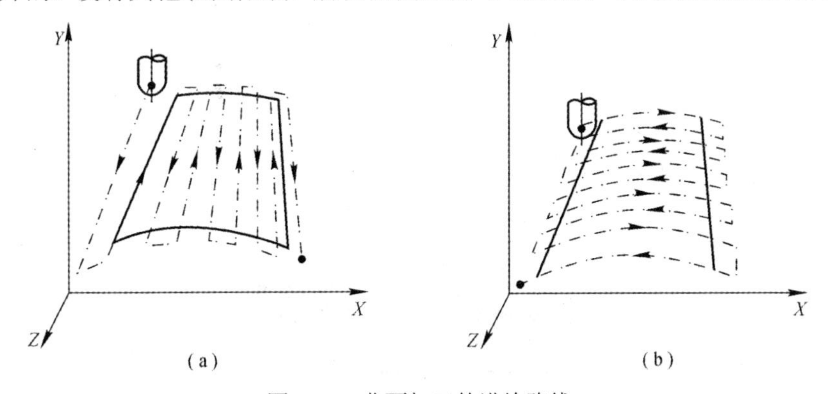

图 5-32　曲面加工的进给路线

注意：轮廓加工中应避免进给停顿，否则会在轮廓表面留下刀痕；若在被加工表面范围内垂直下刀和抬刀，也会划伤表面。

为提高工件表面的精度和减小粗糙度，可以采用多次走刀的方法，精加工余量一般以 0.2 mm～0.5 mm 为宜。

通常应选择工件在加工后变形小的走刀路线。对横截面积小的细长零件或薄板零件，应采用多次走刀加工达到最后尺寸，或采用对称去余量法安排走刀路线。

五、走刀路线绘制

1. 铣削走刀路线

(1) 铣凸台和型腔的走刀路线。粗加工的主要目标是去余量，用刀具中心轨迹来设计走刀路线。铣凸台像铣型腔一样，刀具往复来回走，需确定行距 L 和层降 h。行距 L 大小由刀具直径ϕ的大小来决定：$\phi/2<$行距$<\phi$。层降 h 即每次下刀切削深度，按刀具和工件材料来定。如：$\phi25$ 立铣刀，45#调质钢的层降取 5 mm，硬铝的层降取 10 mm；$\phi16$ 立铣刀，45#调质钢的层降取 3 mm，硬铝的层降取 6 mm。

要确定下刀点 $A(X_a，Y_a)$，建立长度刀补点 B：Z=100，起刀点 C $(X_c，Y_c)$，走刀路线在拐点(基点)的坐标，都要通过计算确定出来。这在工厂里叫"排刀"，即基点坐标 P_1、P_2、P_3、P_4、P_5 等，其走刀路线如图 5-33 所示。

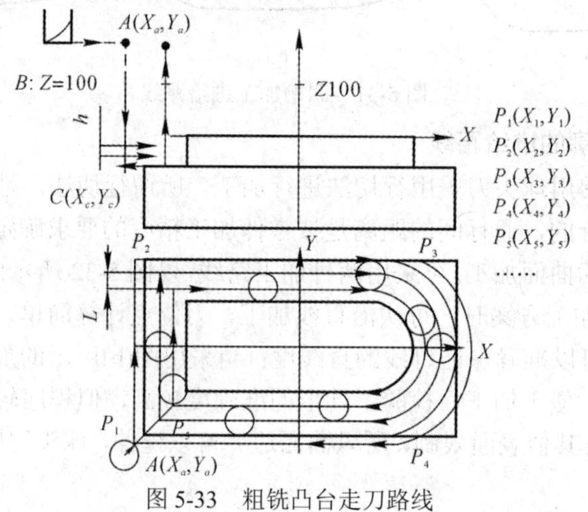

图 5-33　粗铣凸台走刀路线

型腔加工走刀路线，如图 5-34 所示。

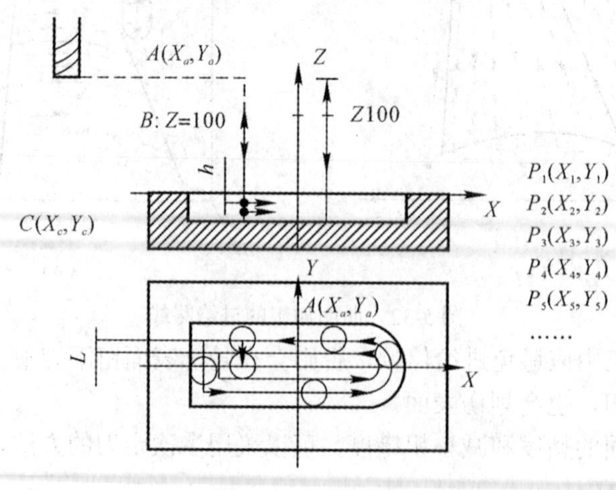

图 5-34　粗铣型腔

注意，加工型腔时，如果毛坯为实心，则应先打一落刀孔，才能下刀铣，或用螺旋下刀和倾斜式下刀。

(2) 铣轮廓。铣轮廓的走刀路线分两个视图方向来设计，如图 5-35 所示。铣轮廓要确定下刀点(进刀点距工件安全高的距离)$A(X_a, Y_a)$，进刀点 C：$Z=Z_c$，开始切削点 $D(X_d, Y_d)$。Z 向坐标要一个建立长度刀补的坐标值，通常选 Z100，比较安全，即 B：$Z=100$，主要是为了建立安全的设定高度。下刀点 $A(X_a, Y_a)$这一点为轮廓的切深，若外部为工件外缘，则刀具应比工件深，如图 5-36 所示。开始切削点 $D(X_d, Y_d)$选在轮廓上，并计算轮廓基点坐标 E、F、G 的坐标值。

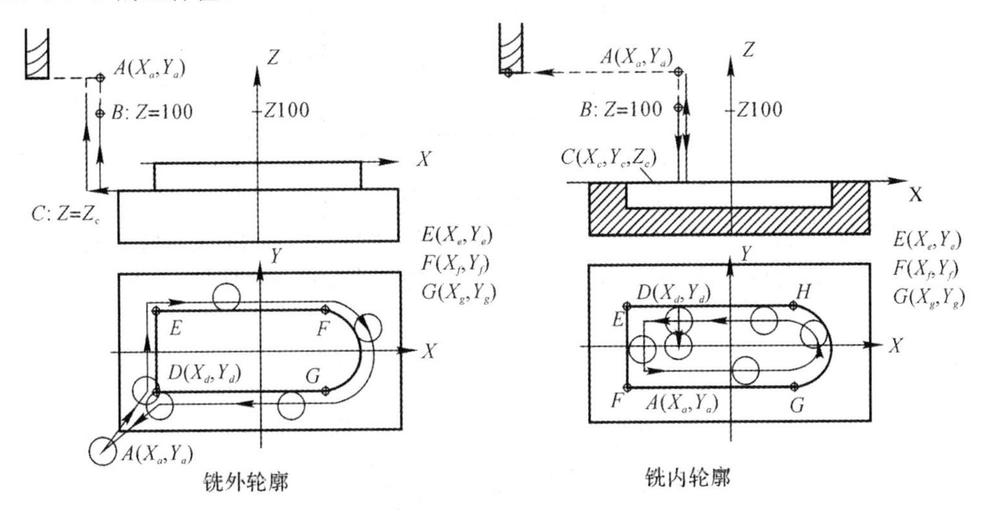

图 5-35　铣轮廓走刀路线

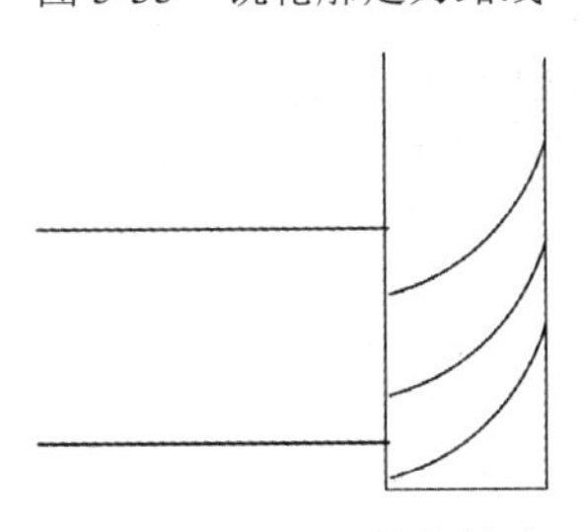

图 5-36　铣削工件外轮廓

铣轮廓还有圆弧切入路线。如图 5-37 所示，这样的进刀路线不留刀痕，通常用于铣削内轮廓。

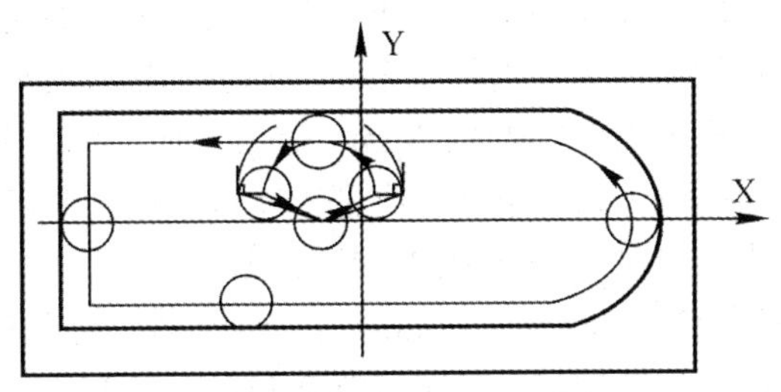

图 5-37　圆弧切入铣内轮廓

(3) 钻孔、孔类加工走刀路线。这类走刀路线比较简单，就立式铣床而言，Z 向要确定几个关键坐标点，XY 平面确定孔中心坐标。下刀时关键点为：初始点 Z，建立长度刀补点，快进与工进转换点 R 及钻深 Z，如图 5-38 所示。

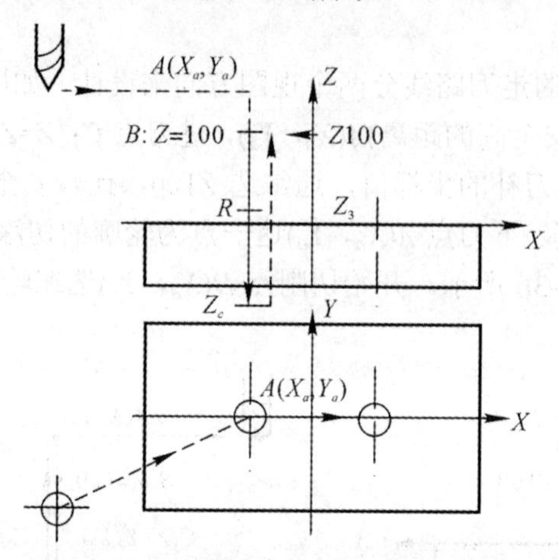

图 5-38　钻孔(孔类加工)走刀路线

(4) 铣曲面走刀路线。铣曲面主要用计算机编程，因此走刀路线设计只需选好下刀点，建好长度刀补，其余点位是节点，切削轨迹为行切法，如图 5-39 所示。

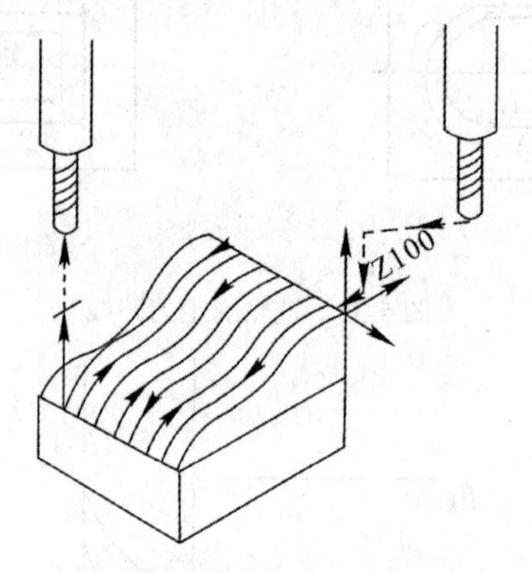

图 5-39　铣曲面走刀路线

六、切削用量

切削用量的选择与加工经验有很大关系，选择的好坏，直接关系到零件加工的精度和表面质量。切削用量在程序中体现的是 S 和 F，而背吃刀量或侧吃刀量是由走刀路线体现的，背吃刀量或侧吃刀量的选取主要由加工余量和对表面质量的要求决定。

(1) 在工件表面粗糙度值要求为 *Ra*12.5 μm～25 μm 时，如果圆周铣削的加工余量小于 5 mm，端铣的加工余量小于 6 mm，粗铣一次进给就可以达到要求。但在余量较大、工艺系统刚性较差或机床动力不足时，可分两次进给完成。

(2) 在工件表面粗糙度值要求为 *Ra*3.2 μm～12.5 μm 时，可分粗铣和半精铣两步进行。粗铣时背吃刀量或侧吃刀量选取同前。粗铣后留 0.5 mm～1.0 mm 余量，在半精铣时切除。

(3) 在工件表面粗糙度值要求为 *Ra*0.8 μm～3.2 μm 时，可分粗铣、半精铣、精铣三步进行。 半精铣时背吃刀量或侧吃刀量取 1.5 mm～2 mm； 精铣时圆周铣侧吃刀量取 0.3 mm～

0.5 mm，面铣刀背吃刀量取 0.5 mm～1 mm，如表 5-2 所示。

表 5-2　常用部分切削用量参考表

切削用量材料 / 加工方式	切削速度 v/(m/min)		进给量 F/(mm/min)		背吃刀量 a_p / mm	
	45#钢	硬铝合金	45#钢	硬铝合金	45#钢	硬铝合金
粗铣(ϕ20 立铣刀)	30～60	60～80	30～60	80～150	3～8	5～10
精铣(ϕ20 立铣刀)	50～80	80～120	50～100	100～200	0.5～1	0.3～0.5
钻孔(ϕ10 钻头)	10～30	30～80	20～70	50～100	—	—
铰孔(ϕ10 铰刀)	5～10	6～15	20～30	50～80	0.1	0.1～0.15
点窝(中心钻)	10～30	30～80	20～30	30～50	—	—

第三节　铣削加工指令

一、指令表

1. G 指令

数控铣床的数控系统很多，各种系统指令不完全一致，本章以 FANUC-0i MA 系统为准，介绍其指令。数控铣床 G 指令如表 5-3 所示。

表 5-3　数控铣床 G 指令表

G 代码	组	功　　能
G00	01	定位(快速)
G01		直线插补
G02		顺时针圆弧插补/螺旋线插补 Cw
G03		逆时针圆弧插补/螺旋线插补 CCw
G04	00	暂停，准确停止
G05.1		预读控制(超前读多个程序段)
G07.1(G107)		圆柱插补
G08		预读控制
G09		准确停止
G10		可编程数据输入
G11		可编程数据输入方式取消
G15	17	极坐标指令消除
G16		极坐标指令
G17	02	选择 XY 平面
G18		选择 ZX 平面
G19		选择 YZ 平面
G20	06	英寸输入
G21		毫米输入

续表一

G 代码	组	功　能
G22	04	存储行程检测功能接通
G23		存储行程检测功能断开
G27	00	返回参考点检测
G28		返回参考点
G29		从参考点返回
G30		返回第 2、3、4 参考点
G31		跳转功能
G33	01	螺纹切削
G37	00	自动刀具长度测量
G39		拐角偏置圆弧插补
G40	07	刀具半径补偿取消
G41		刀具半径补偿，左侧
G42		刀具半径补偿，右侧
G40.1(G150)	18	法线方向控制取消方式
G41.1(G151)		法线方向控制左侧接通
G42.1(G152)		法线方向控制右侧接通
G43	08	正向刀具长度补偿
G44		负向刀具长度补偿
G45	00	刀具位置偏置加
G46		刀具位置偏置减
G47		刀具位置偏置加 2 倍
G48		刀具位置偏置减 2 倍
G49	08	刀具长度补偿取消
G50	11	比例缩放取消
G51		比例缩放有效
G50.1	22	可编程镜像取消
G51.1		可编程镜像有效
G52	00	局部坐标系设定
G53		选择机床坐标系
G54	14	选择工件坐标系 1
G54.1		选择附加工件坐标系
G55		选择工件坐标系 2
G56		选择工件坐标系 3
G57		选择工件坐标系 4
G58		选择工件坐标系 5
G59		选择工件坐标系 6

续表二

G 代码	组	功　能
G60	00 / 01	单方向定位
G61	15	准确停止方式
G62		自动拐角倍率
G63		攻丝方式
G64		切削方式
G65	00	宏程序调用
G66	12	宏程序模态调用
G67		宏程序模态调用取消
G68	16	坐标旋转有效
G69		坐标旋转取消
G73	09	深孔钻循环
G74		左旋攻丝循环
G76		精镗循环
G80		固定循环取消/外部操作功能取消
G81		钻孔循环，锪镗循环或外部操作功能
G82		锪孔循环
G83		深孔钻循环
G84		攻丝循环
G85		镗孔循环
G86		镗孔循环
G87		背镗循环
G88		镗孔循环
G89		镗孔循环
G90	03	绝对值编程
G91		增量值编程
G92	00	设定工件坐标系或最大主轴速度箝制
G92.1		工件坐标系预置
G94	05	每分进给
G95		每转进给
G96	13	恒线速控制 (切削速度)
G97		恒线速控制取消 (切削速度)
G98	10	固定循环返回到初始点
G99		固定循环返回到 *R* 点

注：表中组的一列表示 G 指令的性质，00 组为非模态指令，其他组为模态指令。

模态指令：G 指令被执行后，一直持续有效，直到被同组 G 指令所取代。

非模态指令：G 指令被执行后，只在本程序段有效，在其他程序段无效。

固定循环指令可以被 01 组指令所取代，也可以被 G80 指令取消，取消后原 01 组指令继续有效。

2. M 指令

M 指令有很多，这里只介绍常用的指令，如表 5-4 所示。

表 5-4　常用的 M 指令表

指令	作用	执行方式
M00	程序停止	后指令
M01	程序计划停止	
M02	程序结束	
M03	主轴正转	前指令
M04	主轴反转	
M05	主轴停	后指令
M07	切削液开	前指令
M08	切削液开	
M09	切削液关	后指令
M30	程序结束	
M98	子程序调用	
M99	子程序结束，返回主程序	

注：前指令——程序段其他动作执行之前或同时执行。

后指令——程序段其他动作执行之后执行。

二、常用的指令

数控系统给定的 G 指令很多，功能很强，但在编程加工中，应用最多的 G 指令只有 20 个左右。G 指令的功能分为三大类：

基本刀具运动指令：G00、G01、G02、G03；

设置指令：G54～G59、G40～G49、G90～G99、G17～G19 等；

简化指令：G73～G89、G50、G51、G15、G16、G68、G69 等。

在数控加工程序中，G 指令的功能一方面是设置各种参数，一方面是控制刀具轨迹运动。数控铣床设置方面的指令主要有工件坐标系、刀补、单位设置等，刀具轨迹指令有基本运动指令、钻孔循环类指令。

1. 工件坐标系设定 G54～G59、G54.1(P1～P48)

指令格式：G54(或 G55～G59)。

G54～G59 可以设定六个基本工件坐标系(G54.P(P1～P48)为扩展的工件坐标系，系统可提供 54 个工件坐标系)，一般放在程序的第一段，其作用是为整个程序设定工件坐标系原点的位置，使刀具的刀位点运动能以工件坐标系的坐标值来运动。如图 5-40 所示，当数控系统读到 G54～G59 中的任何一个指令时，就会在系统中找到“工件坐标系设定参数”中相对应的 G54～G59 的工件原点的设定坐标值(数控铣床操作必须事先设定好)，根据此值建立起程序给出的 G54(或 G55～G59)指令所设定的工件坐标系。若程序给出 G54～G59 其他指令，则控制刀具以新的坐标系来运行。

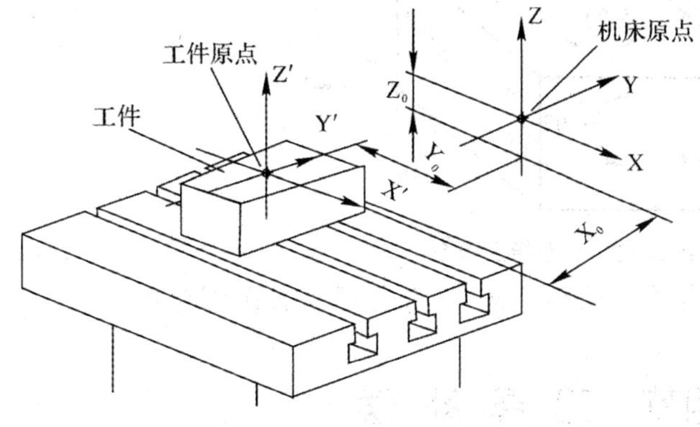

工件坐标系设定

(G54)	(G55)
X $\underline{X_0}$	X $\underline{X_1}$
Y $\underline{Y_0}$	Y $\underline{Y_1}$
Z $\underline{Z_0}$	Z $\underline{Z_1}$

(a) 工件坐标系的设定值X_0 Y_0 Z_0　(b) 数控铣床工件坐标系设定参数界面

图 5-40　工件坐标系设定

2. 工件坐标系设定 G92

指令格式：

G92 X__Y__Z__;

G92 指令的作用也是设置工件坐标系。其原理和 G54～G59 不同，它是用刀位点在工件坐标系中的坐标值(即 G92 后的 X__Y__Z__)来设定的，以刀位点现在的位置(新建立的工件坐标系中 G92 后的坐标值)，设定工件坐标系的原点位置，刀位点现在的位置为运行 G92 指令时的位置，如图 5-41 所示。G92 指令常用于单件生产，批量生产很少用，因为定点不方便。

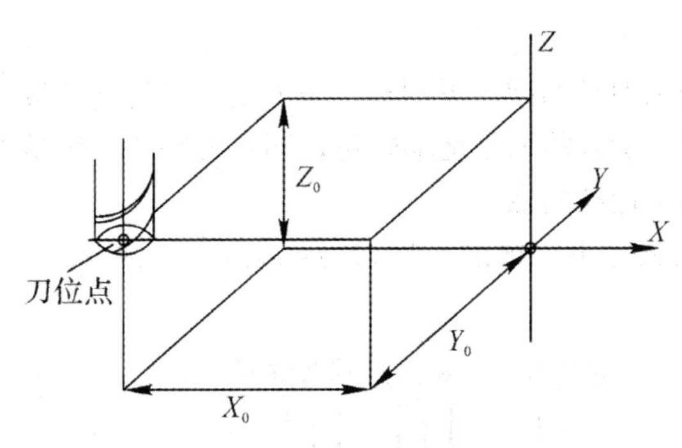

G92 X X_0 Y Y_0 Z Z_0;

图 5-41　G92 指令设定工件坐标系

3. 平面指定 G17～G19

G17——制定 *XY* 平面(开机默认)；

G18——制定 *ZX* 平面；

G19——制定 *YZ* 平面。

指令格式：G17(或 G18/G19)。

当圆弧插补时，要指定圆弧轨迹在哪个平面；当进行径向刀补时，要指定刀补平面。大多数情况在 *XY* 平面，G17 为开机默认，所以，一般程序中较少出现，如图 5-42 所示。

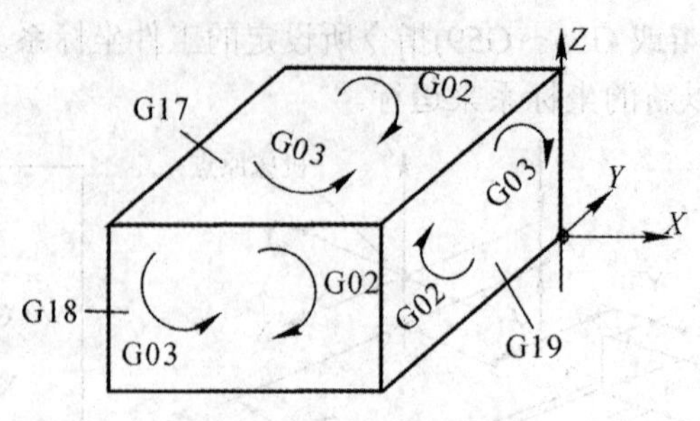

图 5-42　平面指定指令

还有一些常用的指令，如刀补指令、循环指令等，将在后面章节中阐述。

第四节　刀 具 补 偿

刀具补偿是数控编程中最难以掌握的内容，也是数控加工中最重要的参数设置。掌握刀补功能，就掌握了数控机床最重要的功能，能使数控加工的零件精度更高，并且更容易控制。

一、长度刀补

1. 概念

数控加工零件一般要用多把刀具，由于不同的刀具长度不一，产生的刀位点位置不统一，因此刀具无法准确按坐标进行加工。解决这一问题的办法就是设定刀具长度补偿。

1) 刀位点

刀位点是刀具上表示刀具切削位置的点，是表示刀具运动轨迹的动点，也是数控机床控制刀具运动的控制点。所有的刀具运动轨迹，即走刀路线，都是刀位点的运动轨迹，在工件坐标系中表示为刀具运动的点。

刀位点在不同刀具上是不一样的，铣刀与钻头的刀位点表示为轴线与底刃端面的交点，如图 5-43 所示。

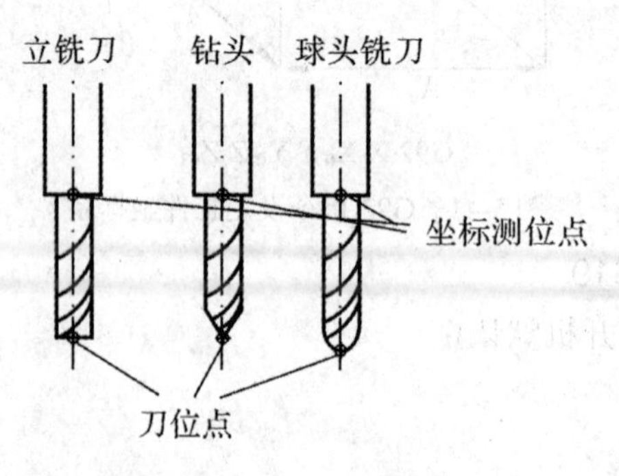

图 5-43　刀位点与坐标基准点

2) 坐标测位点

坐标测位点是数控铣床主轴上的一个点，也是数控机床控制各轴移动坐标的标定点，即机床坐标系中表示各轴坐标位置的动点。机床开机后，坐标测位点返回机床原点时将与机床坐标系原点重合，如图 5-43 所示。

3) 标准刀

标准刀是在建立工件坐标系时，用其刀位点作为测定坐标参数的基点，如图 5-44 所示。标准刀设定好之后，其坐标轴运动的动点就设定在标准刀的刀位点上。

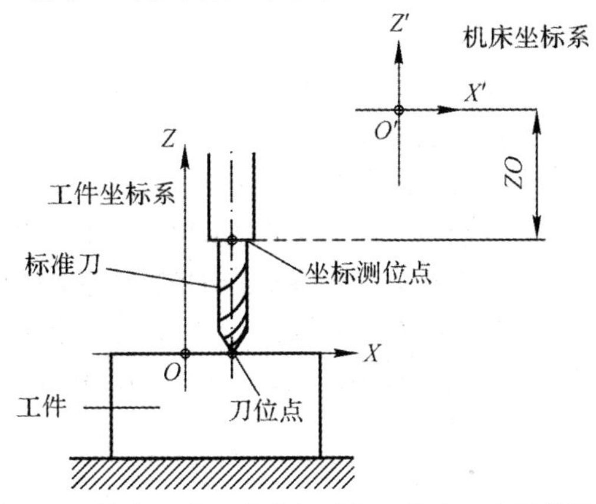

图 5-44　铣床 Z 向工件坐标系与刀位点、坐标基准点

标准刀的刀位点是数控机床控制初始刀位点，当程序中给出坐标时，标准刀的刀位点按坐标运动。

4) 刀补值

铣刀或钻头的长度刀补值为刀具长度与标准刀的差值，如图 5-45 所示。

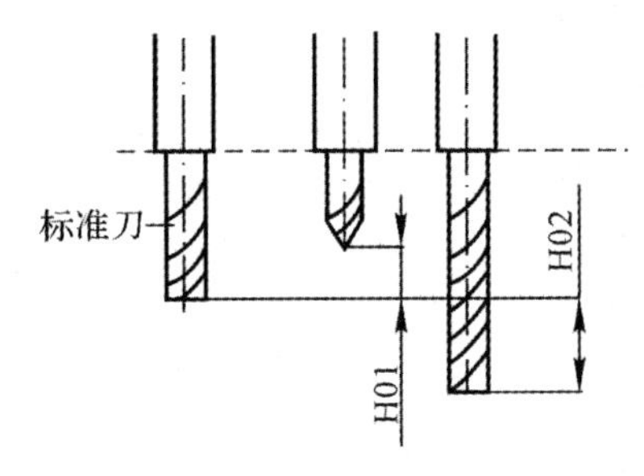

图 5-45　铣刀、钻头长度刀补值

2. 刀补指令

1) 建立长度刀补

G43：长度刀补“+”即加法运算；

G44：长度刀补“−”即减法运算。

指令格式：

G43 (G44) H××；

其中：H××表示刀补号。

G43 作用为：Z0 = Z1 + (H××)。

其中：Z0 为对应标准刀刀位点的 Z 坐标值，Z1 为建立长度刀补后程序中的 Z 坐标值，经过换算将标准刀的刀位点，转为现加工刀具的刀位点。

2) 撤销长度刀补

G49 指令用于撤销长度刀补。

指令格式：G49。

3. 刀补原理

1) 无刀补的情况

未加长度刀补的程序如下：

G01Z0；

对于不同的刀具，刀位点的位置如下：

标准刀：刀位点位于工件坐标系 Z 轴的零点；

T01 刀：刀位点位于距工件坐标系 Z 轴零点为(H01)刀补值的位置；

T02 刀：刀位点位于距工件坐标系 Z 轴零点为(H02)刀补值的位置。

显然，不建立长度刀补，T01、T02 刀具就不能使其刀位点按程序中的坐标值来移动，这样除标准刀外，其他刀具将无法按程序加工，如图 5-46(a)所示。

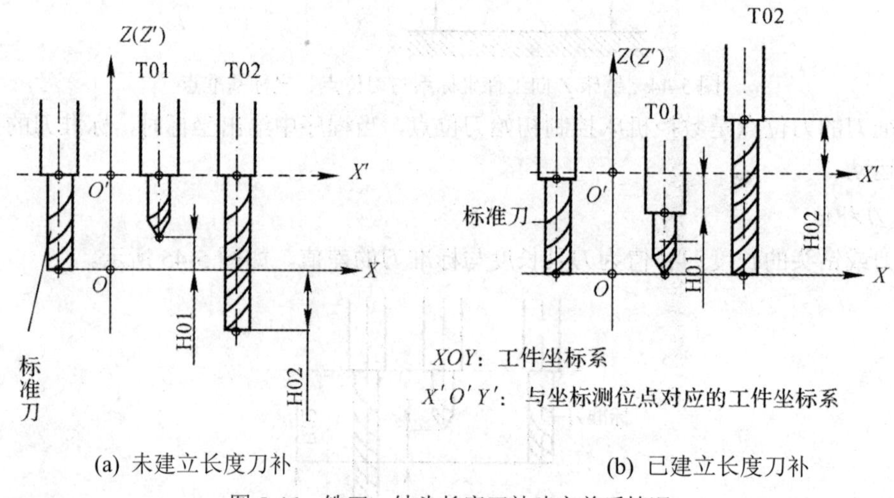

图 5-46　铣刀、钻头长度刀补建立前后情况

2) 建立刀补

在建立长度刀补之后，将会控制刀具的刀位点按程序中的坐标值来移动。

T01 刀的程序如下：

G43G01H01Z0；

执行此程序后，T01 号刀具的刀位点将位于工件坐标系 Z 向零点。

T02 刀的程序如下：

G43G01H02Z0；

执行此程序后，T02 号刀具的刀位点将走到工件坐标系 Z 向零点，如图 5-46(b)所示。若程序中漏掉 H××或输入错误，则会造成撞刀事故。

3) G43(G44)指令作用

数控系统内部执行的计算公式如下：

G43：$Z_0 = Z_1 + (\text{H}\times\times)$

G44：$Z_0 = Z_1 - (H\times\times)$

其中：Z_0 为坐标测位点的 Z 坐标值；Z_1 为程序中的 Z 坐标值；H01 为刀补值。

例如：H01 = −10，程序为 G43G01H01Z0，则 $Z_0 = 0 + (-10) = -10$。

上式表示程序中的 Z 值与刀补地址 H01 中的值相加结果为机床的坐标测位点位于坐标测位点工件坐标系 $X'O'Z'$ 的 Z −10，数控系统实际控制的是坐标测位点的位移，坐标测位点移到 Z −10，刀具位点移到工件坐标系 Z_0。

为了能保证各刀的刀位点按工件坐标系 XOZ 运动，就必须为每把刀都建立长度刀补。建立长度刀补的任务是，根据各刀的刀补值，将标准刀的刀位点转换到各刀的刀位点，如图 5-43 所示，也就是数控机床能控制各刀的刀位点。

O' 为坐标测位点对应工件坐标系的参考点(坐标原点)，建立长度刀补后，根据数控系统的指令，坐标测位点按 Z_0(Z 坐标 + 刀补值)运动，即在坐标测位点工件坐标系 $X'O'Z'$ 中运动。标准刀可看作是有刀补值的，其刀补值为 0，如图 5-47 所示。

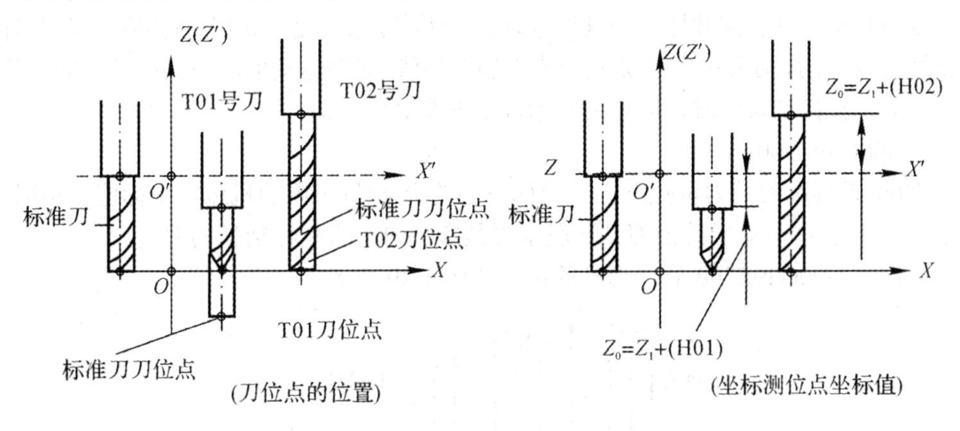

图 5-47　G43 的指令含义

若有一个刀补值 H02 = −10 的 T01 号刀和一把刀补值 H03 = 15 的 T02 号刀，试指明其在下列程序中 T01、T02 和标准刀的刀位点，坐标基准点以及其对应的坐标值，如图 5-48 所示。

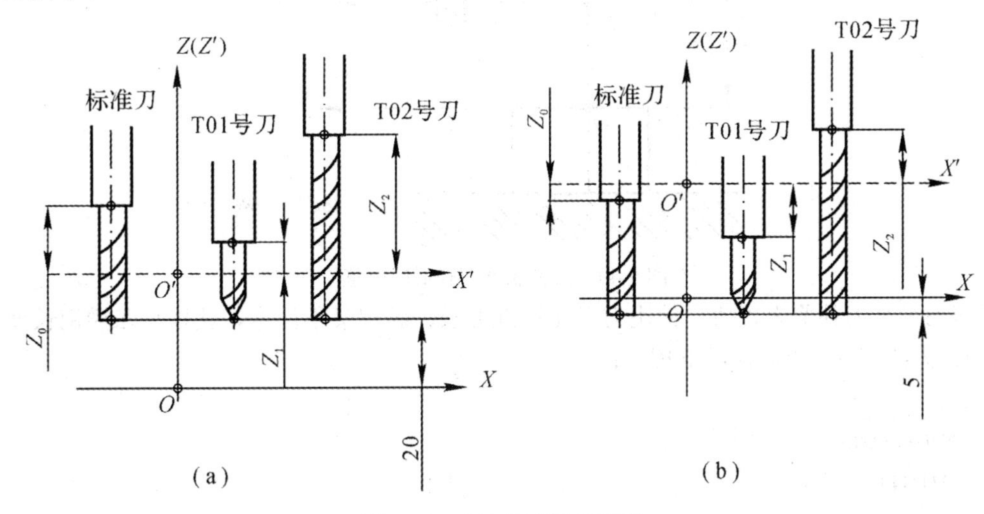

图 5-48　G43 的应用示例图

解：(1) 标准刀：　G01G43H01Z20；

T01：　G01G43H02Z20；

T02：　G01G43H03Z20；

标准刀　$Z_0 = 20 + (H01) = 20 + 0 = 20$　(H01 = 0，标准刀的刀补值为 0)

T01 刀　$Z_1 = 20 + (H02) = 20 + (-10) = 10$

T02 刀　$Z_2 = 20 + (H03) = 20 + (15) = 35$

(2) 标准刀：G01G43H01Z－5；

T01：　G01G43H02Z－5；

T02：　G02G43H03Z－5；

标准刀：　$Z_0 = (-5) + (H01) = (-5) + 0 = -5$

T01 刀：　$Z_1 = (-5) + (H02) = -5 + -10 = -15$

T02 刀：　$Z_2 = (-5) + 15 = 10$

长度刀补指令具有续效性，一旦设定以后，所有 Z 指令都要加上刀补值。直到当撤销刀补指令运行后，此后程序中的 Z 坐标值不加刀补值，Z 轴运动的动点为标准刀的刀位点。为防止撞刀，在撤销长度时，应使刀具抬高至安全高度，即

G00G49Z300；

其中：Z300 是标准刀的刀位点在工件坐标系中的坐标值(不同的机床，坐标值也不同，要具体情况具体分析)，对于其他刀具一般来说是安全的，除非特别长的刀具。

运行程序 G00G49Z300 后，刀具的位置如图 5-49 所示。

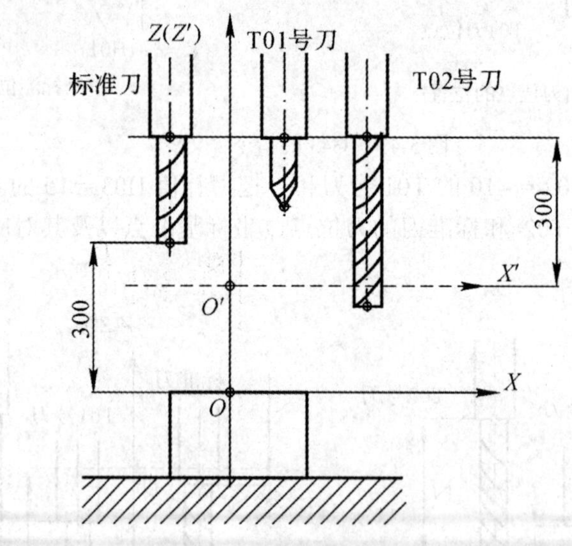

图 5-49　撤销长度刀补后的位置

若 H××刀补值为正值，使用刀具比标准刀长，编程又不注意，就极易在撤销长度刀补时打刀 (撞刀)。如运行以下程序：

```
......
N30 G00Z0;
N31G49;
......
```

如图 5-50 所示，当执行 G49 指令撤销长度刀补后，刀具如果向下移动就会打刀。

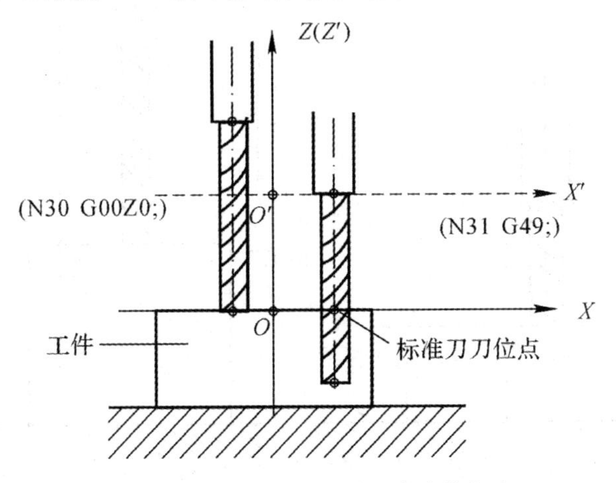

图 5-50　撤销长度刀补时易发生的危险

所以，在 G49 指令程序段内，要加上 Z 的安全高度坐标。指令如下：

G49Z300；

4. 刀补指令应用

在数控铣床和加工中心上使用铣刀、钻头、镗刀等，每把刀具都必须建立长度刀补。一般在程序的第二行程序段，即建立工件坐标系之后使用刀补指令，在倒数第二段程序中撤销长度刀补。如：

```
O0002
G54G90G00X__Y__;
G43H××Z100S___M03;    建立长度刀补，刀位点在 Z100 的位置
......
G49G00Z300M05;        撤销长度刀补，标准刀刀位点在 Z300 的位置
M30;
%
```

每把刀都要撤销长度刀补，若不撤销，则有可能会发生刀补错误，非常危险，容易撞刀(打刀)。

为了防止操作者在输入刀补时出现错误而造成撞刀，在建立长度刀补程序段中，G43 后加入Z100，使刀具刀位点在这条程序运行后定在Z100的高度上，即距离工件表面100 mm (工件表面设为零点)。这样，万一有刀补值错误，也可在单段运行时及时发现错误，避免撞刀(打刀)。若不加 Z100，而是加 Z0，从理论上没有错误，但极危险，万一出现刀补值错误，没有给操作者留出发现错误的反应时间，容易造成撞刀、撞弯主轴等重大事故，尤其是钻孔程序，更要注意。

不需要对每批工件都设定标准刀，可以使用以前别的工件使用的标准刀，只要测出与其差值就行，如图 5-51 所示，将 H01 的值输入刀补参数表中即可。

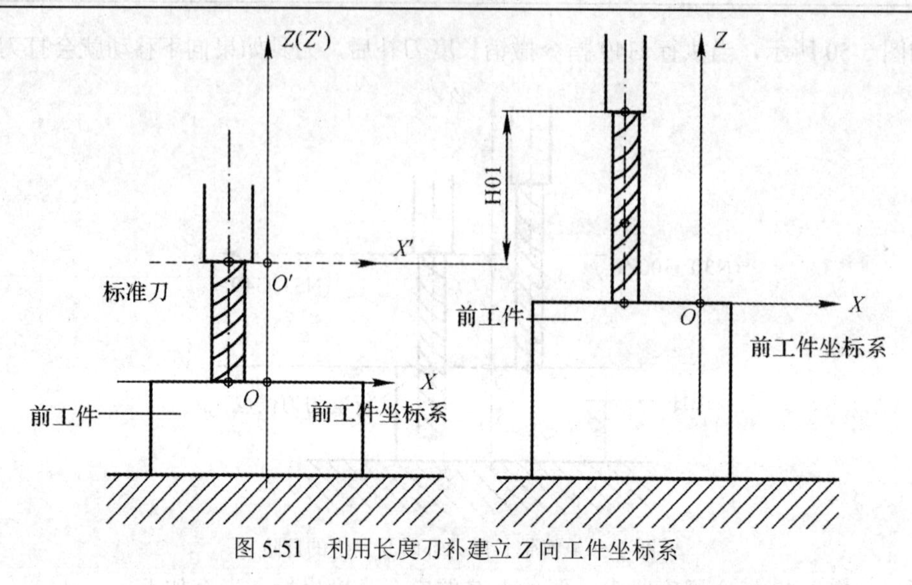

图 5-51　利用长度刀补建立 Z 向工件坐标系

二、径向刀补

径向刀补是指刀具在切削工件时，切削点与刀位点不重合所造成的加工误差。为了消除这种误差，数控系统根据刀补指令所进行的补偿计算，刀位点按补偿后的轨迹运行，从而保证加工的精度要求。如果不建立径向刀补，就需用刀具中心编程，数值计算复杂，工作量大。数控系统的径向刀补功能，可以简化计算，使得编程变得大为简单。同时，运用刀补铣削加工时还能控制尺寸精度，是保证零件精度的有效手段。

1. 概念

铣削径向刀补主要用于铣平面内外轮廓，粗铣凸台、型腔和空间曲面均不用径向刀补。当铣轮廓时，刀具的刀位点在铣刀中心线上，切削点在立铣刀切线上，若不用刀补，刀位点沿工件轮廓运行，则会过切一个半径，产生加工误差。若要消除误差，刀具就要偏置一个半径，而要按偏置一个半径计算刀具中心轨迹比较麻烦。数控系统提供的半径刀补功能，即用轮廓坐标作编程轨迹，数控系统自动计算偏置半径的刀具中心轨迹，从而保证工件形状不过切，如图 5-52 所示。

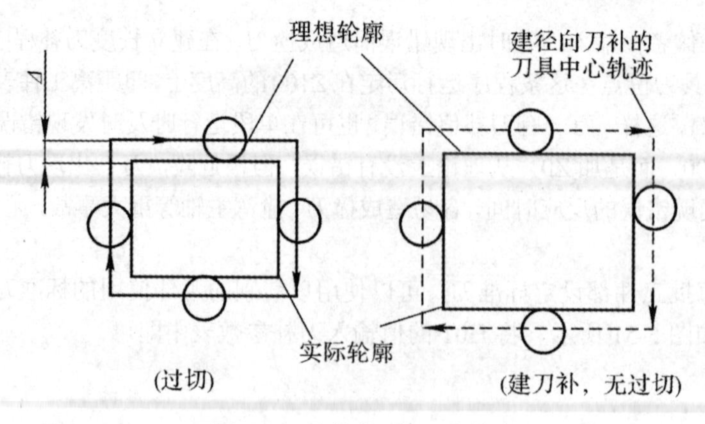

图 5-52　铣轮廓刀补示意图

2. 刀补值

径向刀补值较为简单，通常为刀具半径。

径向刀补值输入机床时，可根据情况进行调整，一般精铣为刀具半径。有时为控制精度，也可改变刀补值。如粗铣加大半径刀补值，精铣可根据粗铣后的实际尺寸减少或增大刀补值。

3. 刀补指令

径向刀补指令为

G41：径向刀补，刀具左偏；

G42：径向刀补，刀具右偏；

G40：撤销刀补。

偏向的判断方法：从刀具中心向进刀方向看，刀具在工件左侧为左偏(G41)，在工件右侧为右偏(G42)。

当使用一个刀具加工一个封闭轮廓时，刀具始终沿着左侧或右侧运行，因此只要开始是 G41 或 G42，最后也还是 G41 或 G42，不改变方向，如图 5-53 所示。

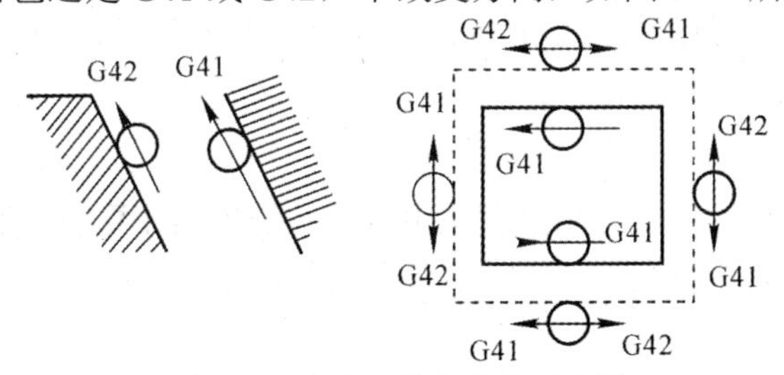

图 5-53　径向刀补左右偏示意图

4. 径向刀补原理

铣削的径向刀补分为 B 刀补和 C 刀补两种功能，B 刀补和 C 刀补都能计算出刀具偏置一个刀补值的刀具中心轨迹，即按 AB、BC 编程，数控系统能自动控制刀具中心按 $A'B'$、$B''C'$ (B 刀补)或 $A'B'$、$B'B''$、$B''C'$ 或 $A'B'C'$(C 刀补)运动，如图 5-54 所示。

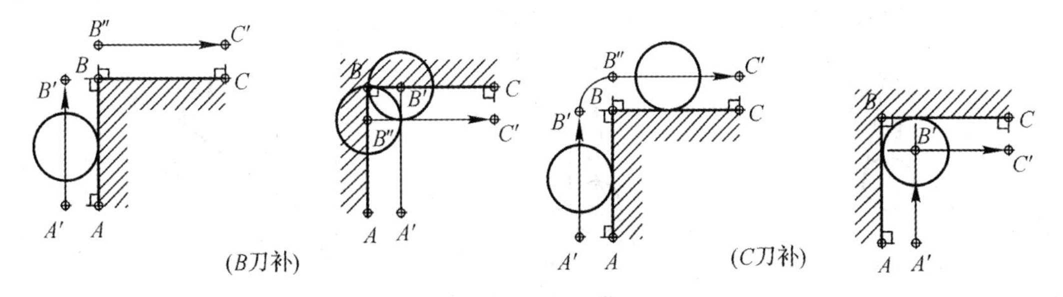

图 5-54　B 刀补和 C 刀补及其尖角过渡

若要连续切削 B' 和 B'' 的过渡问题，B 刀补功能解决不了，C 刀补功能可以解决两段之间过渡问题(尖角过渡问题)，即数控系统可控制刀具自动实现尖角过渡，不需在程序中给出任何指令。现在的数控系统一般都具备 C 刀补功能。铣削轮廓编程中，径向刀补一般有三个阶段需要掌握，即建立、尖角过渡和撤销，重点应掌握两个阶段：建立和撤销径向刀补的路线。

1) 建立径向刀补

这个过程是刀具中心从与编程坐标重合点(起刀点)，给到偏置一个刀补值并与编程坐标不重合的过程，如图 5-55 所示。

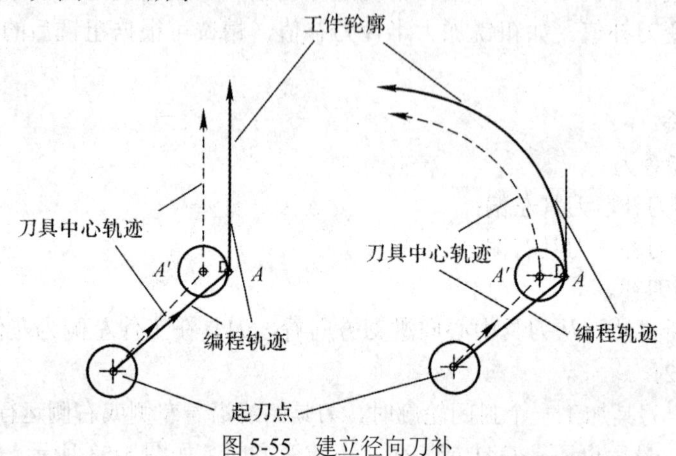

图 5-55　建立径向刀补

刀具中心轨迹从起刀点进给到 A'点，A'为 A 点向轮廓的法向偏置一个刀补值的刀具中心点，不论是直线还是圆弧轮廓。

2) 尖角过渡

如图 5-56 所示，C 刀补中尖角过渡是由数控系统自动计算的，在程序中不反映，编程时不考虑尖角过渡问题。例如，$A—B—C$ 尖角刀补程序如下：

```
......
G41G01H11XxaYya;
G01XxbYyb;
XxcYyc;
.......
```

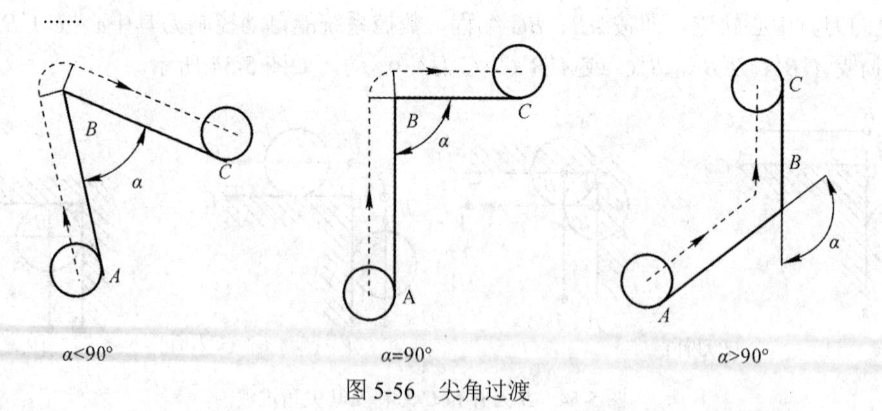

图 5-56　尖角过渡

3) 撤销径向刀补

撤销径向刀补非常重要，加工完后若不撤销刀补，将会给后续加工带来麻烦，会产生过切、少切，造成零件报废。

撤销轨迹是指刀具中心从最后一个偏置点(编程点法向偏置刀补值的点)向退刀点运动直至与编程轨迹重合的过程，如图 5-57 所示。

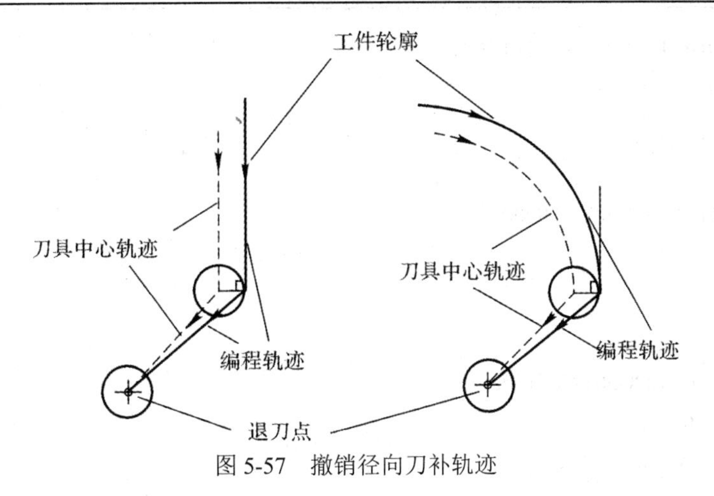

图 5-57　撤销径向刀补轨迹

5. 刀补指令应用

在铣内外轮廓时必须建立铣削径向刀补。在建立和撤销的路线上要特别留意，以防过切或少切。建立和撤销径向刀补可用刀具运动指令 G00 和 G01，不能用 G02 和 G03，但是一般不要用 G00，因为 G00 走的路线是折线，不易控制，易打刀。

1) 建立径向刀补的常用路线

建立径向刀补的常用路线如图 5-58 所示(虚线为刀具中心轨迹，实线为编程轨迹，刀补号为 D01)。其对应的程序如下：

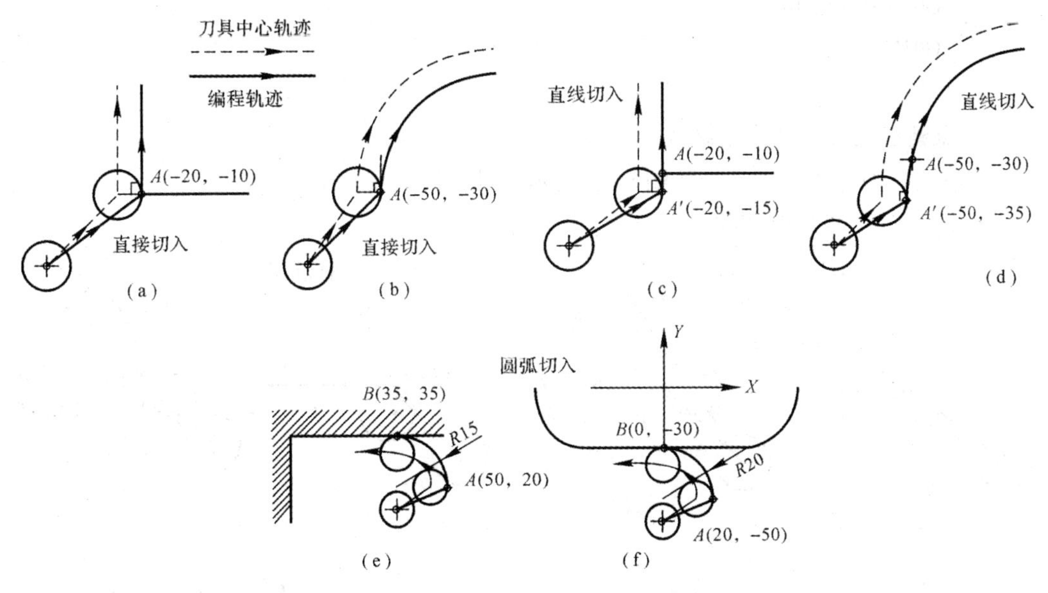

图 5-58　建立径向刀补的常用路线

(1)　......

G01G41D01X-20Y-10F100;

G01Y__;

......

(2)　......

G01G41 D01X-50Y-30F100；

G02X__Y__R__；

......

(3) ......

G01G41 D01X-20Y-15F100；

G01Y__；

......

(4) ......

G01G41 D01X-50Y-35F100；

G01Y-30；

G02X__Y__R__；

(5) ......

G01G41 D01X50Y20F100；

G03X35Y35R15；

G01X__；

......

(6) ......

G01G41 D01X20Y-50F100；

G03X0Y-30R20；

G01X__；

......

2) 撤销径向刀补的常用路线

撤销径向刀补的常用路线如图 5-59 所示。其对应的程序如下：

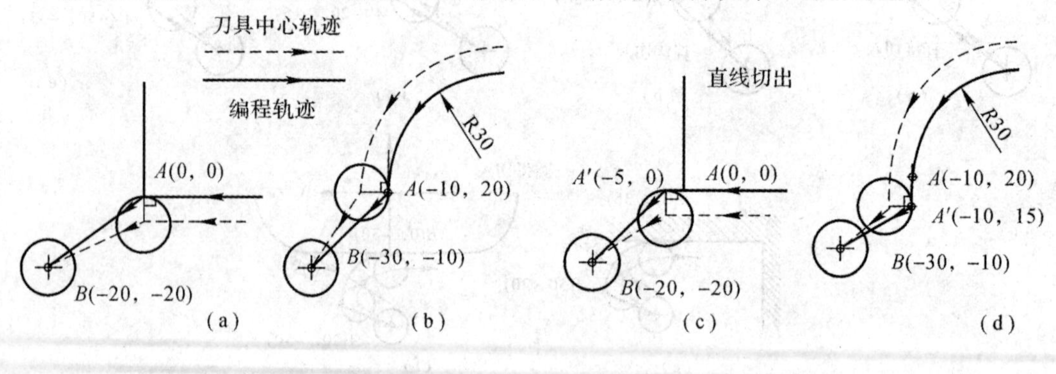

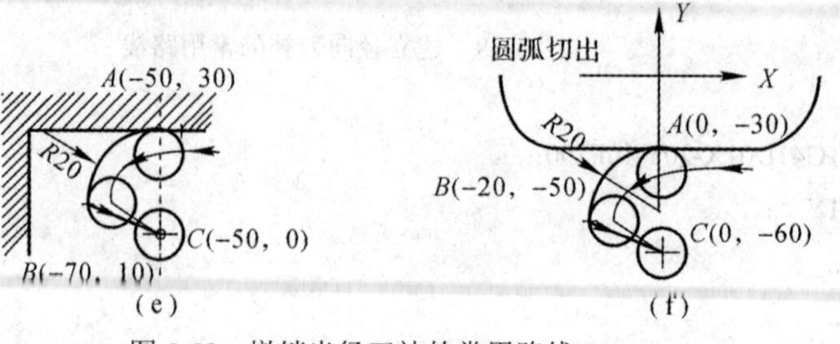

图 5-59 撤销半径刀补的常用路线

(1) ......

G01X0Y0；

G40G01X-20Y-20；

......

(2) ......

G03X-10Y20R30；

G01G40X-30Y-10；

......

(3) ......

G01X-5Y0；

G40X-20Y-20；

......

(4) ......

G03X-10Y20R30；

G01Y15；

G40X-30Y-10；

......

(5) ......

G01X-50Y30；

G03X-70Y10R20；

G01G40X-50Y0；

......

(6) ......

G01X0Y-30；

G03X-20Y-50R20；

G01G40X0Y-60；

......

3) 利用径向刀补控制尺寸

(1) 粗加工。

若要留余量，则将留的余量加在半径刀补值中，输入刀补参数表。如图 5-60 所示，R 为径向刀补值，$\varDelta$ 为粗加工为精加工留的余量，虚线为粗加工后的工件轮廓。

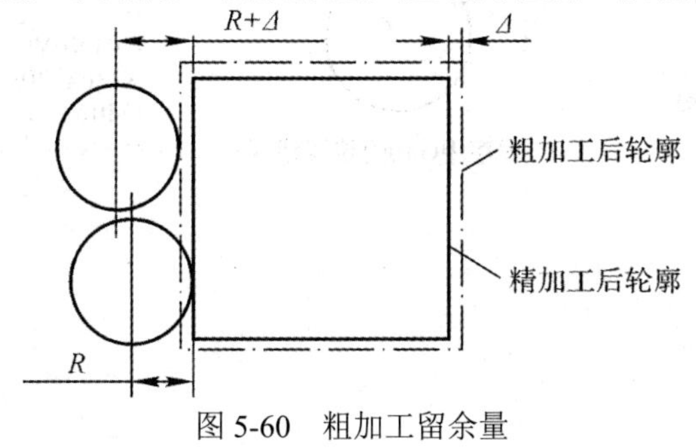

图 5-60　粗加工留余量

若 R=10，Δ=1，则刀补值改为 D01 = 10 + 1 = 11，不必修改程序，再加工一遍即可完成粗加工。

(2) 精加工。

若加工尺寸因刀具磨损或让刀还差一点满足精度要求，可将差值减去径向刀补值，不改程序加工一遍，就可将尺寸进一步修正。如图 5-61 所示，R 为精加工刀补值，Δ 为尺寸差的余量，虚线为零件要求轮廓尺寸，将刀补值改成 $R-\Delta$ 再加工一遍，即可满足尺寸要求。

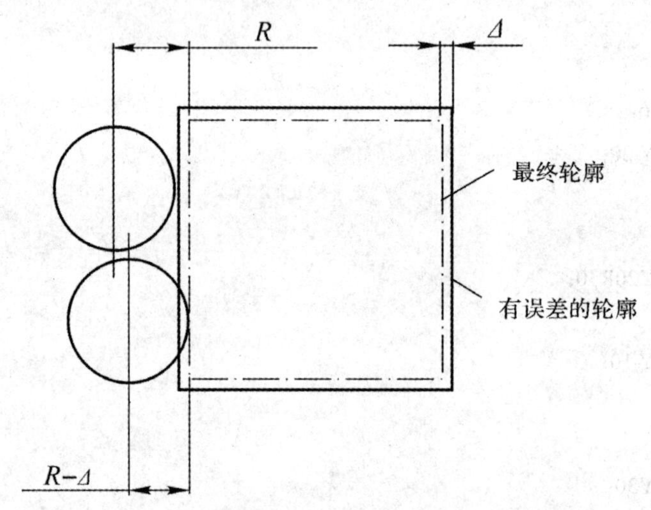

图 5-61　精加工控制尺寸

例：加工零件刀补值为 8，加工后测量尺寸为 100.1，双边大了 0.1，可将 D01 = 8 − 0.1/2 = 7.95 输入刀补表，加工一遍即可保证精度。

4) 建立撤销刀补时易发生的错误

建立和撤销刀补时，若设计不正确，则很容易发生错误，如图 5-62 所示。

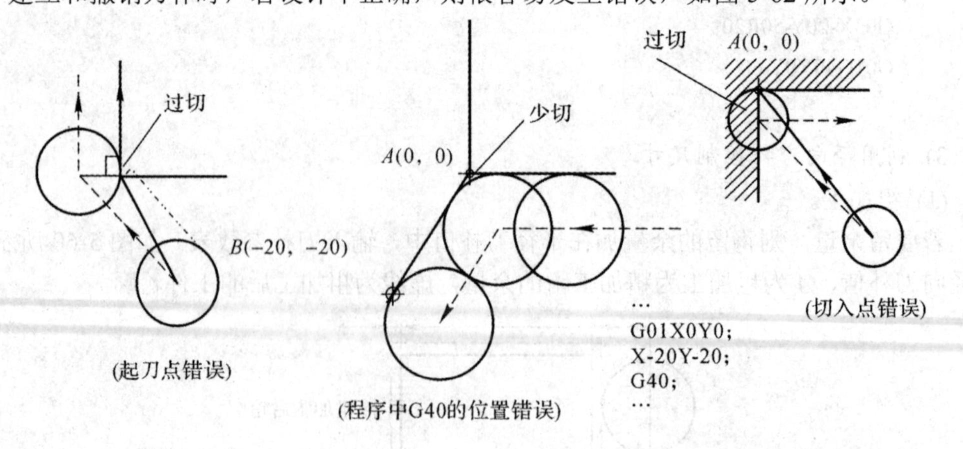

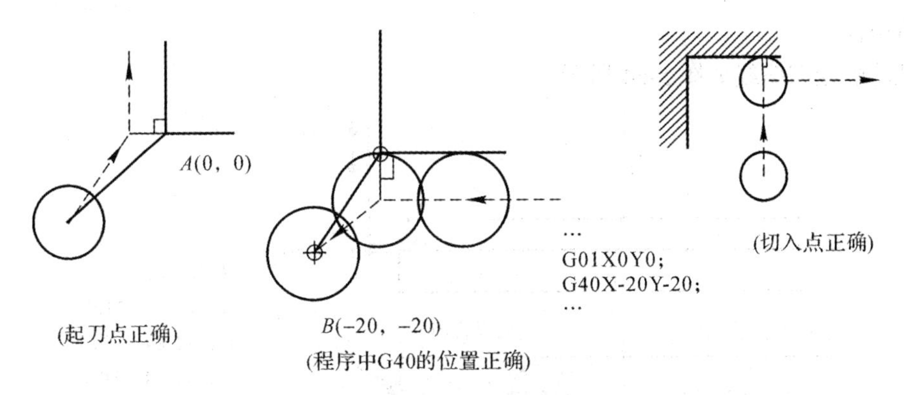

图 5-62　常见的建立与撤销刀补路线的错误及修正

三、编程示例

长度刀补用于数控铣床上的几乎所有刀具，以及所有工步的加工。径向刀补主要用于精铣轮廓的铣削工步中。如图 5-63 所示，该零件为 45#钢材料，要求精铣凸台轮廓(单边余量为 0.5 mm)，试作数控铣削工艺分析并编写加工程序。

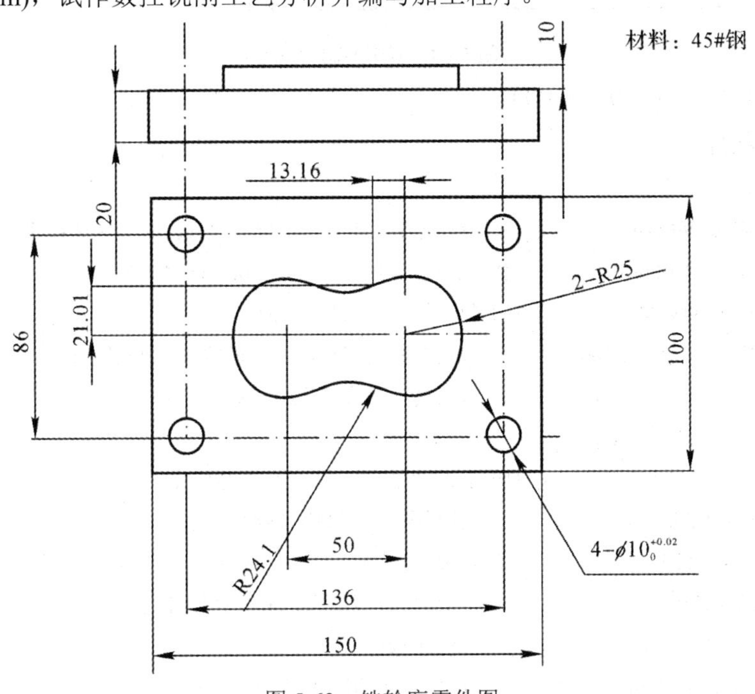

图 5-63　铣轮廓零件图

1. 工艺分析

(1) 夹具选择：平口钳。

(2) 工步设计：精铣凸台。

(3) 刀具选择：立铣刀(ϕ16 H01 D01)。

(4) 走刀路线：① 设定工件坐标系；② 刀具形状；③ 选直线切入切出；④ 选定起刀点(下刀点)、切入点、切出点、退刀点；⑤ 按照顺铣方向加工；⑥ 画出走刀路线；⑦ 计算基点坐标。

铣轮廓走刀路线如图 5-64 所示。

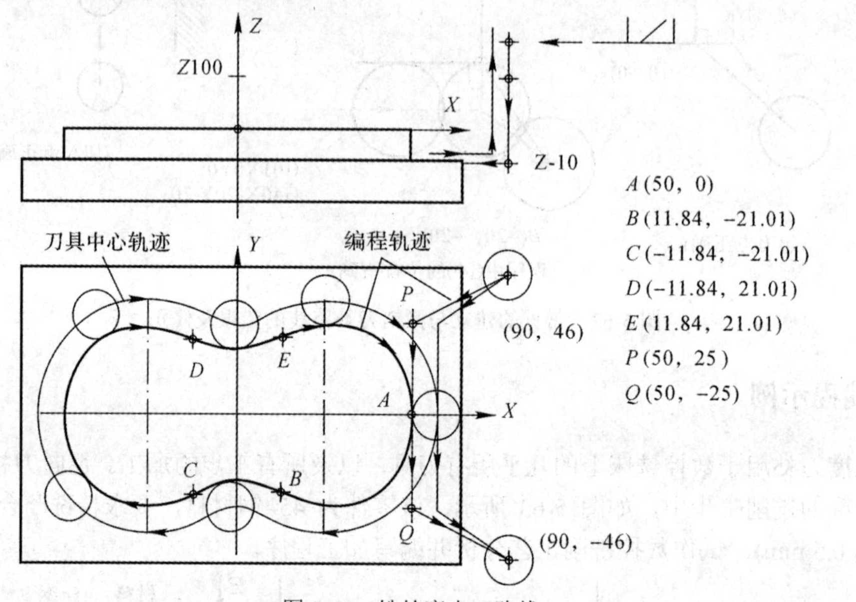

图 5-64　铣轮廓走刀路线

(5) 切削用量：F100　S1000。

2. 加工程序

```
%O0001
G54G90G00X90Y46;          (设定工件坐标系，绝对坐标，刀具快速移动至下刀点)
G43H01Z100S1000M03;       (建立长度刀补，主轴以 1000 r/m 转速正转)
G01Z-10F1000M08;          (刀具中速下刀，开冷却液)
G01G41X50Y25D01F100;      (建立径向刀补，刀具进至 P 点偏置位置，设定进给量)
Y0;                       (刀具从 A 点切入，开始切削)
G02X11.84Y-21.01 R25;     (切削 AB 段圆弧，顺时针插补)
G03X-11.84 R24.1;         (切削 BC 段圆弧，逆时针插补)
G02Y21.01R-25;            (切削 CD 段圆弧，顺时针插补)
G03X11.84 R24.1           (切削 DE 段圆弧，逆时针插补)
G02X50Y0R25;              (切削 EA 段圆弧，顺时针插补)
G01Y-25;                  (从 A 点切出)
G01G40X90Y-46F300;        (退刀，撤销径向刀补)
Z100F1000M09;             (中速抬刀，关冷却液)
G00G49Z300M05;            (快速抬刀，取消长度刀补，主轴停)
M30;                      (程序结束)
%
```

程序要点：

(1) 前四段程序为设置部分，主要设置工件坐标系、长度刀补和径向刀补。

(2) 后三段(从有 G40 的程序段开始)为撤销部分，主要撤销长度刀补和径向刀补。

(3) 中间部分为铣轮廓部分，即切削加工部分，主要加工轮廓。

(4) 建立刀补的顺序应先建立长度刀补，后建立径向刀补；撤销刀补顺序为先撤销径向刀补，后撤销长度刀补。

(5) 在刀具接近工件时，应以较慢速度接近工件，防止撞刀；抬刀时也应先慢速抬刀，再快速抬刀。

第五节　钻 孔 循 环

孔类加工在数控铣床上应用非常普遍，并且显示了数控机床的突出特点，不用画线，不用钻模，孔的位置相当准确，效率高，速度快，冷却充分。由于很多企业用数控铣床加工孔，因此不再设计和制作钻模。数控铣床对于各种类型的孔都能加工，如钻孔、铰孔、镗孔、扩孔、锪孔以及攻丝等。根据孔类加工的特点，数控系统设置了多种固定循环指令，以控制刀具有相同的加工轨迹。

一、孔类加工工艺

孔类的加工方法很多，各种方法都有各自的特点，也有共同的特点。共同点是走刀路线比较相似，都是要先定孔中心，再下刀加工。下刀时在距工件表面较远处快速进给，接近工件转为慢速工进，慢速工进至加工深度。下到孔中的加工路线和加工后的退刀路线，对应各种方法将有所不同。

1. 定心路线

各种孔加工方法，其刀具的回转中心都是与主轴同心的，不同的刀具其刀位点都在刀具顶端的回转中心上，如图 5-65 所示。用刀具加工孔，刀具中心就是孔中心，孔中心主要是在 *XY* 平面内确定的。刀具的定心路线为 *XY* 平面快速移动，*Z* 向不动。刀具定心路线如图 5-66 所示。

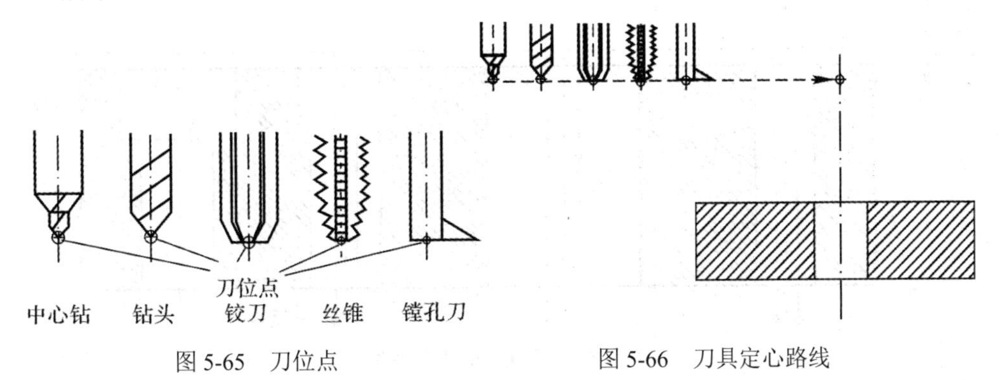

图 5-65　刀位点　　　　图 5-66　刀具定心路线

2. 下刀路线

加工孔的下刀路线在各种方法中都相同，距工件表面远时，快速进给；距表面 2 mm～5 mm 时，转为工进。对于所有刀具都应建立长度刀补，因此，在下刀路线上，要有一个检验刀补的 Z100，也可以是 Z50、Z30 或其他值，但一定要有这个点，以防刀补错误而打刀(撞刀)，如图 5-67 所示。

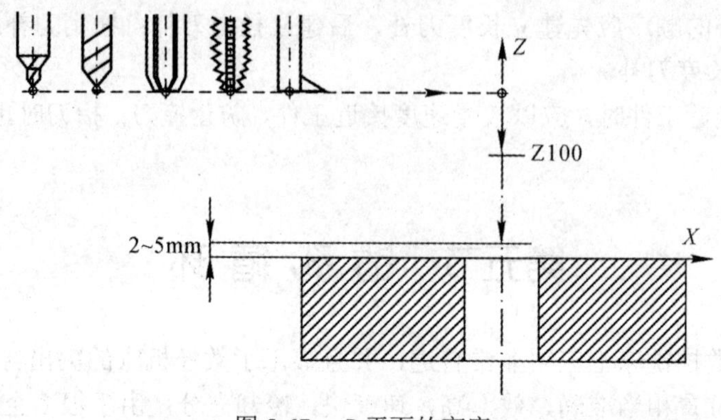

图 5-67　*R* 平面的高度

3. 加工路线

钻孔、铰孔、扩孔和点窝四种加工方法的加工路线相似，均为：工进+快退。

镗孔要保证孔的精度与光度，加工路线为：工进+工退(以工进速度退刀)；工进+停转+快退。

攻丝要按螺纹下刀方式，每转一圈下降一个螺距，加工路线为：工进+反转+工退。

锪孔要平台阶孔面，加工路线为：工进+暂停+快退。

钻深孔的余量难以排除，需要进刀一段、抬刀一段，循环往复，保证孔能正常钻成，否则，钻头很容易被切屑夹住折断。加工路线为：工进+快退+快进+工进+…+快退。

孔加工的进刀路线如图 5-68 所示。

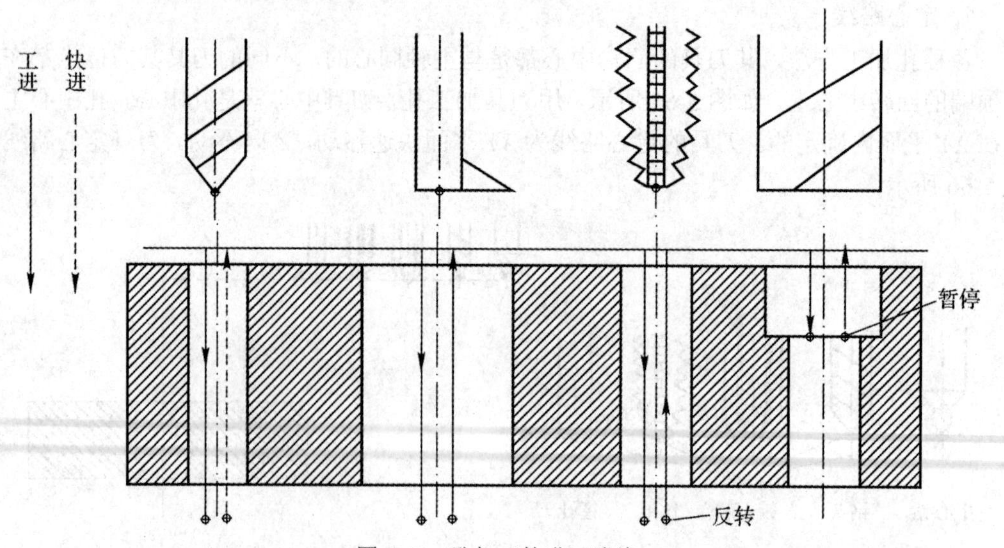

图 5-68　孔加工的进刀路线

这些加工方式的工进深度如下：

钻孔：通孔，超过孔深一个半径；盲孔，按图纸给定深度。

铰孔：通孔，超过孔深，把铰刀的切削部分透过去，盲孔，小于图纸给定深度。

扩孔：通孔，超过孔深，把切削部分透过去；盲孔，小于图纸给定深度。

镗孔：通孔，超过孔深 2 mm～3 mm；盲孔，按照图纸给定深度。

攻丝：通孔，超过孔深大半丝锥长度；盲孔，小于图纸给定深度。

锪孔：按图纸给定深度。

点窝：2 mm～3 mm。

二、固定循环指令

这个功能是针对孔加工中各种动作有许多固定不变的顺序而设定的，将这些动作用钻(镗)孔的固定循环指令来代替，一个指令可以控制六个顺序动作，大大简化了程序。

1. 固定循环动作

固定循环动作如图 5-69 所示。

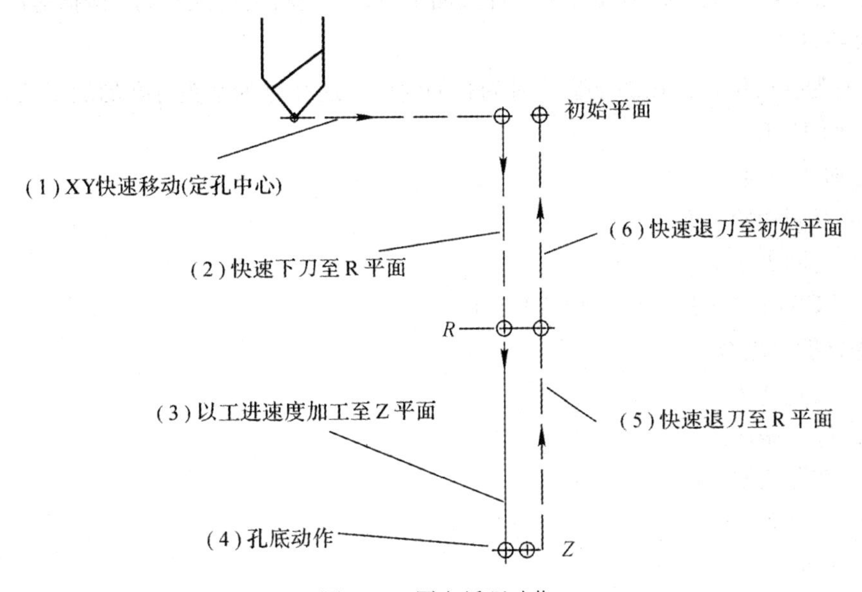

图 5-69　固定循环动作

(1) 动作 1：X、Y 轴快速移动定位，使刀具中心移到孔的中心位置。

(2) 动作 2：快速下刀至 R 平面，刀具从初始位置快速进到 R 平面转换为工进，即切削进给。若刀具已在 R 平面，则不动。

(3) 动作 3：刀具以工进速度加工至 Z 平面，深孔加工时可多次抬刀。

(4) 动作 4：孔底动作，锪窝、镗孔时用，包括暂停、主轴准停、刀具移动等动作。

(5) 动作 5：快速退刀至 R 平面。

(6) 动作 6：快速退刀至初始平面。

2. 固定循环动作的几个位置

1) *初始平面*

初始平面是刀具在快速下刀前设定的一个平面，它的高度必须是保证刀具安全的高度，钻完孔后刀具快速返回到初始平面。若刀具要继续钻孔，则在平面上有障碍物时，必须返回初始平面，再平移钻孔，此时初始平面必须高于障碍物，如图 5-70 所示。

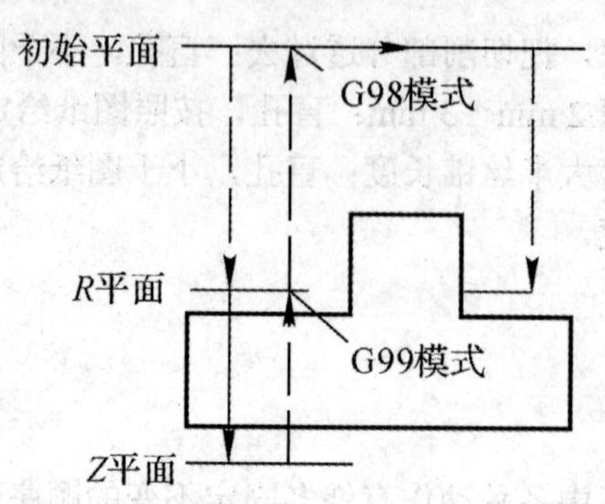

图 5-70　固定循环指令中用到的三个位置

2) *R* 平面

R 平面是刀具快速进刀与工进的转换位置，一般距工件表面 2 mm～5 mm。*R* 平面坐标值一定要给准、算对，必须要位于工件表面上方，否则将会造成打刀、碰撞等严重后果。

3) *Z* 平面

Z 平面为孔底位置，在加工盲孔时为孔的深度，通孔时为钻头等孔的加工工具伸出孔底相应距离的坐标。

4) 返回平面模式指令

G98：返回初始平面；

G99：返回 *R* 平面。

G98 和 G99 指令的使用如图 5-70 所示。

3. 固定循环指令

G81：钻孔循环；

G82：锪孔循环；

G83：钻深孔循环；

G84：攻丝循环；

G85：镗孔循环；

G86：镗孔循环；

G87：镗孔循环；

G88：镗孔循环；

G89：镗孔循环；

G73：高速深孔钻削循环；

G74：左螺纹攻丝循环；

G76：精镗循环；

G80：取消固定循环(也可用 G00～G03 组指令取消)。

固定循环动作被编成子程序，用 G81～G89、G73、G74、G76 指令调用。一个指令可以执行多个动作。

1) G81(钻孔循环)

G81 主要用于钻孔、扩孔、铰孔和点窝等加工方法，其动作比较简单，如图 5-71 所示。

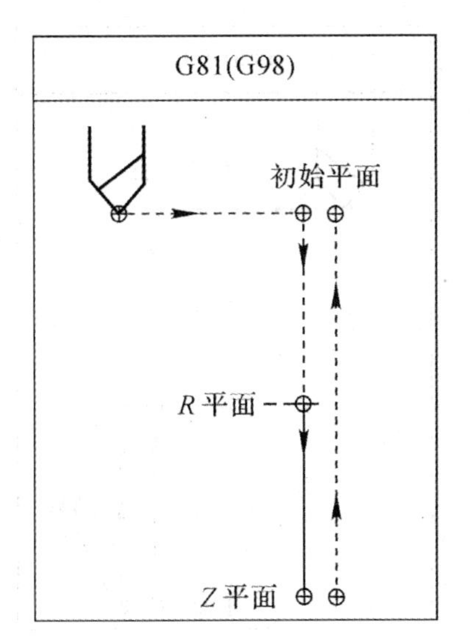

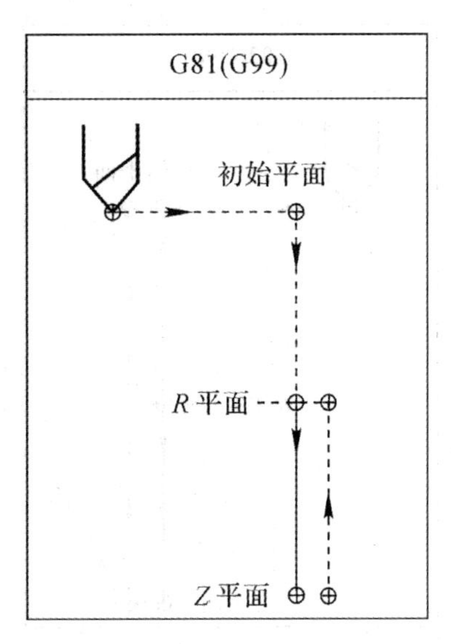

图 5-71　G81(钻孔循环)

指令格式：

G81X_____Y_____Z_____R_____F_____K_____；

其中：X、Y 为孔中心坐标；Z 为Z 平面的 Z 轴坐标；R 为R 平面的 Z 轴坐标 F 为进给量；K 为重复 G81 动作次数，这个参数只是在增量坐标模式下有用，可以 X、Y 的增量值加工排孔，K1 可不用写。

G81 钻排孔如图 5-72 所示。

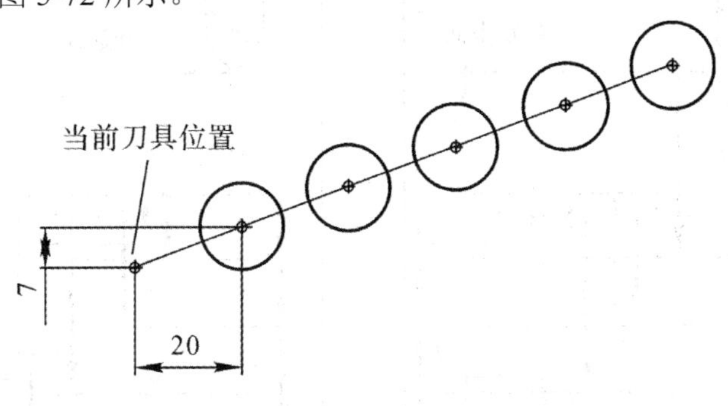

程序：G91G81X20Y7Z___R___F___K5;

图 5-72　G81 钻排孔

2) G82(锪孔循环)

G82 主要用于锪台阶孔，动作与 G81 近似，但刀具在孔底要暂停一下，无 Z 向进给时转几圈，以保证孔底被锪平，如图 5-73 所示。

指令格式：

G82X_____Y_____Z_____R_____P_____F_____K_____；

其中： X、Y、Z、R、F、K 的含义与 G81 相同；P 为暂停时间，单位为 ms。

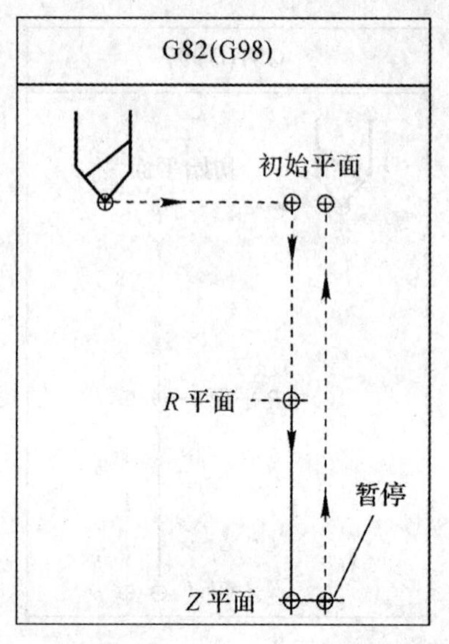

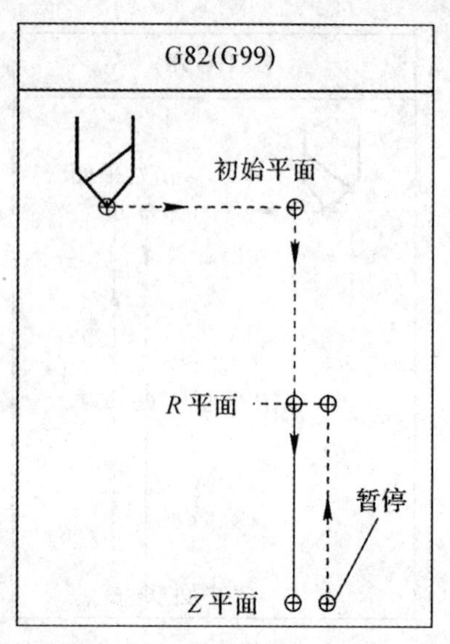

图 5-73　G82(锪孔循环)

3) G83(钻深孔循环)

G83 用于加工深孔，动作是每次进刀一定深度后快退抬刀至孔口，将切屑带出孔外，再进刀，循环往复，使加工可以继续进行，但注意避免刀具折断，如图 5-74 所示。

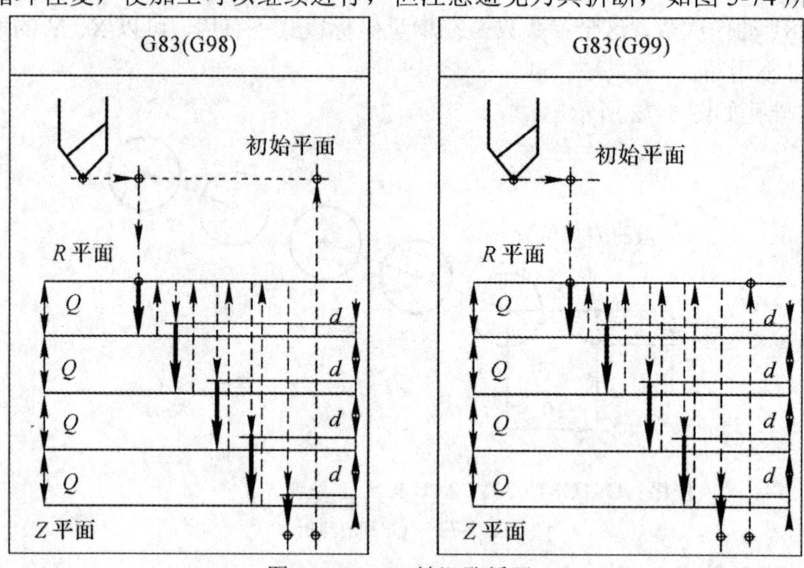

图 5-74　G83(钻深孔循环)

指令格式：

G83X____Y____Z____R____Q____F____K____;

其中：X、Y、Z、R、F、K 的含义与 G81 相同；Q 为每次进刀深度；d 为系统内部参数，为快进至上次钻孔深度的一定距离，以防撞刀。

4) G84(攻丝循环)

G84 用于攻丝循环，加工右旋螺纹(常用螺纹)。主轴在 G84 指令之前旋转，丝锥快进，工进攻丝，暂停，丝锥反转退刀，暂停，正转退回初始平面，如图 5-75 所示。

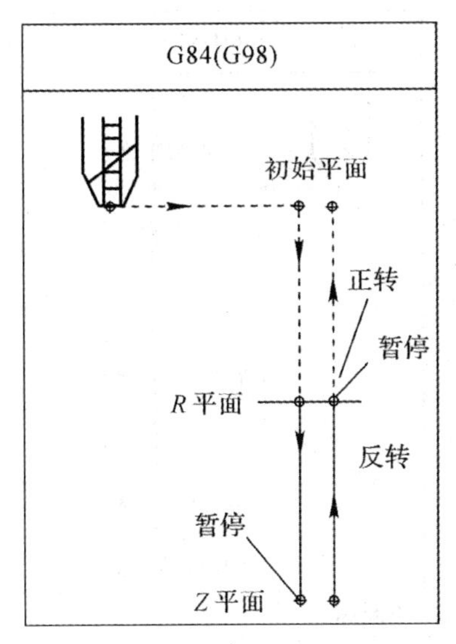

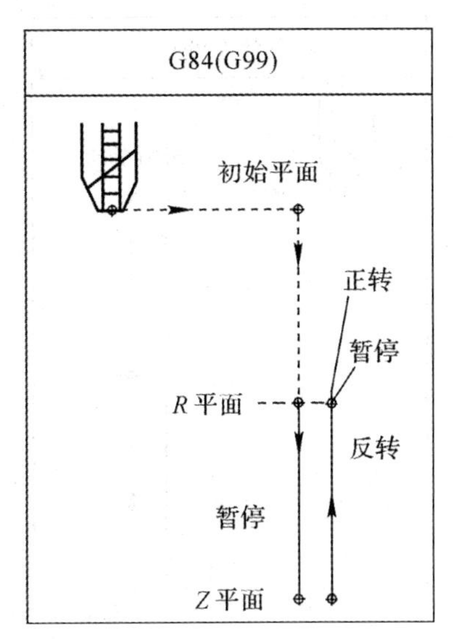

图 5-75　G84(攻丝循环)

指令格式：

G84X_____Y_____Z_____R_____F_____K_____;

其中：X、Y、Z、R、K 的含义与 G81 相同；F 为螺距×转速。

5) G85(镗孔循环)

G85 是镗孔指令。为了防止退刀时划伤孔表面，采用工进速度退刀，如图 5-76 所示。

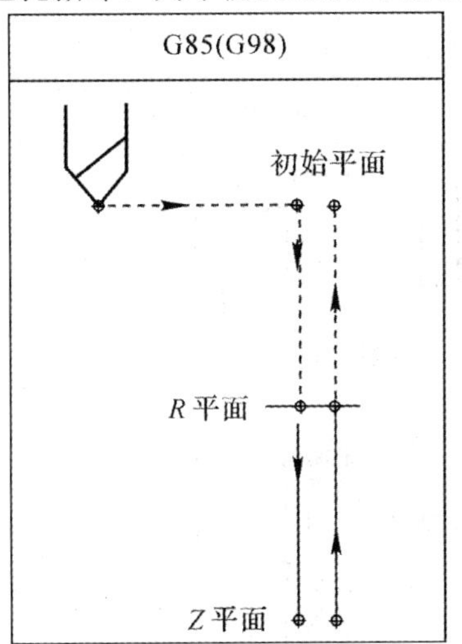

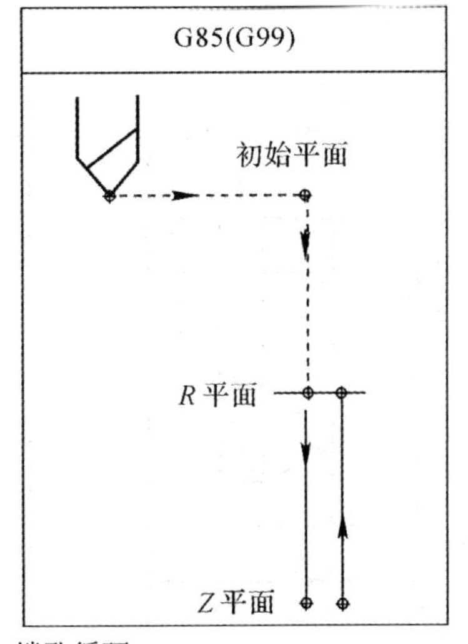

图 5-76　G85(镗孔循环)

指令格式：

G85X_____Y_____Z_____R_____F_____K_____;

其中：X、Y、Z、R、F、K 的含义与 G81 相同。

6) G86(镗孔循环)

G86 与 G85 的区别在于退刀，即在孔底主轴停，快速退刀。这样可防止以工进速度退刀时将孔镗大，但不易控制精度，且刀具容易在孔壁划出刀痕，如图 5-77 所示。

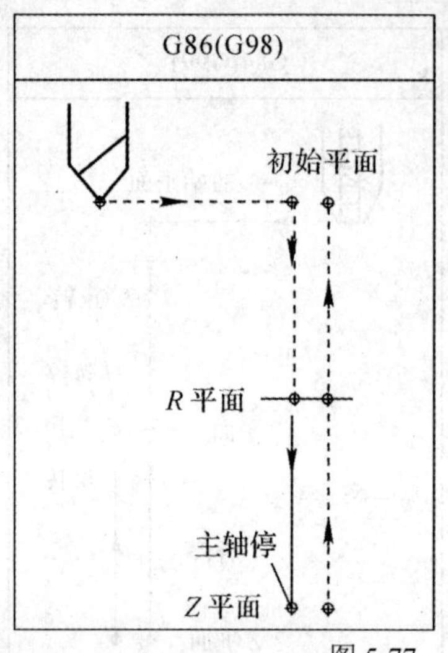

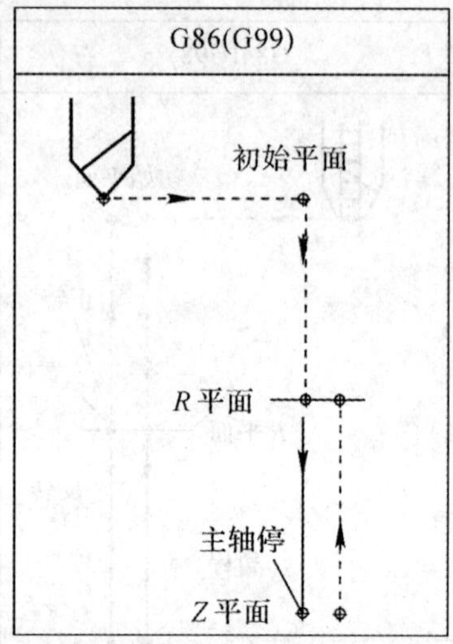

图 5-77　G86(镗孔循环)

指令格式：

G86X_____Y_____Z_____R_____F_____K_____；

其中：X、Y、Z、R、F、K 的含义与 G81 相同。

7) G87(背镗循环)

G87 是镗孔循环中比较复杂的指令，主要是为了加工零件底面的孔而设置的。零件上有些结构较难加工，为保证同轴度，必须与上面的孔同镗，如图 5-78 所示，就需要有背镗循环指令。

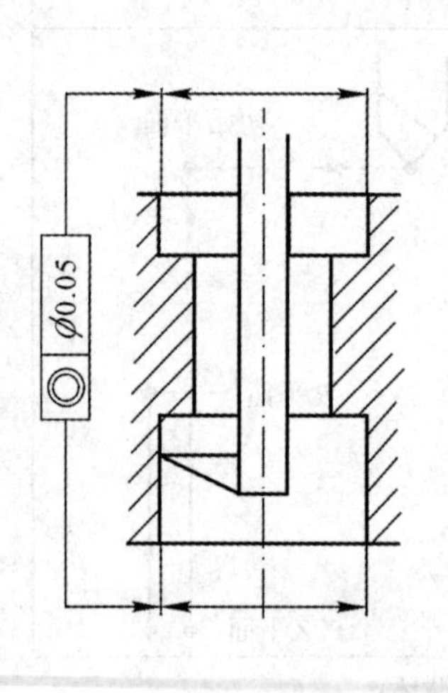

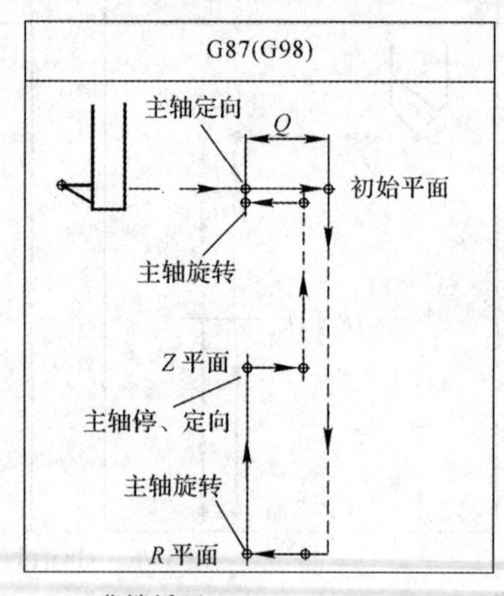

图 5-78　G87(背镗循环)

主轴先快速移动定位，主轴定向，朝一方向偏移一个距离 Q，快速下刀至 R 平面，朝原方向返回同样距离 Q，到孔中心，主轴旋转，向上工进，进至 Z 平面，主轴停并定向，朝原方向反向偏移一个距离 Q，快速抬刀，返回一个距离 Q，主轴旋转，如图 5-78 所示。

指令格式：

G87X_____Y_____Z_____R_____Z_____Q_____F_____；

其中：Q 为偏移量(正值)，R 比 Z 小；X、Y、Z、R、Q、F 的含义与 G81 相同。

8) G88(镗孔循环)

G88 是带有手动返回功能的镗孔循环，为了返回时不伤孔壁，如图 5-79 所示。

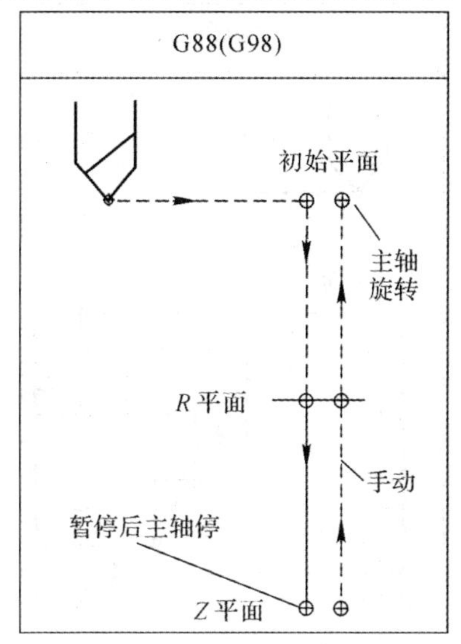

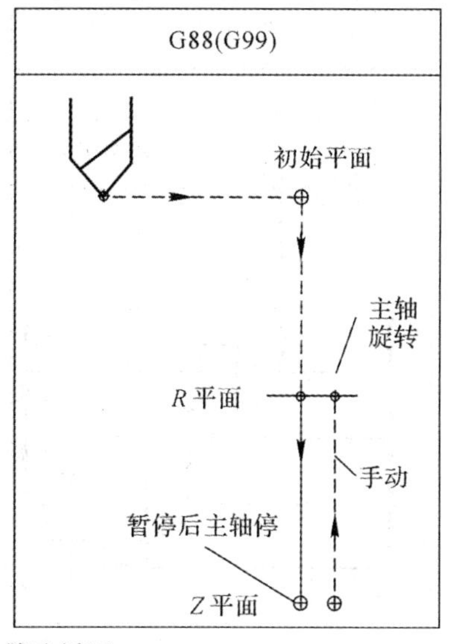

图 5-79　G88(镗孔循环)

指令格式：

G88X_____Y_____Z_____R_____P_____F_____;

其中：P 为暂停时间 ms；X、Y、Z、R、P、F 的含义与 G81 相同。

9) G89(镗孔循环)

G89 与 G85 相似，在孔底多了一个暂停，可镗台阶孔，如图 5-80 所示。

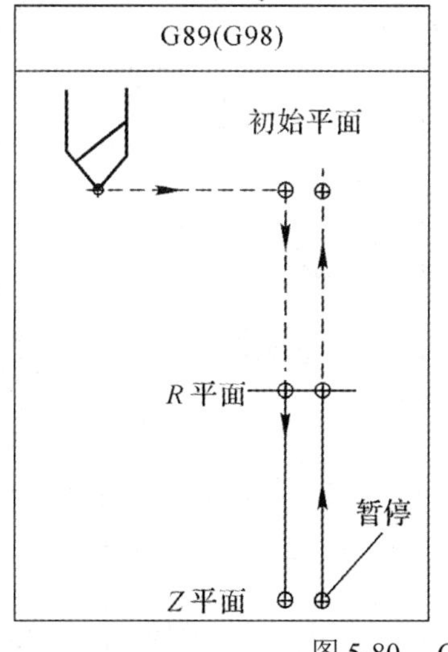

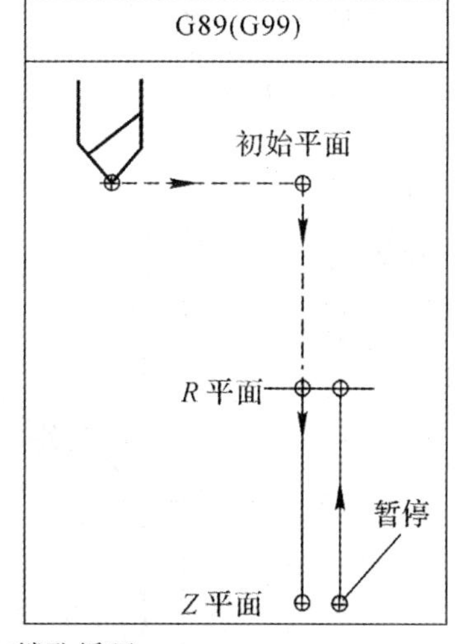

图 5-80　G89(镗孔循环)

指令格式：

G89X_____Y_____Z_____R_____P_____F_____;

其中，各参数含义与 G88 相同。

10) G73(高速钻深孔循环)

G73 是为了加工深孔所设置的指令，对于一些工件材料塑性较好，但容易产生带状切屑，缠绕钻头，从而影响加工。为了断屑，钻孔时先进一下刀，再抬一下刀，如图 5-81 所示。

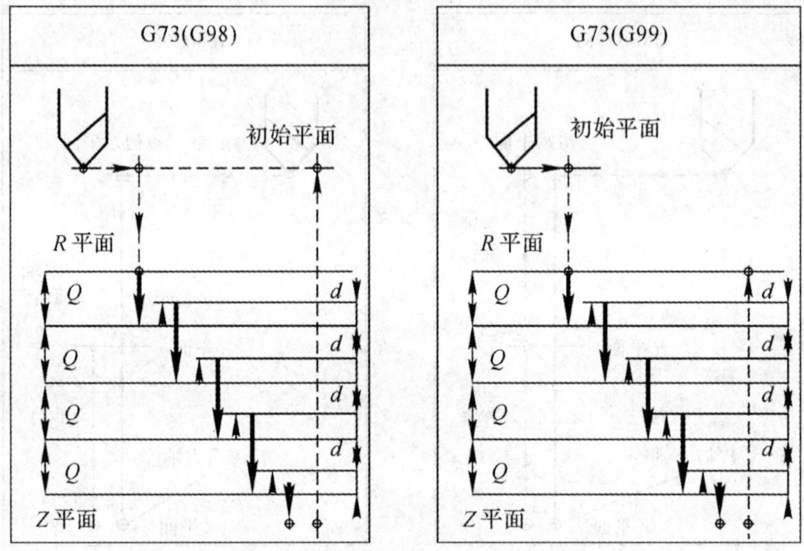

图 5-81　G73(高速深孔加工循环)

指令格式：

G73X＿＿Y＿＿Z＿＿R＿＿Q＿＿F＿＿；

其中：Q 为每次进刀深度；d 为每次抬刀距离，由系统设置；X、Y、Z、R、F 的含义与 G83 相同。

11) G74(左螺纹攻丝循环)

G74 是加工左螺纹攻丝的循环指令，和 G84 基本相似，主轴转向相反，如图 5-82 所示。

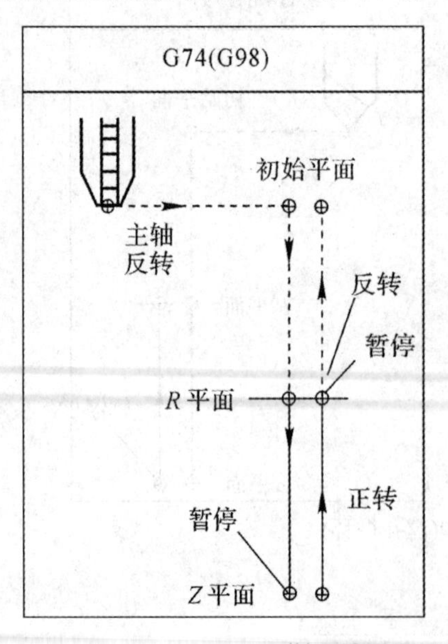

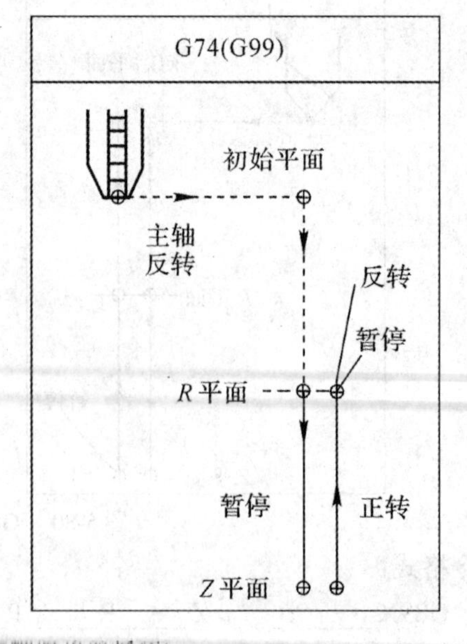

图 5-82　G74(左螺纹攻丝循环)

指令格式：

G74X_____Y_____Z_____R_____F_____；

其中，各参数含义与 G84 相同。

12) G76(精镗循环)

G76 是为精镗孔所设置的指令。针对镗孔后的退刀问题，用 G85 镗孔易镗大，G86 镗孔易划伤孔壁，G88 镗孔效率较低，G89 是镗台阶孔的。所以，既要保证精度，又要不划伤孔壁，还要效率高。G76 就集中了这些优点。

G76 动作过程是刀具定位到孔中心，刀具快进到孔口，刀具工进到孔口，主轴定向停，偏移一个让刀量 Q，快速退刀，再偏移回让刀量 Q，主轴旋转，如图 5-83 所示。

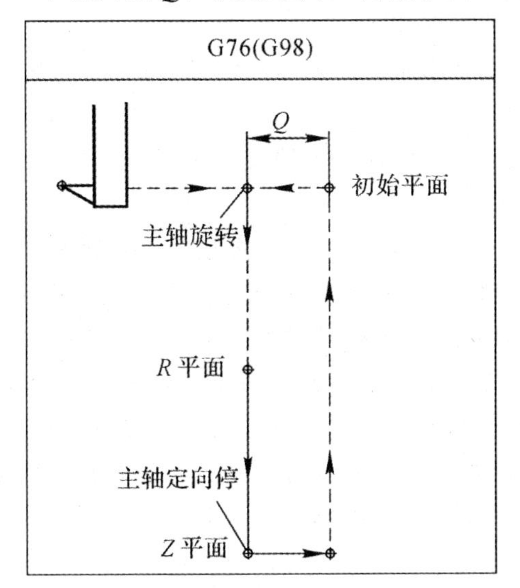

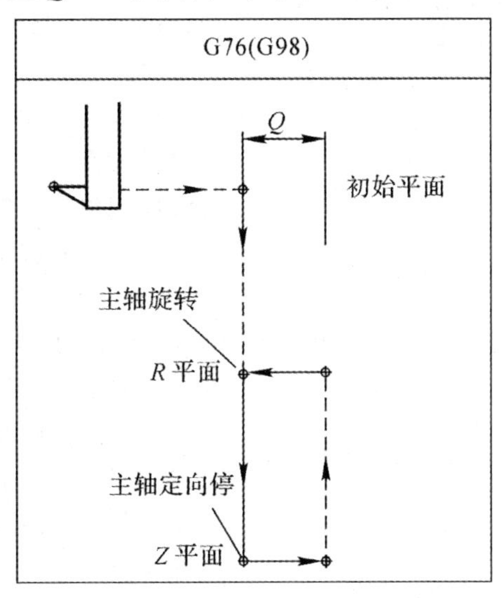

图 5-83　G76(精镗循环)

指令格式：

G76X_____Y_____Z_____R_____Q_____F_____；

其中：Q 为让刀量；X、Y、Z、R、Q、F 的含义与 G81 相同。

注意：执行 G76 指令，主轴必须具备准停功能，可以使主轴定向，镗刀安装方向必须与定向方向相适应，否则将要扎刀，如图 5-84 所示。

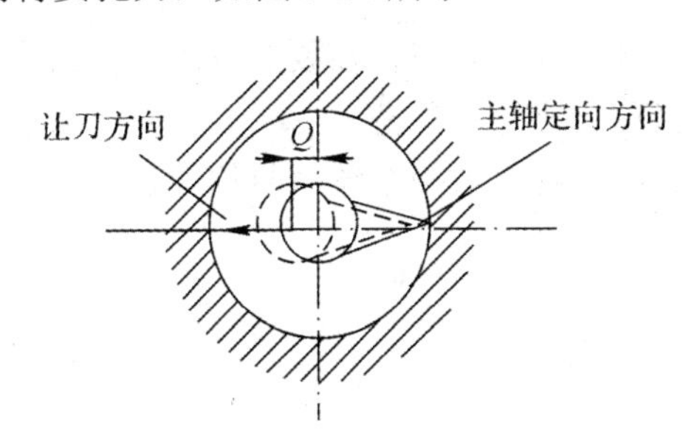

图 5-84　主轴定向与让刀

4. 固定循环指令的一般格式

在 G73/G74/G76/G81～G89 后面，给出孔加工参数，格式如下：

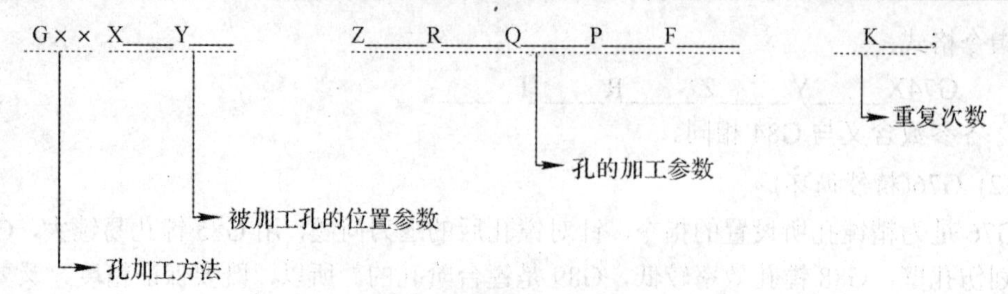

表 5-5　固定循环指令参数含义

参　数	含　义
被加工孔位置参数 X、Y	以增量值方式或绝对值方式指定被加工孔的位置，刀具向被加工孔运动的轨迹和速度与 G00 的相同
孔加工参数 Z	在绝对值方式下指定沿 *Z* 轴方向孔底的位置，在增量值方式下指定从 *R* 点到孔底的距离
孔加工参数 R	在绝对值方式下指定沿 *Z* 轴方向 *R* 点的位置，在增量值方式下指定从初始点到 *R* 点的距离
孔加工参数 Q	用于指定深孔钻循环 G73 和 G83 中的每次进刀量，精镗循环 G76 和反镗循环 G87 中的偏移量(无论 G90 或 G91 模态，总是增量值指令)
孔加工参数 P	用于孔底动作有暂停的固定循环中指定暂停时间，单位为秒
孔加工参数 F	用于指定固定循环中的切削进给速率，在固定循环中，从初始点到 *R* 点及从 *R* 点到初始点的运动以快速进给的速度进行，从 *R* 点到 *Z* 点的运动以 *F* 指定的切削进给速度进行，而从 *Z* 点返回 *R* 点的运动则根据固定循环的不同，可能以 *F* 指定的速率或快速进给速率进行
重复次数 K	指定固定循环在当前定位点的重复次数，如果不指定 K，则 NC 认为 K=1；如果指定 K0，则在当前点不执行固定循环

由 G××指定的孔加工方式是模态的，如果不改变当前的孔加工模态方式或取消固定循环，孔加工模态会一直保持下去。使用 G80 或 01 组的 G 指令(参见表 5-4)可以取消固定循环。孔加工参数也是模态的，在被改变或固定循环被取消之前也会一直保持，即使孔加工模态被改变。我们可以在指定一个固定循环或执行固定循环的任何时候指定或改变任意一个孔加工参数。

重复次数 K 不是一个模态的值，它只在需要重复的时候给出。进给速率 F 则是一个模态的值，即使固定循环取消后它仍然会保持。

如果正在执行固定循环的过程中数控系统被复位或重新开机，则孔加工模态、孔加工参数及重复次数 K 均被取消。

三、孔加工编程示例

如图 5-85 所示，按照图纸要求在数控铣床上加工底座零件的四个孔。

1. 工艺分析

(1) 夹具选择：工件结构呈方形，选用虎钳或压板，定位位置如图 5-85 所示。

(2) 工步设计：点窝—钻孔—铰孔，因孔精度较高，故选用铰孔。

(3) 刀具选择：

① 中心钻(点窝)，设定长度刀补 H01。

② 钻头ϕ9.8(钻孔)，设定长度刀补 H02。

③ 铰刀ϕ10(铰孔)，设定长度刀补 H03。

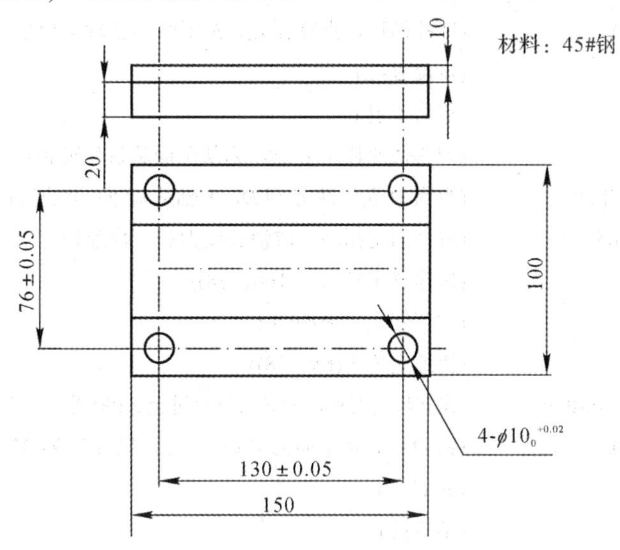

图 5-85　底座孔加工

(4) 走刀路线设计：底座孔加工走刀路线如图 5-86 所示。

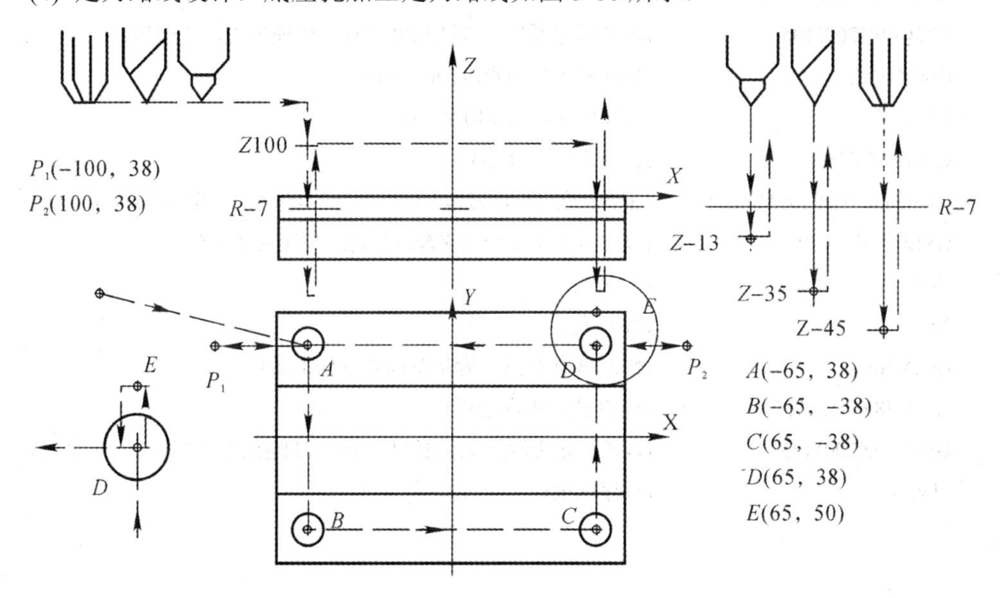

图 5-86　底座孔加工走刀路线

注：图中 E 点是为了单向趋进孔而设置的，P_1、P_2 点为换刀点。

(5) 切削用量。

点窝：S1000，F30

钻孔：S300，F30

铰孔：S100，F20

2. 程序

O0002	(程序号)
G54G90G00X-65Y38;	(建立工件坐标系，刀具快速定点(–65，38))
G43H01Z100S1000M03;	(建立长度刀补，刀具刀位点进至 Z100 处，主轴以 1000 r/m 正转。)
G81Z-13R-7F30;	(钻孔循环，点窝 *A* 孔，*R* 平面为 *Z* 轴 –7 处，钻深为 Z–13)
Y-38;	(点窝 *B* 孔)
X65;	(点窝 *C* 孔)
G00Y50;	(刀具快速移至 *E* 点，为从单向趋近作准备)
G81Y38Z-13R-7F30;	(点窝 *D* 孔，从 *E* 到 *D*，*Y* 轴从+*Y* 向–*Y* 趋近)
G80G49Z200M05	(取消固定循环，取消长度刀补，快速抬刀，主轴停)
G00X100;	(快速移至换刀点(100，38))
M00	(程序停止，换ϕ9.8 钻头)
G00X65Y38;	(快速定位于(65，38))
G43H02Z100S300M03;	(建立长度刀补，刀具刀位点进至 Z100 处，主轴以 300r/m 正转。))
G81Z-35R-7F30;	(钻 *D* 孔，*R* 平面为 *Z* 轴 –7 处，钻深为 Z–35)
Y-38;	(钻 *C* 孔)
X-65;	(钻 *B* 孔)
G00Y50;	(快速移至(–65，50)点，为单向趋近作准备)
G81Y38Z-35R-7F30;	(钻 *A* 孔，*Y* 轴从+*Y* 向–*Y* 趋近。)
G80G49Z200M05;	(取消固定循环，取消长度刀补，快速抬刀，主轴停)
G00X-100;	(快速移至换刀点(–100，38))
M00;	(程序停止，换ϕ10 铰刀)
G00X-65Y38;	(快速定位于 *A* 点)
G43H03Z100S100M03;	(建立长度刀补，刀具刀位点进至 Z100 处，主轴以 300 r/m 正转)
G81Z-45R-7F20;	(铰 *A* 孔，*R* 平面为 *Z* 轴 –7 处，铰深为 Z–45)
Y-38;	(铰 *B* 孔)
X65;	(铰 *C* 孔)
G00Y50;	(快速移至 *E* 点，为从单向趋近作准备)
G81Y38Z-45R-7F20;	(铰 *D* 孔，单向趋近)
G80G49Z200M05;	(取消固定循环，取消长度刀补，刀具抬至安全高度，主轴停)
M30	(程序结束)
%	

第六节　子　程　序

当主程序中有多次重复的程序时，为了简化程序，可以将重复的程序内容编成子程序，在主程序中反复调用，使程序的总量减少，得以简化。这样可以提高编程速度，并减少出错的概率。

一、指令

1. 子程序指令 M98、M99

M98：调用子程序；

M99：返回主程序。

指令格式：

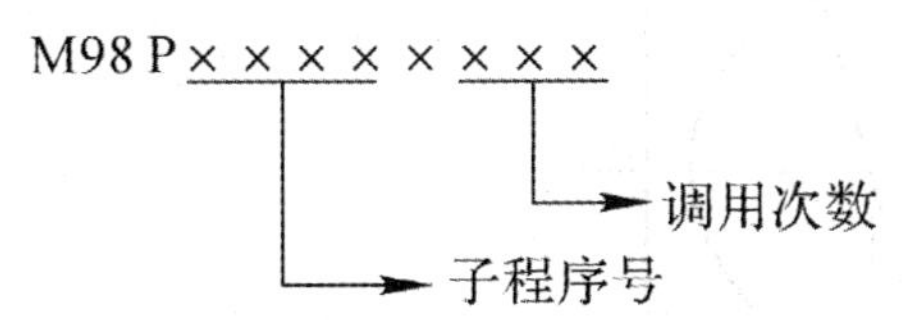

其中：M98 表示返回主程序的 M98 程序段之后；M98 P(n)表示返回主程序第 n 段程序。

M98 用于主程序，M99 用于子程序。

M98 调用子程序的次数为 1～9999，调用一次可以不写，可以嵌套调用，执行 M99 后可以控制返回主程序的位置。

2. M98、M99 的用法

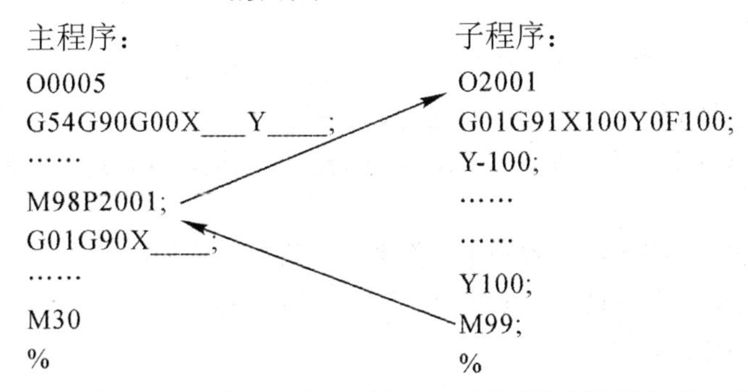

子程序还可以嵌套调用，最多可以调用四层子程序，称为四重调用。

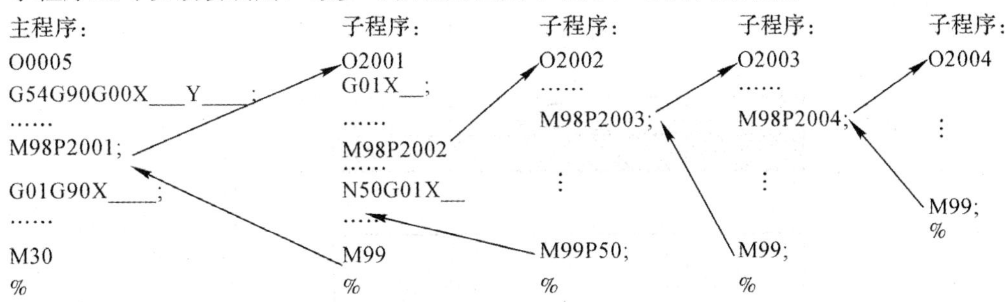

二、子程序编程示例

数控铣床中应用子程序的加工方法多为粗铣工步，因为不管是粗铣凸台还是粗铣型腔，刀具的走刀路线均为分层铣，在 *XY* 平面内的轨迹多次重复，所以可以利用子程序简化程序。

加工如图 5-87 所示的零件的型腔，编制粗铣程序。

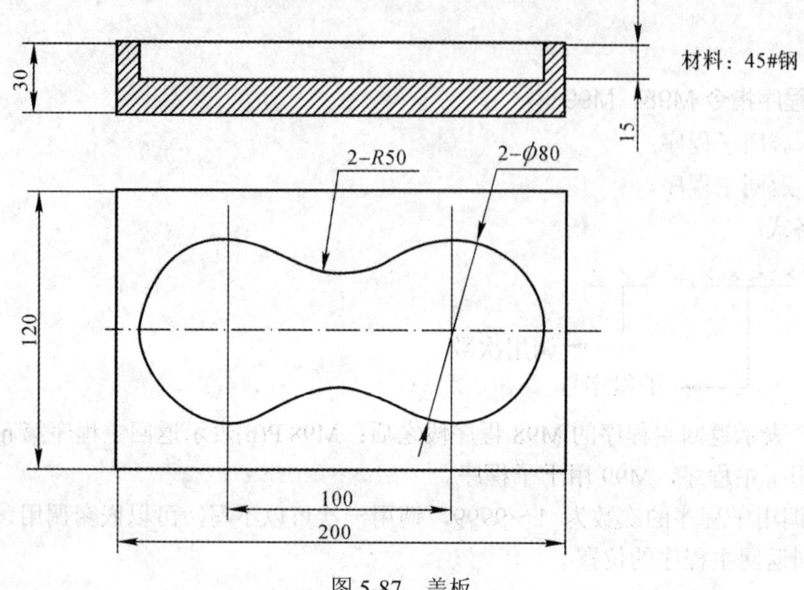

图 5-87　盖板

1. 工艺分析

该零件结构较简单，平板上有一型腔，呈哑铃形，适于数控铣床加工。

(1) 夹具选择。夹具可选虎钳或压板，虎钳夹紧迅速、简易，但工件易变形。压板夹紧麻烦，速度稍慢，但夹紧可靠且工件不变形。所以，要选合适的压板，注意避开型腔，不要形成干扰。

(2) 工步设计。工件加工分粗铣和精铣，本例中根据要求只进行粗铣型腔。

(3) 刀具选择。根据型腔大小，选立铣刀$\phi 20$，设定长度刀补号 H01。

(4) 走刀路线。走刀路线如图 5-88 所示。

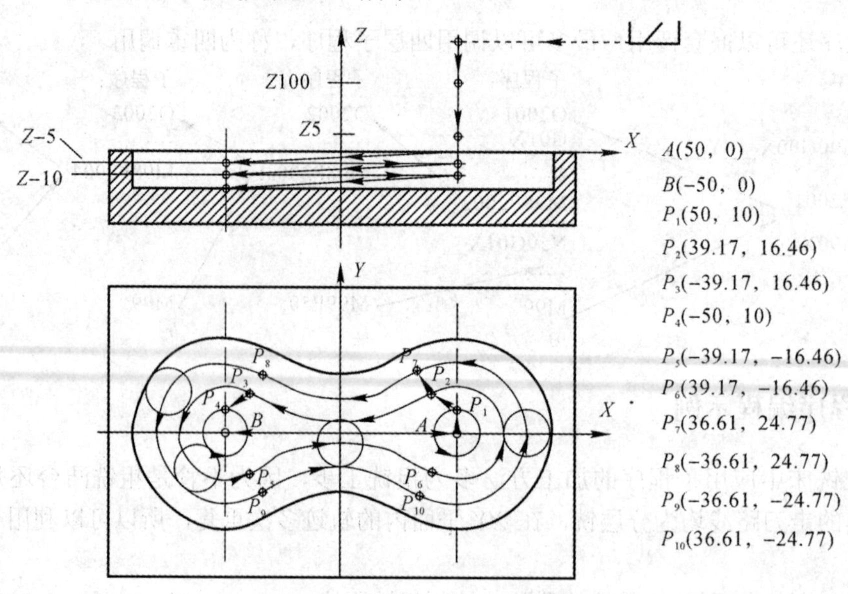

图 5-88　盖板粗铣型腔走刀路线

(5) 切削用量。因材料为45#钢，切削加工性较好，切深(背吃刀量)为5 mm，故选S300，F100。

2. 程序

主程序如下：

```
O0003                        程序号
G54G90G00X50Y0;              (建立工件坐标系，刀具快速移至下刀点(50，0))
G43Z100H01S300M03;           (建立长度刀补，主轴以300 r/m正转)
G01Z5F1000M08;               (中速下刀，开冷却液)
Z0F50;                       (慢速进刀至Z0点)
X-50Z-5;                     (倾斜下刀至Z−5、B点，防止打刀)
M98P2002;                    (调用子程序O2002一次)
X-50Z-10F50;                 (倾斜下刀Z−10、B点，防止打刀)
M98P2002;                    (调用子程序O2002一次)
X-50Z-15F50;                 (倾斜下刀Z−15、B点，防止打刀)
M98P2002;                    (调用子程序O2002一次)
G01Z100F1000M09;             (中速抬刀，关冷却液)
G00G49Z200M05;               (快速抬刀，取消长度刀补，主轴停)
M30                          (程序结束)
%
```

子程序如下：

```
O2002                        (子程序号)
G01X50F100;                  (直线进给至A点，进给量为F100)
Y10;                         (直线进给至P1点)
G03J-10;                     (铣整圆)
G01X39.17Y16.46;             (直线进给至P2点)
G02X-39.17Y16.46R70.5;       (顺时针圆弧进给至P3点)
G01X-50Y10;                  (直线进给至P4点)
G03J-10;                     (铣整圆)
G01X-39.17Y16.46;            (直线进给至P3点)
G03Y16.46R-19.5;             (逆时针圆弧进给至P5点)
G02X39.71R70.5;              (顺时针圆弧进给至P6点)
G03Y16.46R-19.5;             (逆时针圆弧进给至P2点)
G01X36.61Y24.77;             (直线进给至P7点)
G02X-36.61R60.5;             (顺时针圆弧进给至P8点)
G03Y-24.77R-29.5;            (逆时针圆弧进给至P9点)
G02X36.61R60.5;              (顺时针圆弧进给至P10点)
G03Y24.77R-29.5;             (逆时针圆弧进给至P7点)
G01X50Y0;                    (直线进给至A点)
```

M99;　　　　　　　　　(返回主程序)

%

注意：铣型腔下刀方式分为，已打好落刀孔的，直接从落刀孔下刀；未打好落刀孔的，可倾斜下刀和螺旋线下刀。

第七节　简化编程功能

数控铣床支持许多编程功能，如镜像、坐标旋转、坐标平移和极坐标等，可使程序变得非常简单，便于检查和输入。

一、镜像功能

FANUC-0i MA 系统的镜像指令是 G51.1/G50.1。

G51.1：镜像；

G50.1：取消镜像。

指令格式：

G51.1X__Y__；

其中：X、Y 坐标可以是对称轴，也可以是对称点。如 X50，对称轴；X50Y50，对称点。

G50.1X__；

或

G50.1Y__；

其中：X 或 Y 指定对称轴，不指定对称点。

如图 5-89 所示，利用镜像功能，编制精铣四个型腔内轮廓的程序。

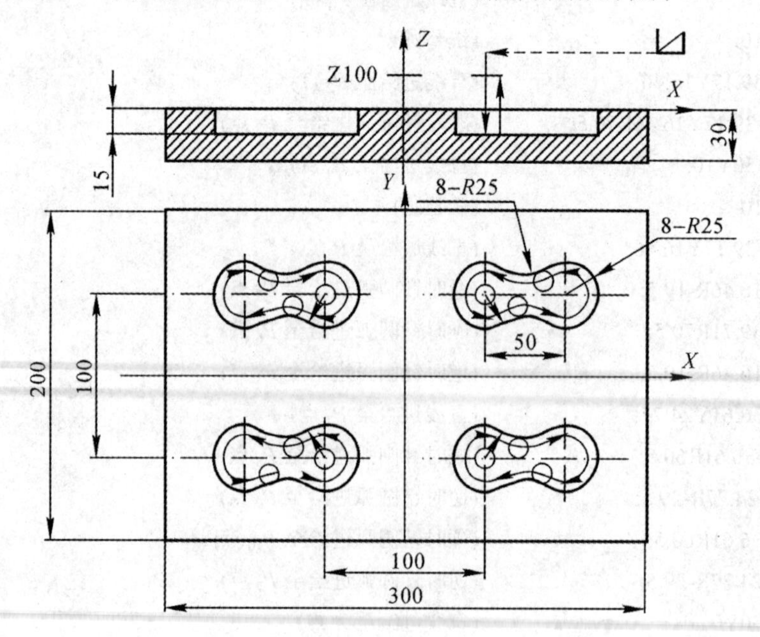

图 5-89　模板一

利用镜像功能编程，主要是要运用子程序，即通过调用一个象限的子程序，达到加工其他象限结构的目的。如图 5-89 所示的零件就将第一象限的型腔加工程序作为子程序，再进行镜像，可加工其他象限的程序。

主程序如下：

```
O0006                          (程序号)
G54G90G00X50Y50;               (建立工件坐标系，快速移至下刀点)
G43Z100H01S1000M03;            (建立长度刀补，主轴正转)
M98P2003;                      (调用子程序，加工第一象限)
G51.1X0;                       (X 轴镜像)
M98P2003;                      (调用子程序，加工第二象限)
G51.1Y0;                       (Y 轴镜像)
M98P2003;                      (调用子程序，加工第三象限)
G50.1X0;                       (取消 X 轴镜像)
M98P2003;                      (调用子程序，加工第四象限)
G50.1Y0;                       (取消 Y 轴镜像)
G00G49Z200M05;                 (抬刀至安全高度，取消长度刀补)
M30;                           (程序结束)
%
```

子程序如下：

```
O2003                          (子程序号)
G00X50Y50;                     (快速移至下刀点)
G01Z5F1000;                    (中速下刀)
Z-15F200;                      (慢速下刀至切深)
G01G41D01X61.11Y33.37F100;     (建立径向刀补，切入工件)
G02X88.89R25;                  (顺时针圆弧插补，半径 R25)
G03Y66.63R-20;                 (逆时针圆弧插补，半径 R20，优弧)
G02X61.11R25;                  (顺时针圆弧插补，半径 R25)
G03Y33.37R-20;                 (逆时针圆弧插补，半径 R20，优弧)
G01G40X50Y50;                  (取消径向刀补)
Z100F1000;                     (中速抬刀)
M99;                           (返回主程序)
%
```

长度刀补号：H01；径向刀补号：D01。

二、坐标平移

当加工结构相似的零件时，可以采用坐标平移指令来简化编程。

指令：

G52X__Y__；

其中，X、Y 为坐标系原点平移的位置。

取消坐标系平移：G52X0Y0。

如图 5-90 所示，加工安装板的 20 个ϕ6 孔，未注公差，工艺方法采用先点窝再钻孔。中心钻长度刀补号：H01；ϕ6 钻头长度刀补号：H02。

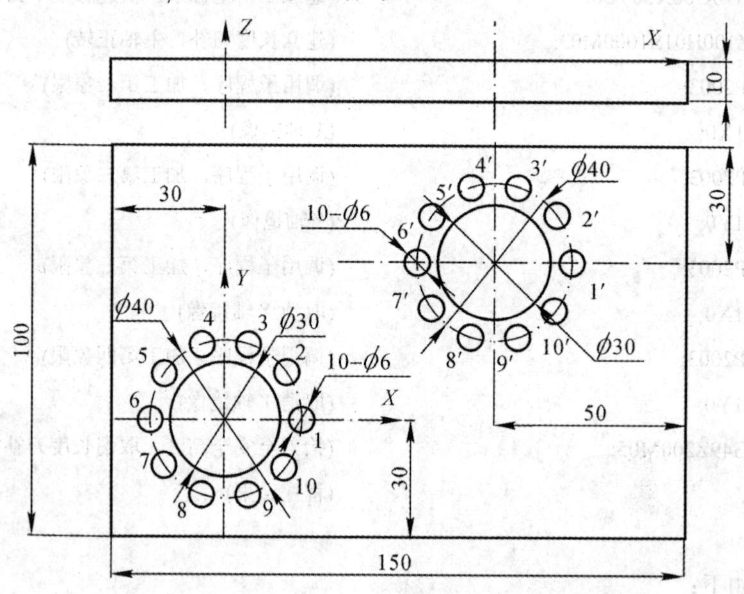

图 5-90　安装板

主程序如下：

O0008	(程序号)
G54G90G00X20Y0;	(建立工件坐标系，刀具定位 1#孔中心)
G43H01Z100S1000M03;	(建立长度刀补，主轴正转)
G81Z-3R3F30;	(钻孔循环，点窝 1#孔)
M98P2005;	(调用子程序，点窝 2#～10#孔)
G80;	(取消固定循环)
G52X70Y40;	(坐标原点平移至(70，40)点)
G81X20Y0Z-3R3F30;	(钻孔循环，点窝 1′#孔)
M98P2005;	(调用子程序，点窝 2′#～10′#孔)
G52X0Y0;	(取消坐标平移)
G80G49Z200M05;	(取消固定循环，取消长度刀补，主轴停)
G00X200;	(移至换刀点)
M00;	(程序停止(换刀ϕ6 钻头))
G00X0Y0;	(快进至原点)
G43Z100H02S500M03;	(建立长度刀补，主轴正转)

```
G81X20Y0Z-13R3F30;        (钻孔循环，钻 1#孔)
M98P2005;                 (调用子程序，钻 2#～10#孔)
G80;                      (取消固定循环)
G52X70Y40;                (坐标原点平移至(70，40)点)
G81X20Y0Z-13R3F30;        (钻孔循环，钻 1′#孔)
M98P2005;                 (调用子程序，点窝 2′#～10′#孔)
G80G49Z200M05;            (取消固定循环，取消长度刀补，主轴停)
G52X0Y0;                  (取消坐标平移)
M30;                      (程序结束)
%
```

子程序如下：

```
O2005                     (子程序号)
X16.18Y11.76;             (2#孔位，加工 2#孔位)
X6.18Y19.02;              (3#孔位，加工 3#孔位)
X-6.18;                   (4#孔位，加工 4#孔位)
X-16.18Y11.76;            (5#孔位，加工 5#孔位)
X-20Y0;                   (6#孔位，加工 6#孔位)
X-16.18Y-11.76;           (7#孔位，加工 7#孔位)
X-6.18Y-19.02;            (8#孔位，加工 8#孔位)
X6.18;                    (9#孔位，加工 9#孔位)
X16.18Y-11.76;            (10#孔位，加工 10#孔位)
M99;                      (返回主程序)
%
```

三、坐标旋转

当零件结构位置比较规整，但相对基准轴偏转了一定的角度时，为了便于计算，可采用坐标旋转，将轮廓转到适于计算的位置，以使编程方便。

G68：坐标旋转；

G69：取消旋转。

指令格式：

G68X__Y__R__；

G69；

其中，X、Y 为坐标系的旋转中心(若要在 *ZX*、*YZ* 平面内旋转坐标，则必须用 G18、G19 指定旋转平面；省略 X、Y，当前点为旋转中心)。R 为旋转角度，逆时针为正，单位为度(°)。

注意：G68 后第一段必须用绝对坐标。若用增量坐标，则以当前点为旋转中心。

例：如图 5-91 所示，加工模板二零件的四个型腔的内轮廓。

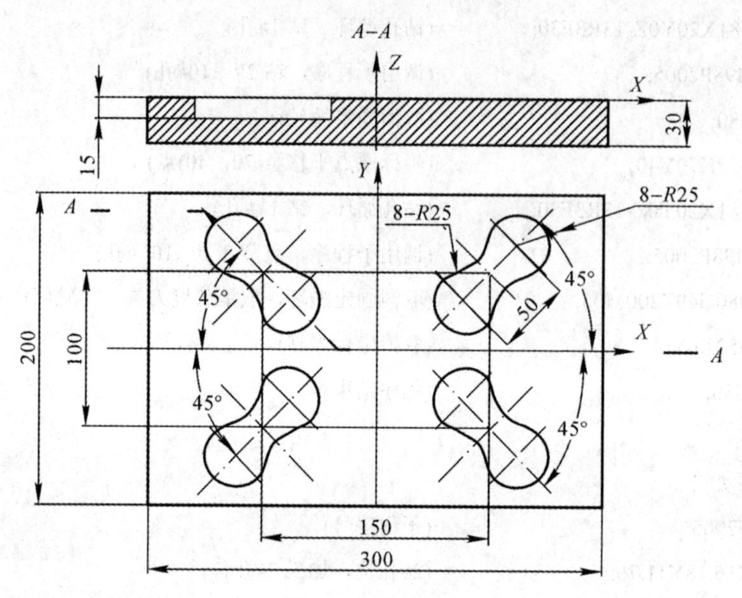

图 5-91　模板二

图 5-91 所示位置的坐标很难计算，利用坐标旋转功能可以进行简化。方法是先将坐标移至第一象限中型腔的中心，再旋转 45°，按新的位置计算坐标，如图 5-92 所示。按新位置设计走刀路线，将这一部分编成子程序，供主程序调用。在主程序中，运用坐标旋转功能，逐个旋转坐标，从而完成其他型腔加工。在每次使用坐标旋转指令 G68 前应先把坐标系原点平移到图形旋转中心在各象限的位置处，即针对图 5-91 第一象限的加工使用 G52X75Y50 程序段，把坐标原点平移到第一象限的 X75Y50 位置处，再使用 G68X0Y0R45 程序段，即以坐标原点为旋转中心，把子程序描述的图形绕原点逆时针旋转 45°。

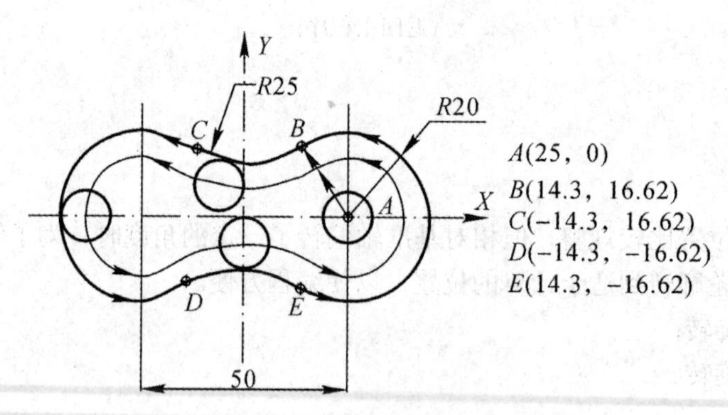

图 5-92　旋转坐标后的型腔位置及走刀路线

程序编写如下：在 A 点下刀，顺铣轮廓，B 点建立径向刀补，加工完后，从 B 点撤销径向刀补至 A 点。设定长度刀补号 H01，径向刀补号 D01。

主程序如下：

```
O0007                       (程序号)
G17G54G90G00X0Y0;           (建立工件坐标系，刀具快速定位原点)
G43Z100H01S1000M03;         (建长度刀补，主轴正转，1000 r/min)
```

```
G52X75Y50;                    (坐标系原点移至(75，50)点)
G68X0Y0R45;                   (坐标系逆时针旋转 45°)
M98P2004;                     (调用子程序，精铣第一象限型腔内轮廓)
G69;                          (取消坐标旋转，防止后续坐标系建立时出错)
G52 X-75Y50;                  (坐标系原点移至(−75，50)点)
G68X0Y0R-45;                  (坐标系顺时针旋转 45°)
M98P2004;                     (调用子程序，精铣第二象限内轮廓)
G69;                          (取消坐标旋转，为防止后续坐标系建立时出错)
G52 X-75 Y-50                 (坐标系原点移至(−75，−50)点)
G68X0Y0R45;                   (坐标系绕新原点逆时针旋转 45°)
M98P2004;                     (调用子程序，精铣第三象限内轮廓)
G69;                          (取消坐标旋转，为防止后续坐标系建立时出错)
G52 X75Y-50;                  (坐标系原点移至(75，−50)点)
G68X0Y0R-45;                  (坐标系绕新原点，顺时针旋转 45°)
M98P2004;                     (调用子程序，精铣第四象限内轮廓)
G69;                          (取消坐标旋转，为防止后续坐标系建立时出错)
G52 X0Y0;                     (取消坐标系平移)
G00G49Z200M05;                (快速抬刀，取消长度刀补，主轴停)
M30;                          (程序结束)
%
```

子程序如下：

```
O2004                         (子程序号)
G90G00X25Y0;                  (设置绝对坐标，快速定位 A 点)
G01Z5F1000;                   (中速下刀)
Z-15F200;                     (慢速下刀至切深)
G01G41X14.3Y16.62D01F100;     (建立径向刀补，开始切削)
G02X-14.3R25;                 (顺时针圆弧插补，进至 B 点)
G03Y-16.62R-20;               (逆时针圆弧插补，进至 C 点)
G02X14.3R25;                  (顺时针圆弧插补，进至 D 点)
G03Y16.62R-20;                (逆时针圆弧插补，进至 E 点)
G01G40X25Y0;                  (撤销径向刀补，刀具返回 A 点)
Z100F1000;                    (中速抬刀)
M99;                          (返回主程序)
%
```

使用 G68 后，在旋转平面内的第一个程序段，若用增量坐标编程，则以当前点为旋转中心。利用上述规律也可以先把刀具移动到各象限的图形旋转中心，再把 G68 后的程序段使用增量值编程，这样刀具所处位置为旋转中心，通过增量值来描述刀具从旋转中心开始运动的走刀过程，也可以实现编程加工。编写的程序如下：

主程序　　　　　　　　　　　　子程序

```
O1000;
G17G54G90G00X0Y0;
G43Z100H01S500M03;
G00X75Y50;
G68X75Y50R45;
M98P2005;
G69;
G00X-75Y50;
G68X-75Y50R-45;
M98P2005;
G69;
G00X-75Y-50;
G68X-75Y-50R45;
M98P2005;
G69;
G00X75Y-50
G68X75Y-50R-45;
M98P2005;
G69;
G00G49Z200;
M30;
```

```
O2003
G90G01Z-15F200;
G91G41X14.3Y-16.62D01;
G3Y33.24X0R-20;
G2X-28.6Y0R25;
G3Y-33.24X0R-20;
G2X28.6Y0R25;
G1G40X-14.3Y16.62;
G90G00Z100;
M99;
%%
```

四、极坐标

极坐标是数控铣床的简化功能，对于有角度变化、绕某点转动的零件结构，可以用极坐标功能进行简化计算。

G16：极坐标；

G15：取消极坐标。

指令格式：

G16

G01X_____Y_____;

G15;

其中：X 为极轴长度；Y 为相角。

例如，用极坐标编写图 5-90 中的子程序如下：

```
O2005           (子程序号)
G16;            (建立极坐标模式)
X20Y36;         (2#孔极坐标，钻 2#孔)
Y72;            (3#孔极坐标，钻 3#孔)
Y108;           (4#孔极坐标，钻 4#孔)
```

```
Y144;              (5#孔极坐标，钻 5#孔)
Y180;              (6#孔极坐标，钻 6#孔)
Y216;              (7#孔极坐标，钻 7#孔)
Y252;              (8#孔极坐标，钻 8#孔)
Y278;              (9#孔极坐标，钻 9#孔)
Y314;              (10#孔极坐标，钻 10#孔)
G15;               (取消极坐标模式)
M99;               (返回主程序)
%
```

第八节　宏　程　序

宏程序是中档以上数控铣床所必备的功能，它可以提高数控机床的编程能力。利用数控系统中的计算能力，将计算机中的某些高级编程功能引入数控机床，使其能够进行基本的算术运算、逻辑运算和函数运算，改变了由编程人员手工计算坐标点慢、繁的状况，程序变得更加简便，功能更加强大。

FANUC-0i MA 系统中，利用 G65 指令调用宏程序。宏程序类似于子程序，可以调用，且宏程序中有变量可以运用，在主程序中赋值，变量还可以进行算术运算、逻辑运算和函数运算。这里简要介绍宏程序的指令及其用法，详细内容可阅读 FANUC-0i MA 系统编程说明书。

一、基本指令

1. 调用指令

指令格式：

G65 P (宏程序号) L (重复次数) (变量分配)

其中：G65 为宏程序调用指令；P 为被调用的宏程序代号；L 为宏程序重复运行的次数，重复次数为 1 时可省略不写；变量分配表示为宏程序中使用的变量赋值。

宏程序可被另一个宏程序调用，最多可调用 4 重。

2. 编写格式

宏程序的编写格式与子程序相同。其格式如下：

```
O～(0001～8999 为宏程序号)    (程序名)
N10…
…
…
N～M99                        (宏程序结束)
```

宏程序可以使用变量、各种运算和各种指令，变量值由主程序中调用变量的程序段赋予。

3. 变量

1) 变量的分配类型

变量中的文字变量与数字序号变量之间的关系如表5-6所示。

表5-6 文字变量与数字序号变量

文字变量	数字序号变量	文字变量	数字序号变量	文字变量	数字序号变量
A	#1	I	#4	T	20
B	#2	J	#5	U	21
C	#3	K	#6	V	22
D	#7	M	#13	W	23
E	#8	Q	#17	X	24
F	#9	R	#18	Y	25
H	#11	S	#19	Z	26

表中，文字变量不包括G、L、N、O、P字母，I、J、K三个字母的顺序不能乱，其他字母可以不按顺序。例如，

G65 P1000 A5.0 B3.0 I6.0;

上述程序段为宏程序的简单调用格式，其含义为：调用宏程序号为1000的宏程序运行一次，并为宏程序中的变量赋值，其中，#1为5.0，#2为3.0，#4为6.0。

2) 变量的级别

(1) 本级变量#1～#33。作用于宏程序某一级中的变量称为本级变量，这一变量在同一程序级中调用时的含义相同，若在另一级程序(如子程序)中使用，则意义不同。本级变量主要用于变量间的相互传递，初始状态下未赋值的本级变量为空白变量。

(2) 通用变量#100～#144，#500～#531。在各级宏程序中被共同使用的变量称为通用变量，这一变量在不同程序级中调用时的含义相同。一个宏程序中经计算得到的一个通用变量的数值，可以被另一个宏程序应用。

(3) 变量的值。变量取值范围：-10^{47}～-10^{-29}、0、10^{-29}～10^{47}。

4. 算术运算指令

变量之间进行运算的通常表达形式：

#i =(表达式)

(1) 变量的定义和替换：#i = #j

(2) 加减运算： #i = #j+#k

#i = #j-#k

(3) 乘除运算： #i = #j×#k

#i = #j / #k

(4) 函数运算： #i = SIN[#j] (正弦函数，单位为度)

#i = COS[#j] (余函数，单位为度)

#i = TANN[#j] (正切函数，单位为度)

#i = ATANN[#j]　　(反正切函数，单位为度)
#i = SQRT[#j]　　(平方根)
#i = ABS[#j]　　(取绝对值)

(5) 运算的组合。以上算术运算和函数运算可以结合在一起使用，运算的先后顺序是：函数运算、乘除运算、加减运算。

(6) 括号的应用。表达式中括号的运算将优先进行。连同函数中使用的括号在内，括号在表达式中最多可用 5 层。

5. 控制指令

1) 条件转移

指令格式：

IF [条件表达式] GOTO n

程序段含义：

(1) 如果条件表达式的条件得到满足，则转而执行程序中程序号为 n 的相应操作，程序段号 n 可以由变量或表达式替代。

(2) 如果表达式中条件未满足，则顺序执行下一段程序。

(3) 如果程序作无条件转移，则条件表达式部分可以被省略。

(4) 条件表达式可书写如下：

#j EQ #k　　表示＝
#j NE #k　　表示≠
#j GT #k　　表示＞
#j LT #k　　表示＜
#j GE #k　　表示≥
#j LE #k　　表示≤

2) 重复执行

指令格式：

WHILE [条件表达式] DO m (m=1，2，3，…)
END m

程序含义：

(1) 条件表达式满足时，执行程序段 DO m～END m，重复执行；

(2) 条件表达式不满足时，程序转到 END m 后处执行；

(3) 如果 WHILE [条件表达式] 部分被省略，则程序段 DO m～END m 之间的部分将一直重复执行。

注意：

(1) WHILE DO m 和 END m 必须成对使用；

(2) DO 语句允许有 3 层嵌套，即

DO 1
DO 2
DO 3

```
END 3
END 2
END 1
```

(3) DO 语句范围内不允许交叉，即如下语句是错误的：

```
DO1
DO2
END 1
END 2
```

二、应用示例一

加工如图 5-93 所示的排孔。某船厂生产轮船冷却器固定板，板上孔呈矩形序列，板有大有小，为系列产品。要求在数控铣床上钻孔，编制适合该系列产品的所有型号零件的钻孔程序。

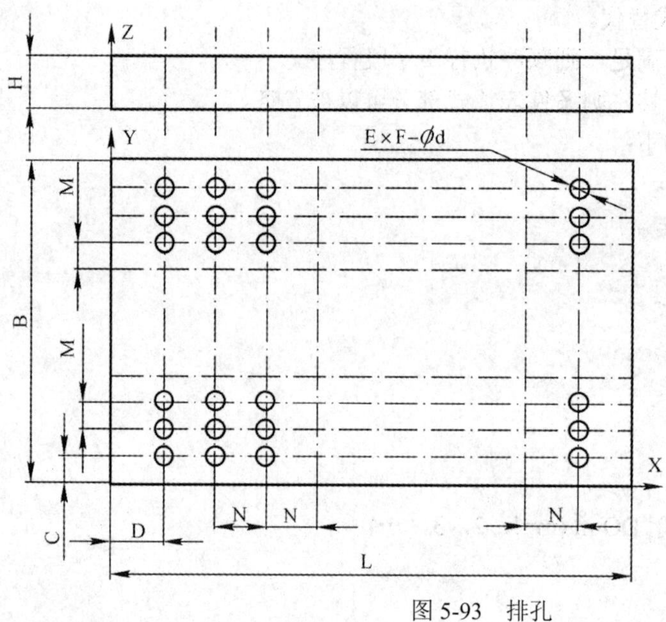

型号 尺寸	A	B	C	D
L	200	300	400	500
B	120	180	260	300
H	20	20	20	20
C	10	20	30	30
D	20	30	20	25
M	10	15	20	30
N	20	25	24	30
E	11	11	14	14
F	9	11	9	7
d	8	12	16	20

图 5-93　排孔

工艺分析：

(1) 夹具：用压板装夹，位置如图 5-94 所示。

(2) 工步：点窝—钻孔。

(3) 刀具：中心钻，刀补号为 H01；钻头，刀补号为 H02。

(4) 走刀路线：钻排孔走刀路线如图 5-94 所示。

(5) 切削用量：

点窝：S1000，F30；

钻孔：S500　F30。

(6) 程序：固定板上的孔较多(98～126 个)，若使用一个程序，则宏程序是最好的选择。编写一个宏程序，对于不同型号的固定板，可以在调用宏程序时赋值。

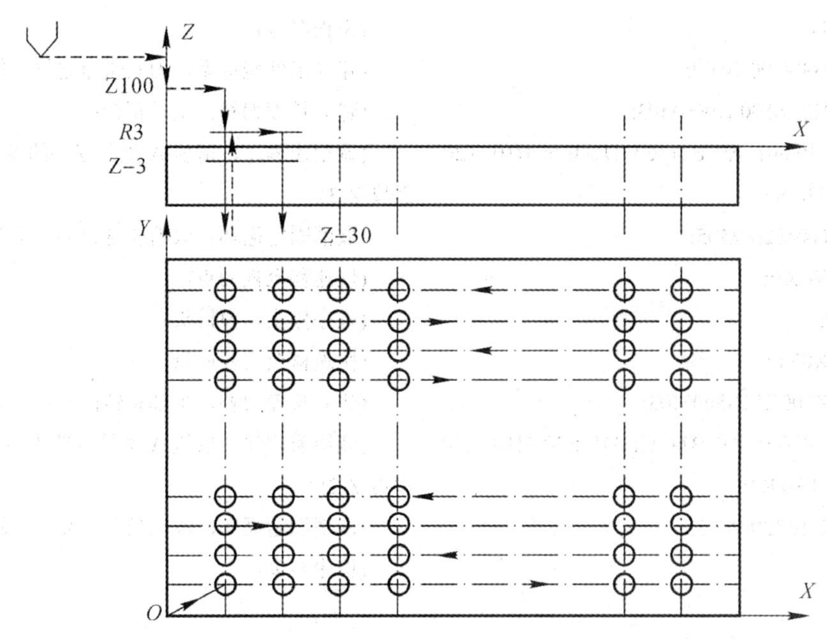

图 5-94 钻排孔走刀路线

设定：#1 为孔的行数；#2 为孔的列数；#3 为行孔的计数；#7 为列孔的计数；#8 为列距；#11 为行距。

另系统设定：#24 为 *X* 坐标；#25 为 *Y* 坐标；#26 为 *Z* 坐标；#9 为 *F* 值；#18 为 *R* 值(快进与慢进的转换位置)。

宏程序如下：

```
O8001                                     (宏程序号)
WHILE [#3 LE #1] DO 1                     (循环语句，当 # 3 小于等于孔的行数时，执行 1 循环中程序)
WHILE [#7 LE #2] DO 2                     (循环语句，当 # 7 小于等于孔的列数时，执行 2 循环中程序)
G81X[#24] Y[#25] Z[#26] R[#18] F[#9];     (钻孔固定循环，各参数都用变量)
#7=#7+1;                                  (孔的列孔计数加 1)
#24=#24+#8;                               (X 坐标加上列距)
END 2;                                    (结束 2 循环)
#3=#3+1;                                  (行孔的计数加 1)
#25=#25+#11;                              (Y 坐标加上行距)
#7=1;                                     (孔的列孔计数=1)
#8= - #8;                                 (列距加负号)
END 1;                                    (结束 1 循环)
M99;                                      (返回主程序)
%
```

主程序可根据不同的型号，赋予不同的值。

加工 A 型

```
O0011                                        (主程序号)
G54G90G00X0Y0;                               (建立工件坐标系，刀具快速定位工件原点)
G43H01Z100S1000M03;                          (建立长度刀补，主轴正转)
M65 P8001 A9 B11 C1 D1 E20 H10 X20           (调用宏程序，赋值A型号零件的各个参数，
Y10 Z-3 F30 R3;                              深度Z-3)
G80G49Z200M05;                               (取消固定循环，取消长度刀补，主轴停)
G00X-200;                                    (快速移至换刀点)
M00;                                         (程序停止，换钻头)
G00X0Y0;                                     (快速移至工件原点)
G43Z100H02S500M03;                           (建立长度刀补，主轴正转)
M65 P8001 A9 B11 C1 D1 E20 H10 X20           (调用宏程序，赋值A型号零件的各个参数，
Y10 Z-25 F30 R3;                             深度Z-25)
G80G49Z200M05;                               (取消固定循环，取消长度刀补，主轴停)
M30;                                         (程序结束)
%
```

若要加工C型工件，则需改动主程序中的第二次调用宏程序的参数，如：

```
M65 P8001 A9 B14 C1 D1 E24 H20 X20 Y30 Z-28 F30 R3;
```

若要加工D型工件，则需改动主程序中的第二次调用宏程序的参数，如：

```
M65 P8001 A7 B14 C1 D1 E30 H30 X25 Y30 Z-30F30 R3;
```

三、应用示例二

宏程序还有简化编程的方法，系统可以直接在主程序中应用变量、算术运算、逻辑运算和函数运算等功能，使宏程序更加简单。宏程序经常用于加工非圆曲线，其加工思路如下：用直线逼近非圆曲线，根据零件特征，建立数学模型，定义变量，求另一坐标变量的函数，编写程序。

如图5-95所示，精铣椭圆的外轮廓，椭圆方程为$\frac{X^2}{900}+\frac{Y^2}{625}=1$，编制加工程序。

工艺分析：

(1) 夹具：虎钳。

(2) 工步：精铣轮廓。

(3) 刀具：立铣刀$\phi 20$，长度刀补号H02，径向刀补号D02。

(4) 走刀路线：铣椭圆轮廓走刀路线如图5-95所示。

(5) 切削用量：S1000，F100。

(6) 程序：应用宏程序的数学准备：采用等间距法计算节点，间距为0.2 mm，在X轴上等距截分区间，利用椭圆方程计算对应各节点的Y坐标，刀具以直线段沿节点加工，得到椭圆轮廓。

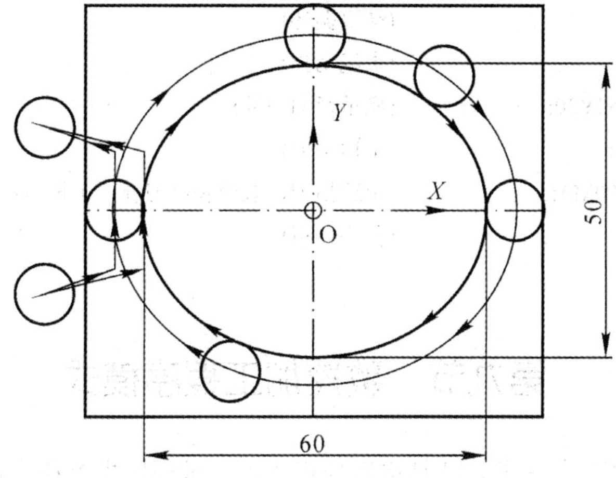

图 5-95　铣椭圆轮廓走刀路线

设定：#1 为长半轴长度，X 轴上的坐标；#2 为动点(刀位点)X 轴坐标；#3 为动点(刀位点)Y 轴坐标。

若 X=#2，由 $Y=\frac{25}{30}\sqrt{900-X^2}$ 得

$$Y=\frac{25}{30}\sqrt{900-\#2^2}$$

代入宏程序中即可计算出节点坐标。

程序如下：

```
O0011                          (程序号)
G54G90G00X-50Y-30;             (建立工件坐标系，刀具快速移至下刀点)
G43Z100H02S1000M03;            (建立长度刀补，主轴启动)
G01Z-10F1000;                  (中速下刀之切深)
G01G41X-30Y-10D02F100;         (建立径向刀补)
Y0;                            (切入工件)
#1=30;                         (给变量#1 赋值 30)
#2=-30;                        (给变量#2 赋值-30)
WHILE #2 LE #1 ;               (循环语句，当#2 小于等于#1 时，执行循环语句中的程序)
#3=5/6[SQRT[900-#2*#2]];       (变量#3 等于变量#2 的函数)
G01X[#2]Y[#3];                 (直线进给，X 坐标为#2，Y 为#3，加工椭圆上半圆)
#2=#2+0.2;                     (#2 加增量 0.2)
ENDW;                          (结束循环)
#1=-30;                        (给变量#1 赋值-30)
#2=30;                         (给变量#2 赋值 30)
WHILE #2 GE #1;                (循环语句，当#2 大于等于#1 时，执行循环语句中的程序)
#3=-5/6[SQRT[900－#2*#2]];     (变量#3 等于变量#2 的函数)
G01X[#2]Y[#3];                 (直线进给，X 坐标为#2，Y 为#3，加工椭圆下半圆)
#2=#2－0.2;                    (#2 减增量 0.2)
```

```
ENDW;              (结束循环)
Y10;               (直线切出)
G01G40X-50Y30;     (撤销径向刀补)
Z100F1000;         (中速抬刀)
G00G49Z200M05;     (快速抬刀，取消长度刀补，主轴停)
M30;               (程序结束)
%
```

第九节　数控加工程序模式

数控机床加工程序的任务，就是将数控机床加工过程用指令和坐标编制成数控机床读懂的形式，使其能够按照编程人员设计的轨迹运行，实现加工。程序中指令所执行的任务可分为两大类：一类是控制刀具轨迹；一类是设置参数，包括工件坐标系、刀补、坐标绝对增量方式、切削用量和坐标的单位设置。

程序将上述两类任务分成三部分执行：开始部分、切削部分、结束部分。

1. 开始部分

开始部分的主要任务是对程序进行设置，主要包括：

(1) 设置工件坐标系；

(2) 设置长度刀补；

(3) 设置径向刀补(只用于铣轮廓)；

(4) 设置主轴转速和进给量；

(5) 可设置可不设置：绝对增量坐标(开机默认绝对坐标)，加工平面(开机默认 *XY* 平面)，进给量单位(开机默认 mm/min)，公制英制(开机默认公制)。

2. 切削部分

切削部分的主要任务是刀具按照运行轨迹进行切削加工。

3. 结束部分

结束部分的主要任务是撤销刀补的设置，一般先撤销径向刀补(有径向刀补时)，再撤销长度刀补及固定循环(若有固定循环)。这些设置的撤销主要是为后续加工清理系统，防止出现错误。

下面是几种典型工步程序的结构。

铣轮廓：

O××××	程序名
G54G90G00X___Y___; G43Z100H___S___M03; G01Z___F1000M08; G01G41/G42D___X___Y___F___;	开始部分(前四段)：建立工件坐标系，建立长度刀补，建立径向刀补，设定主轴转速与进给量，设定绝对相对坐标，主轴启动，冷却液开，刀具平移，下刀，切入

续表

O××××	程序名
G01/G02(G03)X___Y___; …… ……	切削部分：刀具根据零件被加工轮廓，设置径向刀补值，沿轮廓进行切削
G01G40X___Y___ Z100F1000M09; G00G49Z200M05; M30;	结束部分(后四段)：撤销径向刀补，撤销长度刀补，主轴停，冷却液关，刀具切出工件，中速抬刀，快速抬刀，程序结束
%	

铣型腔：

O××××	程序名
G54G90G00X___Y___; G43Z100H___S___M03; G01Z___F1000M08;	开始部分(前三段)：建立工件坐标系，建立长度刀补，设定主轴转速与进给量，设定绝对相对坐标，主轴启动，冷却液开，刀具平移，下刀
G01/G02(G03)X___Y___; …… ……	切削部分：刀具根据排刀路线进行切削
Z100F1000M09; G00G49Z200M05; M30;	结束部分(后三段)：撤销长度刀补，主轴停，冷却液关，中速抬刀，快速抬刀，程序结束
%	

钻孔：

O××××	程序名
G54G90G00X___Y___; G43Z100H___S___M03;	开始部分(前两段)：建立工件坐标系，建立长度刀补，设定主轴转速与进给量，设定绝对相对坐标，主轴启动，刀具平移，下刀
G81X___Y___Z___R___F___; ……	切削部分：刀具根据固定循环指令进行孔类加工
G80G49Z200M05; M30;	结束部分(后两段)：撤销长度刀补，主轴停，快速抬刀，程序结束
%	

铣曲面：

O××××	程序名
G54G90G00X___Y___; G43Z100H___S___M03; G01Z___F1000M08;	开始部分(前三段)：建立工件坐标系，建立长度刀补，设定主轴转速与进给量，设定绝对相对坐标，主轴启动，冷却液开，刀具平移，下刀
G01/G02(G03)X___Y___; …… ……	切削部分：刀具根据行切法路线，根据计算机计算的节点坐标进行切削
Z100F1000M09; G00G49Z200M05; M30;	结束部分(后三段)：撤销长度刀补，主轴停，冷却液关，中速抬刀，快速抬刀，程序结束
%	

程序结构对于程序的具体编法没有硬性规定，指令的前后可有所不同，但各部分内容不会有太多的变化，尤其是开始部分，各方面的设置是必不可少的。

第十节　数控铣床编程示例

数控铣床加工的零件多属于板类零件和底座类零件，这类零件的加工工步多为粗铣型腔、精铣轮廓、孔类加工。如图 5-96 所示的综合性零件，该底板由型腔、凸台、台阶孔和销钉孔等结构组成。可以用数控铣床的三类典型工步加工该零件，即粗铣型腔、精铣轮廓和孔类加工。该工序是在粗加工后，长、宽、高都已经加工到尺寸，再进行数控铣削加工。

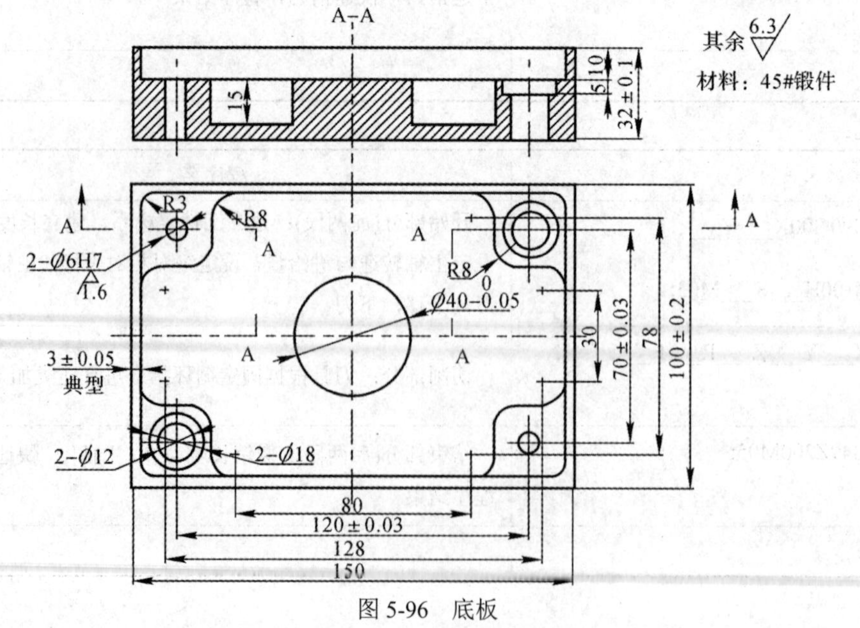

图 5-96　底板

1. 工艺分析

(1) 夹具选择：虎钳，加工表面都在型腔内，故选虎钳。

(2) 工步设计：

① 钻落刀孔，因毛坯为实心板料，故需要为立铣刀打一个落刀孔。

② 粗铣上型腔，底板分为上下二层，先加工上层，再加工下层。

③ 粗铣下型腔，粗加工去余量。

④ 精铣下型腔内轮廓及凸台，下型腔余量稍大，应先铣。

⑤ 精铣上型腔内轮廓 1，因上型腔有 *R*3 圆角，故分两次精铣，第一次用直径稍大的立铣刀，刚性好。

⑥ 精铣上型腔内轮廓 2，用ϕ6 立铣刀，可以加工 *R*3 内圆角。

⑦ 点窝，定四孔中心。

⑧ 钻 2-ϕ12 孔，先钻直径大的孔。

⑨ 铣台阶孔，台阶孔可以锪孔，但利用数控铣可以铣圆的功能，直接铣效率更高。

⑩ 钻 2-ϕ5.8 孔，铰前预孔，因 2-ϕ6H7 公差较小，精度高，粗糙度小，需要铰孔方能保证精度，铰孔余量为 0.2 mm。

⑪ 铰孔，保证 H7 精度，Ra1.6 粗糙度。

(3) 刀具选择：按各工步选择刀具，并且要设定刀具的刀补号，如表 5-7 所示。

表 5-7　刀具刀补及切削用量

序号	工　步	刀　具	刀补号		切削用量	
			长度	径向	转速	进给量
1	钻落刀孔	ϕ20 钻头	H01		S200	F30
2	粗铣上型腔	ϕ20 立铣刀	H02		S300	F60
3	粗铣下型腔					
4	精铣下型腔内轮廓	ϕ12 立铣刀	H03	D03	S800	F100
5	精铣上型腔内轮廓 1					
6	精铣上型腔内轮廓 2	ϕ6 立铣刀	H04	D04	S1000	F100
7	点窝	中心钻	H05		S1000	F30
8	钻 2-ϕ12 孔	ϕ12 钻头	H06		S600	F30
9	铣台阶孔	ϕ12 立铣刀	H03		S600	F80
10	钻 2-ϕ5.8 孔	ϕ5.8 钻头	H07		S800	F30
11	铰孔	ϕ6 铰刀	H08		S100	F20

刀具一共是 8 把，有的刀需加工 2～3 个工步。

(4) 走刀路线设计。

走刀路线应按工步和刀具进行设计，这里第 2、3、4、5 工步使用同一把刀具，故它们的走刀路线可以画在一起，如图 5-97～图 5-100 所示。

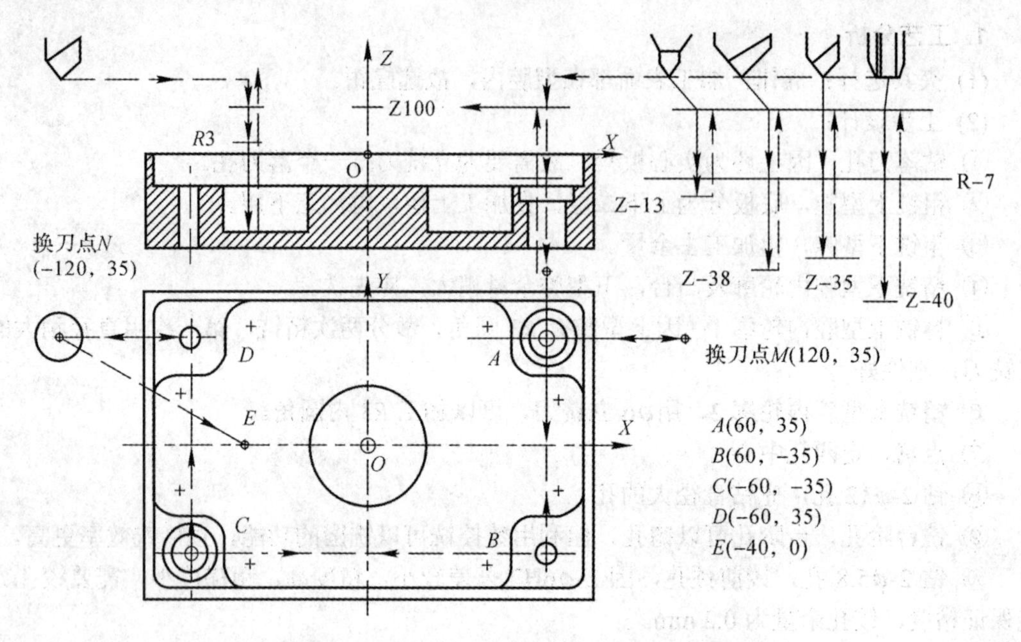

图 5-97　钻落刀孔、点窝、钻孔、铰孔走刀路线

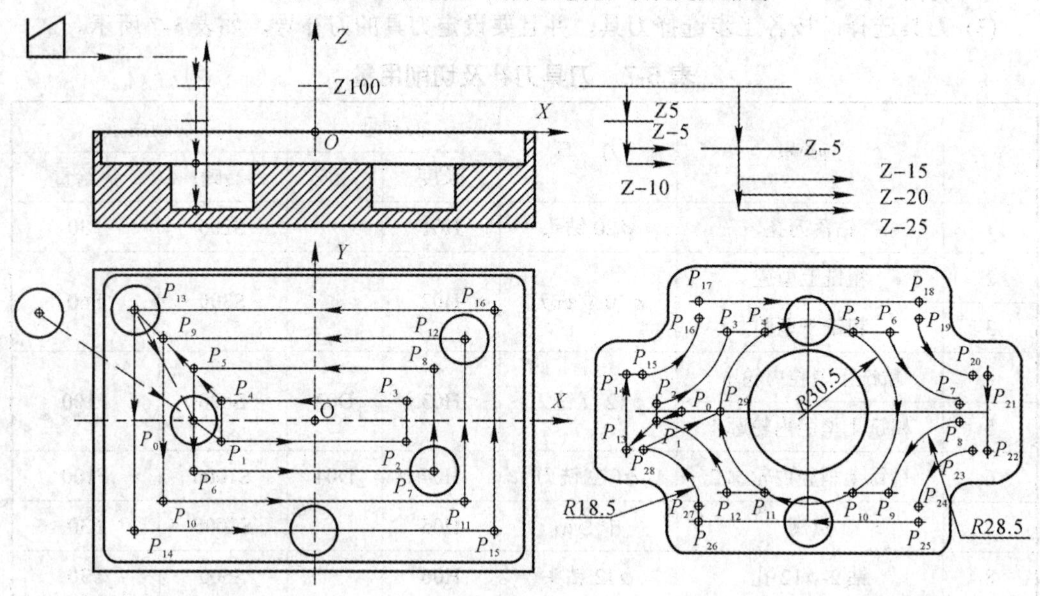

上型腔排刀点的坐标：P_0(-40，0)、P_1(-31.5，-6.5)、P_2(31.5，-6.5)、P_3(31.5，6.5)、P_4(-31.5，6.5)、P_5(-41.5，16.5)、P_6(-41.5，-16.5)、P_7(41.5，-16.5)、P_8(41.5，16.5)、P_9(-51.5，26.5)、P_{10}(-51.5，-26.5)、P_{11}(51.5，-26.5)、P_{12}(51.5，26.5)、P_{13}(-61.5，36.5)、P_{14}(-61.5，-36.5)、P_{15}(61.5，-36.5)、P_{16}(61.5，36.5)

下型腔排刀点的坐标：P_0(-40，0)、P_1(-51.5，-2.86)、P_2(-51.5，2.86)、P_3(-27.86，26.5)、P_4(-15.1，26.5)、P_5(15.1，26.5)、P_6(27.86，26.5)、P_7(51.5，2.86)、P_8(51.5，-2.86)、P_9(27.86，-26.5)、P_{10}(15.1，-26.5)、P_{11}(-15.1，-26.5)、P_{12}(-27.86，-26.5)、P_{13}(-61.5，-12.5)、P_{14}(-61.5，12.5)、P_{15}(-56，12.5)、P_{16}(-37.5，30.88)、P_{17}(-37.5，36.5)、P_{18}(37.5，36.5)、P_{19}(37.5，30.88)、P_{20}(56，12.5)、P_{21}(61.5，12.5)、P_{22}(61.5，-12.5)、P_{23}(56，-12.5)、P_{24}(37.5，-30.88)、P_{25}(37.5，-36.5)、P_{26}(-37.5，-36.5)、P_{27}(-37.5，-30.88)、P_{28}(-56，-12.5)、P_{29}(-30.5，0)

图 5-98　铣型腔走刀路线

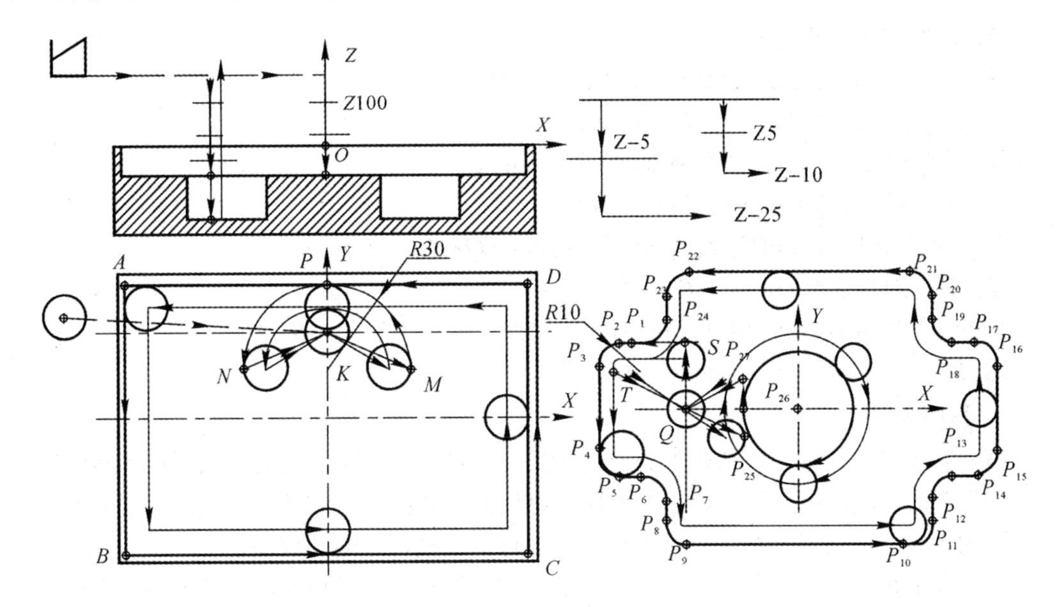

上型腔内轮廓：$K(0, 30)$、$M(30, 17)$、$N(-30, 17)$、$P(0, 47)$、$A(-72, 47)$、$B(-72, -47)$、$C(72, -47)$、$D(72, 47)$

下型腔内轮廓：$Q(-40, 0)$、$S(-40, 23)$、$T(-66, 13)$、$P_1(-56, 23)$、$P_2(-64, 23)$、$P_3(-72, 15)$、$P_4(-72, -15)$、$P_5(-64, -23)$、$P_6(-56, -23)$、$P_7(-48, -31)$、$P_8(-48, -39)$、$P_9(-40, -47)$、$P_{10}(40, -47)$、$P_{11}(48, -39)$、$P_{12}(48, -31)$、$P_{13}(56, -23)$、$P_{14}(64, -23)$、$P_{15}(72, -15)$、$P_{16}(72, 15)$、$P_{17}(64, 23)$、$P_{18}(56, 23)$、$P_{19}(48, 31)$、$P_{20}(48, 39)$、$P_{21}(40, 47)$、$P_{22}(-40, 47)$、$P_{23}(-48, 39)$、$P_{24}(-48, 31)$、$P_{25}(-20, -10)$、$P_{26}(-20, 0)$、$P_{27}(-20, 10)$

图 5-99　铣上型腔轮廓和下型腔轮廓走刀路线

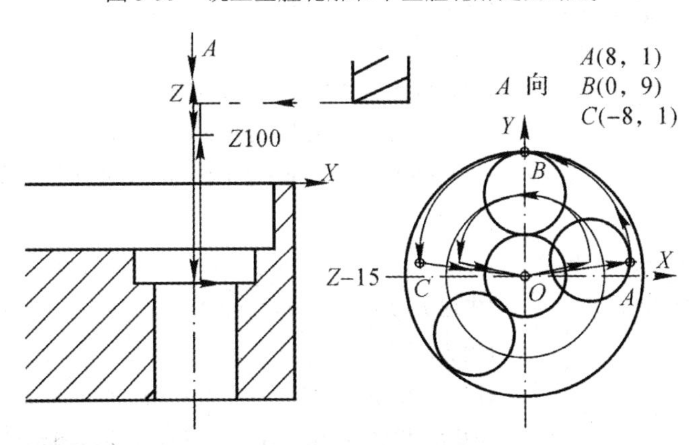

图 5-100　铣台阶孔走刀路线

孔类加工的走刀路线可以一起画，第 1、7、8、10、11 工步在一张图上，如图 5-97 所示。

铣型腔的走刀路线画在一张图上，对应第 2、3 工步，如图 5-98 所示。

铣轮廓的走刀路线画在一张纸上，对应第 4、5 工步，如图 5-99 所示；第 6 工步与第 5 工步的走刀路线相同，如图 5-99 所示；第 9 工步的走刀路线如图 5-100 所示。

铣台阶孔的走刀路线是以孔中心为原点的，编程时要用坐标平移或增量坐标。为了使台阶圆光滑，应采用圆弧切入切出。

(5) 切削用量：见表 5-7。

注：铣上型腔的进刀路线(圆弧切入)：*K*—*M*—*P*—*A*—…；

退刀路线(圆弧切出)：…—*P*—*N*—*K*；

铣下型腔(铣内轮廓)的进刀路线(直线切入)：*Q*—*S*—P_1—…；

退刀路线(圆弧切出)：…—P_1—*T*—*Q*；

铣下型腔(铣圆凸台)的进刀路线(直线切入)：*Q*—P_{25}—P_{26}—…；

退刀路线(直线切出)：…—P_{26}—P_{27}—*Q*；

如图 5-100 所示，铣台阶孔的进刀路线(圆弧切入)：*O*—*A*—*B*—；

退刀路线(圆弧切出)：—*B*—*C*—*O*。

2. 程序编制

数控铣床多刀加工，要考虑换刀点的设置，因换刀都是手工换刀，所以用 M00 指令。使用该指令时，机床停止执行后面的程序，可供操作者换刀或测量工件尺寸。若要继续执行后面的程序，则按下“循环启动”按钮，即可继续执行后面的程序。

本零件多个工步有重复加工的内容，需要使用子程序。子程序应单独编为一个程序，设有完整的程序号，结束用 M99 指令。

O0011	(主程序号)
G54G90G00X-40Y0;	(建立工件坐标系，刀具(ϕ 20 钻头)快速平移至 E 点，工步 1，钻落刀孔)
G43H01Z100S200M03;	(建立长度刀补(H01)，主轴以 200 r/m 转速正转)
G81Z-25R3F30M08;	(钻孔循环，加工落刀孔，开冷却液)
G80G49Z200M05;	(取消固定循环，撤销长度刀补，抬刀至安全高度，主轴停)
M09;	(关冷却液)
G00X-120Y35;	(刀具快速移至换刀点(−120，35))
M00;	(程序停止(手动换刀，换ϕ20 立铣刀))
G00X-40Y0;	(刀具(ϕ20 立铣刀)快速平移至下刀点 *E*，工步 2、3 粗铣上下型腔)
G43H02Z100S300M03;	(建立长度刀补(H02)，主轴以 300 r/m 转速正转)
G01Z5F1000M08;	(中速下刀至 Z5，开冷却液)
Z0F200;	(慢速下刀至 Z0)
M98P22011;	(调用子程序 O2011 两次(分层铣削，每层 5 mm))
M98P32012;	(调用子程序 O2012 三次(分层铣削，每层 5 mm))
G01Z100F1000M09;	(中速抬刀，关冷却液)
G00G49Z200M05;	(撤销长度刀补，快速抬刀至安全高度，主轴停)
X-120Y35;	(刀具快速移至换刀点(−120，35))
M00;	(程序停止(手动换刀，换ϕ12 立铣刀))
G00X0Y30;	(刀具(ϕ12 立铣刀)快速平移至下刀点 *K*，工步 4、5 精铣上下内轮廓)
G43H03Z100S800M03;	(建立长度刀补(H03)，主轴以 800 r/m 转速正转)

#1=13;	(变量赋值(确定子程序中的径向刀补号))
M98P2013;	(调用子程序 O2013，加工上型腔内轮廓)
X-40F1000;	(刀具中速移至 X−40 位置)
Y0;	(刀具中速移至 Y0 位置(绕开凸台，防止划伤))
Z-25F200;	(下刀至下型腔切深 Z−25)
G01G41D03Y23F100;	(建立径向刀补(D03)，编程轨迹工进至 S 点)
X-64;	(切入工件，切至 P_2 点)
G03X-72Y15R8;	(圆弧切削 P_2—P_3)
G01Y-15;	(直线切削 P_3—P_4)
G03X-64Y-23R8;	(圆弧切削 P_4—P_5)
G01X-56;	(直线切削 P_5—P_6)
G02X-48Y-31R8;	(圆弧切削 P_6—P_7)
G01Y-39;	(直线切削 P_7—P_8)
G03X-40Y-47R8;	(圆弧切削 P_8—P_9)
G01X40;	(直线切削 P_9—P_{10})
G03X48Y-39R8;	(圆弧切削 P_{10}—P_{11})
G01Y-31;	(直线切削 P_{11}—P_{12})
G02X56Y-23R8;	(圆弧切削 P_{12}—P_{13})
G01X64;	(直线切削 P_{13}—P_{14})
G03X72Y-15R8;	(圆弧切削 P_{14}—P_{15})
G01Y15;	(直线切削 P_{15}—P_{16})
G03X64Y23R8;	(圆弧切削 P_{16}—P_{17})
G01X56;	(直线切削 P_{17}—P_{18})
G02X48Y31R8;	(圆弧切削 P_{18}—P_{19})
G01Y39;	(直线切削 P_{19}—P_{20})
G03X40Y47R8;	(圆弧切削 P_{20}—P_{21})
G01X-40;	(直线切削 P_{21}—P_{22})
G03X-48Y39R8;	(圆弧切削 P_{22}—P_{23})
G01Y31;	(直线切削 P_{23}—P_{24})
G02X-56Y23R8;	(圆弧切削 P_{24}—P_1)
G03X-66Y13R10;	(圆弧切出 P_1—T)
G01G40X-40Y0F500;	(撤销径向刀补，刀具退回 Q 点)
G01G41D03X-20Y-10F100;	(建立径向刀补，编程轨迹进至 P_{25} 点)
Y0;	(直线切入 P_{25}—P_{26})
G02I20;	(整圆加工 P_{25}—P_{25}，半径 R_{20})
G01Y10;	(直线切出 P_{26}—P_{27})
G01G40X-40Y0F200;	(撤销径向刀补，刀具退回 Q 点)
Z100F1000M09;	(中速抬刀，关冷却液)
G00G49Z200M05;	(撤销长度刀补，刀具快速抬至安全高度，主轴停)

```
G00X-120Y35;            (刀具快速移至换刀点(−120，35))
M00;                    (程序停止(手动换刀，换φ6 立铣刀))
G00X0Y30;               (刀具(φ12 立铣刀)快速平移至下刀点 K，工步 6 精铣上内轮廓，
                        加工 R3 圆角)
G43H04Z100S1000M03;     (建立长度刀补(H04)，主轴以 1000 r/m 转速正转)
#1=04;                  (变量赋值(确定子程序中的径向刀补号))
M98P2013;               (调用子程序 O2013，加工上型腔内轮廓)
G01Z100M09F1000;        (中速抬刀，关冷却液)
G00G49Z200M05           (撤销长度刀补，刀具快速抬至安全高度，主轴停)
G00X-120Y35;            (刀具快速移至换刀点(−120，35))
M00;                    (程序停止(手动换刀，换中心钻))
G00X-60Y35;             (刀具(中心钻)快速平移至孔 D(工步 7，点窝，定各孔中心))
G43H05Z100S1000M03;     (建立长度刀补(H05)，主轴以 1000 r/m 转速正转)
G81Z-13R-7F30M08;       (钻孔循环，钻深 Z−13，R−7，进给量 F30，开冷却液)
Y-35;                   (点窝 C 孔)
X60;                    (点窝 B 孔)
Y35;                    (点窝 A 孔)
G80G49Z200M05;          (取消固定循环，撤销长度刀补，主轴停)
M09;                    (关冷却液)
G00X120Y35;             (刀具快速移至换刀点(120，35))
M00;                    (程序停止(手动换刀，换φ12 钻头))
G00X60Y35;              (刀具(φ12 钻头)快速平移至孔 A(工步 8，钻 2−φ12 孔))
G43H06Z100S600M03;      (建立长度刀补(H06)，主轴以 600 r/m 转速正转)
G81Z-38R-7F30M08;       (钻孔循环，钻深 Z−38，R−7，进给量 F30，开冷却液)
X-60Y-35;               (钻 C 孔)
G80G49Z200M05;          (取消固定循环，撤销长度刀补，主轴停)
M09;                    (关冷却液)
G00X-120Y35;            (刀具快速移至换刀点(−120，35))
M00;                    (程序停止(手动换刀，换φ12 立铣刀))
G52X-60Y-35;            (坐标原点平移至 A 点(工步 9，铣台阶孔))
G00X0Y0;                (刀具快速移至 A 点)
G43H03Z100S600M03;      (建立长度刀补(H03)，主轴以 600 r/m 转速正转)
M08;                    (开冷却液)
M98P2014;               (调用子程序 O2014(铣台阶孔))
G52X60Y35;              (坐标原点平移至 C 点)
G90G01X0Y0F1000;        (刀具中速移至 C 点)
M98P2014;               (调用子程序 O2014(铣台阶孔))
G52X0Y0;                (坐标原点平移回 O 点)
G01G90Z100F1000M09;     (中速抬刀，关冷却液)
```

```
G00G49Z200M05;          (撤销长度刀补，刀具快速抬至安全高度，主轴停)
G00X120Y35;             (刀具快速移至换刀点(120，35))
M00;                    (程序停止(手动换刀，换φ5.8钻头))
G00X60Y-35;             (刀具(φ5.8钻头)快速平移至孔B(工步10，钻2-φ5.8孔))
G43H07Z100S800M03;      (建立长度刀补(H07)，主轴以800 r/m转速正转)
G81Z-35R-7F30M08;       (钻孔循环，钻深Z-35，R-7，进给量F30，开冷却液)
X-60Y35;                (钻D孔)
G80G49Z200M05;          (取消固定循环，撤销长度刀补，主轴停)
M09;                    (关冷却液)
G00X-120Y35;            (刀具快速移至换刀点(-120，35))
M00;                    (程序停止(手动换刀，换φ6铰刀))
G00X-60Y35;             (刀具(φ6铰刀)快速平移至孔D(工步11，铰2-φ6孔))
G43H08Z100S100M03;      (建立长度刀补(H08)，主轴以100 r/m转速正转)
G81Z-40R-7F20M08;       (钻孔循环，钻深Z-40，R-7，进给量F20，开冷却液)
X60Y-35;                (钻B孔)
G80G49Z200M05;          (取消固定循环，撤销长度刀补，主轴停)
M09;                    (关冷却液)
M30;                    (程序结束)
%
```

子程序：

```
O2011                   (子程序号(粗铣上型腔))
G01G91Z-5F50;           (慢速直线进给，增量坐标Z-5，切深5 mm)
G90G01X-31.5Y-6.5F100;  (绝对坐标，直线进给至P1点，进给量F100)
X31.5;                  (直线进给P1—P2)
Y6.5;                   (直线进给P2—P3)
X-31.5;                 (直线进给P3—P4)
X-41.5Y16.5;            (直线进给P4—P5)
Y-16.5;                 (直线进给P5—P6)
X41.5;                  (直线进给P6—P7)
Y16.5;                  (直线进给P7—P8)
X-41.5;                 (直线进给P8—P5)
X-51.5Y26.5;            (直线进给P5—P9)
Y-26.5;                 (直线进给P9—P10)
X51.5;                  (直线进给P10—P11)
Y26.5;                  (直线进给P11—P12)
X-51.5;                 (直线进给P12—P9)
X-61.5Y36.5;            (直线进给P9—P13)
Y-36.5;                 (直线进给P13—P14)
X61.5;                  (直线进给P14—P15)
```

Y36.5;　(直线进给 P_{15}—P_{16})

X-61.5;　(直线进给 P_{16}—P_{13})

X-40Y0;　(直线进给 P_{13}—P_{0})

M99;　(返回主程序)

%

O2012　(子程序号(粗铣下型腔))

G01G91Z-5F50;　(慢速直线进给，增量坐标 Z-5，切深 5 mm)

G90G01X-51.5Y-2.86F100;　(绝对坐标，直线进给至 P_1 点，进给量 F100)

Y2.86;　(直线进给 P_1—P_2)

G03X-27.86Y26.5R28.5;　(圆弧进给 P_2—P_3)

G01X-15.1;　(直线进给 P_3—P_4)

G02X15.1R30.5;　(圆弧进给 P_4—P_5)

G01X27.86;　(直线进给 P_5—P_6)

G03X51.5Y2.86R28.5;　(圆弧进给 P_6—P_7)

G01Y-2.86;　(直线进给 P_7—P_8)

G03X27.86Y-26.5R28.5;　(圆弧进给 P_8—P_9)

G01X15.1;　(直线进给 P_9—P_{10})

G02X-15.1R30.5;　(圆弧进给 P_{10}—P_{11})

G01X-27.86;　(直线进给 P_{11}—P_{12})

G03X-51.5Y-2.86R28.5;　(圆弧进给 P_{12}—P_1)

G01X-61.5Y-12.5;　(直线进给 P_1—P_{13})

Y12.5;　(直线进给 P_{13}—P_{14})

X-56;　(直线进给 P_{14}—P_{15})

G03X-37.5Y30.88R18.5;　(圆弧进给 P_{15}—P_{16})

G01Y36.5;　(直线进给 P_{16}—P_{17})

X37.5;　(直线进给 P_{17}—P_{18})

Y30.88;　(直线进给 P_{18}—P_{19})

G03X56Y12.5R18.5;　(圆弧进给 P_{19}—P_{20})

G01X61.5;　(直线进给 P_{20}—P_{21})

Y-12.5;　(直线进给 P_{21}—P_{22})

X56;　(直线进给 P_{22}—P_{23})

G03X37.5Y-30.88R18.5;　(圆弧进给 P_{23}—P_{24})

G01Y-36.5;　(直线进给 P_{24}—P_{25})

X-37.5;　(直线进给 P_{25}—P_{26})

Y-30.88;　(直线进给 P_{26}—P_{27})

G03X-56Y-12.5R18.5;　(圆弧进给 P_{27}—P_{28})

G01X-30.5Y0;　(直线进给 P_{28}—P_{29})

G02I30.5;　(整圆加工 P_{29}—P_{29})

G01X-40Y0;　(直线进给 P_{29}—P_{0})

```
M99;                        (返回主程序)
%
O2013                       (子程序号(铣上型腔轮廓))
G01Z-10F1000;               (中速下刀至切深Z-10)
G01G41D#1X30Y17F100;        (建立径向刀补，刀补号在主程序中赋值决定，编程轨迹至K—M点)
G03X0Y47R30;                (圆弧切入M—P)
G01X-72;                    (直线进给P—A)
Y-47;                       (直线进给A—B)
X72;                        (直线进给B—C)
Y47;                        (直线进给C—D)
X0;                         (直线进给D—P)
G03X-30Y17R30;              (圆弧切出P—N)
G01G40X0Y30F500;            (撤销径向刀补，刀具返回K点)
Z100F1000;                  (中速抬刀)
M99;                        (返回主程序)
%
O2014                       (子程序号(铣台阶孔))
G01Z-5F1000;                (中速下刀至Z-5)
Z-15F100;                   (慢速下刀至切深Z-15)
G01G41D03X8Y1F100;          (建立径向刀补(D03)，编程轨迹至O—A点)
G03X0Y9R8;                  (圆弧切入A—B点)
G03J-9;                     (整圆加工B—B点)
G03X-8Y1R8;                 (圆弧切出B—C点)
G01G40X0Y0;                 (撤销径向刀补C—O点)
Z100F1000;                  (中速抬刀)
M99;                        (返回主程序)
%
```

该程序还可以用宏程序编写，铣型腔排刀点的计算可以通过CAM软件完成，从而节省计算工作量，非常方便、简捷。

第十一节　数控铣床基本操作方法

数控机床的操作比普通机床要复杂，主要是多了一些参数设置和输入环节，控制方式也不同，需要通过程序控制，但其切削原理和工件的装夹与普通机床基本一样。因此，数控机床的操作需掌握以下几个方面：

(1) 一般机械加工工艺知识与技能。

① 掌握机床加工工艺，能设计加工工步，会设计刀具的走刀(切削)路线。

② 掌握机床夹具知识，能选择通用夹具，会装夹工件。

③ 掌握刀具切削知识，能选择刀具，会安装刀具，刃磨刀具，选择合理的切削用量。

④ 掌握公差与测量的基本知识，能使用常用量具测量工件的尺寸。

⑤ 掌握安全生产的基本知识，能对机床进行一般性保养与维护。

(2) 数控机床操作技能。

① 熟悉数控机床的面板。

② 掌握数控机床各轴的手动移动。

③ 掌握数控机床的参数与程序输入。

④ 掌握数控机床的工件坐标系设置。

⑤ 掌握数控机床的刀具补偿设置。

⑥ 掌握数控机床的程序运行。

⑦ 熟悉数控机床的安全规则、保养与维护。

数控机床因数控系统功能的高低不同，操作方法不尽相同，有的还可以自动编程。

数控铣床在数控机床中属于比较复杂的数控机床，控制的轴数比较多，加工的零件也比较复杂，其刀具补偿设置比车床复杂。这里只介绍数控铣床的基本操作技能。

一、数控铣床的控制面板

数控铣床的种类很多，控制面板也不完全一样，这里以某型 FANUC-0MD 系统的面板为例，介绍数控铣床面板的基本形式。

1. 面板

如图 5-101 所示，控制面板由三块区域组成：显示屏又称 CRT，用于显示数控铣床的所有参数、程序、加工状况和刀具位置。操作者可通过显示屏来控制机床。系统控制区域的作用是控制参数和程序的输入与编辑。操作控制区域的作用是控制机床的手动移动、手动运行(MDI)和自动运行。

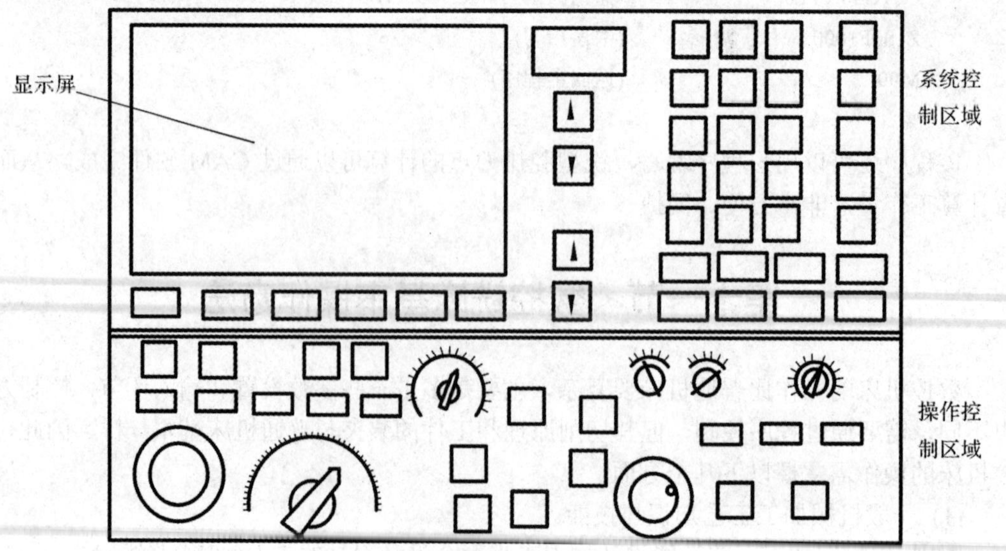

图 5-101　数控铣床控制面板

2. 系统控制区域

如图 5-102 所示，系统控制区域主要用于输入程序和参数，编辑程序和参数。其主要按键有：RESET(复位键)、CURSOTR(光标移动键)、PAGE(翻页键)、ALTER(替换键)、INSERT(插入键)、DELET(删除)、EOB(换行键(;))、CAN(退位键)、POS(显示坐标)、PGRAM(显示程序)、OFSET(参数显示键(坐标系、刀补))、INPUT(输入键(输入参数))、ALARM(报警键)、START(MDI(手动)方式运行程序启动键)。还有 15 个数字字母键和显示软键(在显示屏下)。

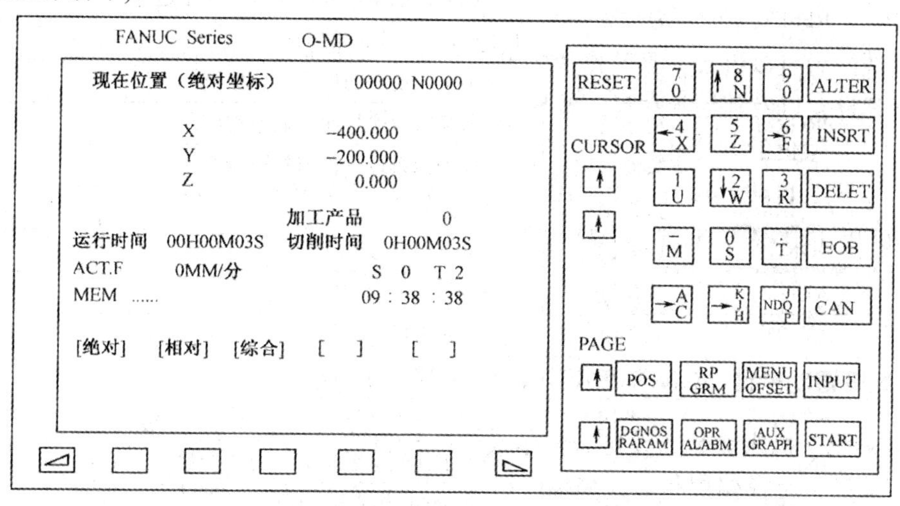

图 5-102　显示屏与系统控制区域

3. 操作控制区域

如图 5-103 所示，操作控制区域的作用是控制机床各种动作，以及手动移动机床。在设置坐标系和刀补、装夹刀具、装夹工件等调整机床时，都要用手动移动机床。操作控制区域的主要按钮开关有：急停按钮、接通/断开按钮、方式选择开关、手动轴选择(移动)按钮组、进给速率修调旋钮、手轮轴选择开关、手轮轴倍率开关、手摇脉冲发生器等，还有其他相关的键。

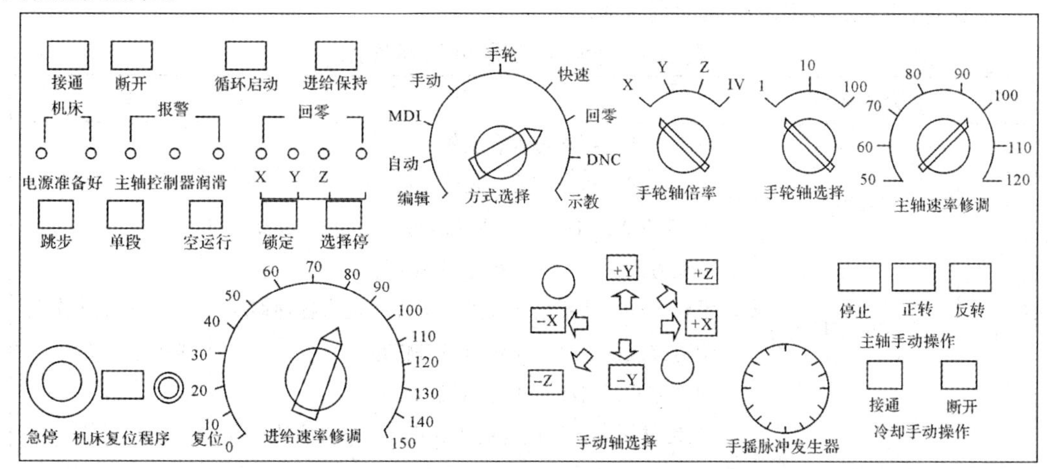

图 5-103　操作控制区域

二、主要开关按钮

1. 系统控制区域的按钮

系统控制区域的按钮作用如表 5-8 所示。

表 5-8　系统控制区域按钮作用

序号	名称	按钮开关	功　能	备　注
1	RESET	复位键	复位数控系统，取消报警，终止运行程序，主轴停，停止机床的动作	
2	POS	位置显示键	显示机床现在的位置，坐标值	
3	PRGRM	程序键	进入编辑程序界面，显示程序	
4	OFSET	参数设置键	工件坐标系设置、刀补值设置	
5	ALARM	报警键	显示报警号	
6	DGNOS	诊断键	显示系统参数	
7	ALTER	替换键	替换程序中的字符	
8	INSRT	插入键	在程序中插入字符	
9	DELET	删除键	删除程序中的字符	
10	CAN	取消键	删除上一个字符	
11	INPUT	输入键	输入工件坐标系参数、刀补参数	
12	START	启动键	启动 MDI 模式下的程序	
13	PAGE	页面键	上下翻页	
14	CURSOR	光标移动键	向前向后移动光标	
15	EOB	换行键	程序段换行，加分号	
16		数据输入键	15 个用于输入程序字符数字的键	

2. 操作控制区域的按钮

操作控制区域的按钮作用如表 5-9 所示。

表 5-9　操作控制区域按钮作用

序号	开关名称	功　能	备　注
1	方式选择开关	编辑方式：程序输入、编辑； 自动方式：执行程序、自动运行 MDI 方式：手动控制程序运行，手动输入程序 手动方式：手动控制机床各轴工进 手轮方式：用手摇脉冲发生器控制机床各轴移动 快速方式：手动控制机床各轴快进 回零方式：机床各轴返回机床零点 DNC 方式：计算机与机床联机加工，机床边读程序边加工 示教方式：在此方式加工可以把坐标点记录下来	在各类操作前必先选方式

续表

序号	开关名称	功　能	备　注
2	急停按钮	紧急情况下停止机床的进给和主轴旋转。	
3	进给速率修调	控制各轴的进给速度	非常有用
4	手动轴选择	手动控制各轴移动，按下移动，松开停止	
5	手摇脉冲发生器	手轮控制各轴移动	
6	冷却手动操作	手动控制冷却液开关	
7	主轴手动操作	手动控制主轴旋转停止，在手动或手轮方式下	
8	主轴速率修调	控制主轴的转速	
9	手轮轴倍率	控制手轮摇动，移动各轴的快慢	
10	手轮轴选择	选择手轮移动的轴	
11	循环启动	启动运行程序	
12	进给保持	程序暂停，进给停止，主轴不停，按循环启动继续运行后面程序	
13	接通	系统通电	
14	断开	系统断电	
15	单段	程序单段运行，运行一个程序段，机床暂停，按一下循环启动，继续运行下一程序段	
16	跳步	按下此开关，程序中加/的程序段不运行，跳过运行后续程序	
17	空运行	试程序时，将进给速度提高	
18	锁定	按下此开关，锁定程序中 M、S、T 功能	
19	选择停	按下此开关，程序中 M01 执行程序停止，否则 M01 不执行	

三、手动控制机床

1. 手动移动各轴

选择手动模式/选择快速模式，按+X/−X、+Y/−Y、+Z/−Z 中的任一键，机床对应的轴就会移动。

2. 手轮移动各轴

选择手轮模式，选择手轮倍率，选手轮轴(X、Y、Z)，摇动手轮，机床对应的轴就会移动。

3. 开机回零

开总电源，系统通电，急停按钮恢复，选择回零模式，依次按手动按钮+Z、+X、+Y(按住不松，直到接近原点，机床自动找零)，机床回零。

4. 关机

将各轴移至中间位置，按下急停按钮，系统断电，关总电源开关。

四、程序的输入与编辑

1. 程序输入

程序输入数控铣床的方法如下：

选择编辑模式(操作面板的方式选择开关)，按 PRGRM 键显示程序界面。

(1) 建立程序号。输入程序号(O××××)，按 INSERT 键输入程序，再按 EOB 键输入分号，换行。

(2) 输入程序。按编写好的程序依次键入，每一程序段输完后，按 EOB 键输入分号，换行。

2. 编辑

(1) 插入。将光标移到需插入的位置前，输入字符，按 INSERT 键，字符将插入在光标后。

(2) 替换。将光标移到需替换的位置，输入字符，按 ALTER 键，字符将替换光标。

(3) 删除。将光标移到需删除的位置，按 DELETE 键，字符将替换光标。

3. 程序调入

键入需调入的程序号，按向下光标键即可完成程序调入。

五、建立工件坐标系

1. 调整机床

目的：手动将主轴移至工件坐标系原点位置(工件已装夹好或夹具已调整好)，找到工件原点在机床坐标系中的坐标值。

方法：

(1) 标准圆销法。用圆销(尺寸标准整数，如ϕ10)靠近工件一直边，中间夹塞尺移动，当塞尺移不动时，位置确定好并记下当前机床坐标系的坐标值。通过换算，可知工件原点的某一轴的机床坐标值，另一轴方法相同，如图 5-104 所示。

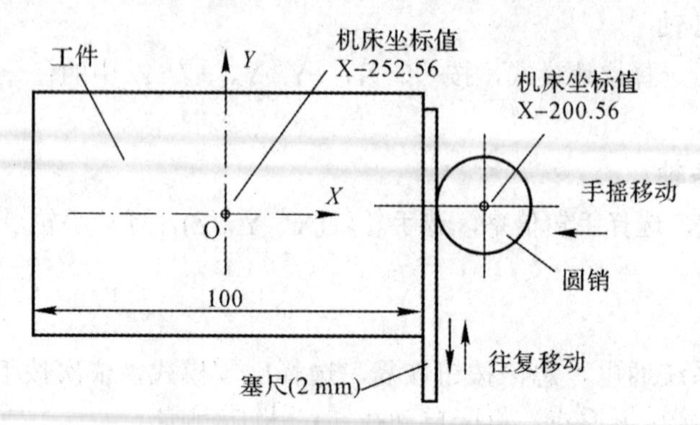

图 5-104　工件坐标系圆销找正法

(2) 试切法。用立铣刀(准确直径已知)试切工件直边，记下机床坐标系的坐标值，计算方法同上。

(3) 百分表找正法。将百分表装在主轴上，通过工件上已有的孔或圆台找到其中心，即可知孔或圆台的中心在机床坐标系中的坐标值。通过换算，可知工件原点的机床坐标值。

另外，还可以用找正棒、寻边器等工具找到原点。

2. 输入参数

按 OFSET(参数设置键)，找到“工件坐标系设定”界面，将计算好的工件原点的机床坐标值输入至要建立的坐标系下(程序指定的 G54～G59 中的任一个指令，Z 值一般不设定)，按 X/Y/Z 键，输入坐标值，再按 INPUT 键即可。

3. 验证

为防止输入错误，需要验证，将主轴移开找正的位置，选择 MDI 模式，键入 G00X0Y0，按 INSERT 键，再按 START 键，主轴会自动回到工件原点，否则说明参数输入错误，需重新找正。

上述这些方法是建立 G54～G59 坐标系的方法。若程序中用 G92 建立工件坐标系，则不需上述方法，直接用刀具找到相应的位置，运行程序即可，这种方法适用于单件生产。

六、设置刀具补偿

刀具补偿分为长度补偿和径向补偿，长度补偿值需要每把刀具都进行设置，径向刀补只适用于铣轮廓。

1. 长度刀补设置

长度刀补的设置方法是将刀补值输入该刀对应的刀补号中，刀补值=刀具长度－标准刀长度，测量方法有多种，包括对刀仪测量法、*Z* 轴设定器测量法、试切测量法和直接测量法等，这里介绍一下直接测量法。

直接测量法是将刀具的刀位点与工件表面接触，在机床的显示屏上可读出 *Z* 轴的工件坐标系下的值，这就是刀补值，输入机床即可。

(1) 手动将刀具移至工件上方 100 mm～200 mm 处，改为手轮进给。

(2) 手轮控制移动刀具接触工件，刀具与工件表面间用塞尺或圆销试着移动或滚动，若无法移动或滚动，此时的 *Z* 轴坐标值减去(加上负值)塞尺厚度或滚棒直径就是刀补值，按 POS 键就可看到 *Z* 轴坐标。

$$刀补值 = Z\,轴坐标 - 塞尺厚度或滚棒直径$$

(3) 将刀补值输入机床，按 OFSET 键，找到刀补值界面和输入的刀补号，然后输入刀补值，按 INPUT 键即可。

(4) 抬刀结束。

2. 径向刀补设置

径向刀补的设置方法比较容易，测出立铣刀直径，根据加工需要，即可给出刀补值。对于精加工，刀补值=立铣刀半径；对于半精加工，刀补值=立铣刀半径+余量。

输入方法同上，找到刀补号，输入即可。

七、程序运行加工

1. 首件试切

程序编好后，首件试切是非常重要的一步，它可以检验程序的对错，检验程序和加工工艺的合理性，但非常容易打刀，切废工件，所以操作时必须非常小心。

(1) 留余量，将长度刀补值增加 20 mm～30 mm，径向刀补值增加 2 mm～5 mm。

(2) 选择空运行或试运行，快速测试程序。

(3) 选择单段模式(单段模式就是走一段停一下，按循环启动按钮)，一段一段加工，避免出现错误而打刀。

(4) 运行程序。

① 选择编辑模式，按 PRGRM 键，输入程序号，再按向下光标键，调入程序(光标在最前)。

② 选择自动模式、单段模式，按循环启动键，直到零件加工完毕。

③ 改变刀补值，取消试运行，再次切削。

2. 正式加工

当首件试切无问题时，即可正式加工，将刀补值改为正确的数值。

(1) 取消单段设置，取消试运行。

(2) 选择自动模式。

(3) 按循环启动键，即可开始加工。

八、安全操作规程与日常维护

1. 数控铣削机床的安全操作规程

(1) 按机床说明书合理使用，正确操作，禁止超负荷、超性能、超规范使用。

(2) 首件编程加工时，应仔细检查程序及试加工，确认正确无误后，方可正式加工。

(3) 装夹刀具时，应将锥柄和主轴孔及定位面擦拭干净。

(4) 工件、刀具必须安装牢固，装卸工件时，防止碰撞机床。

(5) 加工过程中，操作者不得离开工作岗位做与操作无关的事情。暂时离岗可按“暂停”按钮，要正确使用急停开关，禁止随意拉闸断电。

(6) 加工铸铁、青铜、非金属等脆性材料时，要将导轨面的润滑油擦净，并采取保护导轨面的措施。

(7) 机床导轨面和工作面禁止长时间放置工具、夹具、量具和工件。

(8) 机床运行时，注意异常现象，发现故障要及时停机，并记录显示故障内容。

(9) 操作者要及时清理机床上的铁屑及杂物，整理工作现场，做好保养工作。

(10) 设备保养完毕，操作者应将机床各开关手柄及部件移至原处，导轨面、转动及滑动面、定位基准面、工作台面等处加油保养。

(11) 工作前必须戴好劳动保护用品，不准围围巾，禁止穿高跟鞋。操作时不得戴手套，不得吸烟，不得与他人闲谈，精神要集中，严禁在车间内嬉戏、打闹。

(12) 开动机床前必须检查机床各部位的润滑、防护装置等是否符合要求。

(13) 所有实验或实践须在实践教师指导下进行，未经指导教师同意，不要擅自开机。

(14) 合理选用刀具、夹具。装夹精密工件或较薄、较软的工件时，装夹方式要正确，用力要适当，保证装夹牢固可靠，不得猛力敲打，可用木锤或加垫轻轻敲打。

(15) 操作中要随时观察工件装夹是否有松动，如有松动应立即停车，以防砸伤人。操作中观察工件时，站位要适当。

(16) 机床快速移动时，应注意四周情况，防止碰撞。

(17) 如遇数控机床电动机异常发热、声音不正常等情况，应立即停车。

(18) 操作要文明，机床运转时，禁止触动转动部位，也不要将身体靠在机床上。不准从机床运转部件上方传递物品。

(19) 遵守工艺规程，不要任意修改数控系统内制造厂设定的参数和操作程序。

(20) 操作完毕后，擦净机床，清理工作场地，断开电源，并认真填写数控机床使用记录表。

2. 数控机床日常维护保养

对数控机床进行日常维护和保养可有效防止机床非正常磨损，避免突发故障，可使机床保持良好的技术状态，保持长时间的稳定工作。机床说明书中一般对日常维护保养的范围有每天、不定期、每半年和每年的内容。在数控加工实践中，必须落实每天的维护保养内容和要求。表 5-10 列举了数控机床日常维护保养的一些基本内容

表 5-10　数控机床日常维护基本内容

序号	检查周期	检查部位	检 查 要 求
1	每天	导轨润滑油箱	油标、油量，及时添加润滑油，润滑泵能定时启动、打油及停止
2	每天	压缩空气源	检查气动控制系统压力，应在正常范围
3	每天	机床液压系统	工作油面高度正常
4	不定期	冷却水箱	检查液面高度，冷却液太脏时需要更换并清理水箱底部，经常清洗过滤
5	不定期	排屑器	经常清理切屑，检查有无卡住等
6	每半年	液压油路	清洗溢流阀、减压阀、滤油器、油箱底，更换或过滤液压油
7	每半年	主轴润滑恒温油箱	清洗过滤器，更换润滑脂

习　题

1. 数控铣床分为哪几类？各有什么特点？加工适用范围有哪些？
2. 数控铣床的加工对象有哪些？孔类加工有哪些加工方法？
3. 数控铣床加工工艺分析分中排刀用于哪种工步？如何计算排刀点坐标？
4. 数控铣床加工工艺中各个工步走刀路线有哪些共性？
5. 数控铣削加工的工步是怎样设计的？刀具是怎样选择的？
6. G92 指令与 G54～G59 有什么不同？画图说明。

7. 刀位点、坐标测位点、起刀点的含义是什么？画图说明。

8. 为什么每把刀具都要建立长度刀补？什么刀具可不建立长度刀补？

9. 标准刀建立长度刀补后，刀补值是多少？每个工件或每一批工件都要新设标准刀吗？为什么？

10. 尖角过渡是怎么回事？编程时有无关系？

11. 不加径向刀补对什么形状有影响？对什么形状无影响？

12. 铣削加工建立刀补和撤销刀补路线有何对应的关系？

13. 下列程序是建立和撤销径向刀补程序，请画出路线图。

① G00X-20Y-20;
......
G01G41D01X0Y0;
G01Y20;

② G00X-20Y-20;
......
G01G42 D01X-5Y0;
G01X30;

③ G00X0Y-30;
......
G01G41 D01X30Y-20;
G03X0Y10R30;
G01X-20;

④ G00X-20Y-20;
......
G01G42 D01X-3Y0;
G01X0;
G03X30Y30R30;

⑤ G41...
G01X100Y0;
G01X0Y0;
G01G40X-20Y-20;

⑥ G42...
X-20Y20;
G02X0Y0R20;
G40G01X-20Y-20;

⑦ G41...
X100Y0;
G01X0Y0;
G03X-20Y-20R20;
G01G40X0Y-30;

⑧ G41...
X30Y0;
G03X0Y-30R30;
G01X0Y-40;
G01G40X20Y-50;

14. 加工工件轮廓如图 5-105 所示，刀具为ϕ10 立铣刀，现要进行铣轮廓加工，不改变铣轮廓程序。

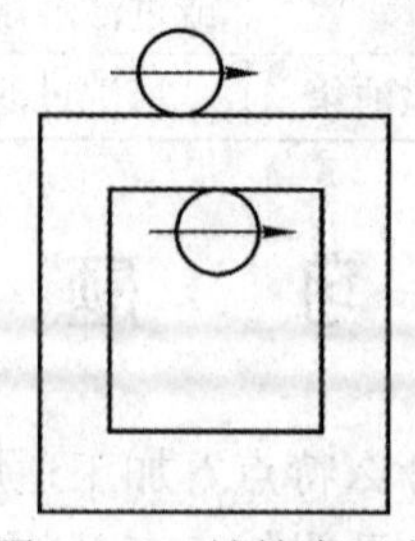

图 5-105　铣轮廓示意

(1) 粗加工留余量单边 1.2 mm，如何加工？画图说明。

(2) 精加工外轮廓后双边尺寸为 80.16，大了 0.16，如何处理？画图说明。

(3) 若精加工内轮廓后，双边尺寸为 59.62，小了 0.38，如何处理？画图说明。

15. G81 固定循环的基本动作是什么 (画图表示)?

16. 何时用 G98 和 G99？

17. 子程序调用指令 M98 P 后的参数代表什么含义？

18. 镜像功能的作用是什么？坐标平移适用于加工什么零件？坐标旋转的旋转中心如何确定？极坐标适于加工什么样的零件？

19. 宏程序的赋值是否只能是数据？函数有哪些？逻辑运算公式有哪些？

20. 宏程序的循环语句是什么？怎样调用？

21. 数控铣床加工程序的模式是什么？各有何含义？

22. 数控铣床的面板分为哪几个区域？各有何作用？

23. 数控铣床的操作主要需要掌握哪些内容？

24. 数控铣床的安全操作注意事项主要有哪些？

25. 数控铣床应有哪些保养维护事项？

26. 如图 5-106 所示，精铣外轮廓，试进行工艺分析并编制加工程序。

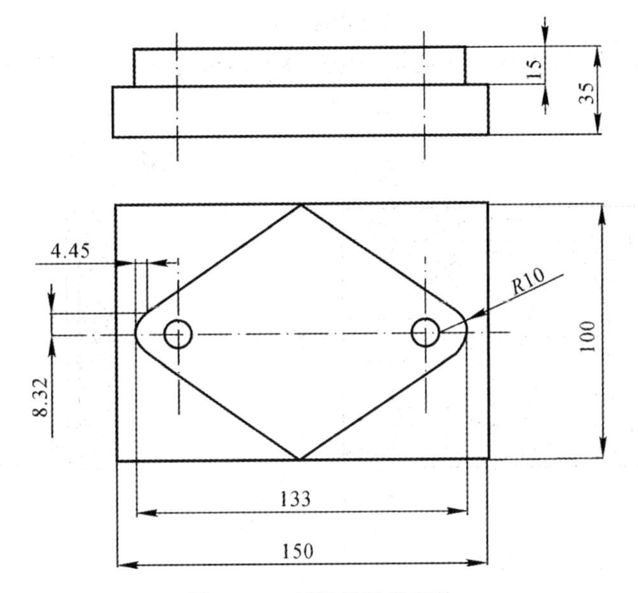

图 5-106　精铣外轮廓零件

27. 如图 5-107 所示，加工图示孔，试进行工艺分析并编制加工程序。

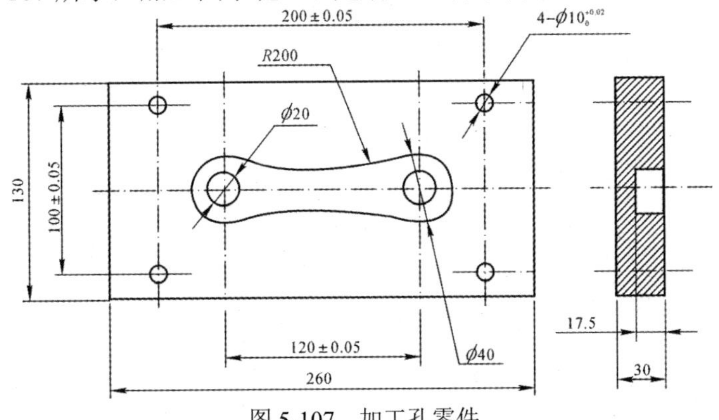

图 5-107　加工孔零件

28. 如图 5-108 所示，加工型腔，先粗铣后精铣，毛坯为实心板料，试进行工艺分析并编制加工程序。

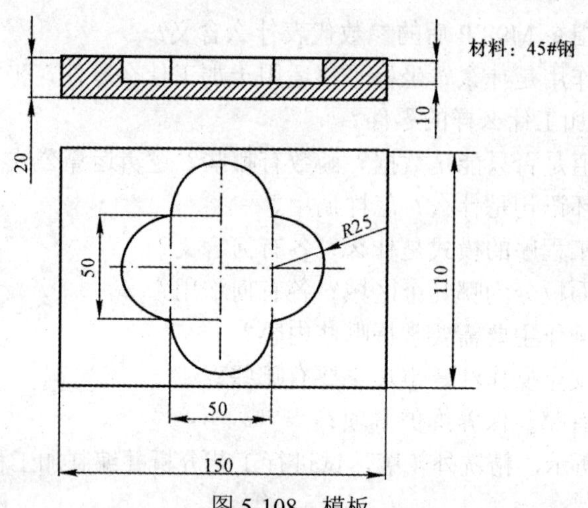

图 5-108　模板

29. 如图 5-109 所示，毛坯为实心板料(95×80×15)，试进行工艺分析并编制加工程序。

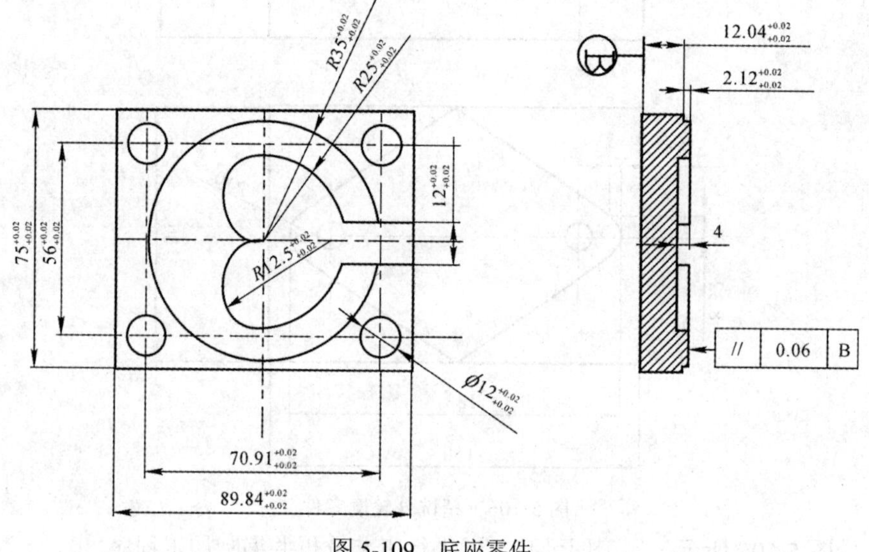

图 5-109　底座零件

第六章　加 工 中 心

加工中心(Machining Center，MC)是一种备有刀库和自动换刀装置，能自动更换刀具对工件进行多工序加工的数控机床，是目前世界上产量最高、应用最广泛的数控机床之一。它主要用于箱体类零件和复杂曲面零件的加工，能把铣削、镗削、钻削、攻螺纹和车螺纹等功能集中在一台设备上。因为它具有多种换刀或选刀功能以及自动工作台交换装置，故工件经一次装夹后，可自动地完成或接近完成工件各面的所有加工工序，从而使生产效率和自动化程度大大提高。加工中心是从数控铣床发展而来的，它和数控铣床最本质的区别在于加工中心具有自动交换刀具的功能，而在数控铣床上却不能自动换刀。

第一节　加工中心基本结构

一、加工中心的分类

1. 按照加工方式分类(见图 6-1)

(1) 立式加工中心：适于加工中小型零件，结构比较复杂的支架类、壳体类及曲面类零件，尤其适合需要刀具较多的支架类零件，一个工序里用几十把甚至上百把刀具。

(2) 卧式加工中心：适于加工箱体零件，主要是镗削加工孔系，能保证很高的位置精度。

(3) 龙门式加工中心：主轴轴线与工作台垂直设置，主要适用于加工大型零件。

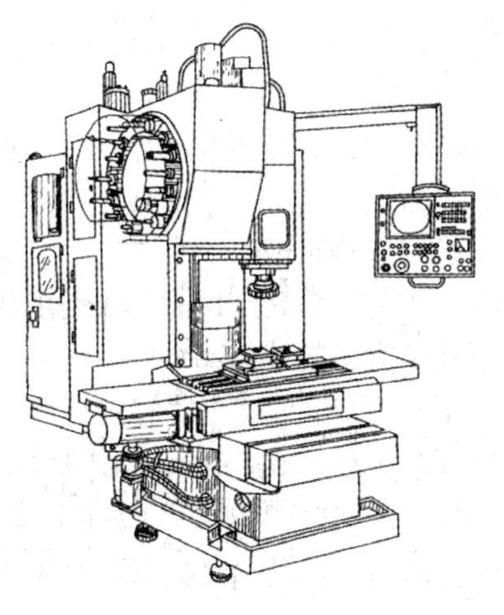

(a) 立式加工中心

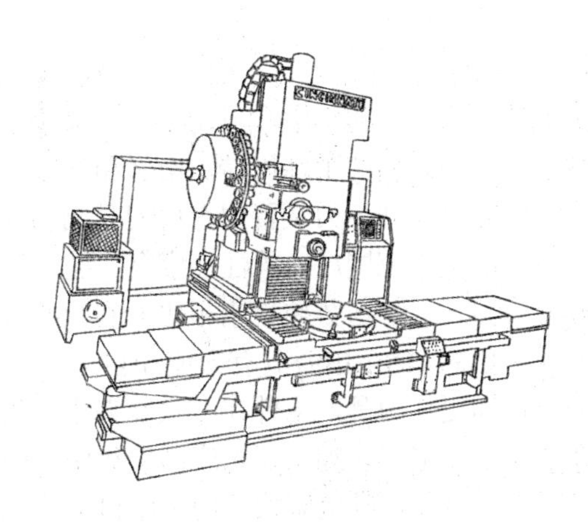

(b) 卧式加工中心

图 6-1　加工中心

2. 按换刀形式分类

加工中心的刀库是自动换刀装置中最主要的部件之一，其容量、布局以及具体结构对数控机床的设计有很大影响。刀库的种类很多，主要分为以下三类：

(1) 机械手+刀库型加工中心：这种刀库容量大，一般有 1～100 把刀具，选刀和取刀的动作较为简单，当链条较长时，可增加支撑链轮的数目，使链条折叠回绕，提高了空间利用率，主要适用于大中型加工中心。这种加工中心的换刀是通过换刀机械手来完成的，是加工中心普遍采用的形式。由于机械手卡爪可同时分别抓住刀库上所选的刀和主轴上的刀，换刀时间短，并且选刀时间与切削刀加工时间重合，因此这种加工中心得以广泛应用。

(2) 无机械手的加工中心：这种刀库是最为常用的一种形式，其结构紧凑，取刀方便，但由于受圆盘尺寸的限制，容量相对较小，一般有 1～24 把刀具，主要适用于小型加工中心。这种加工中心的换刀是通过刀库与主轴箱配合来完成的。一般是把刀库放在主轴箱可以运动到的位置，也可使整个刀库或某一刀位移动到主轴箱所在的位置。刀库中刀具的存放位置方向与主轴装刀方向一致，换刀时，主轴运动到刀库上的换刀位置，由主轴直接取走或放回刀具。

(3) 转塔刀库加工中心：这种加工中心一般是在小型立式加工中心上采用转塔刀库，直接由转塔刀库旋转完成换刀。这类加工中心主要以孔加工为主。

3. 按运动坐标数和同时控制的坐标数进行分类

这种分类可分为三轴两联动、三轴三联动、四轴三联动、五轴四联动、六轴五联动、多轴联动直线＋回转＋主轴摆动等加工中心。

4. 按可加工工件类型和加工工序分类

这种分类可分为镗铣加工中心、车削中心、钻削加工中心、复合加工中心。

二、加工中心的特点

加工中心备有刀库，并能自动更换刀具，可对工件进行多工序加工。工件经一次装夹后，数字控制系统能控制机床按不同工序，自动选择和更换刀具，自动改变机床主轴转速、进给量和刀具相对工件的运动轨迹及其他辅助机能，依次完成工件各个面上多工序的加工。加工中心由于工序的集中和自动换刀，减少了工件的装夹、测量和机床调整等时间，同时也减少了工序之间的工件周转、搬运和存放时间，缩短了生产周期，具有明显的经济效果。加工中心的自动换刀装置由存放刀具的刀库和换刀机构组成。

加工中心的加工范围广、柔性程度高、加工精度和加工效率高，目前已成为现代机床发展的主流方向。与普通数控机床相比，它具有以下几个突出的特点：

(1) 工序集中。加工中心具有刀库和自动换刀装置，在加工过程中能够由程序或手动控制自动选择和更换刀具，工件在一次装夹中，可以连续进行钻孔、扩孔、铰孔、镗孔、铣削以及攻螺纹等多工序加工，工序高度集中。由于具有自动换刀功能，工件在一次装夹后，加工中心就可以控制机床按不同工序自动选择和更换刀具，以及自动改变机床主轴转速、进给量和刀具

(2) 加工精度高。加工中心带有自动摆角的主轴，工件在一次装夹后，可以自动完成多个平面和多个角度位置的多工序加工，实现复杂零件的高精度定位和精确加工。

(3) 加工生产率高。加工中心带有刀库和自动换刀装置，在一台机床上能集中完成多种工序，因而，可减少工件装夹、测量和机床的调整时间，减少工件半成品的周转、搬运和存放时间，使机床的切削利用率高。带有交换工作台的加工中心，还可以实现加工时间和装卸工件时间重合。

(4) 加工对象的适应性强。加工中心适用于零件形状较复杂、精度要求高和产品更换频繁的中小批量生产，加工中心生产的柔性，不仅体现在对特殊要求的快速反应上，而且可以快速实现批量生产，从而提高市场竞争能力。

(5) 降低劳动强度。加工中心对零件的加工是按事先编好的程序自动完成的，操作者除了操作键盘装卸零件进行关键工序的中间测量，以及观察机床的运行之外，不需要进行繁重的重复性手工操作，劳动强度和紧张程度均可大为减轻，劳动条件也得到很大的改善。

三、加工中心的自动换刀装置

1. 自动换刀装置的形式

自动换刀装置的结构取决于机床的类型、工艺范围及刀具的种类和数量等。自动换刀装置主要有回转刀架和带刀库的自动换刀装置两种形式。

回转刀架换刀装置的刀具数量有限，但结构简单、维护方便。

带刀库的自动换刀装置是由刀库和机械手组成的。它是多工序数控机床上应用最广泛的换刀装置。其整个换刀过程较复杂，首先把加工过程中需要使用的全部刀具分别安装在标准刀柄上，在机外进行尺寸预调后，按一定的方式放入刀库；换刀时，先在刀库中进行选刀，并由机械手从刀库和主轴上取出刀具，在进行刀具交换后，将新刀具装入主轴，把旧刀具放回刀库。存放刀具的刀库具有较大的容量，它既可以安装在主轴箱的侧面或上方，也可以作为独立部件安装在机床以外。

2. 换刀过程

自动换刀装置的用途是按照加工需要，自动地更换装在主轴上的刀具。它是一套独立、完整的部件。

1) 机械手+刀库型

该型换刀装置应用得最多，大中型加工中心都使用这种结构的自动换刀装置，自动换刀装置的换刀过程由选刀和换刀两部分组成。选刀即刀库按照选刀命令(或信息)自动将要用的刀具移动到换刀位置，完成选刀过程，为下面换刀做好准备；换刀即把主轴上用过的刀具取下，将选好的刀具安装在主轴上。

机械手+刀库型如图 6-2 所示。

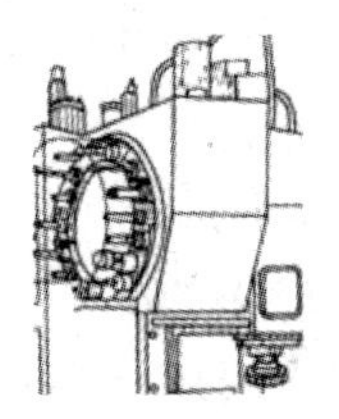

(a) 立式加工中心刀库

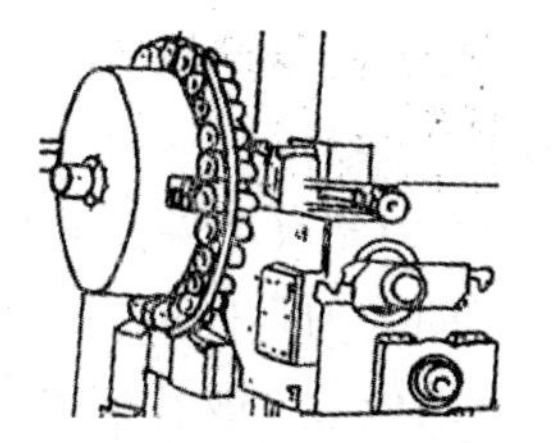

(b) 卧式加工中心刀库

图 6-2　机械手+刀库型

换刀动作如图 6-3 所示。

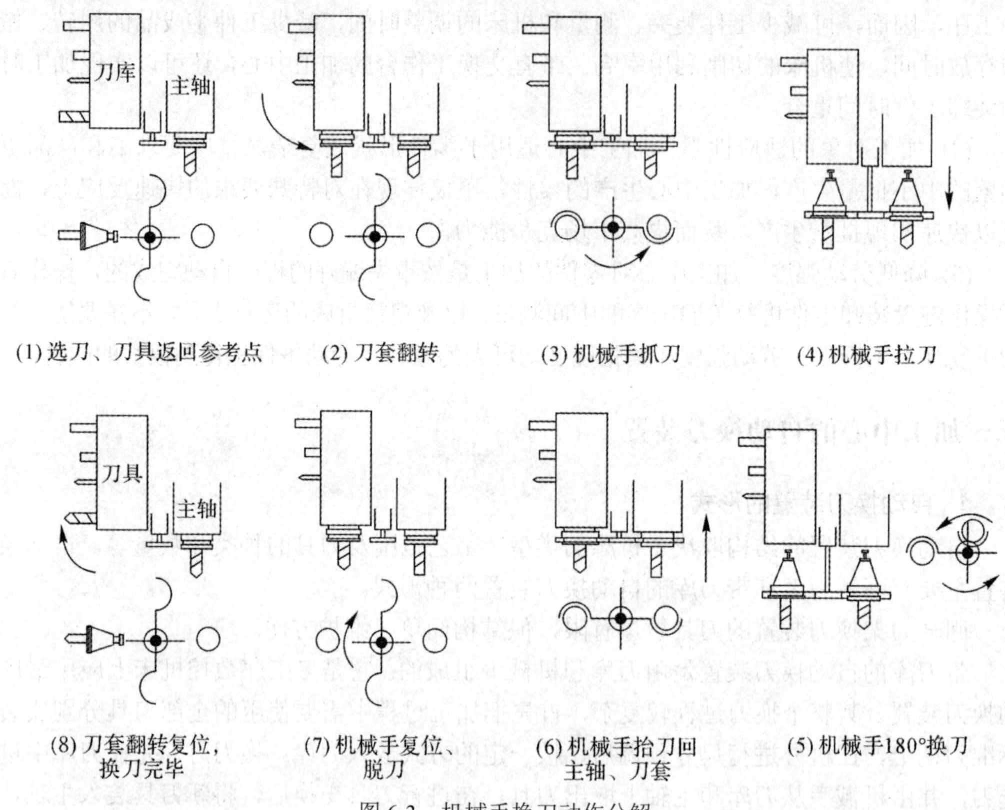

图 6-3　机械手换刀动作分解

(1) 选刀，刀库中要换的刀移到换刀位置准备换刀，主轴上的刀具返回第二参考点(换刀点)。

(2) 刀套翻转，准备机械手抓刀。

(3) 主轴定向，为机械手抓刀作准备。机械手抓刀，对于单臂双手的机械手，一次抓两把刀，一把是主轴上的刀，一把是刀库的刀。

(4) 拉刀，机械手将刀具从主轴和刀库中拉出。

(5) 换位，机械手带着刀具旋转 180°。

(6) 抬刀，机械手将刀具同时送回主轴和刀套中。

(7) 机械手复位，机械手从抓刀状态退出来。

(8) 刀套复位，换刀完毕。

这类换刀方式可以用指令控制，动作(1)用两个指令控制，即 T 指令和 G30 或 G28 指令；动作(2)～(8)是机床 PLC 程序控制，用一个指令 M06 控制。上述所说的刀具都是带刀柄的刀，换刀时，连刀柄一起换。

2) 无机械手的加工中心(无机械手，斗笠式刀库)

无机械手的加工中心的换刀是通过刀库和主轴箱的配合动作来完成的。一般采用把刀库放在主轴箱可以运动到的位置，或者是整个刀库或某一刀位能移动到主轴可以到达的位置，刀库中刀具存放的位置方向与主轴装刀方向一致。换刀时，主轴运动到刀位上的换刀装置，由主轴直接取走或放回，采用 40 号以下刀柄的小型加工中心多为这种无机械手式的。此型换刀装置为全封闭的，又称为斗笠式刀库，如图 6-4 所示。

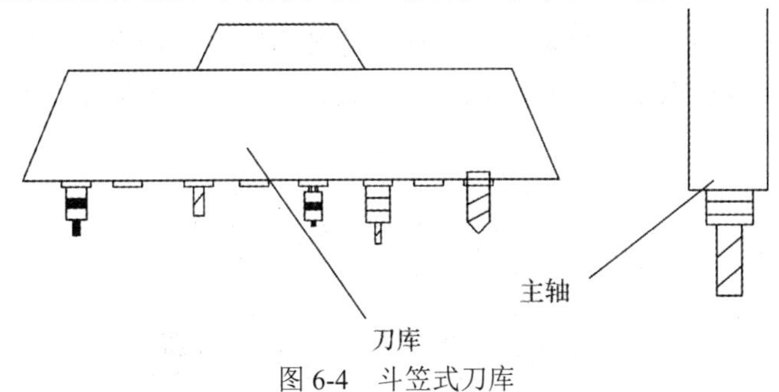

图 6-4　斗笠式刀库

斗笠式刀库换刀动作如图 6-5 所示。

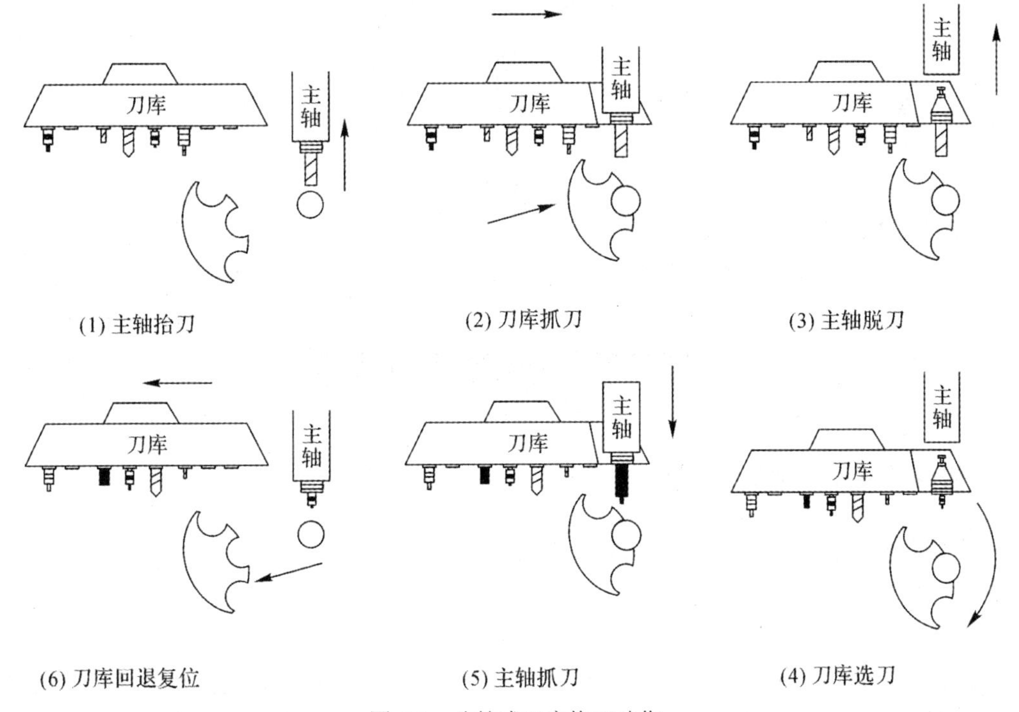

图 6-5　斗笠式刀库换刀动作

(1) 抬刀，刀具抬到换刀位置，与刀库中的刀高度一致。

(2) 还刀，刀库移动，用刀库中的刀套(刀套刀号与主轴上的刀的刀号一致)抓住主轴上的刀。

(3) 脱刀，主轴上移，脱离刀柄。

(4) 选刀，刀库中刀盘旋转，将需换的刀转至主轴下方。

(5) 抓刀，主轴下移，主轴孔与刀柄配合，抓住拉钉。

(6) 刀库回位，刀库平移，回复原位。

此种换刀方式，用指令控制，动作(1)、(2)、(3)、(5)、(6)用机床 PLC 顺序控制，用一个指令 M06 控制；动作(4)为选刀，用 T 指令控制。比较上一种换刀方式，此种换刀方式较为简单，机床行程短，比较安全，不易撞刀。其缺点是不能提前准备下一把刀，换刀时间较长。

3) 转塔式刀库

小型立式加工中心一般采用转塔式刀库，此种刀库装刀较少，多用于小型加工中心，应用较早，目前，多数机床已不使用这种换刀装置了，如图 6-6 所示。

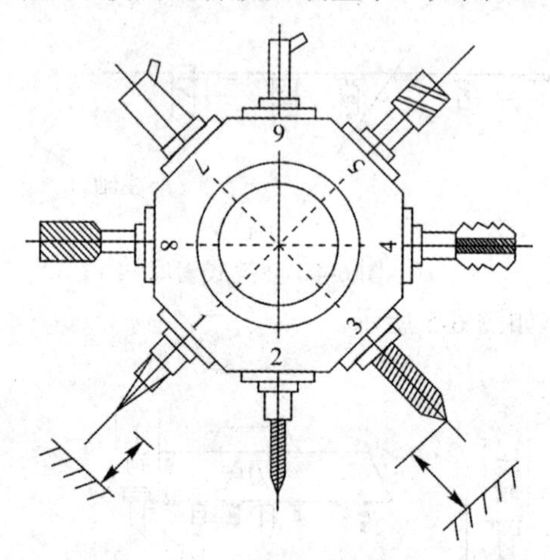

图 6-6　转塔式刀库

换刀动作：选刀。

这种换刀方式与数控车床相似，只用选刀就行，不需要专门机构换刀。

第二节　自动换刀程序

一、机械手+刀库型换刀程序

根据该装置换刀的动作，由三个指令组成换刀程序。

1. 选刀

指令：T××

其中：××表示刀具号、给定刀具的编号，与刀库中的刀套号不对应。数控系统自动记忆刀具位置。当机床执行此指令时，刀库旋转选刀，将所选的刀转到准备换刀的位置，刀库旋转与主轴刀具切削加工互不干扰，可同时进行。

2. 返回(第二)参考点

程序：G30(G28)X______Y______Z______；

其中：G28 表示返回机床原点，有的加工中心固定换刀点就在机床原点。G30 表示返回第二参考点，一般是加工中心的固定换刀点，制造机床的厂家在调试机床时所设定，主轴在这个高度与刀库中准备换刀的刀柄的高度一致，使机械手能同时抓住两把刀，如图 6-7 所示。机械手准备抓刀换刀，该位置在工作台角上，距工件较远，可避免换刀时打刀。X、Y、Z 表示中间点坐标。中间点主要是为了便于刀具返回参考点，通过中间点可以使刀具不碰到工件或夹具，如图 6-7 所示。

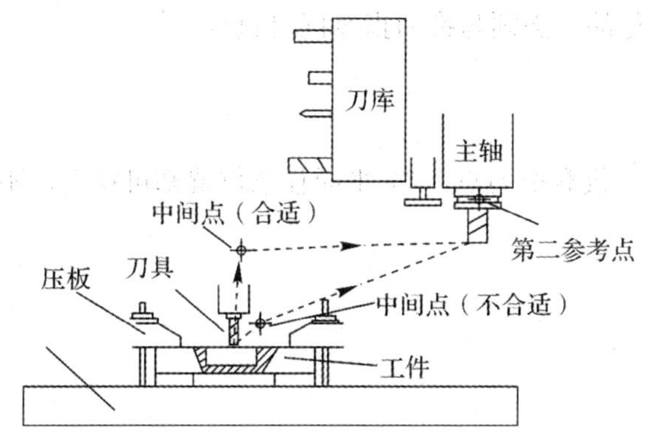

图 6-7 中间点与第二参考点

3. 换刀

指令：M06

其中：M06 表示自动换刀，系统已将换刀的数个动作用 PLC 编好，用 M06 控制。M06 必须在 G28(G30)执行后才能执行，可防止不到位换刀，避免打刀。

4. 换刀程序

换刀程序为先选刀，返回参考点，再换刀。

……
T××；
G28(G30)X_____Y_____Z_____；
M06；
……

或

……
……T××；
……
G28(G30)X_____Y_____Z_____；
M06；
……

第一种方式，效率稍低，当刀库执行 T××选刀时，机床返回换刀点后，若选刀还未完成，则只能等选刀完毕才能执行后续换刀指令。

第二种方式，效率较高，当刀库执行 T××选刀时，机床其他的动作还在同时进行，等到执行返回参考点时，刀具已经选好，在准备换刀位置等待换刀，刀具一返回换刀点，就可马上换刀，从而减少了等待选刀的时间。

二、无机械手的加工中心换刀程序

1. 选刀

指令：T××

其中：××表示刀具号、给定刀具的编号，与刀库中的刀套号必须对应。机床执行此指令是在换刀动作中间执行的，必须与换刀指令同时执行。

2. 自动换刀

指令：M06

M06 有五个动作，没有换刀点，*XY* 平面任意位置都可换刀，不会因换刀而打刀。

3. 换刀程序

程序：

……

T××M06;

……

这种方式换刀有一点必须注意，主轴上刀具的刀号，在刀库中与其对应的同号刀套必须是空的。这样在主轴刀具向刀库还刀时，不会发生干涉撞刀。

三、转塔型换刀

指令：T××

转塔型换刀即选刀，执行 T××可将所需刀具转到加工位置。

第三节　加工中心编程示例

加工中心编程指令与数控铣床基本相似，只是在换刀上有所区别，其他动作都一样。如图 6-8 所示，加工凸板零件，毛坯为实心板料，尺寸为 230 × 120 × 30，要求进行工艺分析并编写加工中心程序。

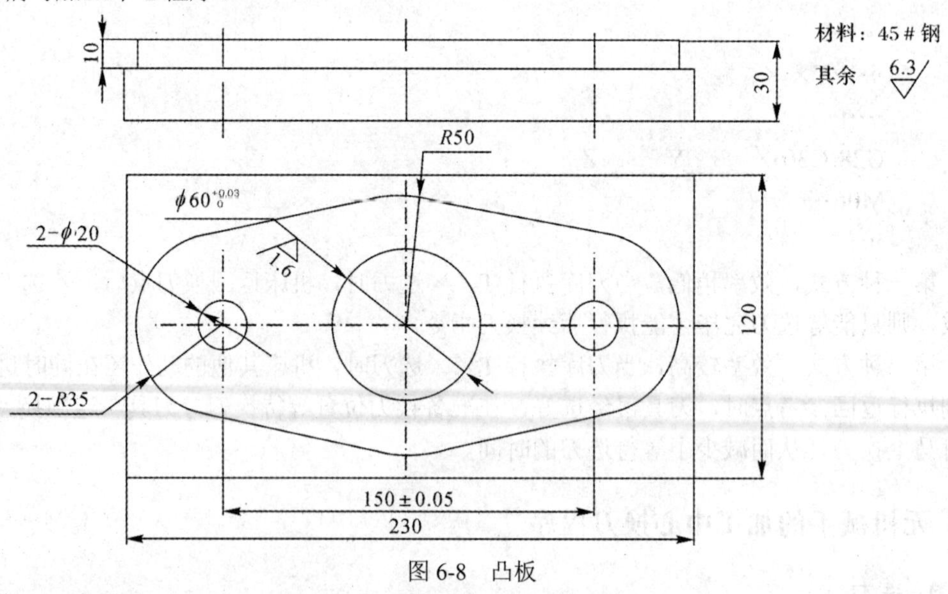

图 6-8　凸板

1. 工艺分析

(1) 夹具选择：该零件主要加工凸台和孔，选虎钳即可。

(2) 工步设计：

① 粗铣凸台，去凸台周围余量，凸台轮廓留 0.5 mm 余量。

② 钻孔，钻中心大孔ϕ60 的预孔ϕ25。

③ 铣孔，将大孔ϕ 60 从ϕ25 铣到ϕ55，因加工中心可以铣孔，减少镗孔的余量，提高效率。

④ 点窝，定 2-ϕ 20 孔中心。

⑤ 钻孔 2-ϕ20。

⑥ 精铣凸台轮廓。

⑦ 镗ϕ60 孔，精度高的表面最后加工。

(3) 刀具选择：各个工步所需要的刀具型号的具体选择如表 6.1 所示，并标注出相应的刀号、长度刀补号和半径刀补号。

表 6-1　刀具、切削用量表

序号	工　步	刀　具	刀号	长度刀补号	半径刀补号	进给量 F / (mm/min)	转速 S / (r/min)
1	粗铣凸台	ϕ25 立铣刀	T01	H01		F100	S500
2	钻ϕ25 孔	ϕ25 钻头	T02	H02		F30	S500
3	铣孔	ϕ25 立铣刀	T01	H01		F100	S500
4	点窝	中心钻	T03	H03		F30	S1000
5	钻ϕ20 孔	ϕ20 钻头	T04	H04		F30	S600
6	精铣凸台轮廓	ϕ20 立铣刀	T05	H05	D05	F100	S800
7	镗ϕ60 孔	可调镗刀	T06	H06		F20	S300

(4) 走刀路线设计：粗铣凸台走刀路线如图 6-9 所示。

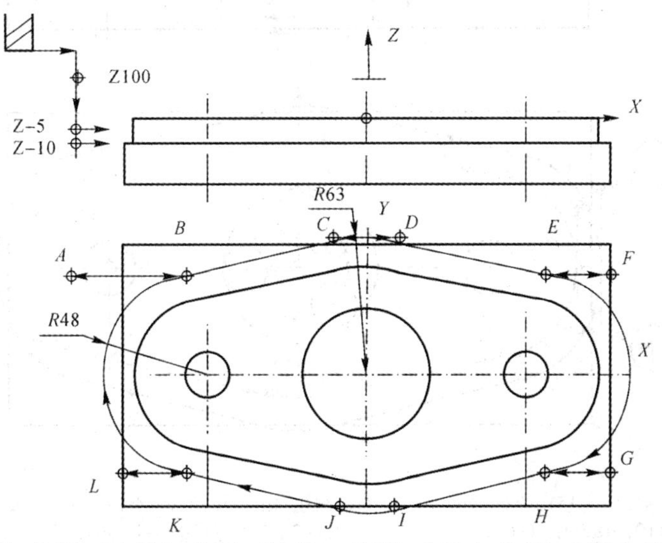

A(-135，47.03)、*B*(-84.6，47.03)、*C*(-12.6，61.73)、*D*(12.6，61.73)、*E*(84.6，47.03)、*F*(135，47.03)、*G*(135，-47.03)、*H*(84.6，-47.03)、*I*(12.6，-61.73)、*J*(-12.6，-61.73)、*K*(-84.6，-47.03)、*L*(-135，-47.03)

*XY*平面走刀路线：*A*—*B*—*C*—*D*—*E*—*F*—*E*—*H*—*G*—*H*—*I*—*J*—*K*—*L*—*K*—*B*—*A*

图 6-9　粗铣凸台走刀路线

钻孔走刀路线如图 6-10 所示。

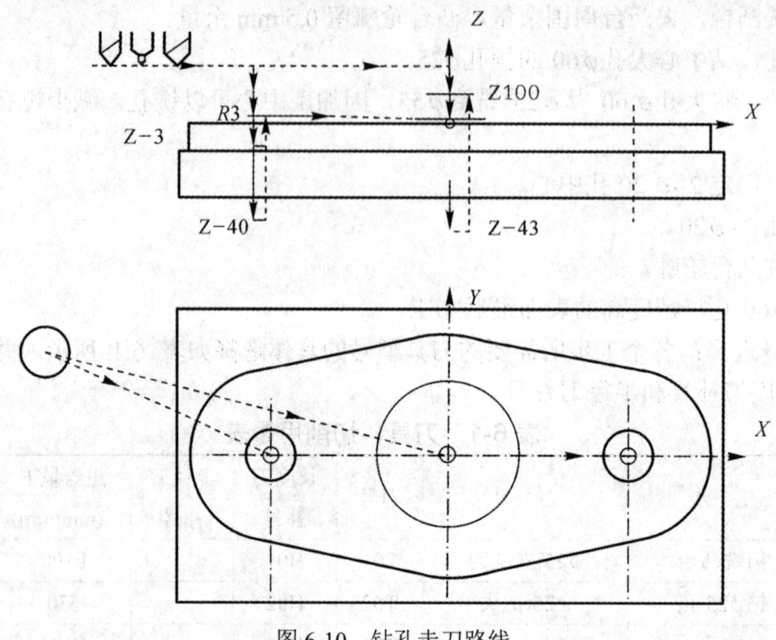

图 6-10　钻孔走刀路线

铣轮廓、铣孔走刀路线如图 6-11 所示。

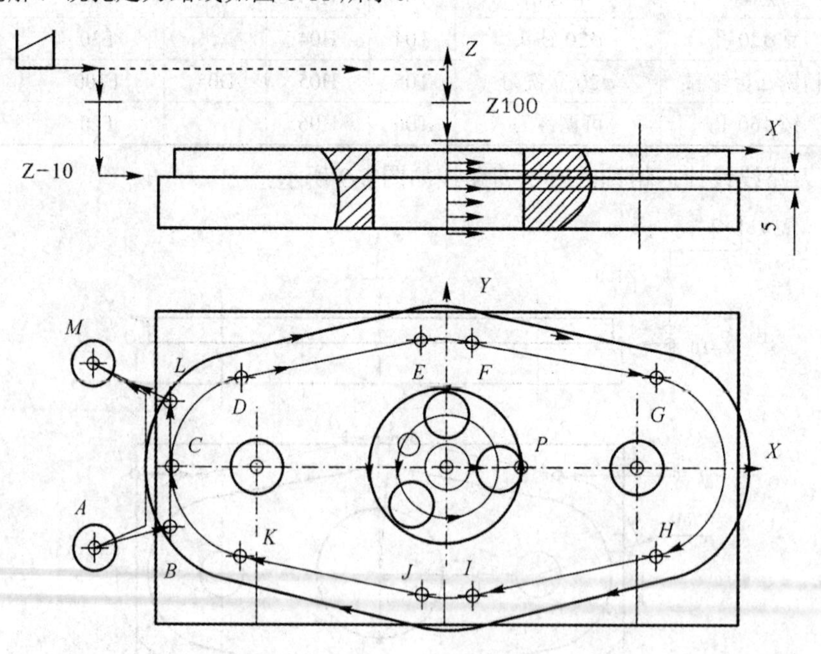

A(−135，−15)、*B*(−110，−10)、*C*(−110，0)、*D*(−82，34.29)、*E*(−10，48.99)、*F*(10，48.99)、*G*(82，34.29)、*H*(82，−34.29)、*I*(10，−48.99)、*J*(−10，−48.99)、*K*(−82，−34.29)、*L*(−110，10)、*M*(−135，15)、*P*(30，0)

精铣凸台*X*-*Y*走刀路线：*A*—*B*—*C*—*D*—*E*—*F*—*G*—*H*—*I*—*J*—*K*—*C*—*L*—*M*

铣圆孔*X*-*Y*走刀路线：*O*—*P*—*P*—*O*

图 6-11　铣轮廓走刀路线

镗孔走刀路线如图 6-12 所示

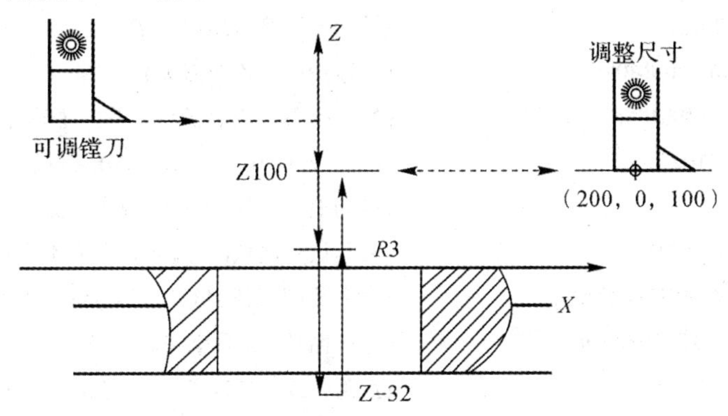

图 6-12　镗孔走刀路线

(5) 切削用量：各个工步的切削用量选择的转速和进给量的值见表 6-1。

2. 加工程序

该零件用加工中心加工，换刀方式为由机械手+刀库，返回第二参考点换刀，指令为 G30X__Y__Z__，加工时立铣刀 T01 号刀已装在主轴上。

主程序如下：

```
O0015                          (程序号)
G54G90G00X-135Y47.03T02;       (建立工件坐标系，刀具快速定位 A 点，选 T02 号刀，工步① 粗铣凸台)
G43H01Z100S500M03;             (建立长度刀补 H01，刀位点在 Z100 处，主轴正转)
G01Z-5F1000M08;                (下刀至切深 Z-5，冷却液开)
M98P2021;                      (调用子程序 O2021 一次)
G01Z-10;                       (下刀至切深 Z-10)
M98P2021;                      (调用子程序 O2021 一次)
G01Z100F1000M09;               (中速抬刀，冷却液关)
G00G49Z200M05;                 (快速抬刀，取消长度刀补，主轴停)
G30X-50Y50Z210;                (经过中间点(50，50，210)返回第二参考点)
M06;                           (自动换刀，换 T02 号刀(φ25 钻头))
G00X0Y0T01;                    (刀具快速定位(0，0)，选 T01 号刀，工步② 钻孔)
G43H02Z100S500M03;             (建立长度刀补 H02，刀位点在 Z100 处，主轴正转)
G81Z-43R3F30M08;               (钻孔循环，钻深 Z-43，冷却液开)
G80G49Z200M05;                 (取消固定循环，取消长度刀补，主轴停)
M09;                           (冷却液关)
G30X10Y10Z200;                 (经过中间点(10，10，200)返回第二参考点)
M06;                           (自动换刀，换 T01 号刀(φ25 立铣刀))
G00X0Y0T03;                    (刀具快速定位(0，0)，选 T03 号刀，工步③ 铣孔)
G43H01Z100S500M03;             (建立长度刀补 H01，刀位点在 Z100 处，主轴正转)
G01Z5F1000M08;                 (中速下刀至 Z5，冷却液开)
```

Z0F200;	(慢速下刀至 Z0)
M98P062022;	(调用子程序 O2022 六次)
G01Z100F1000M09;	(中速抬刀，冷却液关)
G00G49Z200M05;	(快速抬刀，取消长度刀补，主轴停)
G30X10Y10Z200;	(经过中间点(10，10，200)返回第二参考点)
M06;	(自动换刀，换 T03 号刀(中心钻))
G00X-75Y0T04;	(刀具快速定位(-75，0)，选 T04 号刀，工步④ 点窝)
G43H03Z100S1000M03;	(建立长度刀补 H03，刀位点在 Z100 处，主轴正转)
G99G81Z-3R3F30M08;	(钻孔循环，点窝 Z-3，冷却液开，刀具快退 *R* 平面)
G98X75;	(点窝，孔位(75，0)，快退至 Z100)
G80G49Z200M05;	(取消固定循环，取消长度刀补，主轴停)
M09;	(冷却液关)
G30X10Y10Z200;	(经过中间点(10，10，200)返回第二参考点)
M06;	(自动换刀，换 T04 号刀(ϕ20 钻头))
G00X-75Y0T05;	(刀具快速定位(-75，0)，选 T05 号刀，工步⑤ 钻孔)
G43H04Z100S600M03;	(建立长度刀补 H04，刀位点在 Z100 处，主轴正转)
G99G81Z-40R3F30M08;	(钻孔，钻深 Z-40，冷却液开，刀具快退 *R* 平面)
G98X75;	(钻孔，孔位(75，0)，快退至 Z100)
G80G49Z200M05;	(取消固定循环，取消长度刀补，主轴停)
M09;	(冷却液关)
G30X10Y10Z200;	(经过中间点(10，10，200)返回第二参考点)
M06;	(自动换刀，换 T05 号刀(ϕ20 立铣刀))
G00X-135Y-15T06;	(刀具快速定位 *A*(-135，-15)，选 T06 号刀，工步⑥ 精铣凸台轮廓)
G43H05Z100S800M03;	(建立长度刀补 H05，刀位点在 Z100 处，主轴正转)
G01Z-10F1000M08;	(中速下刀至 Z-10，冷却液开)
G01G41D05X-110Y-10F100;	(建立径向刀补 D05，编程轨迹进至 *B* 点)
Y0;	(直线切入 *C* 点)
G02X-82Y34.29R35;	(顺时针圆弧进给至 *D* 点)
G01X-10Y48.99;	(直线进给至 *E* 点)
G02X10R50;	(顺时针圆弧进给至 *F* 点)
G01X82Y34.29;	(直线进给至 *G* 点)
G02Y-34.29R35;	(顺时针圆弧进给至 *H* 点)
G01X10Y-48.99;	(直线进给至 *I* 点)
G02X-10R50;	(顺时针圆弧进给至 *J* 点)
G01X-82Y-34.29;	(直线进给至 *K* 点)
G02X-110Y0R35;	(顺时针圆弧进给至 *C* 点)
G01Y10;	(直线切出至 *L* 点)
G40X-135Y15F500;	(撤销径向刀补，退刀至 *M* 点)

```
G01Z100F1000M09;              (中速抬刀，冷却液关)
G00G49Z200M05;                (快速抬刀，取消长度刀补，主轴停)
G30X10Y10Z200;                (经过中间点(10，10，200)返回第二参考点)
M06;                          (自动换刀，换 T06 号刀(可调镗刀))
G00X0Y0T01;                   (刀具快速定位 O (0，0)，选 T01 号刀，工步⑦ 镗
                              φ60 孔)
G43Z100H06S300M03;            (建立长度刀补 H06，刀位点在 Z100 处，主轴正转)
M08;                          (冷却液开)
M98P052023;                   (调用子程序 O2023 五次)
G00G49Z200M05;                (快速抬刀，取消长度刀补，主轴停)
M09;                          (冷却液关)
G30X10Y10Z200;                (经过中间点(10，10，200)返回第二参考点)
M06;                          (自动换刀，换 T01 号刀(φ25 立铣刀))
M30;                          (程序结束)
%
```

子程序如下：

```
O2021                         (子程序号 O2021)
G01X-135Y47.03F100;           (直线进给至 A 点，进给量 F100)
X-84.6;                       (直线进给至 B 点)
X-12.6Y61.73;                 (直线进给至 C 点)
G02X12.6R63;                  (顺时针圆弧进给至 D 点)
G01X84.6Y47.03;               (直线进给至 E 点)
X115;                         (直线进给至 F 点)
X84.6                         (直线进给至 E 点)
G02 X84.6Y-47.03R48;          (顺时针圆弧进给至 H 点)
G01X115;                      (直线进给至 G 点)
X84.6;                        (直线进给至 H 点)
X12.6Y-61.73;                 (直线进给至 I 点)
G02X-12.6R63;                 (顺时针圆弧进给至 J 点)
G01X-84.6Y-47.03;             (直线进给至 K 点)
X-115;                        (直线进给至 L 点)
X-84.6;                       (直线进给至 K 点)
G02 X-84.6Y47.03R48;          (顺时针圆弧进给至 B 点)
G01X-135F200;                 (直线进给至 A 点)
M99;                          (返回主程序)
%
O2022                         (子程序号 O2022)
G01G91Z-5F100;                (增量坐标，直线进给 Z-5)
```

```
G90G01G41D01X30Y0F100;        (绝对坐标，建立径向刀补 D01，编程轨迹进至 P 点)
G03X30Y0I-30;                 (铣整圆，半径 R30)
G01G40X0F200;                 (撤销径向刀补，刀具回到 O 点)
M99;                          (返回主程序)
%
%O2013                        (子程序号 O2013)
/G85X0Y0Z-32R3F20M03;         (镗孔循环，镗深 Z-32，主轴正转)
/G00X200M05;                  (快速移至(200，0)，主轴停)
/M00;                         (程序停止，测量孔径，调整镗刀伸出量，按“循环
                              启动”按钮继续运行)
M99;                          (返回主程序)
%
```

注：子程序 O2013 中，程序段前加“/”是跳过程序段的符号。在机床面板上有一个“跳段”按钮，不按下，则跳段符号“/”不起作用；若按下，则机床跳过该程序段执行后续程序段。当测量孔径的尺寸达到要求时，按下“跳段”按钮，再按下“循环启动”按钮，则子程序跳过，执行后续程序。

习 题

1. 加工中心分为哪几类？分别适于加工何种类型的零件？
2. 加工中心的特点是什么？
3. 加工中心的换刀装置有几种？各自的换刀动作是什么？
4. 几种换刀装置的程序是什么？
5. 机械手+刀库换刀方式应注意什么？中间点应怎样选取？
6. 加工中心常用的刀柄有几种？分别如何装卸刀具？
7. 掉刀是怎么回事？怎样防止掉刀？
8. 如图 6-13 所示，试编制该零件的加工程序，毛坯为实心板料，尺寸为 80×80×30，材料为 45#钢调质，设备为机械手+刀库型自动换刀装置的加工中心。
9. 如图 6-14 所示，试编制该零件的加工程序，毛坯为实心板料，尺寸为 100×100×23，材料为 45#钢调质，设备为机械手+刀库型自动换刀装置的加工中心。
10. 如图 6-15 所示，试编制该零件的加工程序，毛坯为实心板料，尺寸为 100×100×23，材料为 45#钢调质，设备为机械手+刀库型自动换刀装置的加工中心。
11. 如图 6-16 所示，试编制该零件的孔加工程序，毛坯为板料，材料为 45#调质钢，设备为刀库型自动换刀装置的加工中心。

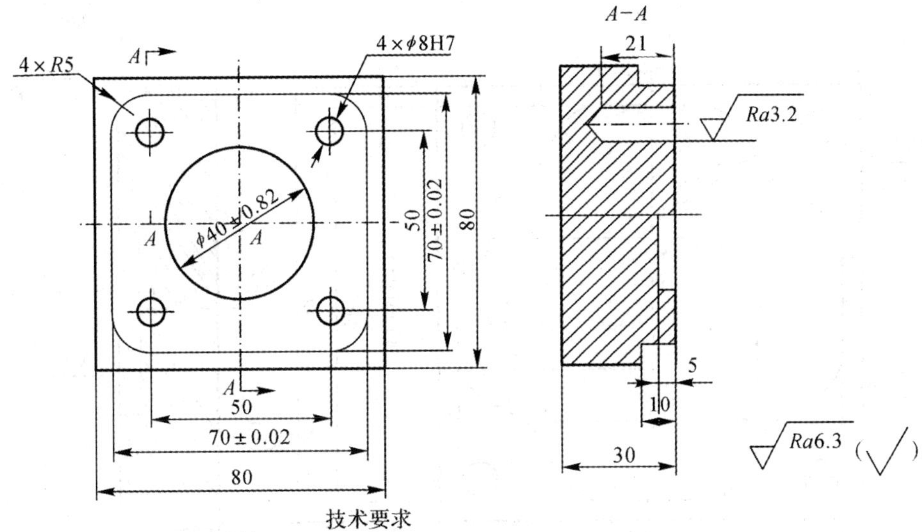

技术要求

1. 未注尺寸公差按GB/T1804-m处理。
2. 零件加工表面上，不应有划痕、擦伤等损伤零件表面的缺陷。
3. 去除毛刺飞边。

图 6-13　习题 8

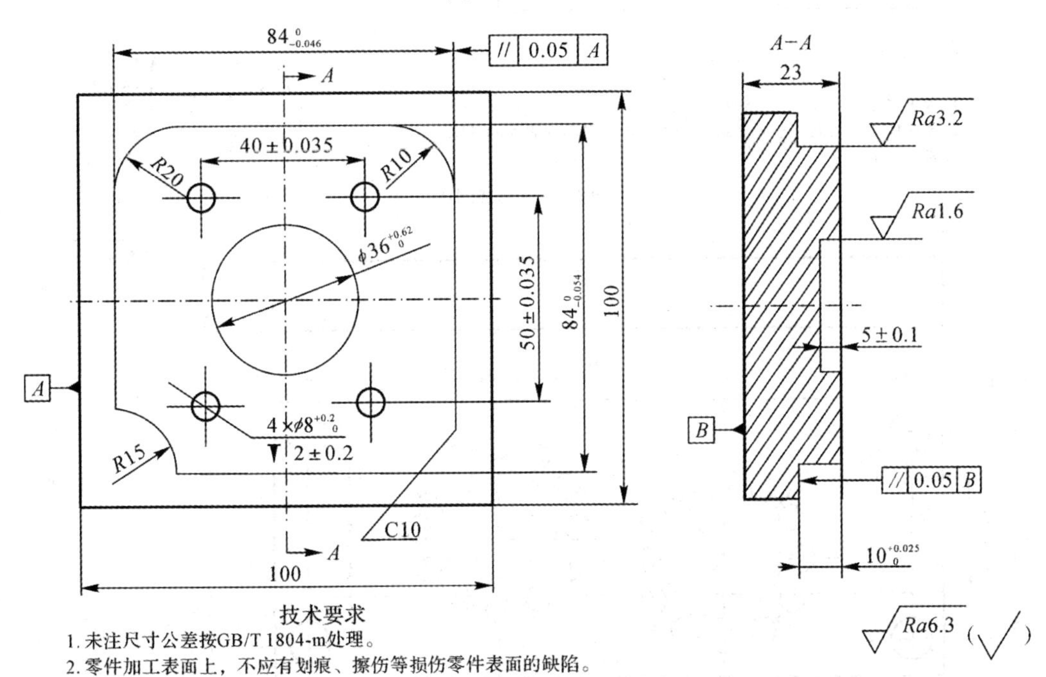

技术要求

1. 未注尺寸公差按GB/T 1804-m处理。
2. 零件加工表面上，不应有划痕、擦伤等损伤零件表面的缺陷。
3. 去除毛刺飞边。

图 6-14　习题 9

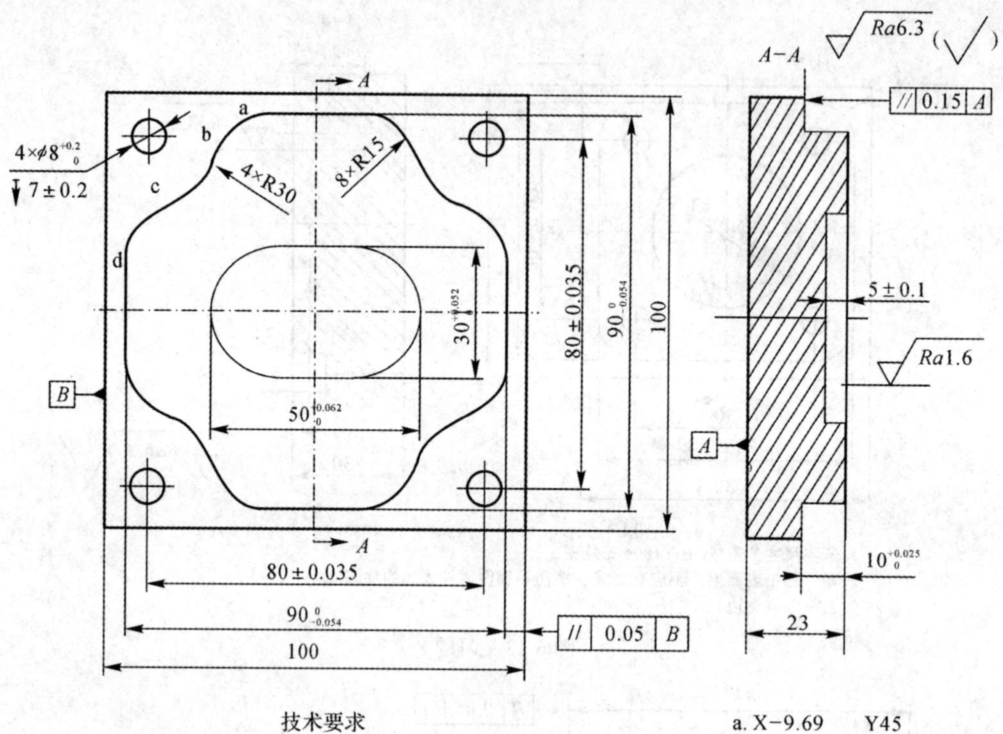

技术要求

1. 未注尺寸公差按GB/T 1804-m处理。
2. 零件加工表面上，不应有划痕、擦伤等损伤零件表面的缺陷。
3. 去除毛刺飞边。

a. X−9.69　Y45
b. X−23.13　Y36.67
c. X−36.67　Y23.09
d. X−45　Y9.69

图 6-15　习题 10

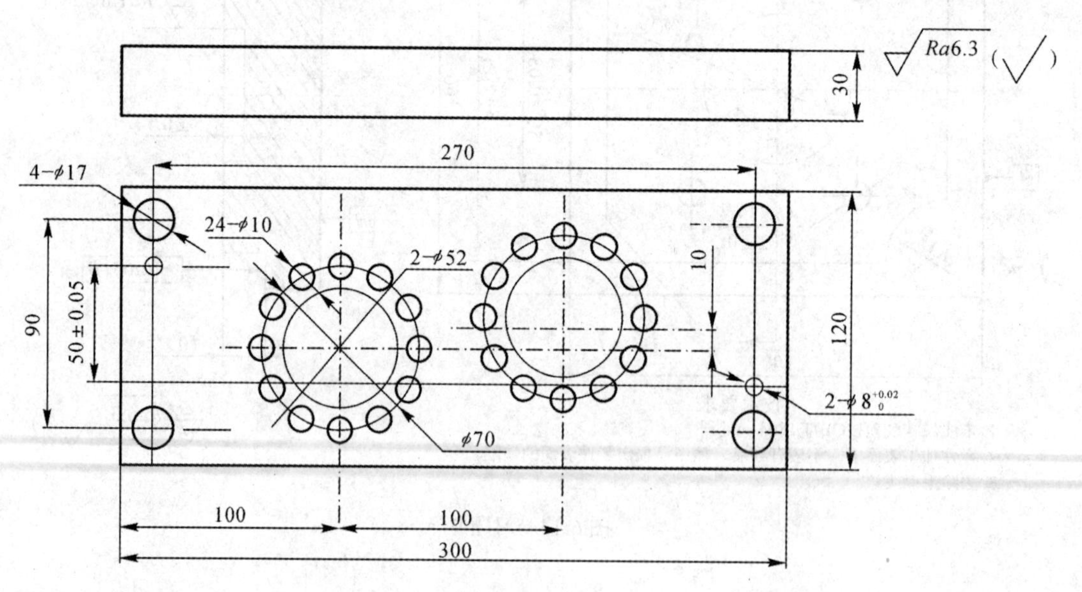

图 6-16　习题 11

第七章　数控线切割编程

电火花线切割加工是在电火花加工基础上于20世纪50年代末最早在原苏联发展起来的一种新的工艺形式。该工艺用线状电极靠火花放电对工件进行切割，故称为电火花线切割，简称线切割。目前，国内外的线切割机床已占电火花加工机床的60%以上。

第一节　线切割加工原理

一、电火花加工历史

在长期的生产实践中，人们发现用传统的切削加工技术已无法解决一些实际加工问题，如淬硬材料、结构复杂、刚性差的，以及有窄缝、喷丝孔等特殊结构的零件，用刀具切削加工，即以硬碰硬的手段无法进行切削，或者说，刀具材料已不能比工件更硬，这样必须采用另外一类加工模式才能进行加工。于是一门新的机械加工学科——特种加工诞生了。

特种加工最先发展的加工方法是电火花加工。前苏联的拉扎柯夫妇在1934年研究电器元件时，发现电器开关的接触铜片上有不少小坑(蚀点)，于是对这一现象进一步研究，发现是开关在打开合上时，产生在接触片间的火花造成的。然后，他们将这一现象用于机械加工，发明了电火花加工，从此，特种加工这一新学科诞生了。人们发现切削金属不光是靠刀具的硬碰硬，而且可以不用刀具，改用工具，用以柔克刚的方式来加工工件。电火花、电化学、激光、电子束、离子束和超声波等特种加工方法也应运而生。

二、线切割加工的原理

线切割加工是电火花加工的一项分支技术，它是将电火花加工的电极做成可移动的金属丝(铜丝或钼丝)对工件进行电火花放电，在工件上切出窄缝，即切割成型，如图7-1所示。

电极丝穿过工件，电极丝与工件间浇工作液介质。工作台在水平方向各自按预定的程序移动，从而合成各曲线轨迹把工件切割成型。走丝速度分为高速和低速两类，常用的是高速走丝线切割机床，用钼丝作电极，钼丝在滚筒上可反复利用，加工效率低、精度低，成本也低；低速走丝线切割机床是单向走丝，用铜丝作电极，电极丝只用一次就被排入废丝筒，加工精度高、效率高、成本也高。

线切割机床之所以为数控机床，是因为它的工作台是两个方向用数控系统控制，通过伺服电动机驱动工作台移动。二轴(X、Y)联动的数控切割可加工二维轮廓零件。当前更先进的线切割机床已经发展到三轴、四轴的联动，可以切割复杂的空间曲面。

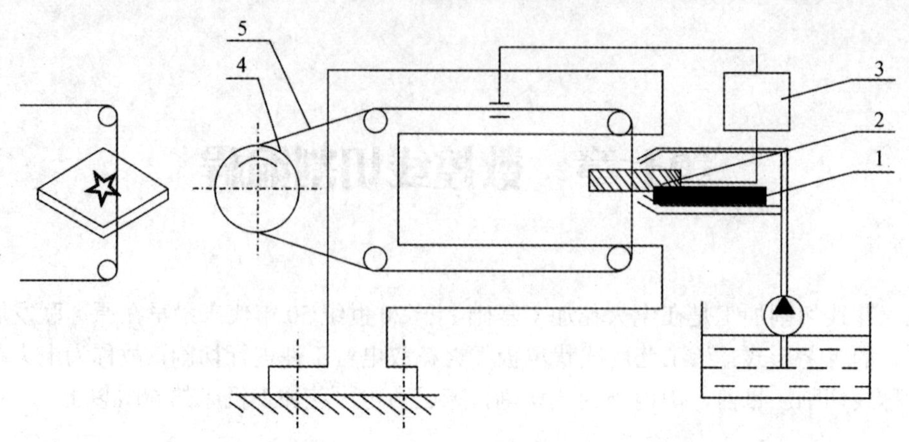

1—绝缘底板；2—工件；3—脉冲电源；4—贮丝筒；5—钼丝

图 7-1　线切割加工原理图

三、线切割加工的特点

除了具有前面与电火花加工共同的特点外，线切割加工还具有以下特点。

1. 节省工具电极

线切割用电极丝作电极，无工具电极，降低了成型工具电极的设计和制造费用，缩短了生产准备周期和加工周期。

2. 加工零件复杂

由于电极丝较细(直径为 0.1 mm～0.2 mm)，因此切割线可以加工窄缝、微细异形孔等形状复杂的工件。

3. 电极损耗小

电极丝加工时要不断地往复移动，所以单位长度电极丝损耗少，对加工精度影响小。

4. 加工精度高

线切割加工的精度很高，高速走丝线切割的加工精度为 0.01 mm～0.02 mm，低速(慢走丝)线切割的加工精度为 0.005 mm～0.002 mm。

5. 粗糙度小

高速走丝线切割一般粗糙度 $Ra = 5～2.5$，而低速走丝线切割一般粗糙度 Ra 可达 1.25，最小为 0.2。

6. 切割速度低

线切割的切割速度以切割面积来计，单位为 mm^2/min，一般高速走丝切割速度为 $40\ mm^2/min～80\ mm^2/min$。由此可见，线切割的生产效率较低。

四、线切割加工的应用

1. 加工特殊材料

切割某些高硬度、高熔点的金属时，使用机械加工的方法几乎是不可能的，而采用线切割加工既经济又能保证精度。

2. 加工复杂零件

线切割可以加工一些形状复杂的零件，比如各种型孔、型面、特殊齿轮、凸轮、样板、成型刀具等，还有的要求清根的零件，用线切割加工更方便，如图 7-2 所示。

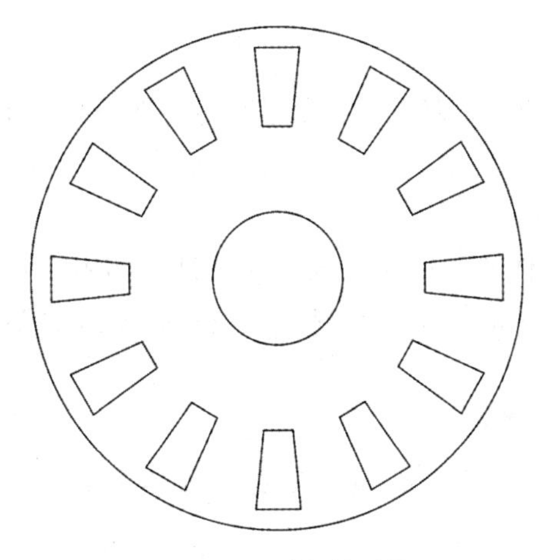

图 7-2　要清根的零件

3. 加工刚性差的零件

一些薄壁件的刚性很差，采用线切割加工无切削力，能保证精度。如图 7-3 所示，薄壁套筒上的方槽，只有用线切割加工才行。

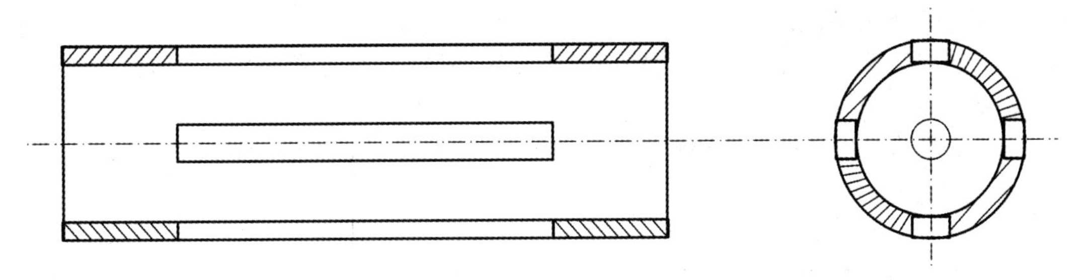

图 7-3　薄壁套筒

4. 加工模具零件

电火花线切割加工主要应用于冲模、挤压模、塑料模、电火花型腔模的电极加工等。由于电火花线切割加工机床加工速度和精度的迅速提高，目前已达到可与坐标磨床相竞争的程度。

五、线切割加工的过程

线切割加工的过程与前面其他加工方法的加工过程基本相似，包括读图、工艺分析、编程序、程序输入、控制机床加工，如图 7-4 所示。

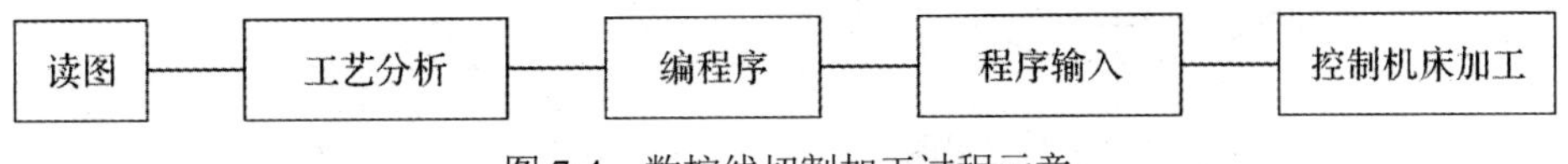

图 7-4　数控线切割加工过程示意

第二节　线切割编程的工艺分析

一、零件图分析

同机加工艺一样，线切割工艺首先也要进行零件图分析，了解零件的结构和被加工的部位。

1. 零件的结构与尺寸

了解并熟悉被加工零件的结构、外廓尺寸，是否超出了行程范围；体积大小，能否摆在工作台上等。了解零件的精度、粗糙度以及形位精度等要求，看机床是否能满足精度要求。

2. 被加工位置(切割位置)

首先确定被加工零件的位置，其次选择合适的机床，然后确定切割时钼丝穿线孔的位置，等等。

3. 工件的材料

了解材料加工性如何、热处理状态、内应力大不大、切割后工件是否会变形。

4. 切割起点的选定

起点选择很重要，它直接决定了后续加工是否正确，以及工件能不能按要求加工。一般起点选择分两种情况：

(1) 切割凹模或内型零件时，要加工工件的内腔结构，应选择在中间部分打穿丝孔，如图 7-5 所示。

(2) 切割凸模时，要加工工件的外廓，可以从边上起始，也可以打穿丝孔。

5. 工件的装夹

线切割无需很大切削力，工件只需稍许用力夹紧即可。只是夹紧前要找正、定位，以使切割轨迹能按编程的要求移动。常用的夹具有虎钳、压板(如图 7-6 所示)。若批量生产，则可用专用夹具。

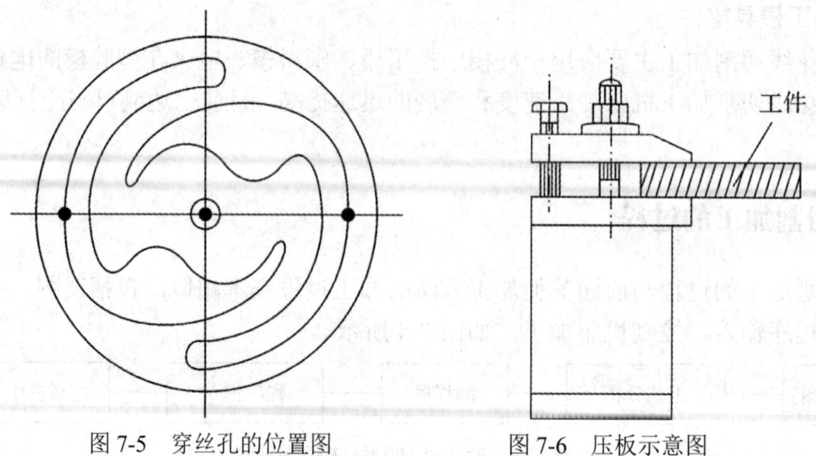

图 7-5　穿丝孔的位置图　　　　图 7-6　压板示意图

二、切割轨迹的确定

1. 确定钼丝的偏移量

因为线切割加工是电火花加工，电火花放电需要钼丝与工件之间有放电间隙，使钼丝的中心轨迹与被加工轮廓有一个偏移量。如图 7-7 所示，图(a)为加工外轮廓，图(b)为加工内轮廓。因此，工件加工的实际尺寸还应考虑放电间隙和钼丝半径，如图 7-8 所示。

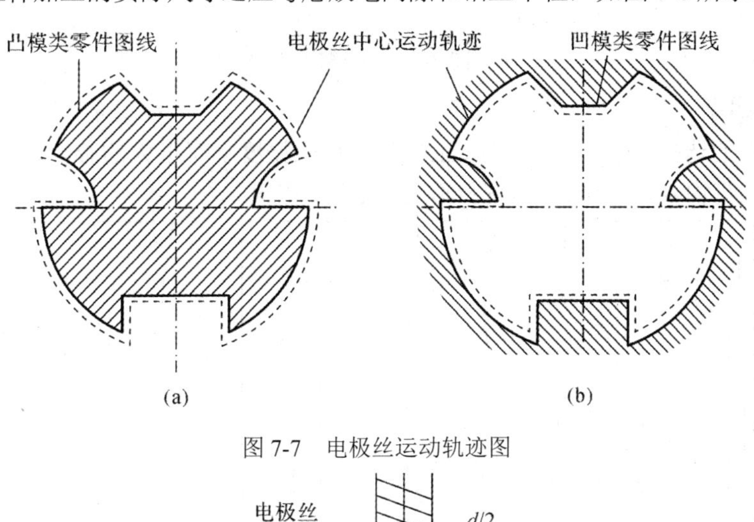

图 7-7　电极丝运动轨迹图

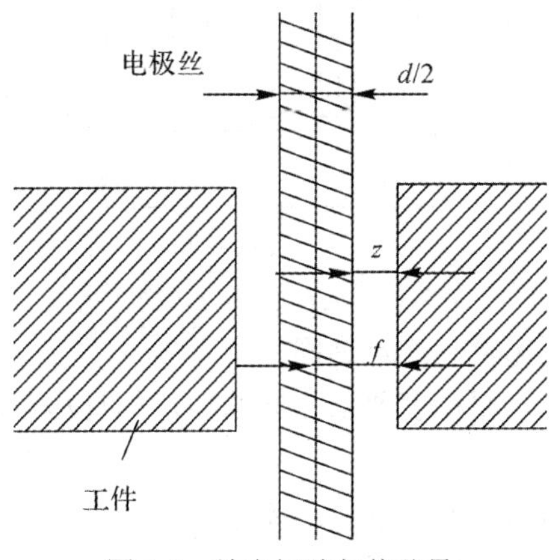

图 7-8　放电间隙与偏移量

偏移量的计算方法如下：

$$f = z + \frac{d}{2}$$

其中：d 为钼丝直径；z 为放电间隙(快走丝时，$z = 0.01$ mm～0.02 mm)。

2. 切割路线的方向

切割方向选择应考虑工件材料的变形问题，因为线切割加工的工件常常都是淬硬的零件，经过热处理的冷热变化，其内应力往往比较大。线切割加工是将工件上大块余量去掉，其内应力会重新分布，引起工件变形。若切割方向不适合、不合理，会使工件产生严重变形而影响零件加工的精度。如图 7-9(a)所示，第一种路线的第一段切割路线太长，变形影响比较大；如图 7-9(b)所示，第二种路线中的一段切割路线短，内应力变形影响小，精度就要高一些。为减少变形，应选取第二种路线。

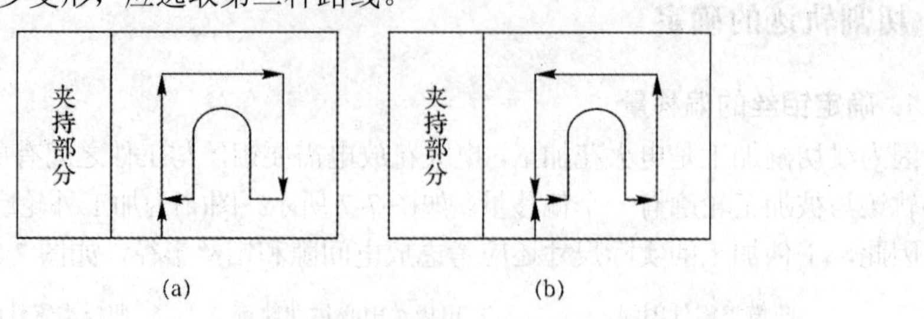

图 7-9　线切割路线

3. 切割起点

切割起点的选择，对工件的变形、工件加工后的精度都有很大的影响，如图 7-10 所示，起点应选在工件内部，若选在工件外部，则其变形很大。

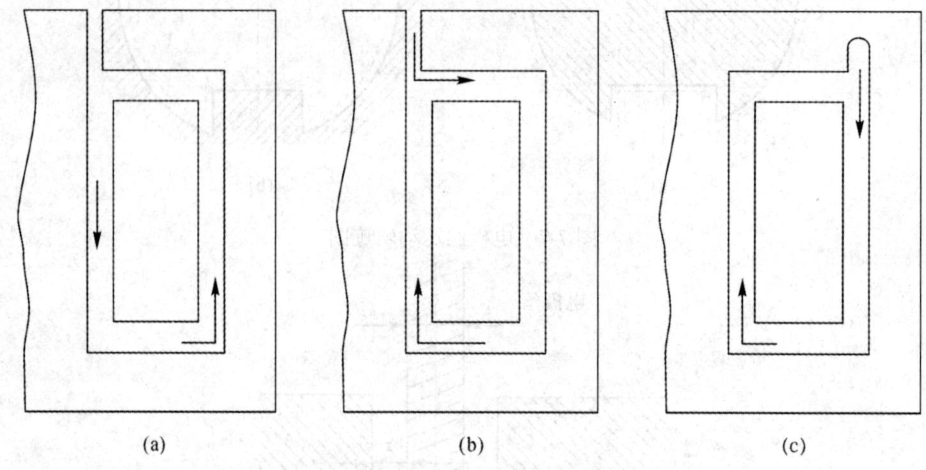

图 7-10　切割起点与切割路线

一般切割封闭回路时，起点与终点是同一个点。

另外，切割起点尽量选在粗糙度要求较低的面，并且尽量降低切痕对表面的影响。

4. 电极丝的切割轨迹

钼丝的具体切割轨迹应选在公差带的什么位置，分为以下三种情况：

(1) 切割一般的零件：钼丝轨迹应以公差带中心为轮廓计算偏移量，如图 7-11 所示。

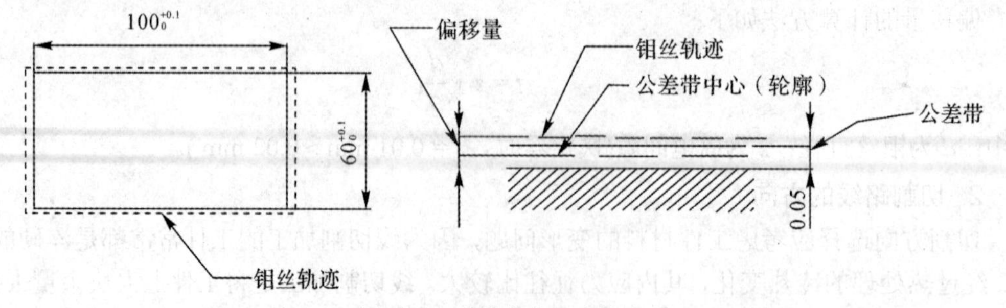

图 7-11　公差带中心为轮廓

(2) 切割冷冲模：为了延长使用寿命，切割轨迹应以公差带的上下限为轮廓进行加工，凸模用上限，凹模用下限，如图 7-12 所示。

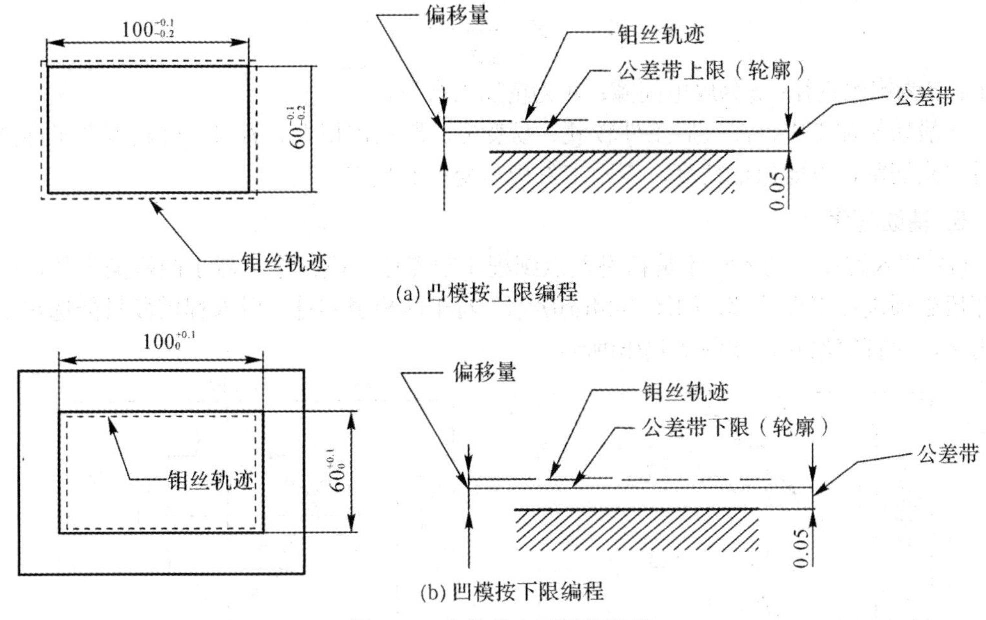

(a) 凸模按上限编程

(b) 凹模按下限编程

图 7-12　公差带上下限作轮廓

(3) 二次切割：为了防止变形、提高精度，线切割分粗、精二次切割，第一次切割保留一点余量 Δ，第二次再将其去掉，如图 7-13 所示。

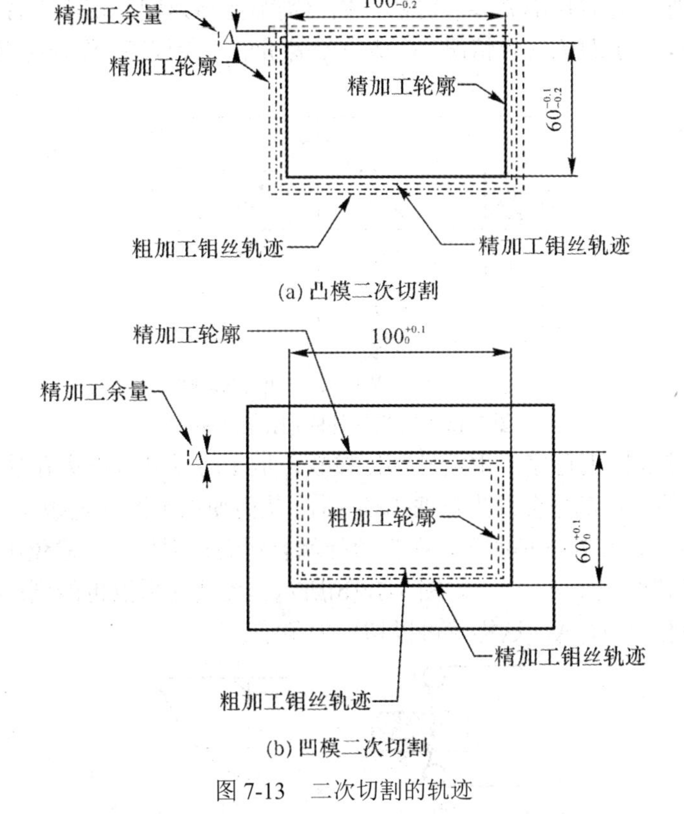

(a) 凸模二次切割

(b) 凹模二次切割

图 7-13　二次切割的轨迹

粗加工的偏移量为

$$F=\frac{1}{2d}+z+\varDelta$$

其中：d 为钼丝直径；z 为放电间隙；$\varDelta$ 为精加工余量。

一般切割加工中，淬火后工件较硬、易变形、厚且体积大。若对零件精度要求高则应经过二次切割，方能保证精度，否则工件极易变形而超差。

5. 辅助程序

(1) 切入程序。切入程序是指引入点到程序起点这一段程序。对于凸模类零件，引入程序段必须选在工件外部，如图 7-14(a)所示；对于凹模类零件，引入程序段只能选在工件的内部，应打穿丝孔，如图 7-14(b)所示。

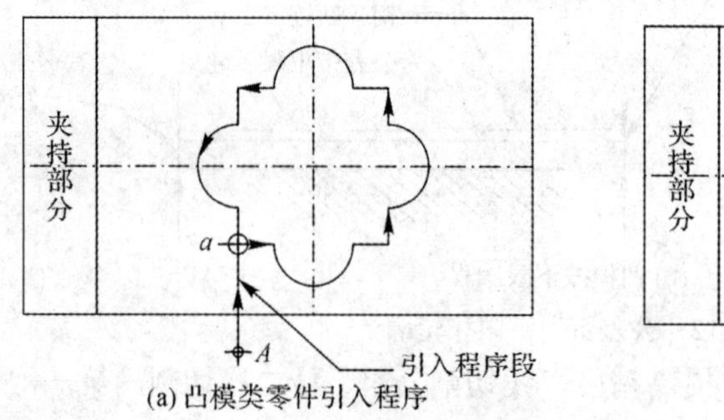

(a) 凸模类零件引入程序

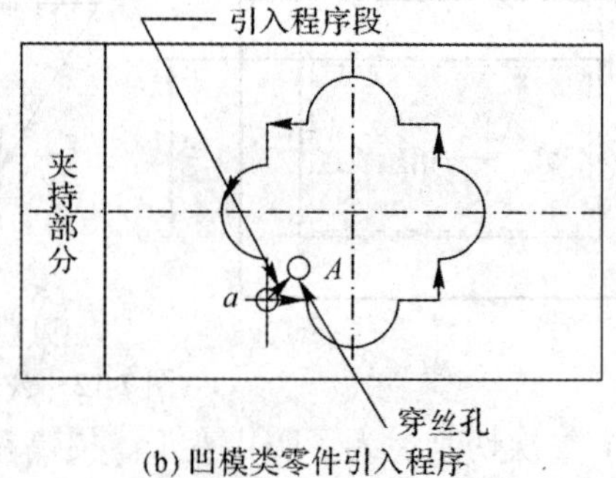

(b) 凹模类零件引入程序

图 7-14　切割零件的引入程序路线

(2) 切出程序。有时切割完零件轮廓，钼丝需沿原路返回，切出工件，但由于工件变形易使钼丝卡断，为了避免这种情况，在切口处需引出一段程序，称为切出程序，如图 7-15 中的 a′ss-A′所示。

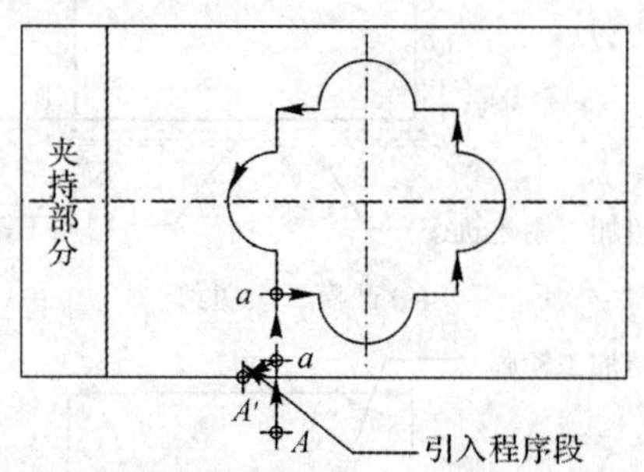

图 7-15　切割零件的切出程序路线

(3) 超切程序和回退程序。电极丝都比较软，加工时受到放电火花的压力工作液冲力等作用，电极丝的工作部分会发生弯曲(即挠曲)，从而使加工区的电极丝因弯曲而滞后上、下支点一定距离，如图 7-16(a)所示，在拐角处就会将尖角去掉。为避免出现此问题，需在拐角处增加一段超切程序 A-A′，如图 7-16(b)所示。使其滞后点也能到达拐角的尖角处，再增加一个回退程序 A′-A，这样就可以切出尖角了。

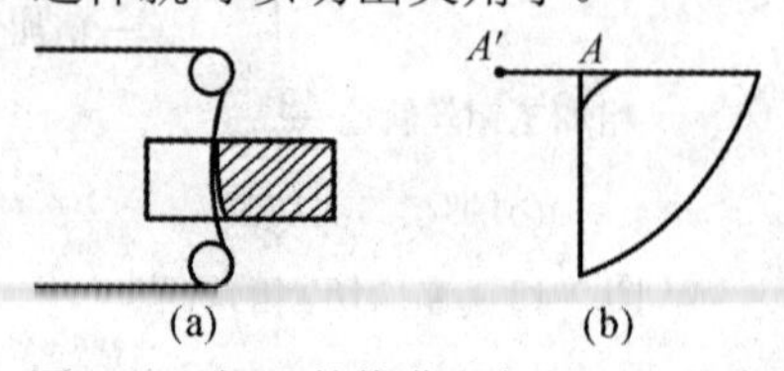

图 7-16　钼丝的挠曲及起切回退程序

三、工艺分析实例

1. 零件图

如图 7-17 所示，加工中间的型孔，材料为 CrWMn，调质 HRC60～65。

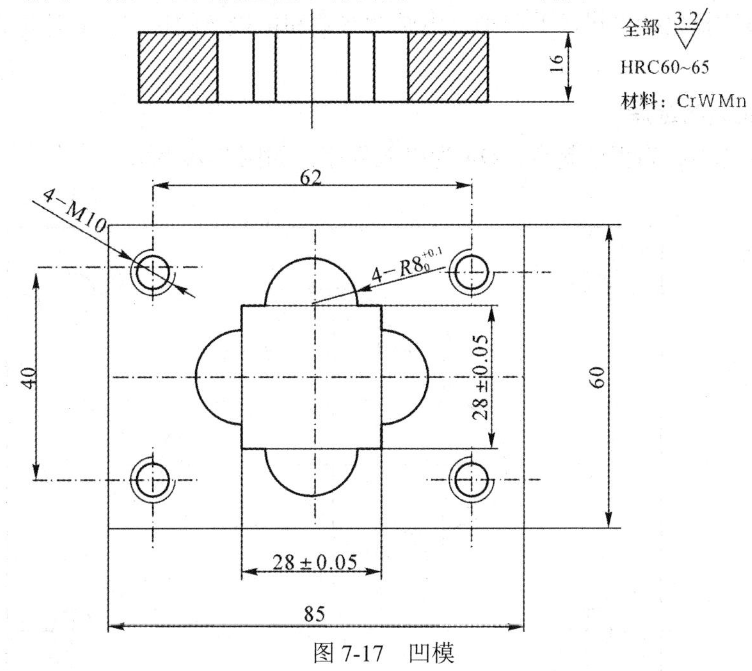

图 7-17　凹模

从零件图可以看到，被加工零件是一平板类，工件易装夹，其尺寸不大、精度不高、粗糙度较小。

2. 切割前准备

因是凹模，所以在工件中间(中心部位)钻$\phi 3$ 穿丝孔，如图 7-18(a)所示。

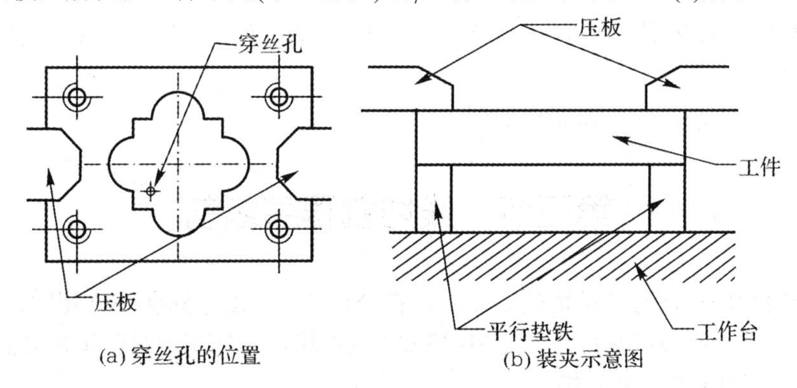

(a) 穿丝孔的位置　(b) 装夹示意图

图 7-18　穿丝孔与夹具

3. 装夹

用压板螺钉机构将工件装夹在工作台上，如图 7-18(b)所示。

4. 偏移量的确定

偏移量为

$$F=\frac{d}{2}+\Delta=\frac{0.2}{2}+0.02=0.12\ \text{mm}$$

其中：0.2 即钼丝直径(ϕ0.2 mm)；0.02 即放电间隙(0.02 mm)。

5. 程序参数的选择

程序参数选择包括电极丝的粗细、电脉冲参数和电极丝的选择。具体选择方法在后面将具体介绍。

6. 程序起点的选择

选择穿丝孔中心为程序起点，*OA* 为引入程序，如图 7-19 所示。

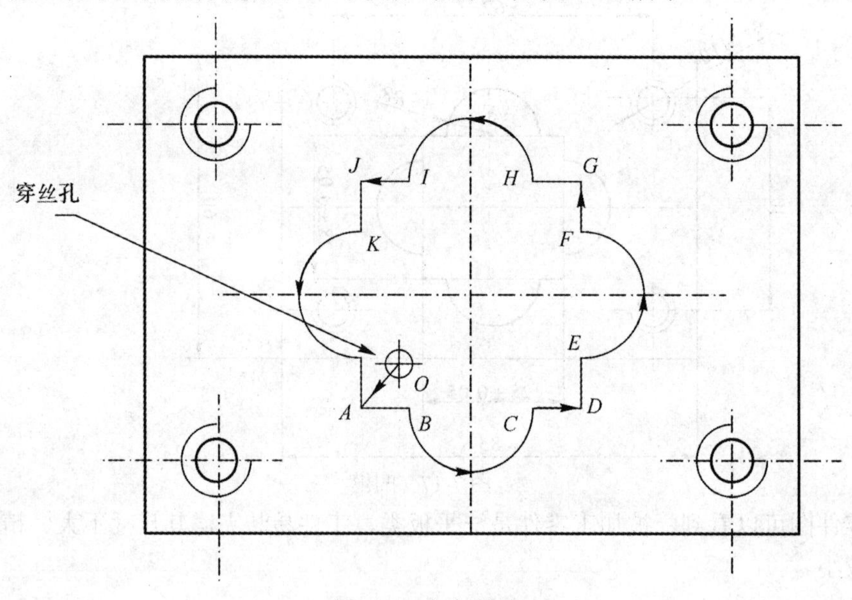

图 7-19　切割轨迹

7. 切割轨迹

从起点到 *A* 点按照 *A*—*B*—*C*—*D*—*E*—*F*—*G*—*H*—*I*—*J*—*K*—*L*—*A* 顺序切割，如图 7-19 所示。

完成上述工作后，就可以进行编程了。

第三节　线切割程序编制

线切割的程序目前有三种格式，一是 G 指令格式，与国际标准 ISO 相同，类似于数控车、铣的 G 指令，比较好掌握；二是 3B 格式，这在国内线切割中是使用最多的编程格式；三是 4B 格式，即带有刀补的格式。

一、G 指令格式

本节介绍的是 WBKX-6 线切割数控系统，其 G 指令是按 ISO 标准设置的。一条 G 指令通常为一个程序段，它由若干个被称为指令字的部分组成。如：

N001 G02 X8000 Y4000 I3000 J-4000

以上程序段中，坐标值的单位为 0.001 mm，角度单位为 1/1000°，若带有小数点，则单位为 mm，如：

N001 G02 X8. Y4. I3. J-4.

WBKX-6 线切割数控系统所使用的 G 指令有其独自的定义，与前面所讲的车、铣 G 指令功能不完全相同。G 指令功能表如表 7-1 所示。

表 7-1　G 指令功能表

序 号	G 指 令	功 能	序 号	G 指 令	功 能
1	G00	点定位	15	G28	返回主参考点
2	G01	直线插补	16	G29	当前设置为参考点
3	G02	顺时针圆弧插补	17	G30	返回 G92
4	G03	逆时针圆弧插补	18	G40	取消刀偏
5	G04	暂停	19	G41	偏移量在左边
6	G05	X 镜像	20	G40	偏移量在右边
7	G06	Y 镜像	21	G60	返回主参考点
8	G08	轴交换	22	G90	绝对坐标
9	G09	同时取消镜像和轴交换	23	G91	增量坐标
10	G11	跳跃指令	24	G92	坐标系设定
11	G12	取消跳跃指令	25	G93	X 镜像取消 Y
12	G20	调用循环程序	26	G94	Y 镜像取消 X
13	G21	指定循环程序的起点	27	G95	X、Y 同时镜像
14	G22	指定循环程序的终点	28	G96	取消镜像

常用的 M 指令见表 7-2

表 7-2　M 指 令 表

序 号	M 指 令	功 能
1	M00	程序停止
2	M01	计划停止
3	M02	程序结束

从上表中我们看到，基本指令与数控车、铣有的相同，有的不同。下面对常用指令作一详细解释。

二、常用指令

(1) G00：快速点定位，使钼丝相对工件快速定位到某个位置。

指令格式：G00 X__Y__；(与前面的车、铣系统是一致的)

(2) G01：直线插补，从一点到另一点走直线。

指令格式：G01 X__Y__F__；(与前面的车、铣系统是一致的)

(3) G02/G03：顺时针圆弧插补/逆时针圆弧插补。

指令格式：G02 X__Y__J__F__；(与前面的车、铣系统是一致的)

(4) G04：暂停。

指令格式：G04 X__。

其中，X 表示时间。如：G04 X1.2，表示暂停 1.2 s。

(5) G20：调用循环程序。

G21：指令循环程序起点。

G22：指令循环程序终点。

例如：将一个内花键切割成行，如图 7-20 所示。程序如下：

```
G21
N01 G01 X10
Y10
X-10
Y-10
X10
G22
G20 N01 A0 D-30 L12
M02
```

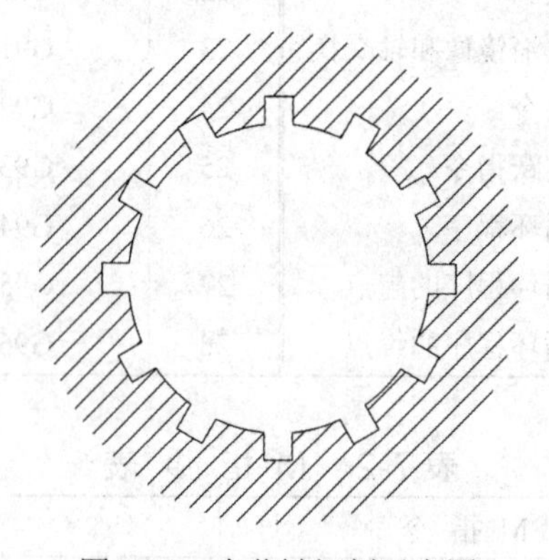

图 7-20　内花键切割示意图

(6) G40：取消刀补。

G41：钼丝偏移量左偏。

G42：钼丝偏移量右偏。

指令格式：G41 H1(或 H2)。

其中，H1、H2 是钼丝的两个偏移量，在机床中予以设置。偏移量可设置为大于 0 或小于 0，大于 0 为左偏，小于 0 为右偏。这与数控铣床的半径刀补设置很相似，如图 7-21 所示。

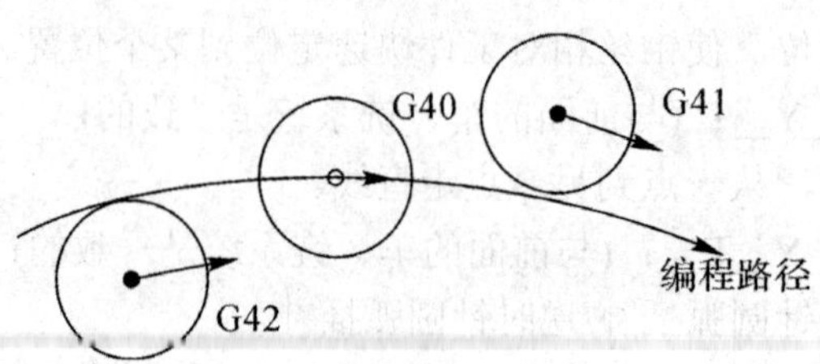

图 7-21　刀补示意图

(7) G90：绝对坐标。

G91：相对坐标，与数控铣床相同。

(8) G92：设置坐标系。

指令格式：G92 X0 Y0(即把当前点设置为坐标系原点)。

如图 7-22 所示，要切割凹模，选穿丝孔于 *O* 点，走丝路线如图 7-22 所示，钼丝选左偏移。

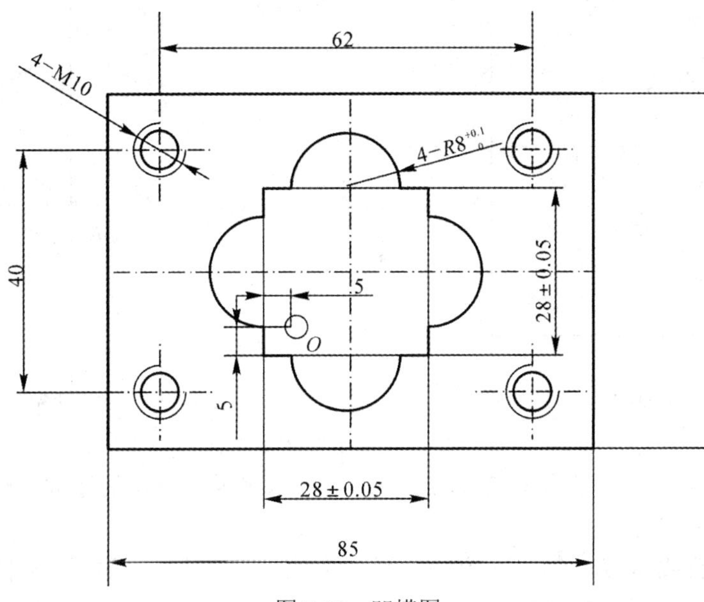

图 7-22　凹模图

程序如下：

```
G92 X0 Y0
G41 H1
G91 G01 X-5.0 Y-5.0
X6.0
G03 X16.0 Y0 I8.0 J0
G01 X6
Y6.0
G03 X0 Y16.0 I0 J8.0
G01 Y6.0
X-6.0
G03 X-16.0 Y0 I-8.0 J0
G01 X-6.0
Y-6.0
G03 Y-16.0 J-8.0
G01 Y-6.0
X6.0
M02
```

三、3B 格式

1. 3B 格式

3B 格式的程序是在线切割机床编程中应用最多的一种形式，其用法简单，容易掌握。缺点是没有刀偏功能，程序中的坐标必须以钼丝中心轨迹编程，坐标计算量比较大。

3B 格式程序如下：

BXBYBJGZ

其中，B 为分隔符，用来区分、隔离 X、Y 和 J 等数码；B 后的数字若为 0，则此 0 可以不写。

(1) X、Y 的用法。直线的终点或圆弧起点的坐标值，编程时均取绝对值，以 μm 为单位，如图 7-23 所示。

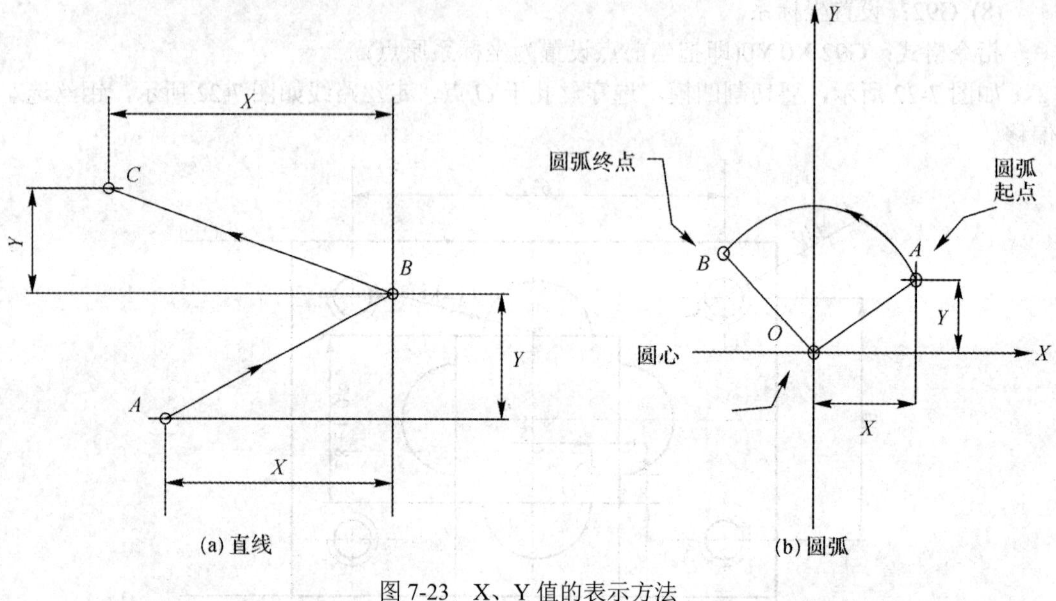

图 7-23　X、Y 值的表示方法

(2) G 的含义。G 为计数方向，用 G_x 或 G_y 表示 X 或 Y 方向的计数。对于直线和圆，G 的表示方法不一样。

① 直线。直线的 G_x、G_y 表示方法如图 7-24(a)所示，被加工的直线在阴影区域内，计数方向取 G_y；在阴影区域外，计数方向取 G_x。

② 圆弧。圆弧的 G_x、G_y 表示方法如图 7-24(b)所示，圆弧终点落在阴影里，计数方向取 G_x；圆弧终点落在阴影外，计数方向取 G_y。

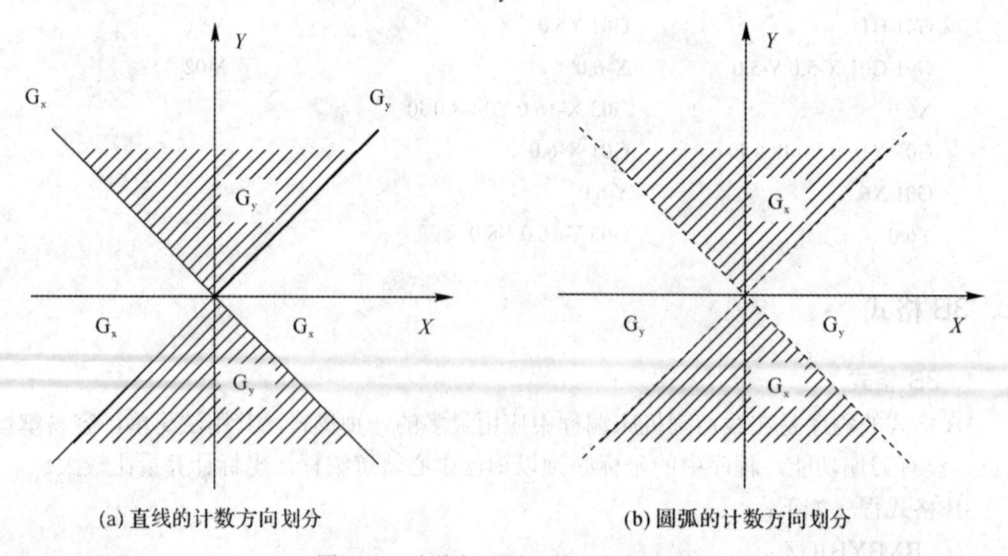

图 7-24　直线与圆弧计数方向的选取

(3) J 的用法。J 为计数长度，以 μm 为单位，即钼丝在某一计数方向上从起点到终点所走距离的总和。对直线来说，钼丝运动轨迹为在计数方向上的投影；对圆弧来说，钼丝运动轨迹为各象限轨迹在计数方向上的投影之和。

如图 7-25(a)所示，计数长度为

$$J = J_{x1} + J_{x2}$$

如图 7-25(b)所示，计数长度为

$$J = J_{Y1} + J_{Y2} + J_{Y3}$$

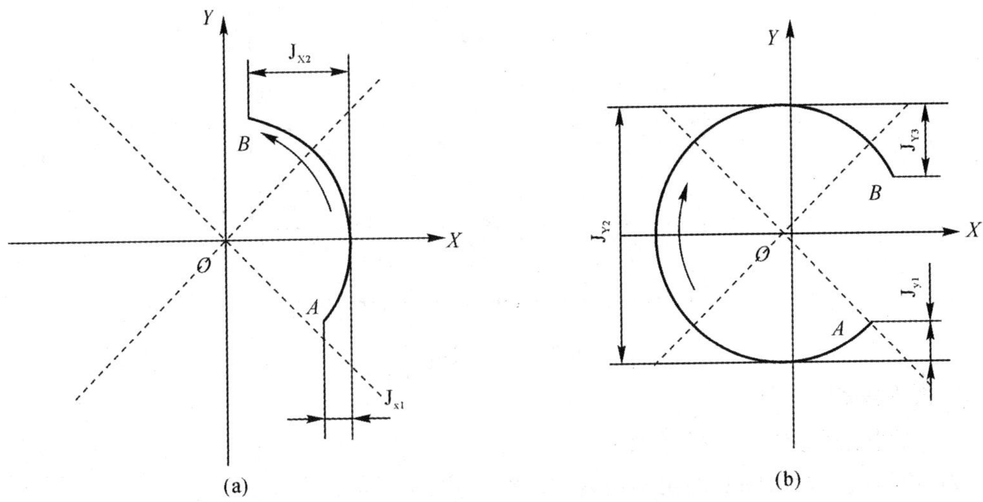

图 7-25　计数长度的算法

(4) Z 的用法。Z 为加工指令，分为直线和圆弧两种情况。如图 7-26(a)所示，直线 L 分为四个象限：L_1、L_2、L_3、L_4。圆弧按第一步进入的象限和顺逆方向分为 SR_1、SR_2、SR_3、SR_4 和 NR_1、NR_2、NR_3、NR_4 八种指令，如图 7-26(b)、(c)所示。

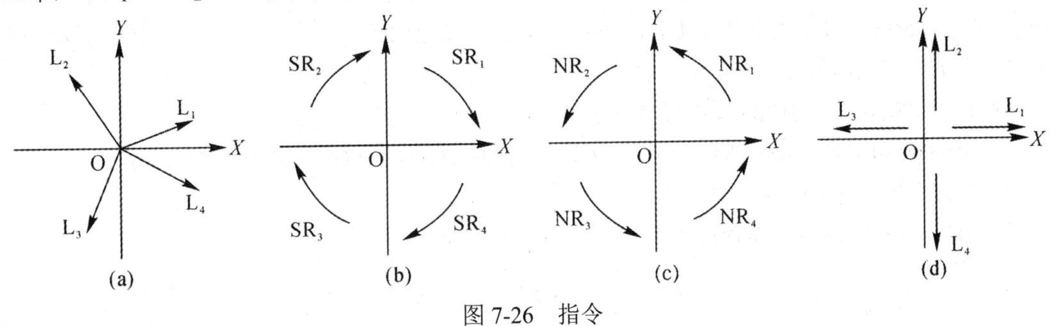

图 7-26　指令

2. 直线编程的方法

(1) 以每段直线的起点作为坐标原点。

(2) 直线的终点坐标值 *X*、*Y* 均取绝对值，单位为 μm，也可将 *X*、*Y* 同时缩小整数倍。

(3) 计数长度 J，按计数方向 G_x 或 G_y 取该直线在 *X* 轴或 *Y* 轴上的投影值，取 *X* 值或 *Y* 值，以 μm 为单位，确定计数长度要与选择计数方向一并考虑。

(4) 计数方向选取原则，取 X、Y 向投影值较大的方向作为计数长度和计数方向。

(5) 加工指令按直线的走向可以分为 L_1、L_2、L_3、L_4，与+*X* 轴重合，计 L_1；与+*Y* 重合，计 L_2；与 −*X* 轴重和，计 L_3；与 −*Y* 轴重和，计 L_4，如图 7-26(d)所示。

例如，如图 7-27 所示，*A*—*B*—*C*—*A* 轨迹如下：

B5B0B50000GXL1 (*A*—*B*)
B3B6B60000GYL1 (*B*—*C*)
B8B6B80000GXL3 (*C*—*A*)

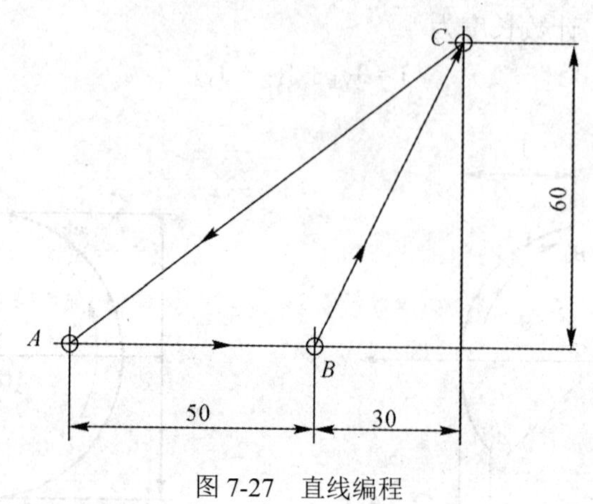

图 7-27 直线编程

3. 圆弧编程

(1) 以圆弧圆心作为坐标原点。

(2) 圆弧起点相对圆心的坐标值为 *X*、*Y*，均取绝对值，单位为 μm。

(3) 计数长度 J 按计数方向取圆弧在 *X*、*Y* 轴上的投影值，单位为 μm，如果圆弧较长，跨过两个以上象限，则分别取轨迹在各自象限的投影之和。

(4) 计数方向如图 7-24(b)所示，终点在阴影部分，取 G_X；终点在阴影部分外，取 G_Y。

(5) 加工指令，按第一步进入的象限为第一、二、三、四象限，则指令分别对应为 SR_1、SR_2、SR_3、SR_4 及 NR_1、NR_2、NR_3、NR_4。其中 SR 为顺时针进入，NR 为逆时针进入，如图 7-24(c)所示。

如图 7-28 所示，*AB* 圆弧程序如下：

B80000B0B217190GXNR1 (计数长度 J：80000 + 80000 + 57190 = 217190)

BA 圆弧程序如下：

B57190B57190B57190GYSR3 (计数长度 J：80000 + 80000 + 57190 = 217190)

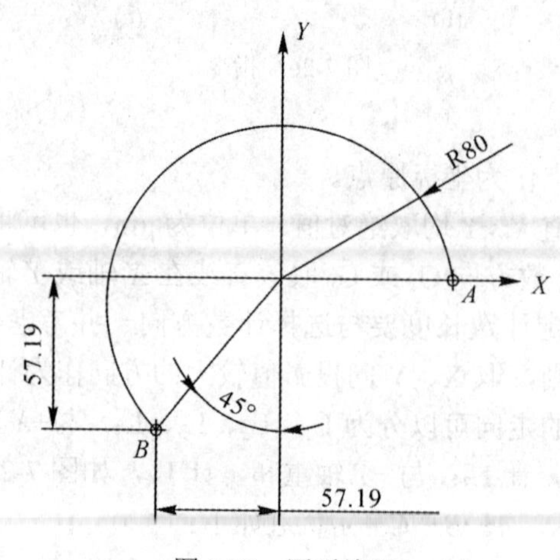

图 7-28 圆弧编程

4. 编程举例

对于直线和圆弧编程来说，3B 格式是要用钼丝中心轨迹编程。如图 7-29 所示，放电间隙为 0.1 mm，钼丝直径为ϕ0.2 mm，偏移量 $f = 0.1 + 0.2/2 = 0.2$ mm。

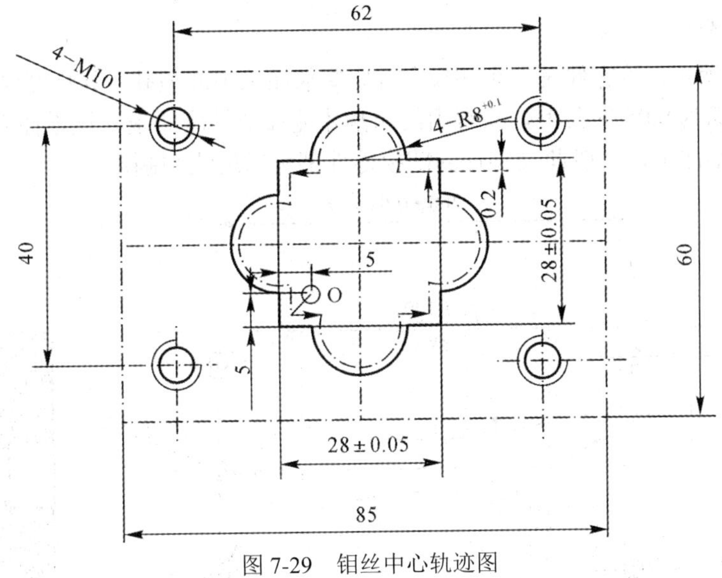

图 7-29　钼丝中心轨迹图

其程序如下：

B1B1B4800GYL3	(*OA*)
B1B0B6000GXL1	(*AB*)
B0B1B200GYL4	(过渡段)
B7800B0B15600GYNR3	(*BC*)
B0B1B200GYL2	(过渡段)
B1B0B6000GXL1	(*CD*)
B0B1B6000GYL2	(*DE*)
B1B0B200GXL1	(过渡段)
B0B7800B15600GXNR4	(*EF*)
B1B0B200GXL3	(过渡段)
B0B1B6000GYL2	(*FG*)
B1B0B6000GXL3	(*GH*)
B0B1B200GYL2	(过渡段)
B7800B0B15600GYNR1	(*HI*)
B0B1B200GYL4	(过渡段)
B1B0B6000GXL3	(*IJ*)
B0B1B6000GYL4	(*JK*)
B1B0B200GXL3	(过渡段)
B0B7800B15600GXNR2	(*KL*)
B1B0B200GXL1	(过渡段)
B0B1B6000GYL4	(*LA*)

四、线切割实例

1. 零件图与工艺分析

1) 零件图分析

如图 7-30 所示，该零件是一个凹模零件，要求加工中间型孔，其精度要求较高，公差较严。两端圆弧为 0.05 的公差，只有用线切割才能保证精度要求。该零件为平板类零件，很适于用线切割加工，一般此类零件的凹模零件都可以用线切割加工。

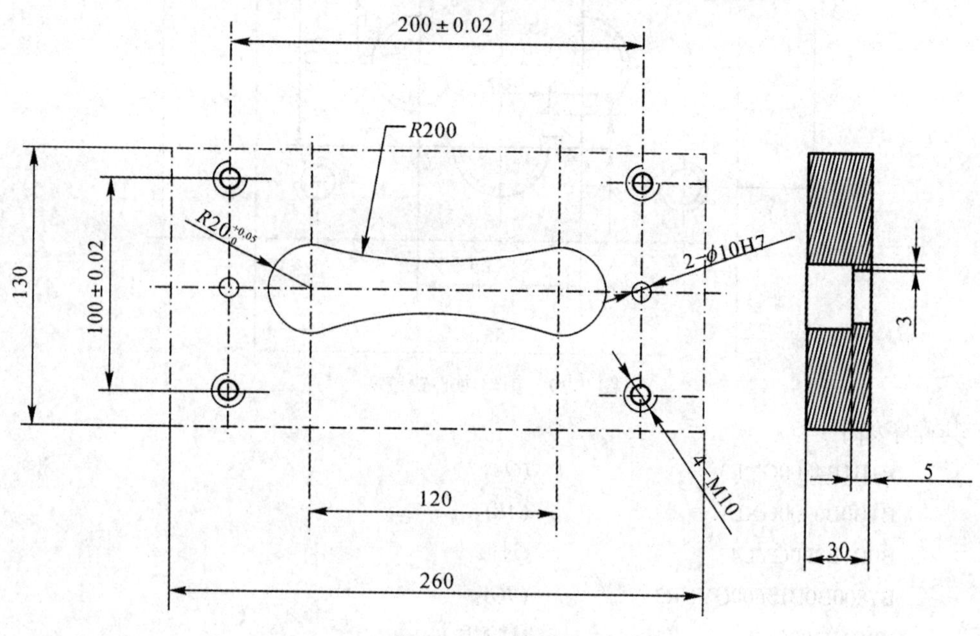

图 7-30　凹模零件

2) 工艺分析

(1) 工件装夹。由于该工件是板类零件，加工部位在板的中央，非常适于用平行垫铁支撑定位。支撑方式有两种：乔式支撑和板式支撑，如图 7-31 所示。夹紧就是用压板从两端压紧，加紧力不需太大。

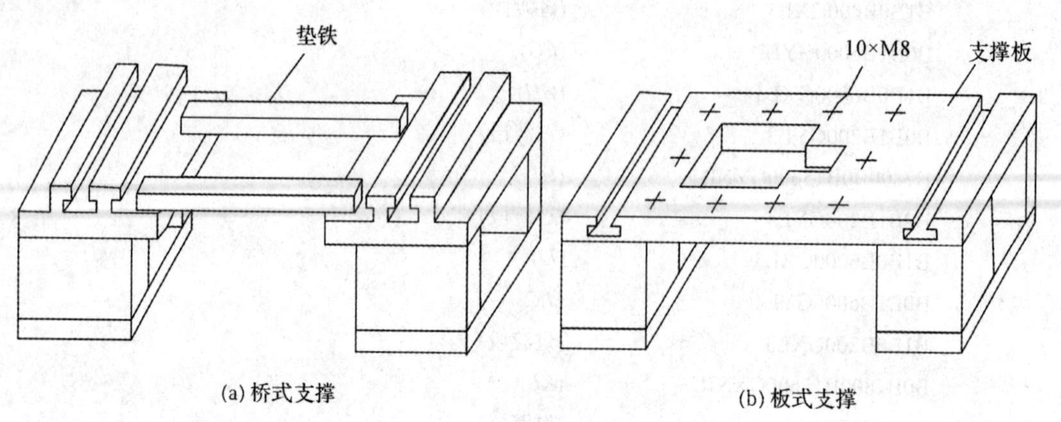

(a) 桥式支撑　　(b) 板式支撑

图 7-31　支撑方式

(2) 工件的找正。工件夹紧时，因为使用垫铁定位，所以只能限制三个自由度，另外所需限制的自由度，要靠找正来保证工件的定位精度。找正的方法有两种：一种是画线找正，如图 7-32(a)所示，画线找正精度较低，一般用于精度不高的零件；另一种是用百分表找正，如图 7-32(b)所示，找正精度较高，可达 0.01 mm。该零件精度高，所以选择用百分表找正。找正时，除了要找工件上表面外，还要找正侧面，如图 7-32 所示。

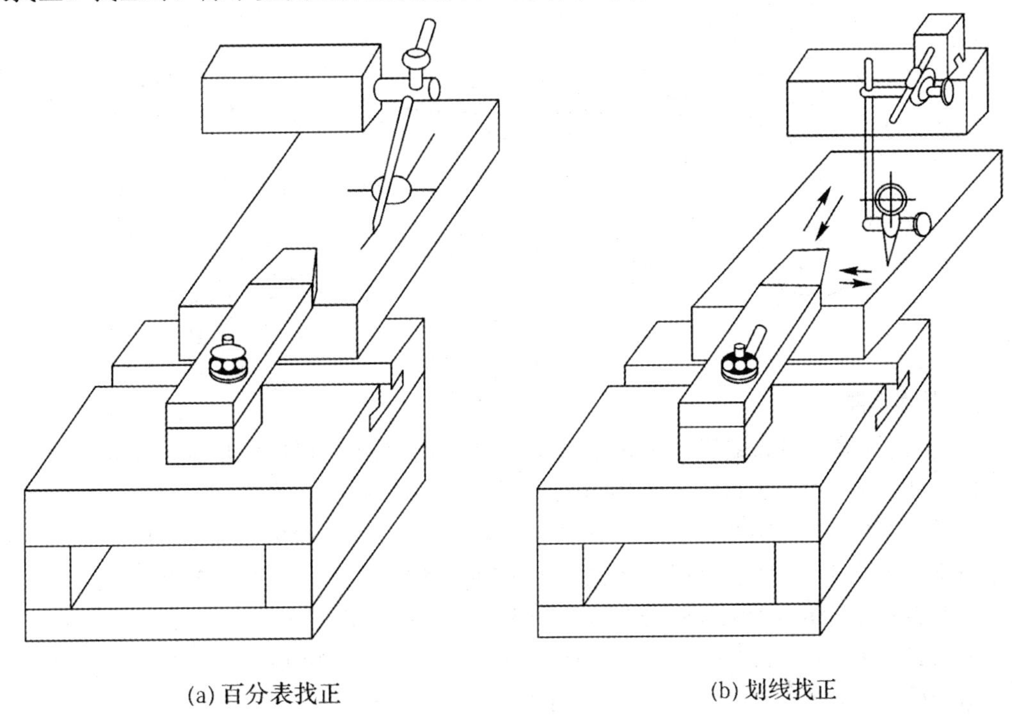

(a) 百分表找正　　(b) 划线找正

图 7-32　找正方法

(3) 钼丝的选择。电极丝常用的有钨丝、黄铜丝和钼丝。钨丝抗拉强度高，直径为 0.03 mm～0.1 mm，多用于精加工，价格昂贵。黄铜丝抗拉强度差，适用于慢速走丝加工。钼丝抗拉强度高，价格适中，直径为 0.08 mm～0.2 mm，适用于快走丝线切割机床。该零件加工选钼丝作电极丝，直径为 0.2 mm。

(4) 电参数设置。放电间隙 δ 取 0.1 mm。

(5) 切割路线的确定。

① 穿丝孔的确定：穿丝孔应选在便于确定坐标的位置，在本零件右侧或左侧圆弧的中心打一个直径为 3 mm 的孔，如图 7-33 所示。

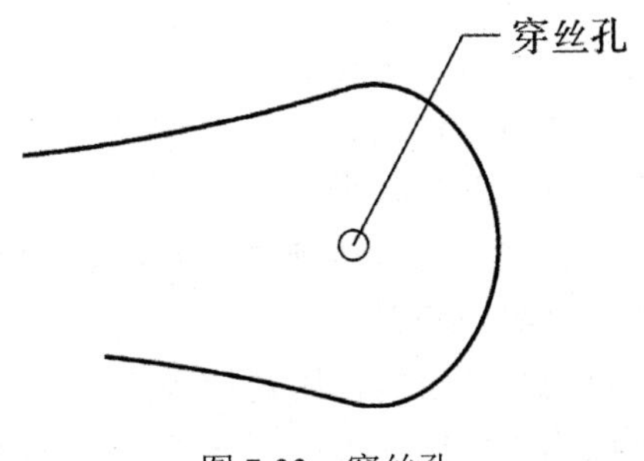

图 7-33　穿丝孔

② 偏移量：

$$L=\frac{D}{2}+\delta+\varDelta=\frac{0.2}{2}+0.1+0.05=0.25(\mathrm{mm})$$

其中：L 为偏移量；D 为钼丝直径；δ 为放电间隙；$\varDelta$ 为公差。

③ 切割路线：穿丝孔为 A 点，按 A—B—C—D—E—B 路线进行切割，如图 7-34 所示。

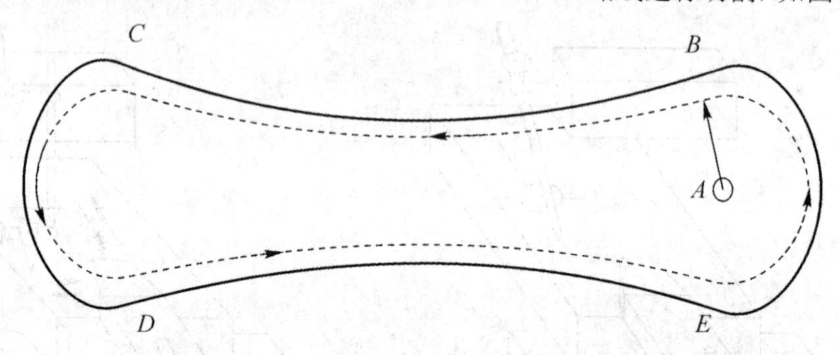

图 7-34　切割路线

2. 程序编制

(1) 数值计算。因为偏移量为 0.25 mm，所以切割轨迹要根据偏移量来计算。

直线 AB 段：$X=-5.386$，$Y=19.001$。

圆弧 BC 段：$D_X=109.228$。圆心：$X=-54.614$，$Y=192.659$。

圆弧 CD 段：$D_X=D_{X1}+D_{X2}=25.386+25.386=50.772$；圆心：$X=-5.386$，$Y=-19.001$。

圆弧 DE 段：$D_X=109.228$。圆心：$X=54.614$，$Y=-192.659$。

圆弧 EB 段：$D_X=D_{X1}+D_{X2}=25.386+25.386=50.772$。圆心：$X=5.386$，$Y=19.001$。

用 3B 格式编程时，坐标值以 μm 为单位。

(2) 编程。以 3B 格式编写程序如下：

```
B5386 B19001 B19001 GY L2              (A—B)
B54614 B192659 B109228 GxSR4           (B—C)
B5386 B19001 B50772 GxNR1              (C—D)
B54614 B192659 B109228 GxSR2           (D—E)
B5386 B19001 B50772 GxNR3              (E—B)
```

习　题

1. 电火花加工的原理是什么？特点是什么？
2. 线切割的原理是什么？特点是什么？
3. 工件切割后为什么会变形？怎样减少变形？
4. 钼丝轨迹的偏移量怎样确定？钼丝轨迹与轮廓公差有何关系？
5. 线切割机床是由哪些部分组成的？
6. 机床本体由哪几部分组成？各自的作用是什么？
7. 如图 7-35 所示，试确定钼丝切割轨迹，并分别编出 G 代码和 3B 格式的程序。

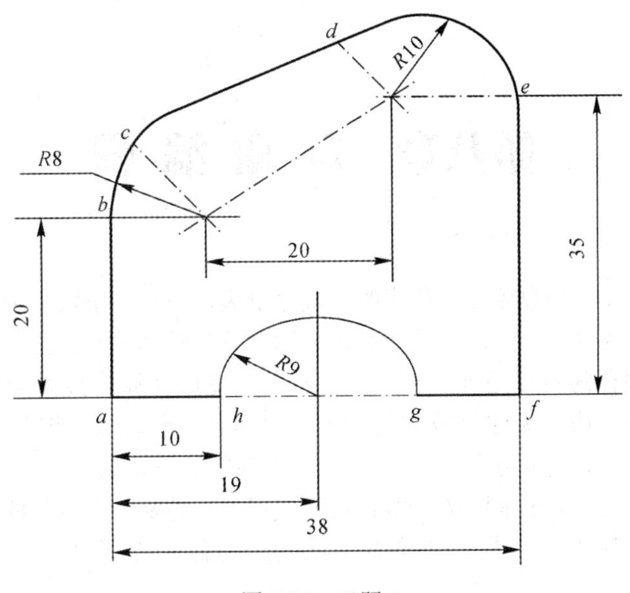

图 7-35　习题 7

第八章　自 动 编 程

在为复杂的零件编制数控加工程序时，程序量大，刀具易出错，手工编程通常很难胜任，编程也往往耗费很长时间。因此，必须采用计算机辅助编制数控加工程序。

计算机辅助编程的特点是计算机不仅能代替人完成计算、数据处理、编写程序单等工作，还能经济地完成人无法完成的复杂零件的刀具中心轨迹的编程工作，而且能完成更快、更精确的计算，避免了手工计算中经常出现的计算错误。

自动编程是采用计算机辅助数控编程技术实现的，需要一套专门的数控编程软件。现代数控编程软件主要分为以批处理命令方式为主的各种类型的语言编程系统和交互式 CAD/CAM 集成化编程系统。

第一节　自动编程的基本概念

一、ATP 语言自动编程原理

APT 是一种自动编程工具(Automatically Programmed Tool)的简称，是对工件、刀具的几何形状及刀具相对于工件的运动等进行定义时所用的一种接近于英语的符号语言。在编程时编程人员依据零件图样，以 APT 语言的形式表达出加工的全部内容，再把用 APT 语言书写的零件加工程序输入计算机，经 APT 语言编程系统编译产生刀位文件(CLDATA file)，通过后置处理后，生成数控系统能接受的零件数控加工程序的过程，称为 APT 语言自动编程。

APT 语言自动编程的过程如下：

首先，用专用的语言和符号来描述零件图纸上的几何形状及刀具相对零件运动的轨迹、顺序和其他工艺参数的程序，编写好零件源程序后，输入计算机。为了使计算机能够识别和处理零件源程序，必须事先针对一定的加工对象，将编好的一套编译程序存放在计算机内，这个程序通常称为“数控程序系统”或“数控软件”。“数控软件”分两步对零件源程序进行处理：第一步是计算刀具中心相对于零件运动的轨迹，这部分处理不涉及具体 NC 机床的指令格式和辅助功能，具有通用性；第二步是后置处理，针对具体 NC 机床的功能产生控制指令，后置处理程序是不通用的。由此可见，经过数控程序系统处理后输出的程序才是控制 NC 机床的零件加工程序。整个 NC 自动编程的过程如图 8-1 所示。可见，为实现自动编程，数控自动编程语言和数控程序系统是两个重要的组成部分。

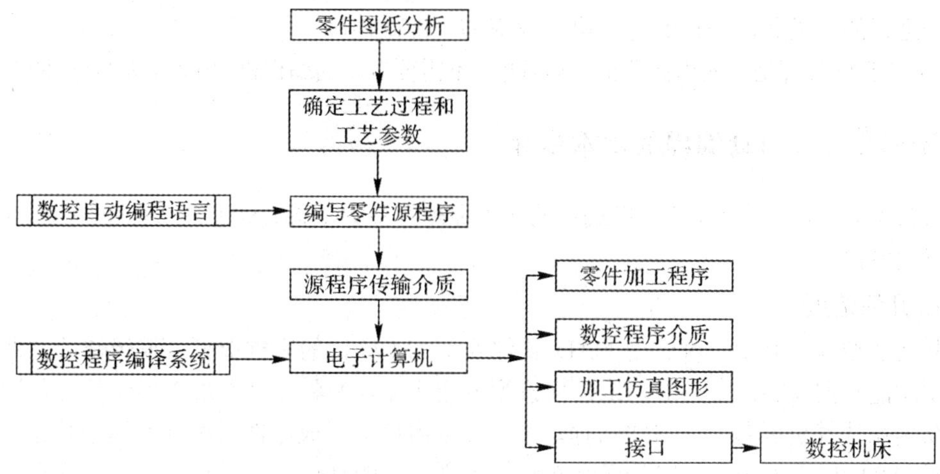

图 8-1 APT 语言自动编程过程

采用 APT 语言进行自动编程时，计算机(或编程机)代替程序编制人员完成了繁琐的数值计算工作，并省去了编写程序单的工作量，因而可将编程效率提高数倍到数十倍，同时解决了手工编程中无法解决的许多复杂零件的编程难题。

二、图形交互式编程原理

图形交互式自动编程是现代计算机辅助数控编程集成系统中常用的方法，就是应用计算机图形交互技术开发出来的数控加工程序自动编程系统，使用者利用计算机键盘、鼠标等输入设备以及屏幕显示设备，通过交互操作，建立、编辑零件轮廓的几何模型，选择加工工艺策略，生成刀具运动轨迹，利用屏幕动态模拟显示数控加工过程，最后生成数控加工程序。现代图形交互式自动编程是建立在 CAD 和 CAM 系统的基础上的，典型的图形交互式自动编程系统都采用 CAD/CAM 集成数控编程系统模式。图形交互式自动编程系统通常有两种类型的结构：一种是 CAM 系统中内嵌三维造型功能；另一种是独立的 CAD 系统与独立的 CAM 系统以集成方式构成数控编程系统，这种自动编程系统是一种 CAD 与 CAM 高度结合的自动编程系统。

集成化数控编程的主要特点如下：

(1) 这种编程方法既不像手工编程那样需要用复杂的数学手工计算算出各节点的坐标数据，也不需要像 APT 语言编程那样用数控编程语言去编写描绘零件几何形状加工走刀过程及后置处理的源程序，而是在计算机上直接面向零件的几何图形以光标指点、菜单选择及交互对话的方式进行编程，其编程结果也以图形的方式显示在计算机上。所以该方法具有简便、直观、准确、便于检查的优点。

(2) 图形交互式自动编程软件和相应的 CAD 软件是有机地联系在一起的一体化软件系统，既可用来进行计算机辅助设计，又可以直接调用设计好的零件图进行交互编程，对实现 CAD/CAM 一体化极为有利。

(3) 这种编程方法的整个编程过程是交互进行的，简单易学，在编程过程中可以随时发现问题并进行修改。

(4) 编程过程中，图形数据的提取、节点数据的计算、程序的编制及输出都是由计算机自动进行的。因此，编程的速度快、效率高、准确性好。

(5) 此类软件都是在通用计算机上运行的，不需要专用的编程机，所以非常便于推广普及。

三、图形交互式自动编程的基本步骤

从总体上讲，图形交互式自助编程的基本原理及基本步骤大体上是一致的，归纳起来可分为五大步骤。

1. 几何造型

几何造型就是利用三维造型 CAD 软件或 CAM 软件的三维造型、编辑修改、曲线曲面造型功能，把要加工工件的三维几何模型构造出来，并将零件被加工部位的几何图形准确地绘制在计算机屏幕上。与此同时，在计算机内自动形成零件三维几何模型数据库。它相当于 APT 语言编程中，用几何定义语句定义零件的几何图形的过程，其不同点就在于它不是用语言，而是用计算机造型的方法将零件的图形数据输送到计算机中。这些三维几何模型数据是下一步刀具轨迹计算的依据。自动编程过程中，交互式图形编程软件将根据加工要求提取这些数据，进行分析判断和必要的数学处理，形成加工的刀具位置数据。

2. 加工工艺的决策

选择合理的加工方案以及工艺参数是准确、高效加工工件的前提条件。加工工艺决策内容包括定义毛坯尺寸、边界、刀具尺寸、刀具基准点、进给率、快进路径以及切削加工方式。首先按模型形状及尺寸大小设置毛坯的尺寸形状，然后定义边界和加工区域，选择合适的刀具类型及其参数，并设置刀具基准点。

CAM 系统中有不同的切削加工方式供编程中选择，可为粗加工、半精加工、精加工各个阶段选择相应的切削加工方式。

3. 刀位轨迹的计算及生成

图形交互式自动编程的刀位轨迹生成，是面向屏幕上的零件模型交互进行的。首先在刀位轨迹生成菜单中选择所需的菜单项，然后根据屏幕提示，用光标选择相应的图形目标，指定相应的坐标点，输入所需的各种参数，交互式图形编程软件将自动从图形文件中提取编程所需的信息，进行分析判断，计算出节点数据，并将其转换成刀位数据，存入指定的刀位文件中或直接进行后置处理生成数控加工程序，同时在屏幕上显示出刀位轨迹图形。

4. 后置处理

由于各种机床使用的控制系统不同，所用的数控指令文件的代码及格式也有所不同。为解决这个问题，交互式图形编程软件通常设置一个后置处理文件。在进行后置处理前，编程人员需对该文件进行编辑，按文件规定的格式定义数控指令文件所使用的代码、程序格式、圆整化方式等内容，在执行后置处理命令时将自行按设计文件定义的内容，生成所需要的数控指令文件——数控加工程序。另外，由于某些软件采用固定的模块化结构，其功能模块和控制系统是一一对应的，后置处理过程已固化在模块中，所以在生成刀位轨迹的同时便自动进行后置处理生成数控指令文件，而无需再单独进行后置处理。

5. 程序输出

图形交互式自动编程软件在计算机内自动生成刀位轨迹图形文件和数控程序文件，可采用打印机打印数控加工程序单，也可在绘图机上绘制出刀位轨迹图，使机床操作者更加直观地了解加工的走刀过程。有标准通信接口的机床控制系统可以和计算机直连，由计算机将加工程序直接输出给机床控制系统。

第二节　UG 图形编程软件

UG NX 软件是美国 UGS 公司开发的一套集 CAD/CAM/CAE/PDM/PLM 于一体的软件集成系统。它是 UGS 的一套集成化的数字化制造和数控加工应用解决方案。UG NX 的加工模块一直居行业领先，其加工功能完备，加工方法丰富，行业应用经验成熟，成为了航空航天、汽车船舶、机械电子等行业首选加工软件之一。UG CAM 是将虚拟模型变成真实产品很重要的一步，即把三维模型表面所包含的几何信息，自动进行计算变成数控机床加工所需的代码，从而精确地实现产品设计的构想。

UG NX 加工模块是一种功能非常强大、操作相对简便的自动编程方式。应用 UG NX 可以轻松编制各种复杂零件的数控加工程序，用户可以根据零件结构、加工表面形状和加工精度要求选择合适的加工类型。在每种加工类型中包含了多个加工模块，应用各种加工模块可快速建立加工操作。在交互式操作过程中，用户可在图形方式下交互编辑刀具路径，观察刀具的运动过程，生成刀具位置源文件，也可用可视化功能在屏幕上显示刀具轨迹，模拟刀具的真实切削过程。完成创建操作后，还可应用后置处理功能生成指定机床可以识别的 NC 程序。

学习自动编程，首先需要熟悉编程界面和加工环境，了解如何进入编程界面和编程中需要设置哪些参数等。

一、加工环境设置

在标准工具条应用程序的“新建”按钮的下拉列表中选择“加工”模块，进入加工模块，如图 8-2 所示。当第一次进入编程界面时，会弹出“加工环境”对话框，如图 8-3 所示。在“加工环境”对话框中选择加工方式，然后单击“确定”按钮即可正式进入编程主界面。

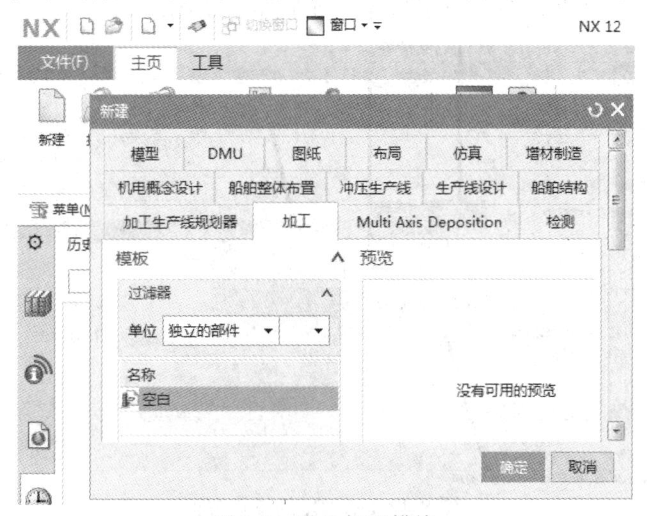

图 8-2　进入加工模块

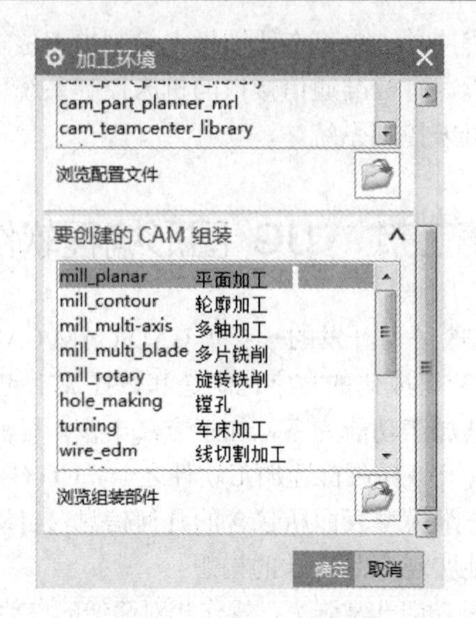

图 8-3　加工环境初始化

在“加工环境”对话框中，包括平面加工、轮廓加工等，其主要功能如下：

平面加工：主要加工模具或零件中的平面区域。

轮廓加工：根据模具或零件的形状进行加工，包括型腔铣加工、等高轮廓铣加工和固定轴区域轮廓铣加工等。

点位加工：在模具中钻孔，使用的刀具为钻头。

线切割加工：在线切割机上利用放电的原理切割零件或模具。

多轴加工：在多轴机床上利用工作台的运动和刀轴的旋转实现多轴加工。

二、编程界面简介

自动加工之前，先了解一下 UG NX 的操作界面。UG NX CAM 配置完成之后，进入加工界面，加工界面各菜单栏区域名称如图 8-4 所示，主要包括提示栏和状态栏、菜单栏、工具栏、标题栏、对话框、导航按钮与操作导航器、绘图区等。

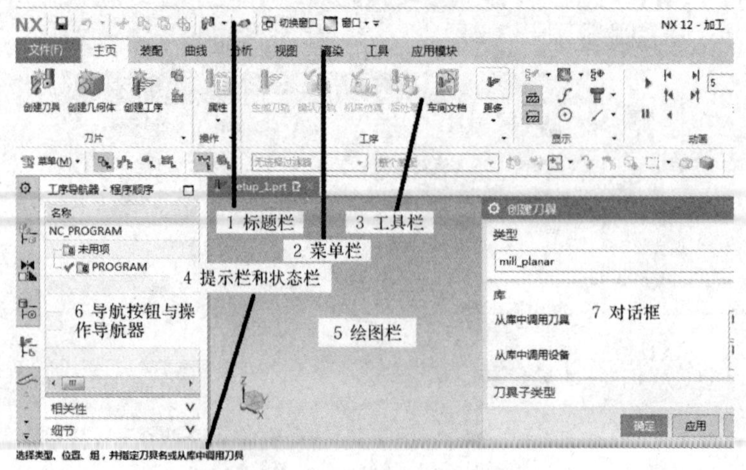

图 8-4　UG NX 的操作界面

1. 标题栏

标题栏显示软件版本与使用者应用的模块名称，并显示当前正在操作的文件及状态。

2. 菜单栏

菜单栏包含了 UG NX 软件所有的功能。它是一种下拉式菜单，单击主菜单栏中任何一个功能时，系统会将菜单展开。

3. 工具栏

工具栏以简单直观的图标来表示每个工具的作用。单击图标按钮可以启动相对应的 UG NX 软件功能，相当于从菜单区逐级选择到的最后命令。

4. 提示栏和状态栏

提示栏位于绘图区的上方，其主要用途在于提示使用者操作的步骤。提示栏右侧为状态栏，表示系统当前正在执行的操作。

5. 绘图区

绘图区是 UG NX 的工作区，模型以及生成的刀轨等均在该区域显示。

6. 导航按钮与操作导航器

导航按钮位于屏幕的右侧，提供常用的导航器按钮，如操作导航器、实体导航器等。当单击导航按钮时，导航器会显示出来。

7. 对话框

对话框的作用是实现人机交流。对话框可以依需要任意移动。

在 UG NX CAM 中的编程步骤主要有两步：首先创建工序，然后处理刀具轨迹得到机床能识别的代码。加工流程图如图 8-5 所示。

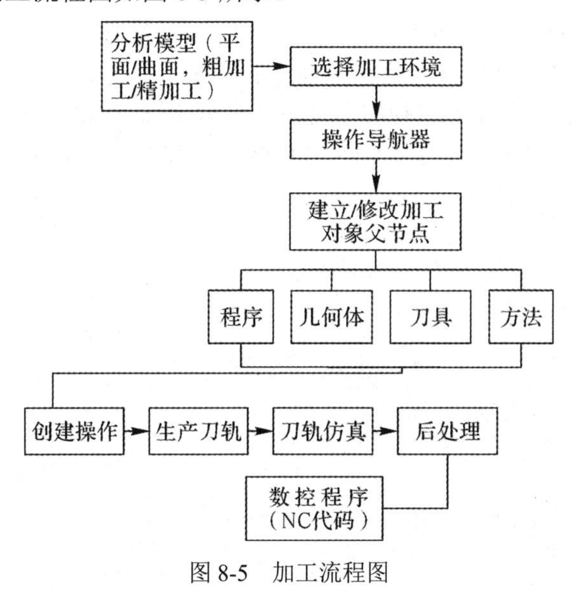

图 8-5 加工流程图

三、加工操作导航器介绍

操作导航器是各加工模块的入口位置，是让用户管理当前零件的操作及加工参数的一个树形界面。在 UG NX 中，操作导航器是一个非常重要的功能。使用该导航器可以完成加工的多数工作。在此我们主要介绍程序、刀具、几何体和方法视图切换，来定义相关参数及进行参数共享设置。

在加工模块中，操作导航器提供 4 种视图，分别通过“导航器”工具栏进行视图切换。

1. 程序顺序视图

程序顺序视图用于管理操作并决定操作输出的顺序，即按照刀具路径的执行顺序列出当前零件中的所有操作，显示每个操作所属的程序组和每个操作在机床上的执行顺序。每个操作的排列顺序决定了后处理的顺序和生成刀具位置源文件(CLSF)的顺序。

在编程主界面左侧单击“操作导航器”按钮，即可在编程界面中显示操作导航器，如图 8-6 所示。在操作导航器中的空白处单击鼠标右键，弹出右键菜单，如图 8-7 所示，通过该菜单可以切换加工视图或对程序进行编辑等。

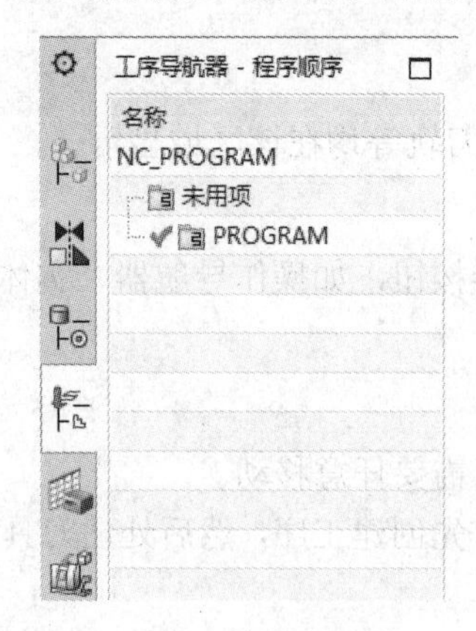

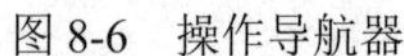

图 8-6　操作导航器

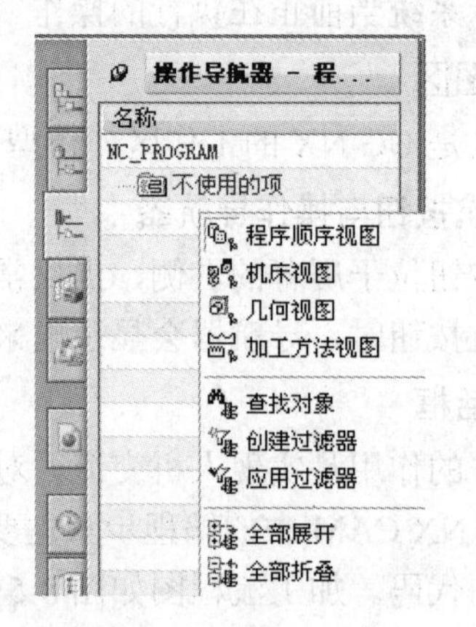

图 8-7　右键菜单

程序顺序视图包含多个参数栏目，例如名称、路径、刀具等，用于显示每个操作的名称以及操作的相关信息。其中在“换刀”列表中显示该操作相对于前一个操作是否更换刀具，而“路径”列表中显示该操作对应的刀具路径是否生成，如图 8-8 所示。

操作导航器 - 程序顺序

名称	换刀	路径	刀具	刀...	时间	几何体	方法
NC_PROGRAM					04:49:11		
不使用的项							
PROGRAM							
PROGRAM_1					00:49:40		
CAVITY_MILL		✔	T1-D30R5		00:49:40	WORKPIECE	MILL_ROUGH
PROGRAM_2					00:28:00		
CAVITY_MILL_COPY		✔	T2-D10		00:28:00	WORKPIECE	MILL_ROUGH
PROGRAM_3					00:34:09		
ZLEVEL_PROFILE		✔	T3-D6		00:34:09	WORKPIECE	MILL_SEMI_F
PROGRAM_4					00:03:41		
FACE_MILLING_AREA		✔	T4-D16R...		00:03:41	WORKPIECE	MILL_FINISH
PROGRAM_5					00:49:34		
ZLEVEL_PROFILE_1		✔	T5-D8		00:49:34	WORKPIECE	MILL_FINISH
PROGRAM_6					00:39:24		
CONTOUR_AREA		✔	T6-D8R4		00:08:17	WORKPIECE	MILL_FINISH
CONTOUR_AREA_C...		✔	T6-D8R4		00:31:06	WORKPIECE	MILL_FINISH

图 8-8　程序顺序视图

2. 机床视图

机床视图按照切削刀具来组织各个操作，其中列出了当前零件中存在的所有刀具，以及使用这些刀具的操作名称，如图 8-9 所示。其中“描述”列表中显示当前刀具和操作的相关信息，每个刀具的所有操作显示在刀具的子节点下面。

操作导航器 - 机床

名称	路径	刀具	描述	刀具号	几何体
GENERIC_MACHINE			通用机床		
不使用的项			mill_contour		
T1-D30R5			Milling Tool-5 Paramet...		
CAVITY_MILL	✔	T1-D30R5	CAVITY_MILL		WORKPIE
T2-D10			Milling Tool-5 Paramet...		
CAVITY_MILL_COPY	✔	T2-D10	CAVITY_MILL		WORKPIE
T11-D32R5			Milling Tool-5 Paramet...		
T3-D6			Milling Tool-5 Paramet...		
ZLEVEL_PROFILE	✔	T3-D6	ZLEVEL_PROFILE		WORKPIE
T4-D16R0.8			Milling Tool-5 Paramet...		
FACE_MILLING_AREA	✔	T4-D16R0.8	FACE_MILLING_AREA		WORKPIE
T5-D8			Milling Tool-5 Paramet...		
ZLEVEL_PROFILE_1	✔	T5-D8	ZLEVEL_PROFILE		WORKPIE
T6-D8R4			Milling Tool-Ball Mill		
CONTOUR_AREA	✔	T6-D8R4	CONTOUR_AREA		WORKPIE
CONTOUR_AREA_C...	✔	T6-D8R4	CONTOUR_AREA		WORKPIE

图 8-9 机床视图

3. 几何视图

在加工几何视图中显示了当前零件中存在的几何组和坐标系，以及它们的操作名称，并且这些操作显示于几何组和坐标系的子节点下面。此外，相应的操作将继承该父节点几何组和坐标系的所有参数，如图 8-10 所示。操作必须位于设定的加工坐标系子节点下方，否则后处理的程序将会出错。

操作导航器 - 几何

名称	路径	刀具	几何体	方法
GEOMETRY				
不使用的项				
MCS_MILL				
WORKPIECE				
CAVITY_MILL	✔	T1-D30R5	WORKPIECE	MILL_ROUGH
CAVITY_MILL_C...	✔	T2-D10	WORKPIECE	MILL_ROUGH
ZLEVEL_PROFILE	✔	T3-D6	WORKPIECE	MILL_SEMI_FI...
FACE_MILLING_...	✔	T4-D16R0.8	WORKPIECE	MILL_FINISH
ZLEVEL_PROFILE...	✔	T5-D8	WORKPIECE	MILL_FINISH
CONTOUR_AREA	✔	T6-D8R4	WORKPIECE	MILL_FINISH
CONTOUR_ARE...	✔	T6-D8R4	WORKPIECE	MILL_FINISH
CONTOUR_ARE...	✔	T7-D8R4	WORKPIECE	MILL_FINISH
CONTOUR_ARE...	✔	T7-D8R4	WORKPIECE	MILL_FINISH
CONTOUR_ARE...	✔	T8-D8	WORKPIECE	MILL_FINISH

图 8-10 几何视图

4. 加工方法视图

在加工方法视图中显示了当前零件中存在的加工方法，例如粗加工、半精加工、孔等，以及使用这些方法的操作名称等信息，如图 8-11 所示。

操作导航器 - 加工方法

名称	路径	刀具	几何体	顺序组
METHOD				
不使用的项				
MILL_ROUGH				
CAVITY_MILL	✔	T1-D30R5	WORKPIECE	PROGRAM_1
CAVITY_MILL_COPY	✔	T2-D10	WORKPIECE	PROGRAM_2
MILL_SEMI_FINISH				
ZLEVEL_PROFILE	✔	T3-D6	WORKPIECE	PROGRAM_3
MILL_FINISH				
FACE_MILLING_AREA	✔	T4-D16R0.8	WORKPIECE	PROGRAM_4
ZLEVEL_PROFILE_1	✔	T5-D8	WORKPIECE	PROGRAM_5
CONTOUR_AREA	✔	T6-D8R4	WORKPIECE	PROGRAM_6
CONTOUR_AREA_C...	✔	T6-D8R4	WORKPIECE	PROGRAM_6
CONTOUR_AREA_1	✔	T7-D8R4	WORKPIECE	PROGRAM_7
CONTOUR_AREA_1...	✔	T7-D8R4	WORKPIECE	PROGRAM_7
CONTOUR_AREA_2	✔	T8-D8	WORKPIECE	PROGRAM_8
CONTOUR_AREA_2...	✔	T8-D8	WORKPIECE	PROGRAM_8
DRILL_METHOD				

图 8-11　加工方法视图

四、节点和工序

UG NX 加工提供了 4 种节点，即程序节点、刀具节点、几何体节点和方法节点。这 4 种节点在操作导航器中表现为 4 种视图。在每个视图中，节点都是以树状结构按层次组织起来的，构成了父子关系。每个节点之上可以有父节点，其下可以有子节点的操作。

注意程序和操作是两个不同的概念，操作可以看作是最底层的程序节点，而刀具、几何体、方法都是操作的主要参数。使用节点有以下优点：

(1) 节点之间的结构类似 Windows 操作系统的档案管理器，可以方便地进行复制、移动、粘贴等一般的操作。

(2) 便于数据的共享，多个操作可以共用相同的刀具、方法和几何体。

(3) 提供了灵活多样的节点管理形式，最终的目的还是对操作进行管理。

在 UG NX 中编程的核心部分是创建工序，在创建工序前，有必要进行初始参数设置，从而可以更方便地进行操作的创建。初始参数设置主要是一些组参数的设置，包括程序组、刀具、几何体、方法等，设置完成这些参数后，在创建工序时就可以直接调用。创建组参数可以在如图 8-12 所示的创建工具条上单击相应的图标进行。

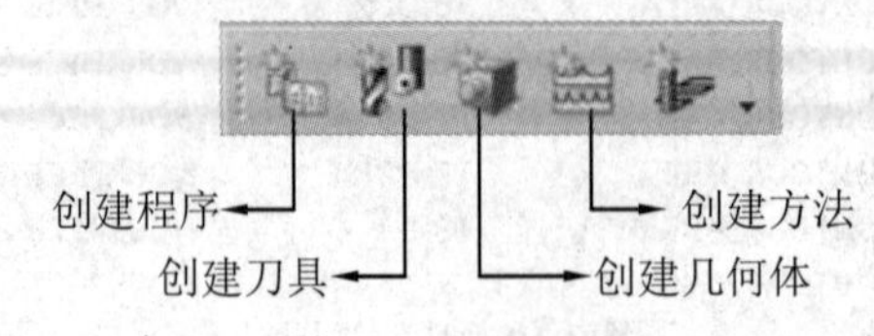

图 8-12　创建工具条

创建父节点组是执行数控编程的第一步，也是非常关键的一步。通过创建的父节点组，可存储加工信息 (如刀具数据、进给速率、公差等信息)，凡是在父节点组中指定的信息都可以被操作所继承。在 UG NX CAM 中，父节点组包含程序、刀具、方法和几何体这 4 部分数据内容。

1. 创建程序

如果零件比较复杂，所创建的操作过多，甚至使用的机床会有多种类型，这样极易出现因用户管理操作不当而使操作方式杂乱。因此整理操作需要浪费大量的时间，甚至在进行不同的后处理时发生混淆而造成事故。程序可以把不同种类操作分组放置，这样便于修改和进行后处理。例如要对整个零件的所有操作(包括粗加工、半精加工、精加工等)进行后处理，直接选择这些操作所在的父节点程序组进行后处理即可，并且在程序视图中合理地组织各操作，可在一次后处理时输出多个操作。

创建程序比较简单，单击“导航器”工具栏中的“程序顺序视图”按钮，可将当前操作导航器切换至程序视图。然后单击“插入”工具栏中的“创建程序”按钮，打开“创建程序”对话框。此时按照如图 8-13 所示的步骤创建程序父节点，新创建的节点将位于导航器中，输入程序名称即可。软件默认第一个为 PROGRAM，第二个为 PROGRAM_1，第三个为 PROGRAM_2，依此类推。创建其他对象也用同样的命名规则。

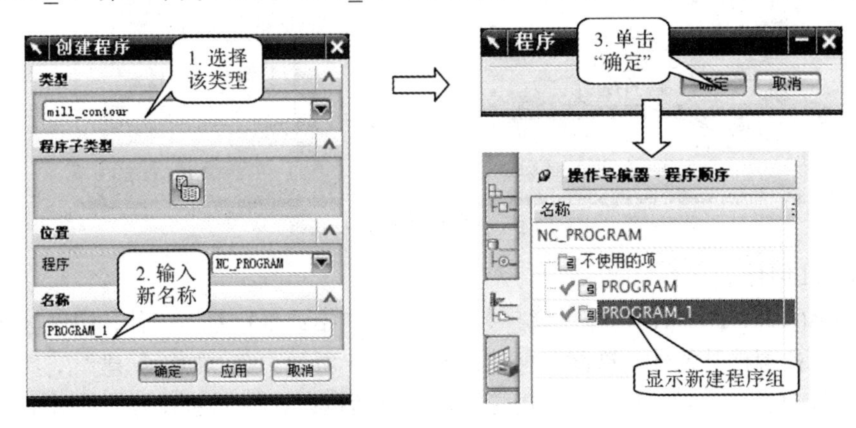

图 8-13　创建程序父节点组

2. 创建刀具

在加工过程中，打开需要编程的模型并进入编程界面后，首要的工作就是创建加工过程所需的全部刀具。刀具是从毛坯上切除材料的工具，在创建工序时必须创建刀具或从刀具库中选取刀具，否则将无法进行后续的编程加工操作。

在“插入”工具栏中单击“创建刀具”按钮，打开“创建刀具”对话框，在“名称”文本框中输入刀具类型、名称。接着单击“确定”按钮，打开刀具参数对话框，分别设置刀具直径、底圆角半径以及其他参数，如图 8-14 所示。

在“刀具”选项卡中可设置刀具的各个参数，其中包括刀具直径、底圆角半径、锥角、刀刃长度等参数；在“夹持器”选项卡中可创建一个刀柄，并且可设置刀柄形状(圆柱或圆锥)，在屏幕上以图形的方式显示出来。定义刀柄的目的是在刀具运行过程中检查刀柄是否与零件或夹具碰撞。

刀具是切削材料的基本生产工具，可以创建的刀具有铣刀、车刀、钻头、镗刀等。每种操作对应操作所需的刀具。根据操作的类型不同，创建刀具时操作类型需要切换。创建刀具有两种办法：从库中调用刀具和自定义刀具。

自定义刀具的具体操作是：打开需要编程的模型，进入编程界面后，第一步要做的工作就是分析模型，确定加工方法和加工刀具。在“加工创建”工具条中单击“创建刀具”按钮，弹出“创建刀具”对话框，如图 8-14 所示；在“名称”文本框中输入刀具的名称，接着单击确定按钮，弹出刀具参数对话框；输入刀具直径和底圆角半径，如图 8-14 所示，最后单击确定按钮。

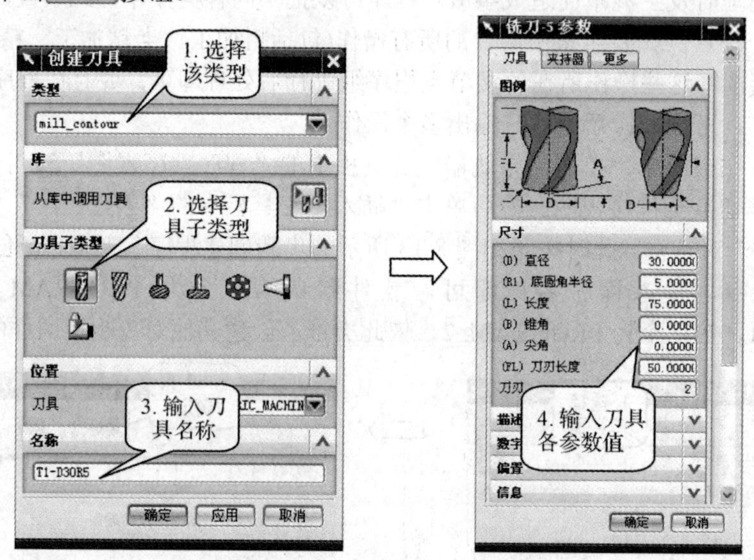

图 8-14 “创建刀具”对话框

3. 创建几何体

Work_instruction 中的几何体创建一共有 7 种，包括：坐标系、工件、切削区域、加工边界、文字、孔圆柱几何体、铣削几何体，如图 8-15 所示。在“加工创建”工具条中单击“创建几何体”按钮，弹出“创建几何体”对话框；在“创建几何体”对话框中选择几何体和输入名称，然后单击确定按钮，即可创建几何体。

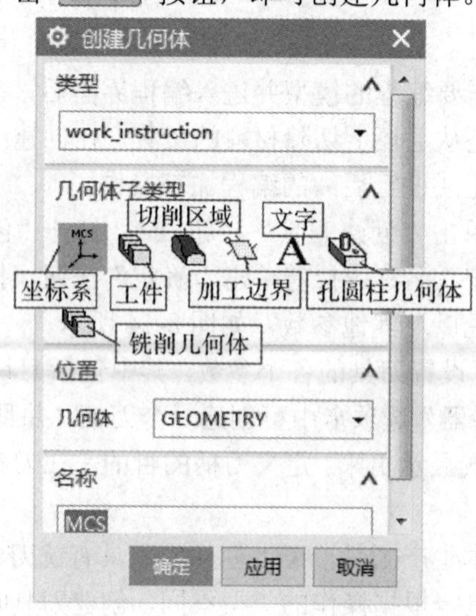

图 8-15 “创建几何体”对话框

下面介绍一种最常用的创建几何体的方法。

1) 创建机床坐标系

(1) 在编程界面的左侧单击“操作导航器”按钮，使操作导航器显示在界面中。

(2) 在操作导航器中的空白处单击鼠标右键，然后在弹出的快捷菜单中选择“几何视图”命令，如图 8-16 所示。

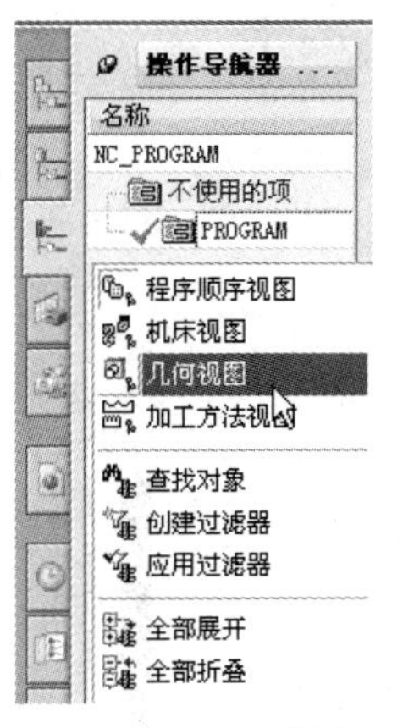

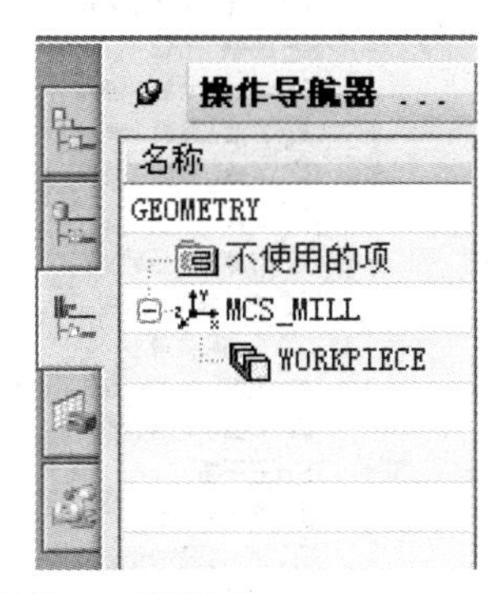

图 8-16　切换加工视图

(3) 在操作导航器中双击 MCS_MILL 图标，如图 8-17 所示，弹出“参考坐标系”对话框，设置安全距离；然后单击按钮，弹出“CSYS”对话框，选择当前坐标为机床坐标或重新创建坐标；最后单击 确定 按钮。

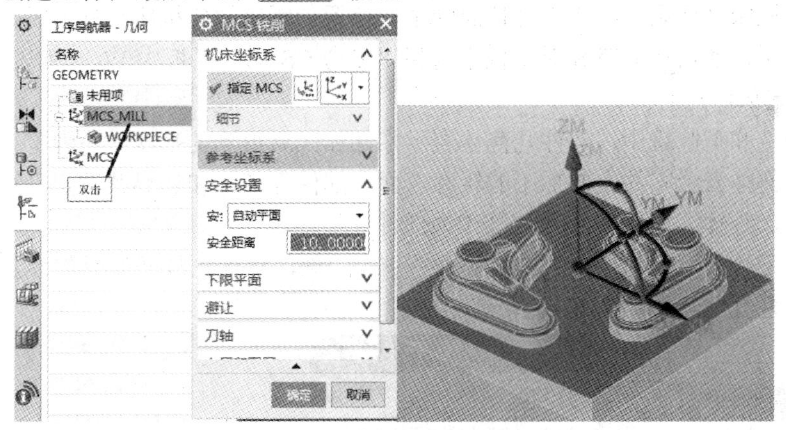

图 8-17　创建加工坐标系

2) 创建加工坐标系

加工坐标系是指定加工几何在数控机床的加工工位，即加工坐标系 MCS，该坐标系的原点称为对刀点。建立数控加工坐标系是为了确定刀具或工件在机床中的位置，确定机床运动部件的位置及其运动范围。统一规定数控加工坐标系各轴的含义及其正负方向，可以简化程序编制，并使所编写的程序具有互换性。此外，可设置安全距离，该距离是刀具从一个刀位点快速运动到下一个切削点的高度，可定义一个小三角作为当前零件的安全平面。

单击操作导航器中的“几何视图”按钮，导航器中将显示坐标系按钮，然后双击该按钮，可在打开的“MCS 铣削”对话框中设置安全距离，如图 8-17 所示。

单击“CSYS”对话框中的按钮 ，将打开 CSYS 对话框，绘图区中的加工坐标系也将动态显示，可直接拖动坐标系控制点进行定义，也可以选择其中一种坐标系构造方法来建立新的加工坐标系，如图 8-18 所示。

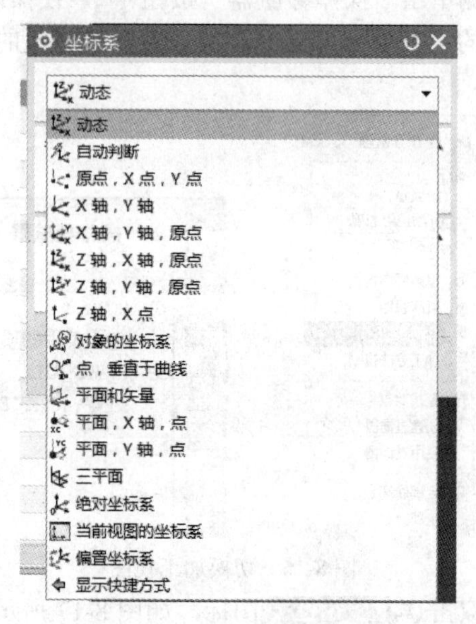

图 8-18　选择或设置坐标

坐标系是加工的基准，将坐标系定位于适合机床操作人员确定的位置，同时保持坐标系的统一。机床坐标系一般在工件顶面的中心位置，所以创建机床坐标系时，最好先设置好当前坐标系，然后在 CSYS 对话框中选择“参考 CSYS”面板中 WCS 列表项。

(1) 指定部件几何体。

在平面铣和型腔铣中，部件几何体表示零件加工后得到的形状；在固定轴铣和变轴铣中，部件几何体表示零件上要加工的轮廓表面，部件几何体和边界共同定义切削区域，可以选择实体、片体、面、表面区域等作为部件几何体。

单击“工件”对话框中的“指定部件”按钮 ，然后在打开的“部件几何体”对话框中指定部件几何体，如图 8-19 所示。

图 8-19　“部件几何体”对话框

在“选择选项”选项组中指定选取对象的类型，包括几何体、特征、小平面体三种类型。此外可在“过滤方式”列表框中限制与类型对应的可选几何对象类型。当选择类型为“几何体”时，可选择视图、片体、曲线等对象作为加工几何体，选择“更多”选项将打开“选择方法”对话框，选择更多的类型作为加工几何体：当选择类型为“特征“时，只能选择曲面区域；当选择类型为“小平面体”时，只能选择小平面体作为加工几何体。

在操作之前定义的加工几何体可以为多个操作使用，但在操作过程中指定的加工几何体只能被该操作使用。如果该加工几何体要为多个操作使用，则必须在创建工序之前进行定义，并作为创建工序的父节点。

(2) 指定毛坯几何体。

毛坯几何体是定义要加工成零件的原材料。定义毛坯的方法与定义零件几何的方法相同。

单击“指定毛坯”按钮，将打开“毛坯几何体”对话框，可在该对话框中指定毛坯几何体，并选中“自动块”单选按钮，右侧将显示自动块箭头，如图 8-20 所示。

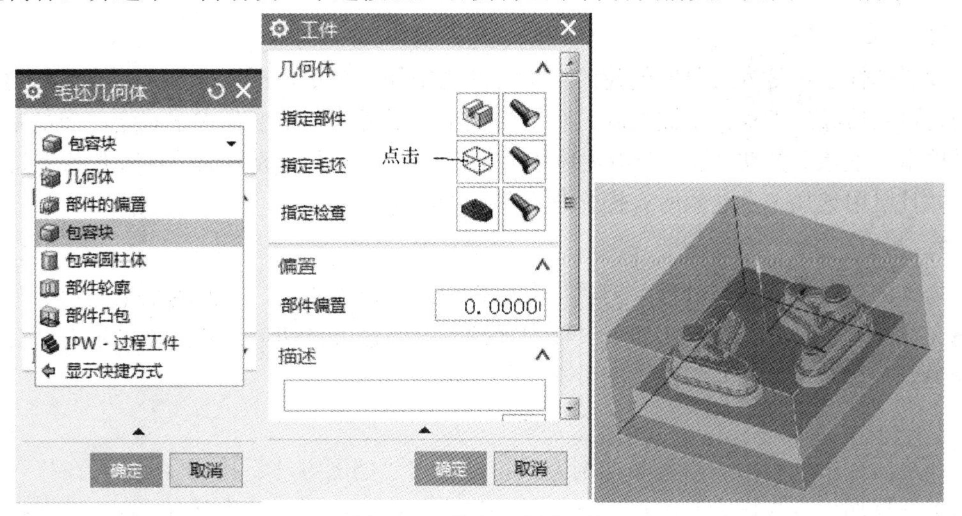

图 8-20　指定毛坯几何体

(3) 检查几何体。

检查几何体用于定义在加工过程中刀具要避开的几何对象，防止过切零件。定义检查几何体的对象有零件的侧壁、凸台、装夹零件的夹具等。它的定义方法与定义零件几何体相同。单击“检查几何体”按钮，将打开“检查几何体”对话框，可指定几何对象为检查几何体。

4. 创建加工方法组

在零件加工过程中，为了保证加工的精度，需要进行粗加工、半精加工和精加工几个步骤。创建加工方法就是为粗加工、半精加工和精加工指定统一的加工公差、加工余量、进给量等参数，如图 8-21 所示。

通常情况下，在操作导航器中单击鼠标右键，然后在打开的快捷菜单中选取择“加工方法视图”选项，接着在操作导航器中双击“公差”按钮，将打开“铣削方法”对话框。此时可分别设置部件的余量、内公差和外公差。

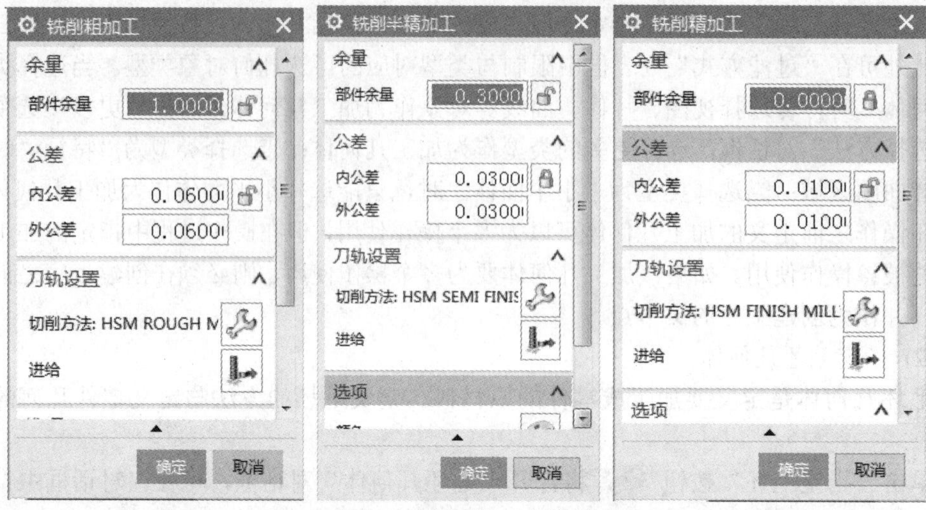

图 8-21　创建加工方法组

1) 余量

设置部件余量是为当前所创建的加工方法指定加工余量，即零件加工后剩余的材料。这些材料在后续加工操作中被切除。余量的大小应根据加工精度要求来确定。余量参数还可以单击“继承”按钮，沿用其他数值，引用后，余量参数与原引用处数值保持相关性，并且引用该加工方法的所有操作都有相同的余量。

2) 公差

内外公差指定了加工过程中刀具偏离零件表面的最大距离，其值越小则表示加工精度越高。其中内公差限制刀具在加工过程中零件表面的最大过切量；外公差显示刀具在加工过程中没有切至零件表面的最大间隙量。

3) 刀轨设置

在该面板中可设置进给量和切削方式，即单击“切削方法”按钮，可在打开的对话框中选择加工方式作为当前加工方法的切削方式；单击“进给”按钮，可在打开的对话框中设置切削进给率、进刀和退刀等参数值，如图 8-22 所示。

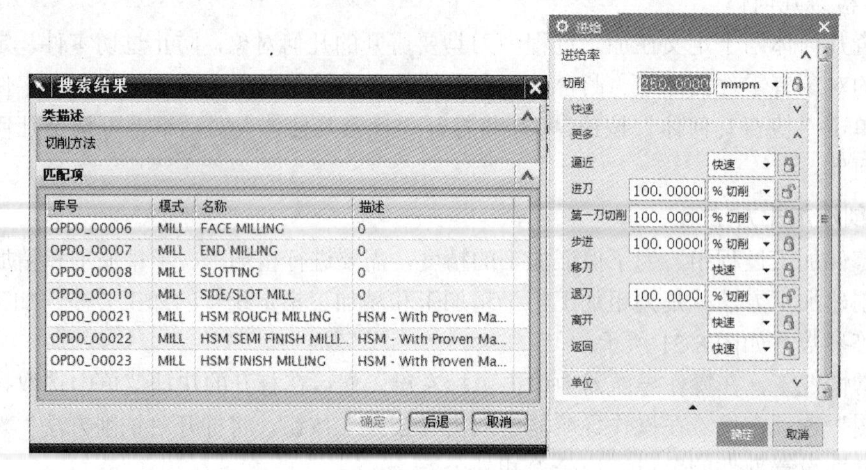

图 8-22　刀轨设置

五、创建工序

工序是对其加工区域创建刀具轨迹的过程。UG NX CAM 设置决定了加工类型，一种加工类型又根据区域和工艺划分为多种操作子类型。每一种子类型只能生成二维区域的刀具轨迹。当然加工类型在 UG NX CAM 中的设置是可以改变的，可以在同一个文件中创建多种不同类型的操作。

创建工序包括创建加工方法、设置刀具、设置加工方法和参数等。在“加工创建”工具条中单击“创建工序”按钮，弹出“创建工序”对话框，如图 8-23 所示。首先在“创建工序”对话框中选择类型，接着选择操作子类型，然后选择程序名称、刀具、几何体和方法。

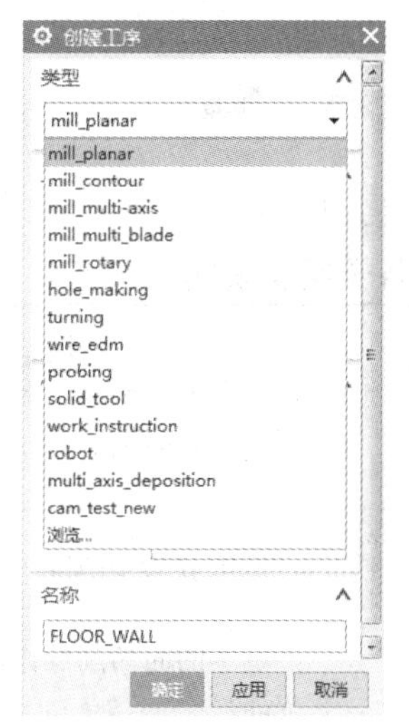

图 8-23　“创建工序”对话框

在“创建工序”对话框中单击 确定 按钮即可弹出新的对话框，从而进一步设置加工参数。

下面以图形的方式详细介绍最常用的几种操作子类型。

1. 平面铣

1) 平面铣的特点与应用

平面铣是一种 2.5 轴的加工方式，它在加工过程中产生水平方向两轴联动，即 X 轴和 Y 轴，而 Z 轴方向只在完成一层加工后进入下一层时才做单独的动作。

平面铣的加工对象是边界，是以曲线/边界来限制切削区域的。它生成的刀轨上下一致。通过设置不同的切削方法，平面铣可以完成挖槽或者是轮廓外形的加工。平面铣用于直壁的、岛屿顶面和槽腔底面为平面的零件的加工。对于直壁的、水平底面为平面的零件，常选用平面铣操作做粗加工和精加工，如加工产品的基准面、内腔的底面、敞开的外形轮廓等。使用平面铣操作进行数控加工程序的编制，可以取代手工编程。

2) 平面铣的子类型

创建工序时，选择“类型”为 mill_planar，可以选择多种操作子类型，如图 8-24 所示。不同的子类型的切削方法、加工区域判断也有所差别。平面铣各种子类型的说明如表 8-1 所示。

图 8-24　平面铣的子类型

表 8-1　平面铣各子类型说明

图标	英　文	中文含义	说　明
	FLOOR_WALL	底壁铣	切削底面和壁
	FLOOR_WALL_IPW	带有 IPW 的底壁铣	使用 IPW 切削底面和壁
	PLANAR-MILL	带边界面铣	基本的面切削操作，用于切削实体上的平面
	FACE-MILLING	手工面铣削	垂直于平面边界定义区域内的固定刀轴进行切削
	FACE-MILLING-MANUAL	平面铣	粗加工带直壁的棱柱部件上的大量材料
	PLANAR-PROFILE	平面轮廓铣	下平面壁或边的平面铣
	CLEARNUP-CORNERS	清理拐角	使用 2D 过程工件来移除完成之前工序后所遗留的材料
	FINISH-WALLS	精铣壁	默认切削方法为轮廓铣削，默认深度为只有底面的平面铣
	FINISH-FLOOR	精铣底面	默认切削方法为跟随零件铣削，默认深度为只有底面的平面铣
	GROOVE_MILLING	槽铣削	槽的粗加工和精加工
	HOLE_MILLING	孔铣	使用平面螺旋或螺旋切削加工通孔、盲孔

续表

图标	英 文	中文含义	说 明
	THEARD-MILLING	螺纹铣	加工螺纹
	PLANAR-TEXT	平面文本	用于加工简单文本
	MILL-CONTROL	铣削控制	建立机床控制操作，添加相关后置处理命令
	MILL-USER	自定义方式	需要定制 UG NX Open 程序以生成刀路的特殊工序

2. 轮廓铣

轮廓铣是应用侧壁加工的一种平面铣，产生的刀轨也与平面铣中选择沿着轮廓方式的平面铣操作刀轨类似。创建工序时，选择“类型”为 mill_contour，可以选择多种子类型，如图 8-25 所示，各种子类型的说明如表 8-2 所示。不同的子类型的加工对象选择、切削方法、加工区域判断也有所差别。

图 8-25 轮廓铣的子类型

表 8-2 型腔铣的子类型

图标	英 文	中文含义	说 明
	CAVITY-MILL	型腔铣	粗加工型腔
	ADAPTIVE_MILLING	自适应铣削	使用自适应切削模式粗加工型腔
	PLUNGE_MILLING	插铣	用插削运动方式来粗加工轮廓
	CORNER_ROUGH	拐角粗加工	对之前处理不到的拐角中的遗留材料进行粗加工

续表

图标	英　文	中文含义	说　明
	REST_MILLING	剩余铣	使用型腔铣来移除之前工序所遗留下的材料
	ZLEVEL_PROFILE	深度轮廓铣	用垂直于刀轴的平面切削对指定层的壁进行轮廓加工
	ZLEVEL_CORNER	深度加工拐角	使用轮廓切削模式精加工指定层中前一个刀具无法触及的拐角
	FIXED_CONTOUR	固定轮廓铣	精加工轮廓形状
	CONTOUR_AREA	区域轮廓铣	精加工特定区域
	CONTOUR_SURFACE_AREA	曲面区域轮廓铣	精加工包含顺序整齐的驱动面矩形栅格的单个区域
	STREAMLINE	流线	精加工复杂形状，尤其是要控制光顺切削模式的流和方向
	CONTOUR_AREA_NON_STEEP	非陡峭区域轮廓铣	用区域铣削驱动方法来切削陡峭度大于特定陡峭壁角度的区域的固定轴曲面轮廓铣工序
	CONTOUR_AREA_DIR_STEEP	陡峭区域轮廓铣	在 CONTOUR_AREA 后使用，以通过将陡峭区域中往复切削进行十字交叉来减少残余高度
	FLOWCUT_SINGLE	单刀路清根	使用单刀路移除精加工前拐角处的余料
	FLOWCUT_MULTIPLE	多刀路清根	使用多刀路精加工前后拐角处的余料
	FLOWCUT_REF_TOOL	清根参考刀具	使用清根驱动方法在指定参考刀具确定的切削区域中创建多刀路
	SOLID_PROFILE_3D	实体轮廓 3D	沿着选定直壁的轮廓边描绘轮廓
	PROFILE_3D	轮廓 3D	使用部件边界描绘 3D 边或曲线的轮廓
	PLANAR-TEXT	平面文本	用于加工简单文本
	MILL-USER	自定义方式	需要定制 UG NX Open 程序以生成刀路的特殊工序
	MILL-CONTROL	铣削控制	仅包含机床控制用户定义事件

3. 钻孔加工的子类型

创建工序时，选择“类型”为 drill，则显示各种钻孔加工的子类型，如图 8-26 所示。钻孔加工操作模板中共有 13 个模板图标，分别用来定制各钻孔加工操作的参数对话框。钻孔加工各子类型说明如表 8-3 所示。

图 8-26　创建钻孔操作对话框

表 8-3　钻孔加工各子类型说明

图标	英　文	中文含义	说　明
	SPOT-DRILLING	定心钻	主要用来定位，可以钻出精度较高的孔
	DRILLING	钻孔	作为通用的钻孔模板
	DEEP_HOLE_DRILLING	钻深孔	主要用于钻可能与十字孔相交的深孔
	COUNTERSINKING	钻埋头孔	主要用于加工埋头孔
	BACK_COUNTER_SINKING	背面埋头钻孔	用于进行埋头钻孔，其中自动判断倒斜角将从对侧加工并以非旋转逼近穿过孔
	TAPPING	攻丝	利用数控机床攻螺纹
	HOLE_MILLING	铣孔	用于加工太大而无法钻削的孔
	HOLE_CHAMFER_MILLING	孔倒斜铣	使用圆弧模式对孔倒斜角
	SEQUENTIAL_DRILLING	顺序钻	对选定的断孔几何体手动钻孔

续表

图标	英　文	中文含义	说　明
	BOSS_MILLING	凸台铣	用于加工圆柱台
	THREAD-MILL	螺纹铣	切削太大而无法攻丝的螺纹
	BOSS_THREAD_MILLING	凸台螺纹铣	加工圆柱台螺纹
	RADIAL_GROOVE_MILLING	径向铣槽	通过 T 形刀等加工一个或多个径向槽
	MILL-CONTROL	切削控制	它只包含机床控制事件
	HOLE_MAKING	钻孔	创建基于特征加工的模板，而非意在创建工序
	HOLE_MILL	铣孔	创建基于特征加工的模板，而非意在创建工序

钻孔加工的子类型中有些是标准的固定循环方式加工；还有一些是按固定循环方式加工的，但是设定了一定的加工范围等限制条件；而另外一些则不是以固定循环方式进行切削加工的。大部分的子类型只是默认选择了特定的循环类型。

4. 车削工序

车削工序是 UG NX 中用于回转体加工的主要方式。对于所有的车削工序，部件和毛坯几何体都定义于 WORKPIECE 父对象。产生的边界保存于 TURNING_WORKPIECE 父对象。车削工序子类型见图 8-27。车削工序模板中共有 23 个模板图标，分别用于定制各车削工序的参数对话框。车削工序各子类型说明如表 8-4 所示。

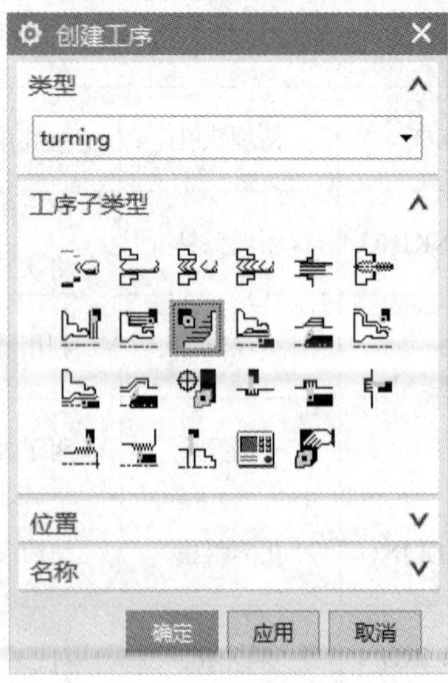

图 8-27　车削工序子类型

表 8-4 车削工序子类型说明

图标	英 文	中文含义	说 明
	CENTERLINE_SPOTDRILL	中心线定心钻	钻中心线定心孔
	CENTERLINE_DRILLING	中心线钻孔	中心线钻孔至深度的车削工序
	CENTERLINE_PECKDRILL	中心线啄钻	钻深孔
	CENTERLINE_BREAKCHIP	中心线断屑	断屑后轻微退刀的中心线钻孔工序
	CENTERLINE_REAMING	中心线铰孔	增加预钻孔大小和精加工的准确度
	CENTERLINE_TAPPING	中心攻丝	用于在相对小的孔中切割内螺纹
	FACING	面加工	粗加工部件底部
	ROUGH_TURN_OD	外径粗车	粗加工外径，同时要避开槽
	ROUGH_BACK_TURN	退刀粗车	粗加工 ROUGH_TURN_OD 工序处理不到的外径区域
	ROUGH_BORE_ID	内径粗镗	粗加工内径，同时要避开槽
	ROUGH_BACK_BORE	退刀粗镗	粗加工 ROUGH_BORE_ID 工序处理不到的内径区域
	FINISH_TURN_OD	外径精车	精加工部件的外径
	FINISH_BORE_ID	内径精镗	精加工部件内径上的轮廓曲面
	FINISH_BACK_BORE	退刀精镗	精加工 FINISH_BORE_ID 工序处理不到的内径区域
	TEACH_MODE	示教模式	高级精加工
	GROOVE_OD	外径开槽	粗加工和精加工槽
	GROOVE_ID	内径开槽	粗加工和精加工槽

续表

图标	英　文	中文含义	说　明
	GROOVE_ID	在面上开槽	用于粗加工和精加工槽
	THREAD_OD	外径螺纹铣	切削所有外螺纹
	THREAD_ID	内径螺纹铣	相对较大的孔中切削内螺纹
	PART_OFF	部件分离	将部件与卡盘中的棒料分隔开
	LATHE_CONTROL	车削控制	仅包含机床控制用户定义事件
	LATHE_USER	用户定义车削	需要定制 UG NX Open 程序以生成刀路的特殊工序

六、UG NX CAM 后处理

后处理是数控编程技术的一个重要内容，它将通用前置处理生成的刀位路径数据转换成适合于具体机床的数控加工程序。后处理实际上是一个文本编辑处理过程，其技术内容包括机床运动学建模与求解、机床结构误差补偿和机床运动非线性误差校核修正等。

在后处理生成数据程序之后，还必须对这个程序文件进行检查，尤其需要注意的是对程序头和程序尾部分的语句进行检查。后处理完成后，生成的数控程序就可以运用于机床加工了。

第三节　加 工 实 例

以零件图 8-28 为例，来进行加工仿真。

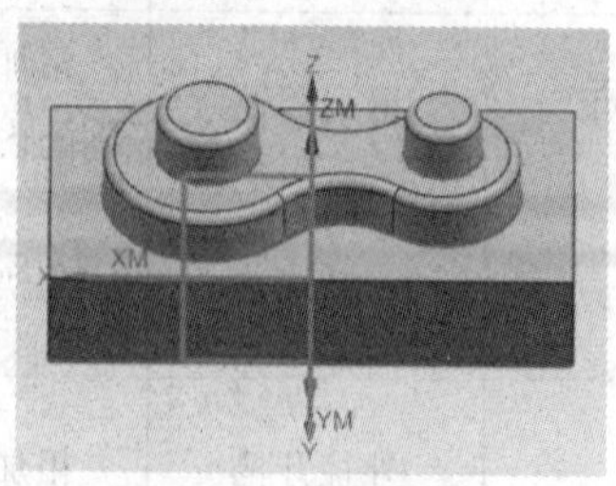

图 8-28　零件图

先对零件图进行建模，然后进行平面铣，最后进行底壁铣，具体步骤如下：

(1) 进入加工模块。单击“开始”→“加工”，在加工类型中选择“mill_planar”平面铣加工环境，如图 8-29 所示。

(2) 创建刀具。在工具栏选择“创建刀具”按钮，系统出现“创建刀具”对话框，如图 8-30 所示。进入“刀具”对话框，如图 8-31 所示，设置刀具。

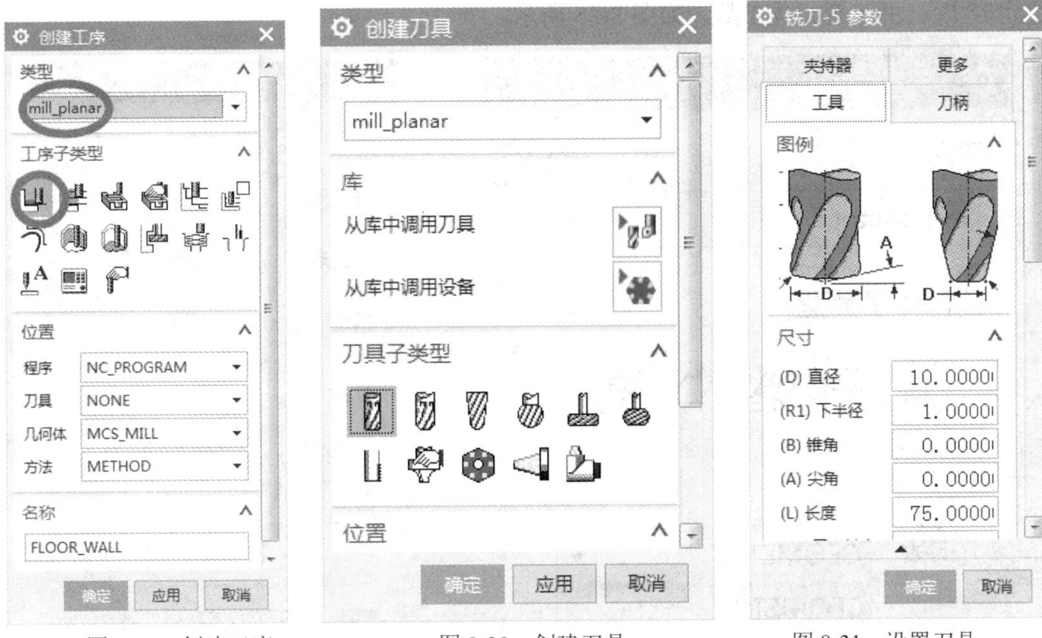

图 8-29　创建工序　　　图 8-30　创建刀具　　　图 8-31　设置刀具

(3) 创建几何体。打开操作导航器，单击右键，选择几何视图，在工序导航器的几何视图中，双击 MCS_MILL，在偏置栏输入 10，确定安全高度。MCS 原点位于部件的底面中心，将它移至部件上方。选择 ZM 轴箭头，如图 8-32 所示。

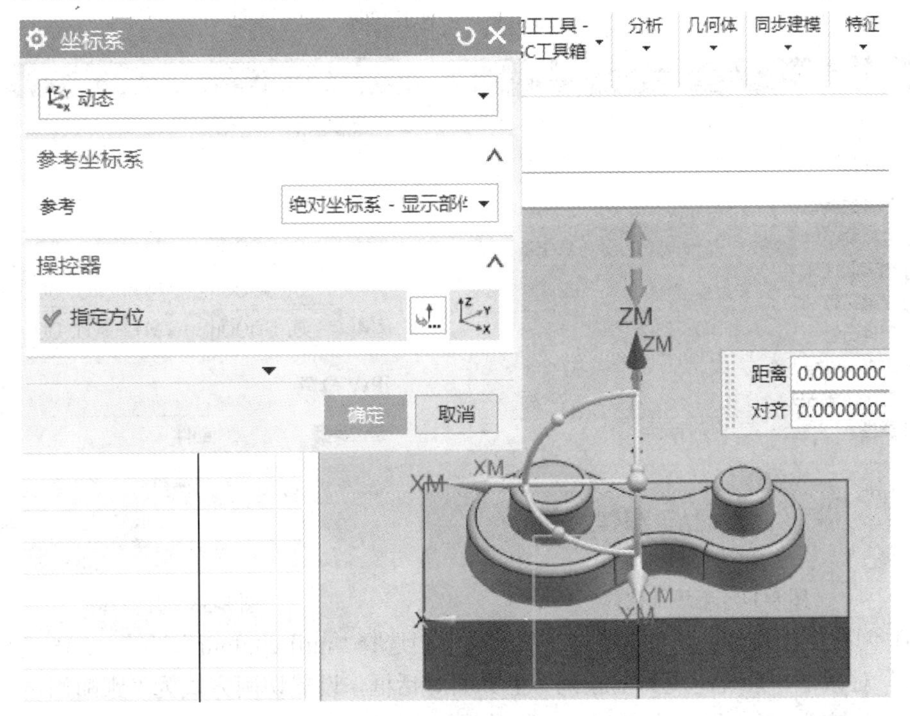

图 8-32　制定 MCS

在“新建几何体”对话框中选中“GEOMETRY”，单击“确定”按钮，如图 8-33 所示，系统出现“工件”对话框，选择“指定毛坯”，单击“确定”按钮。如图 8-34 所示，选择“包容块”，并设置相关参数，如图 8-35 所示。

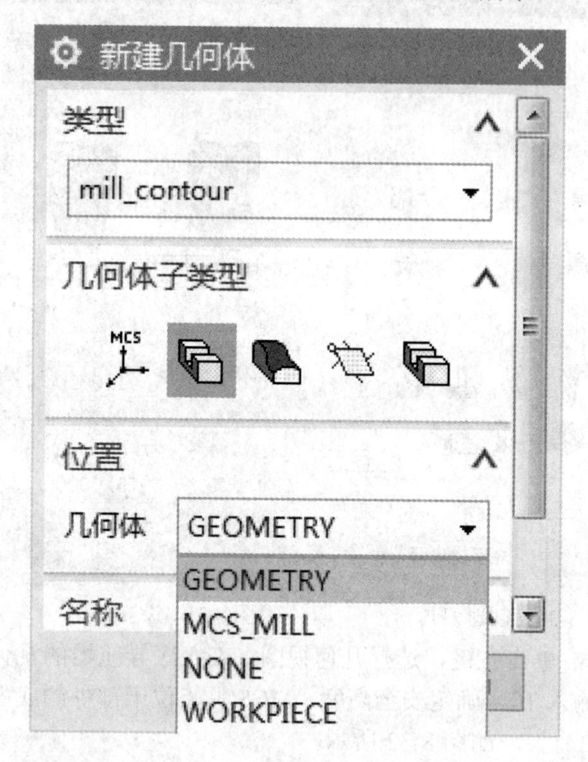

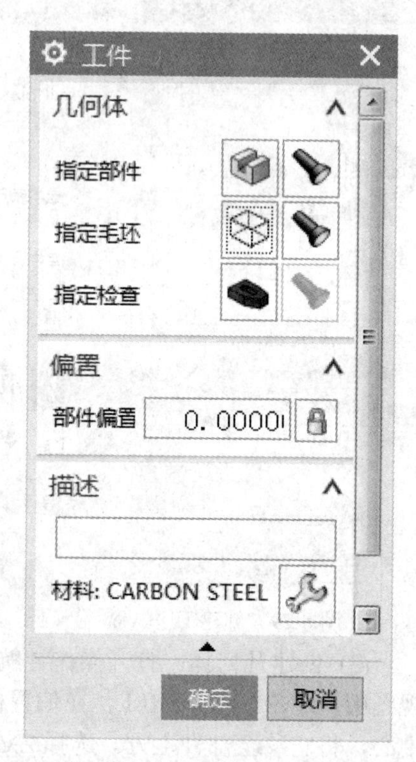

图 8-33　工作几何体

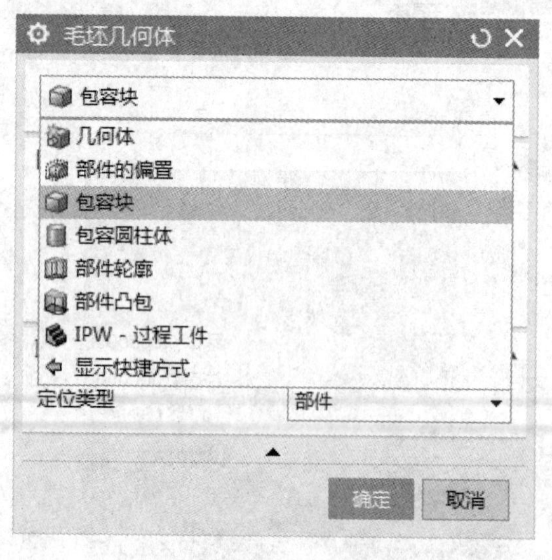

图 8-34　毛坯几何体

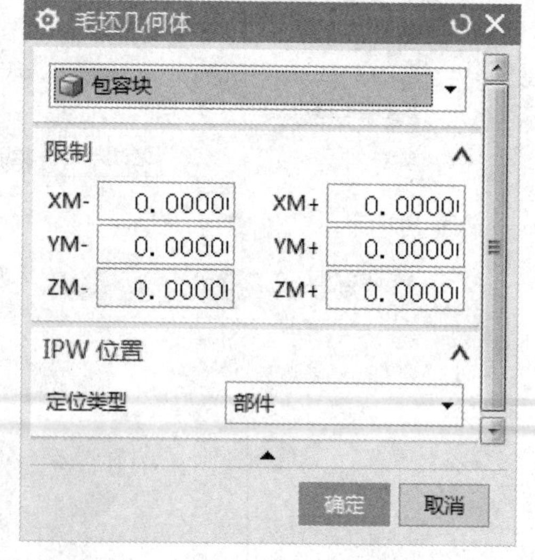

图 8-35　几何体

(4) 创建工序操作。在“创建工序”对话框中选择“mill-contour”，见图 8-36。打开“创建工序”对话框，系统出现“型腔铣”主界面对话框，设置切削方式为“跟随周边”方式，步进为“恒定”，最大距离为“10 mm”，如图 8-37 所示。

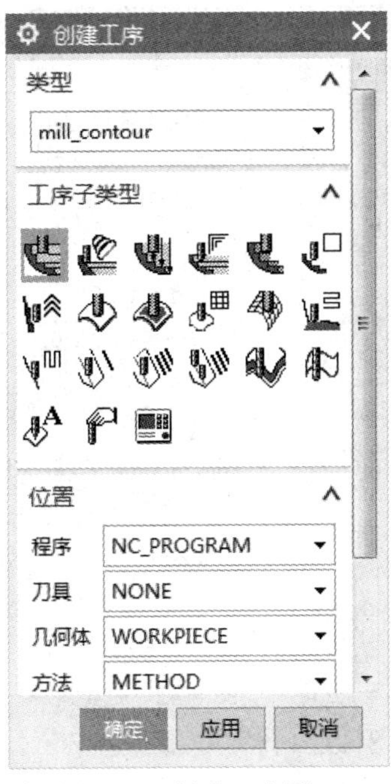

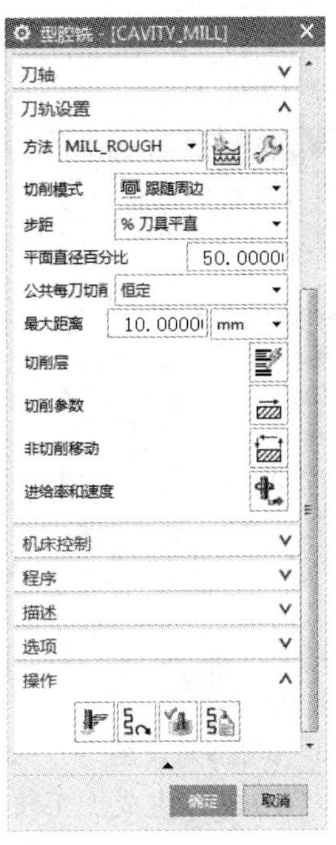

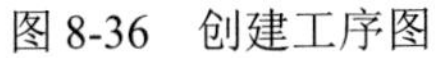

图 8-36　创建工序图　　　　图 8-37　切削方式

(5) 在“型腔铣”主界面对话框中选择“切削层”，如图 8-38 所示，设置切削层参数，如图 8-39 所示。

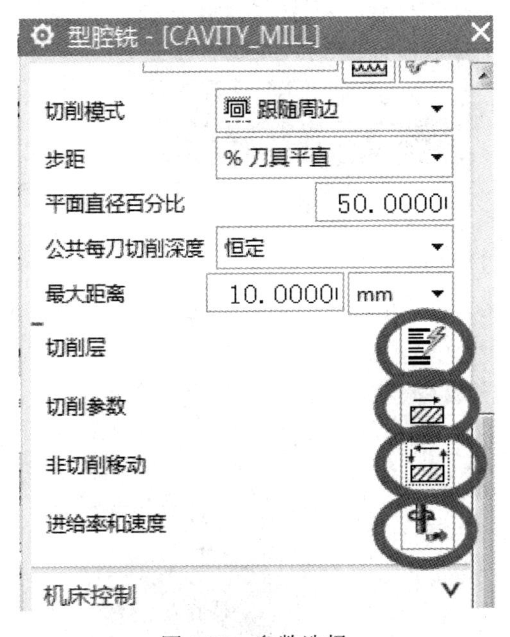

图 8-38　参数选择

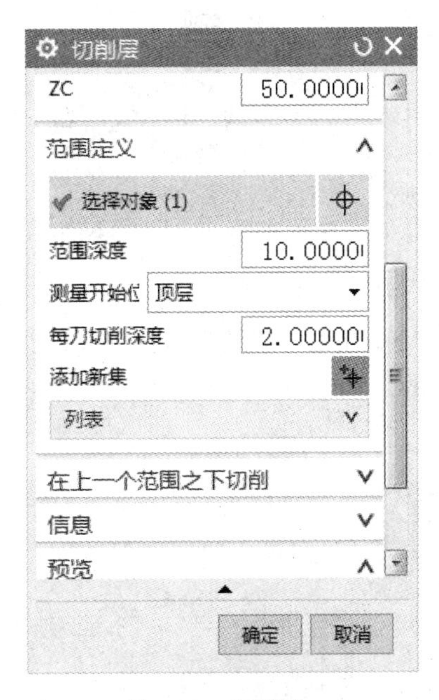

图 8-39　切削层

(6) 设置切削参数。在“型腔铣”主界面对话框中单击“切削参数”，设置切削参数，如图 8-40 所示。

(7) 单击“非切削移动”，设置进刀、退刀等参数，如图 8-41 所示；单击“进给率和速度”，设置进给率和速度参数，如图 8-42 所示。

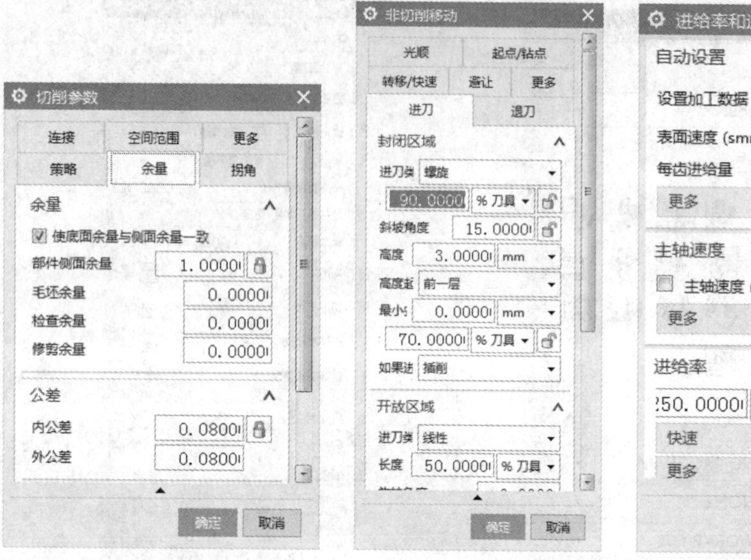

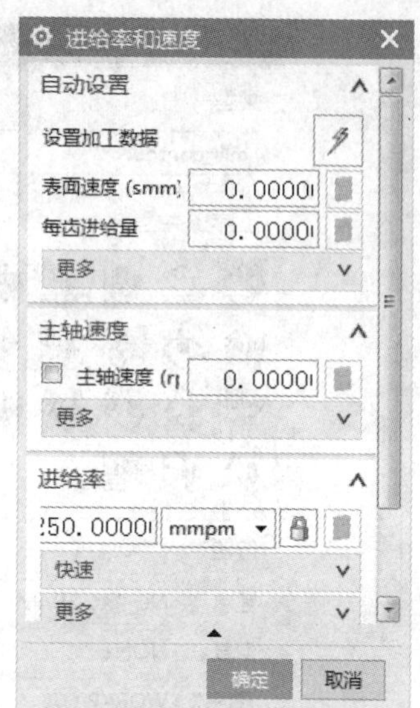

图 8-40　切削参数设置　　图 8-41　非切削移动设置　　图 8-42　进给率和速度设置

(8) 单击“生成”，生成加工轨迹路线，见图 8-43。

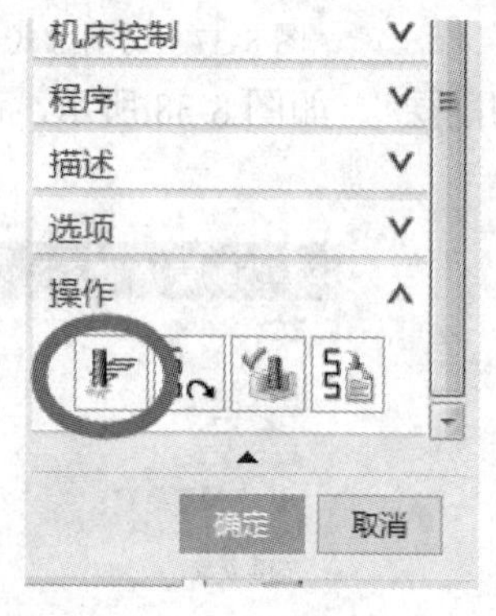

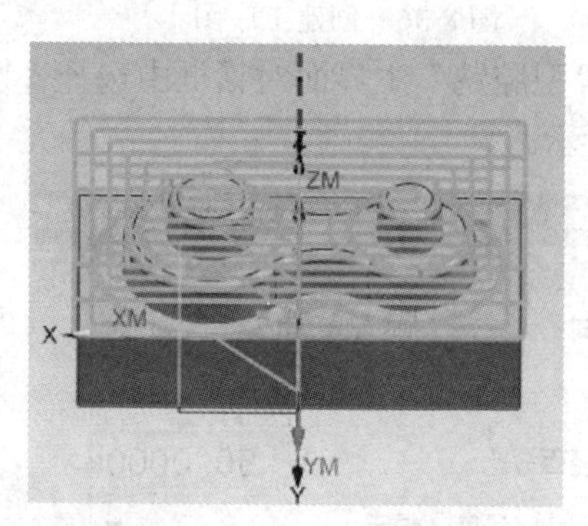

图 8-43　生成加工轨迹

(9) 单击“确认”按钮，打开“刀轨可视化”对话框，可以查看“3D 动态”，如图 8-44 所示。

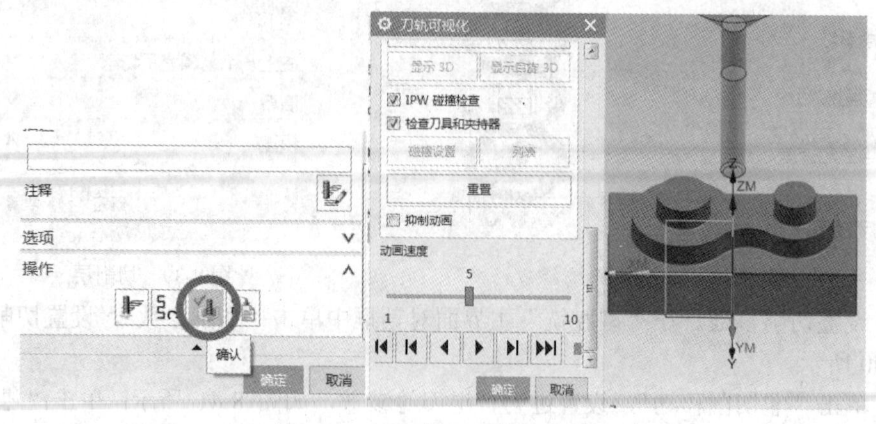

图 8-44　“刀轨可视化”对话框

(10) 后处理。右键单击生成的工序“CAVITY_MILL”，选择“后处理”后再选择机床，如图 8-45 所示。根据参数设计并修改程序中的数值，如图 8-46 所示。

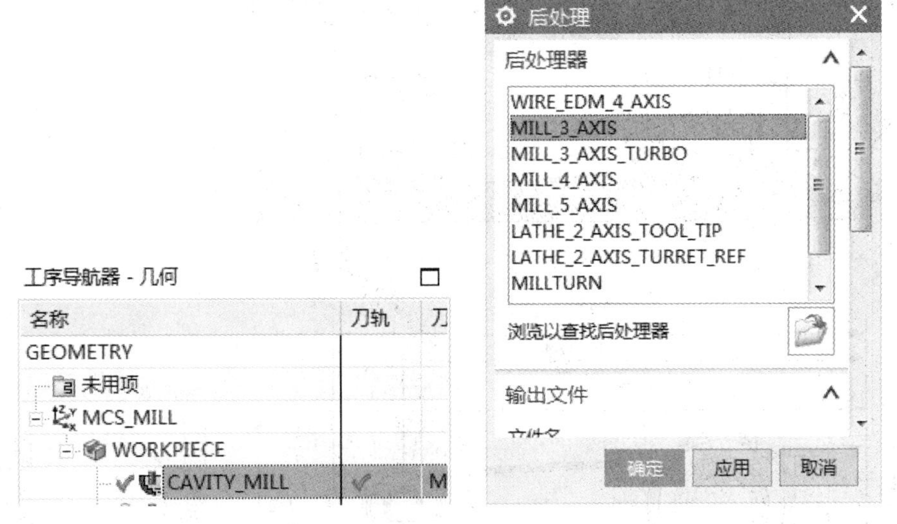

图 8-45　后处理

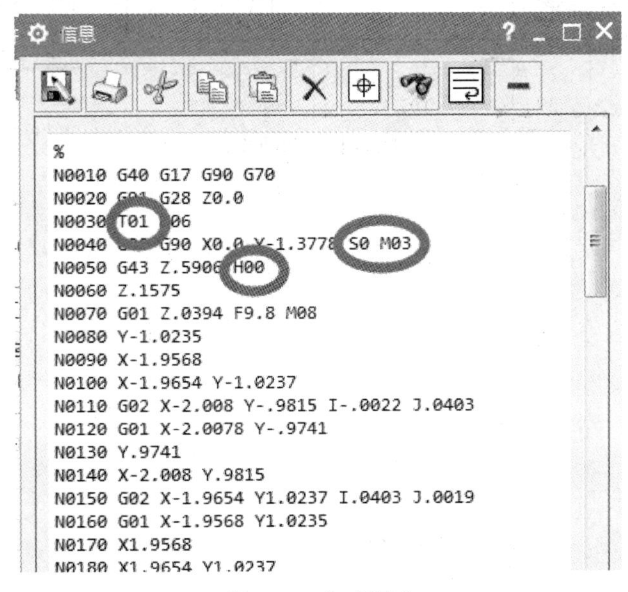

图 8-46　生成程序

习　　题

1. 数控加工的优点主要有哪些？常使用的数控设备有哪些？
2. 如何创建加工几何体？加工几何体包括哪几部分？
3. 如何设置加工余量及公差？
4. 如何判断刀具的类型？选择刀具加工时主要需要设置哪些刀具参数？

5. 已知某零件的轮廓如图 8-47 所示，材料为铝合金。要求：

(1) 用 UG NX 软件创建零件的三维模型。

(2) 编制完整的 UG NX CAM 加工程序，并进行后置处理。

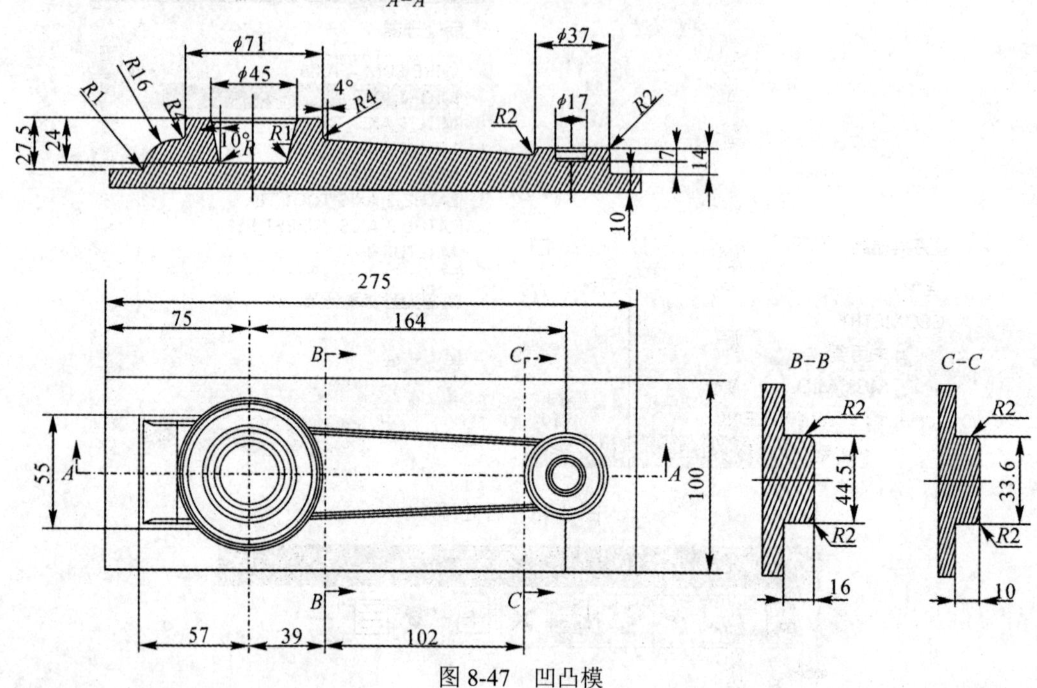

图 8-47　凹凸模